物理化学(环境类)

肖衍繁　编著

天津大学出版社
TIANJIN UNIVERSITY PRESS

图书在版编目(CIP)数据

物理化学(环境类)/肖衍繁编著.—天津:天津大学出版社,2005.10(2021.7重印)
ISBN 978-7-5618-2197-8

Ⅰ.物… Ⅱ.肖… Ⅲ.物理化学-高等学校-教材 Ⅳ.O64

中国版本图书馆CIP数据核字(2005)第100006号

出版发行 天津大学出版社
地　　址 天津市卫津路92号天津大学内(邮编:300072)
电　　话 发行部:022-27403647
网　　址 www.tjupress.com.cn
印　　刷 天津泰宇印务有限公司
经　　销 全国各地新华书店
开　　本 185mm×260mm
印　　张 18.5
字　　数 500千
版　　次 2005年10月第1版
印　　次 2021年7月第8次
印　　数 16 001-18 000
定　　价 39.00元

前　言

环境问题是当前世界上人类面临生存和发展的几个重要问题之一。环境问题包括有:人口问题、资源问题、生态破坏以及环境污染等,而环境污染作为全球性的重要环境问题是人类目前控制和治理的重点。

环境污染大多直接或间接与化学品污染有关,所以环境污染治理重点就是要探索缓解或消除化学污染物已造成的影响,或开发防止化学污染物污染环境的方法和途径。为此,人们将化学、化学工程和环境工程密切结合,以化学科学的理论和方法为基础,以化学污染物在环境中所引起环境问题作为研究对象,开发出高效而又经济的污染控制技术,同时从化学角度设计合理的生产工艺,为发展清洁生产工业提供科学依据。由此可见,化学与化学工程对目前人类解决面临的各种环境污染问题具有非常重要的地位。作为化学反应的理论基础——物理化学,在环境工程中的重要性就不言而喻。

本书以肖衍繁、李文斌所编《物理化学》一书为基础,结合环境工程所需要的物理化学知识,对原书内容进行适当增减和改写。首先将原书第 3 章一部分与第 5 章一部分合并组成第 4 章多组分系统热力学,以便于化学平衡一章的讲授。所增加的内容有:第 1 章中增加了超临界流体;第 5 章增加了在液态混合物或溶液中的化学反应标准平衡常数表示及计算,还增加了生化反应的标准态及标准平衡常数的表示;第 8 章增加了固体在溶液中的吸附;第 9 章增加了酶催化反应动力学;第 10 章胶体化学部分增加了气溶胶、悬浮液和泡沫等。

本书除了作为环境工程专业用的物理化学教材外,还可用于农林、医药等专业。

编写本书时,曾参考众多的有关书籍,在此表示由衷的谢意。限于编者知识水平,书中内容的选取和不当之处在所难免,请专家和读者批评指正。

本书的配套教材有李文斌所编的《物理化学习题解析》(天津大学出版社)一书。

编者

2005 年 2 月

目　　录

第 1 章　流体的性质

所谓流体，一般为气体与液体的总称。近年来，又加上超临界流体。流体是工业上最常用的物质，而且，不同流体具有不同的性质，因此，掌握不同流体的特性，对研究工业生产中有关的物理化学问题是绝不可缺的。本章着重介绍：气体的物质的量、压力、温度与体积间相互联系的宏观规律——气体状态方程；流体的某些性质（饱和蒸气压、临界状态等）以及超临界流体性质等。

§1-1　理想气体的状态方程

1. 理想气体状态方程

气体的物质的量 n 与压力 p、体积 V 与温度 T 之间是有联系的。从 17 世纪中期开始，先后经波义尔（R Boyle，1662）、盖·吕萨克（J Gay Lussac，1808）及阿伏加德罗（A Avogadro）等著名科学家长达一个多世纪的研究，测定了某些气体的物质的量 n 与它们的 p、V、T 性质间的相互关系，得出了对各种气体都普遍适用的三个经验定律。在此三个定律的基础上归纳出各种较高温度下的低压气体都遵从的状态方程，即

$$pV = nRT \tag{1-1-1}$$

上式称为理想气体状态方程。式中 p、V、T、n 四个量分别代表压力、体积、温度与气体的物质的量，按国家法定单位，它们的单位依次为 Pa（帕斯卡）、m^3（米^3）、K（开尔文）和 mol（摩尔）。式中还有一个常数 R，是理想气体状态方程中的一个普遍适用的比例常数，称为摩尔气体常数，当 p、V、T、n 采用国家法定单位时，R 的数值应为 8.314 $J \cdot mol^{-1} \cdot K^{-1}$（焦·摩$^{-1}$·开$^{-1}$）。

若将式（1-1-1）中 n 移至左边，去除体积，则 V/n 用 V_m 表示，V_m 即物质的量为 1 mol 的气体所占有的体积。当气体的物质的量为 1 mol 时，理想气体状态方程可改写为

$$pV_m = RT \tag{1-1-2}$$

此外，因气体的物质的量 n 可写作气体质量 m 与该气体的摩尔质量 M 之比，即 $n = m/M$，故理想气体状态方程的另一形式为

$$pV = \frac{m}{M}RT \tag{1-1-3}$$

理想气体的状态方程的实际用途很多。当气体的压力不太高、温度不太低时，式（1-1-1）中的 p、V、T、n 四个可变物理量中，如果已知其中任意三个量的数值，就可从方程式求出余下的变量的值。下面举出几个实例来说明 $pV = nRT$ 的具体应用。

例 1.1.1　由气柜经管道输送压力为 141 855 Pa、温度为 40 ℃的乙烯，求管道内乙烯的密度 ρ。

解：密度表示单位体积中物质的质量。即

$$\rho = \frac{m}{V}$$

根据理想气体状态方程 $pV=\frac{m}{M}RT$,则

$$p=\frac{m}{V}\frac{RT}{M}=\rho\frac{RT}{M}$$

所以 $\rho=\frac{Mp}{RT}$

$$\rho=\frac{28\times10^{-3}\ \text{kg}\cdot\text{mol}^{-1}\times141\ 855\ \text{Pa}}{8.314\ \text{J}\cdot\text{mol}^{-1}\cdot\text{K}^{-1}\times313\ \text{K}}=1.526\ \text{kg}\cdot\text{m}^{-3}$$

例1.1.2 装氧气的钢瓶体积为 20 dm^3,温度在 15 ℃时压力为 10 132 500 Pa,经使用后,压力降低到 2 533 125 Pa,问已用去氧的质量为多少?

解:解题的要点是,无论在使用前或使用后,钢瓶内氧气体积始终为钢瓶的体积,它是不变的。

使用前氧气的质量 $p_1V=\frac{m_1}{M}RT\quad m_1=\frac{p_1VM}{RT}$

使用后钢瓶内氧气的质量 $p_2V=\frac{m_2}{M}RT\quad m_2=\frac{p_2VM}{RT}$

用去氧气的质量

$$\begin{aligned}\Delta m&=m_1-m_2\\&=\frac{VM}{RT}(p_1-p_2)\\&=\frac{0.02\ \text{m}^3\times32\times10^{-3}\ \text{kg}\cdot\text{mol}^{-1}}{8.314\ \text{J}\cdot\text{mol}^{-1}\cdot\text{K}^{-1}\times288\ \text{K}}\times(10\ 132\ 500\ \text{Pa}-2\ 533\ 125\ \text{Pa})\\&=2.031\ \text{kg}\end{aligned}$$

2. $pV=nRT$ 方程为什么称为理想气体状态方程

用 $pV=nRT$ 方程来处理温度较高而压力较低的气体的 p、V、T、n 关系时,能获得相当满意的结果,所以它是低压气体普遍遵循的规律。由 $pV=nRT$ 方程可知,无论何种气体,只要其 n、V、T 相同,所产生的压力就相同,就是说,服从 $pV=nRT$ 状态方程的气体与气体的化学性质无关。实际上这是一种理想化行为,于是人们就以此式来定义一种理想模型:凡是在任何温度、压力下均遵循 $pV=nRT$ 状态方程的气体称为理想气体。因而,$pV=nRT$ 状态方程就称为理想气体状态方程。

为什么将在任何温度、压力下均遵循 $pV=nRT$ 状态方程的气体称为理想气体?从理想气体状态方程 $pV=nRT$ 可知,在一定温度下,一定量的气体,当其压力趋于无限大时,气体所占有的体积则趋于零,说明理想气体状态方程中的体积 V 只是气体分子自由运动的空间,亦即气体分子本身是不具有体积的;从 $pV=nRT$ 还可看出,在相同 T、V 下,不论何种气体,只要其物质的量 n 相同,则压力均相同。这说明,对不同气体分子间相互作用力不同所带来影响都不考虑。就是说,当气体的分子间相互作用力与分子本身所具有的体积都不存在时,不同气体才能表现出具有共同的行为,即在任何温度、压力下都能适用理想气体状态方程 $pV=nRT$。这样的气体才称为理想气体。气体分子本身不具有的体积和气体的分子间无相互作用力的气体模型,实际上是不存在的。但是,理想气体状态方程用于低压高温气体之 p、V、n、T 的计算,能取得相当吻合的结果,并能满足一般的工程计算需要,故而有其重要实际意义。

§1-2 道尔顿定律和阿马格定律

1. 分压力的定义与道尔顿定律

在生产与科研中常遇到的气体系统往往不是单一物质的气体,而是由多种气体组成的混

合物，如空气就是由 N_2、O_2、CO_2、H_2O 及惰性气体等组成的。

若在一体积为 V 的容器中，于温度为 T 下，放进物质的量为 $n(O_2)$ 的 $O_2(g)$，而后又向容器中放入物质的量为 $n(N_2)$ 的 $N_2(g)$，那么，容器的总压力（即 O_2 与 N_2 对系统压力所作贡献之和）是多少？容器中氧气和氮气的各自压力又是多少？能否用 $pV = nRT$ 状态方程来计算？

1）分压力的定义

为了热力学计算的方便，人们提出了一个既适用于理想气体混合物，又适用于真实气体混合物的分压力定义：在总压力为 p 的气体混合物中，其中任一组分 B 的分压力 p_B 等于其在混合气体中的摩尔分数 y_B 与总压力 p 的乘积。即

$$p_B = y_B p \tag{1-2-1}$$

因 $$y_B = \frac{n_B}{n_A + n_C + \cdots + n_B} = \frac{n_B}{\sum_B n_B}$$

而且 $$\sum_B y_B = 1$$

所以 $$p = \sum_B p_B \tag{1-2-2a}$$

即任意的混合气体中，各组分分压力之和等于系统的总压力。

2）道尔顿定律

最早研究低压气体混合物规律的是道尔顿，他总结出一条仅适用于低压混合气体的经验规律。

在温度 T 下，于体积为 V 的真空容器中放进物质的量为 n_1 的理想气体 1，据理想气体状态方程，知该气体所产生的压力 $p_1 = \frac{n_1 RT}{V}$；若在此容器中放进的是物质的量为 n_2 的理想气体 2 时，则气体 2 产生的压力 $p_2 = \frac{n_2 RT}{V}$。当保持 T 不变时，将物质的量为 n_1 的纯理想气体 1 与物质的量为 n_2 的纯理想气体 2 同时放进上述容器中，此时容器的总压力为 p，那么 p 是否等于 p_1 与 p_2 之和？根据 $pV = nRT$ 方程可以看出，如果 V、T 一定，则只要放进物质的量相同的理想气体，此时容器的压力是相同的，与气体是纯理想气体还是理想气体混合物无关，即

$$p = \frac{nRT}{V} = \frac{(n_1 + n_2)RT}{V} = \frac{n_1 RT}{V} + \frac{n_2 RT}{V}$$

而 $p_1 = n_1 RT/V$ 与 $p_2 = n_2 RT/V$ 刚好是每一种气体单独存在并与混合气体具有相同体积和相同温度时所产生的压力。由此可得

$$p = p_1 + p_2$$

若气体混合物是由 1、2…B 种纯理想气体组成，则

$$p = p_1 + p_2 + \cdots + p_B$$

或 $$p = \sum_B n_B (RT/V) \tag{1-2-2b}$$

上式称道尔顿定律，即混合气体的总压力等于与混合气体的温度、体积相同条件下各组分单独存在时产生压力的总和。严格地说道尔顿定律只适用于理想气体混合物，不过，因低压气体混合物近似符合理想气体模型，所以工程上也常应用。

应当指出：对于理想气体混合物，按式(1-2-1)定义的某一组分的分压力与该组分单独存在并具有与混合气体相同条件时所产生的压力相等。但对真实气体混合物来说，分压力与 $p_B = n_B RT/V$ 不等。这说明式(1-2-2b)的加和关系不适用于真实气体混合物。

2.阿马格定律与分体积概念

在工业上常用气体各组分的体积百分数(或体积分数)来表示混合气体的组成。例如，于温度一定下，在一带活塞的气缸中，放进物质的量为 n_1 的纯理想气体 1 与物质的量为 n_2 的纯理想气体 2，组成一理想气体混合物。当混合气体的压力为 p 时，混合气体的体积为 V。若在气缸中分别单独放进物质的量为 n_1 的纯理想气体 1 与物质的量为 n_2 的纯理想气体 2，并令它们温度、压力与混合气体相同时，测得它们的体积分别为 $V_1 = n_1 RT/p$ 与 $V_2 = n_2 RT/p$，那么混合气体总体积 V 和 V_1 与 V_2 有何关系？从状态方程分析可知，只要温度、压力一定，则气体体积仅与气体的物质的量 n 有关，而与是否为混合气体无关。即

$$V = \frac{nRT}{p} = (n_1 + n_2)\frac{RT}{p} = \frac{n_1 RT}{p} + \frac{n_2 RT}{p}$$

因 $$V_1 = \frac{n_1 RT}{p} \qquad V_2 = \frac{n_2 RT}{p}$$

故 $$V = V_1 + V_2$$

将 V_1 与 V_2 分别称为理想混合气体中气体 1 与气体 2 的分体积。由此可知，分体积是指：混合气体中某组分单独存在，并且和混合气体的温度、压力相同时所具有的体积。

若理想气体混合物由多种组分组成时，则

$$V = \sum_B V_B \tag{1-2-3}$$

$$V_B = n_B\left(\frac{RT}{p}\right) \tag{1-2-4}$$

即混合气体的总体积等于各组分分体积之和。若将式(1-2-3)与式(1-2-4)相结合，可得

$$y_B = V_B/V \tag{1-2-5}$$

结论：对理想气体混合物，以下的关系成立：

$$y_B = p_B/p = V_B/V \tag{1-2-6}$$

由上可知，阿马格定律仍是由理想气体状态方程推导而来，故阿马格定律与分体积的概念，严格说只能用于理想气体混合物，不过对于近似符合理想气体模型的低压气体，仍可用式(1-2-3)至式(1-2-5)来近似处理。至于不能用理想气体状态方程来描述性质的真实气体混合物，有时仍可用阿马格定律作为一种近似的假设对真实气体混合物某些性质进行估算。

3.应用举例

例 1.2.1 某气柜内贮有气体烃类混合物，其压力 p 为 104 364 Pa，气体中含有水蒸气，水蒸气的分压力 $p(H_2O)$ 为 3 399.72 Pa。现将湿混合气体用干燥器脱水后使用，脱水后的干气中水含量可忽略。问每千摩尔湿气体需脱去多少千克的水？

解：利用分压力定义，首先求出湿混合气体中水的摩尔分数 $y(H_2O)$。即

$$\begin{aligned} y(H_2O) &= p(H_2O)/p \\ &= 3\ 399.72\ \text{Pa}/104\ 364\ \text{Pa} = 0.032\ 6 \end{aligned}$$

再据 $\gamma(H_2O)=n(H_2O)/\sum_B n_B$

$$n(H_2O)=\gamma(H_2O)\sum_B n_B=0.032\,6\times 1\,000\text{ mol}=32.6\text{ mol}$$

则所需脱去水的质量为

$$m(H_2O)=n(H_2O)\times M(H_2O)=32.6\text{ mol}\times 18\times 10^{-3}\text{ kg}\cdot\text{mol}^{-1}=0.587\text{ kg}$$

例 1.2.2 组成某理想气体混合物的体积分数为 N_2 0.78, O_2 0.21 及 CO_2 0.1。试求在 20 ℃与 98 658 Pa 压力下该混合气体的密度。

解:已知密度定义为 $\rho=\frac{m}{V}$。因是理想气体混合物,故可应用理想气体状态方程

$$pV=nRT=\frac{m_{混}}{\bar{M}}RT,\rho=\frac{p\bar{M}}{RT}$$

式中 $\bar{M}$ 称为平均摩尔质量,亦即将气体混合物作为一种纯气体来处理,这样计算可以简化。现设混合气中各气体的摩尔数分别分 γ_A、γ_C、…、γ_B,相应各气体的摩尔质量为 M_A、M_C、…、M_B,则该混合气体的平均摩尔质量定义为

$$\bar{M}=\gamma_A M_A+\gamma_C M_C+\cdots+\gamma_B M_B$$

代入数值,得

$$\bar{M}=0.78\times 28\text{ g}\cdot\text{mol}^{-1}+0.21\times 32\text{ g}\cdot\text{mol}^{-1}+0.1\times 44\text{ g}\cdot\text{mol}^{-1}=32.96\text{ g}\cdot\text{mol}^{-1}$$

这样 $\rho=\frac{98\,658\text{ Pa}\times 32.96\text{ g}\cdot\text{mol}^{-1}}{8.314\text{ J}\cdot\text{mol}\cdot\text{K}^{-1}\times 293\text{ K}}=1\,334.9\text{ g}\cdot\text{m}^{-3}$

§ 1-3 真实气体状态方程

随着生产与科研的发展,高压、低温技术已日益广泛使用,用理想气体状态方程来描述气体的 pVT 关系已远不能适应这种发展的需要。下面表 1-3-1 所列举的数据便是很好说明。

表 1-3-1 40℃下,1 molCO_2的 pV 测定值

p/Pa	101 325	25 × 101 325	50 × 101 325	80 × 101 325
pV_m/(J·mol^{-1})	2 602	2 288	1 926	963

上述数据是实验维持 40 ℃时,测定不同压力下的 pV_m 值。若将该气体视为理想气体,则在 n、T 恒定条件下根据理想气体状态方程计算,其值应为 2 603.5 J·mol^{-1},而且恒定不变的。将此计算结果与上表比较,不难发现:在 101 325 Pa 压力下的实验值与用理想气体方程式所计算的值基本一致。可是随着压力的增大,实验值与计算值偏差则越来越大。就是说,在高压或低温下理想气体方程式已经不适用。由于高压、低温气体越来越多地用于工业上,因此迫切需要较准确地描述真实气体关系的状态方程。

1.范德华方程

经过一百多年的努力,目前已经提出了数以百计的状态方程,其中一些状态方程目前正广泛地应用在生产、科研上。新的状态方程还在不断出现。下面介绍在历史上起了相当作用而且形式上比较简单的真实气体状态方程——范德华方程。这个状态方程是对理想气体进行两方面的修正而获得的。

1)分子本身体积所引起的修正

由于理想气体模型是将分子视为不具有体积的质点,故理想气体状态方程式中的体积项应是气体分子可以自由活动的空间。

设 1 mol 真实气体的体积为 V_m,由于分子本身具有体积,则分子可以自由活动的空间相应要减少,因此必须从 V_m 中减去一个反映气体分子本身所占有体积的修正量,用 b 表示。这样,1 mol 真实气体的分子可以自由活动的空间为 $V_m - b$,理想气体状态方程则修正为

$$p(V_m - b) = RT$$

式中修正项可通过实验方法测定,其数值约为 1 mol 气体分子自身体积的 4 倍。常用单位为 $m^3 \cdot mol^{-1}$。

2)分子间作用力引起的修正

在温度一定下,由理想气体状态方程看出,理想气体压力的大小,只与单位体积中分子数量有关,而与分子的种类无关。满足这一点必须是分子间无相互作用力。但是真实气体分子间存在相互作用力,且一般情况下为吸引力。在气体内部,一个分子受到周围分子的吸引力作用,由于周围气体分子均匀分布,故该分子所受的吸引力的合力为零。但对于靠近器壁的分子,其所受到的分子间吸引力就不均匀了。如图 1-3-1 所示。由图可看出,后面分子对靠近器壁的分子所产生的吸引力合力不为零,而且指向气体内部,将这种力称之为内压力。内压力的产生势必减小气体分子碰撞器壁时对器壁施加的作用力。所以真实气体对器壁的压力较理想气体的要小。内压力的大小取决于碰撞单位面积器壁的分子数的多少和每一个碰撞器壁的分子所受到向后拉力的大小。这两个因素均与摩尔体积成反比,所以内压力应与摩尔体积平方成反比。设比例系数为 a,则内压力为 a/V_m^2。比例系数决定于气体的性质,它表示 1 mol 气体在占有单位体积时,由于分子间相互作用而引起的压力减小量。若真实气体的压力为 p,则气体分子间无吸引力时的真正压力应为 $p + (a/V_m^2)$。

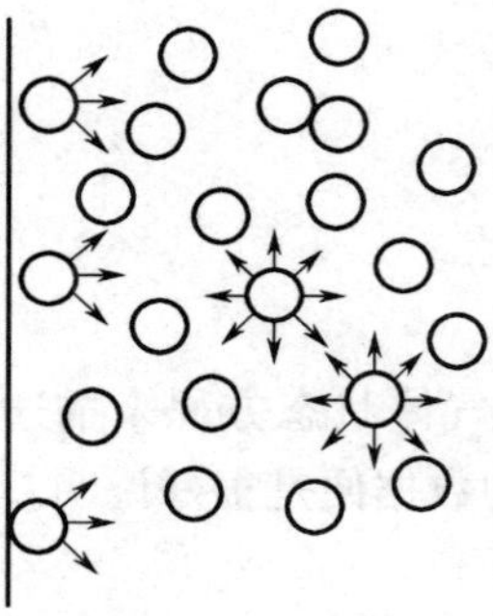

图 1-3-1　分子间吸引力对压力的影响

综合上述两项修正所得到的方程式称为范德华状态方程:

$$\left(p + \frac{a}{V_m^2}\right)(V_m - b) = RT \tag{1-3-1}$$

对物质的量为 n 的气体,方程为

$$\left(p + \frac{an^2}{V^2}\right)(V - nb) = nRT \tag{1-3-2}$$

某些纯气体的范德华常数如表 1-3-2 所示。

范德华方程从理论上分析了真实气体与理想气体的区别,常数 a 与 b 则可通过真实气体实测的 p、V、T 数据来确定,所以范德华方程是一个半理论半经验的状态方程。用范德华方程计算压力在 100 MPa 以下的真实气体行为,其结果远较理想气体状态方程精确。不过,因范德华方程所考虑的两修正项过于简单,所以该方程不能在任何情况下都能精确地描述真实气体的 p、V、T 关系。因此,工程上计算真实气体的行为常用精度更高的状态方程。

表 1-3-2　某些纯气体的范德华常数

气体	$10\times a/(\mathrm{Pa\cdot m^6\cdot mol^{-2}})$	$10^4\times b/(\mathrm{m^3\cdot mol^{-1}})$
H_2	0.247 6	0.266 1
N_2	1.408	0.391 3
O_2	1.378	0.318 3
CO_2	3.640	0.426 7
H_2O	5.536	0.304 9
CH_4	2.283	0.427 8

2. 压缩因子 Z

设有物质的量为 n 的真实气体，在温度为 T、压力为 p 时的体积为 V。由于真实气体分子本身占有体积以及分子间存在相互作用力，所以

$$pV(\text{真})\neq nRT$$

为了便于描述真实气体偏离理想行为的情况，引入式(1-3-3)定义的压缩因子 Z。

$$Z=pV(\text{真})/nRT=pV_m(\text{真})/RT \tag{1-3-3}$$

由上述定义可知，压缩因子是量纲一的量，其值可由实测的 p、V、T 数据按式(1-3-3)求得。Z 反映了一定量的真实气体对同温同压下的理想气体偏离的程度，而且将偏差大小归于体积项。物质的量为 1 mol 真实气体，在 T、p 下如将其作为理想气体处理，则其体积按理想气体状态方程计算，应为

$$V_m(\text{理})=RT/p$$

将此式代入式(1-3-3)中，得

$$Z=V_m(\text{真})/V_m(\text{理}) \tag{1-3-4}$$

由式(1-3-4)可知，任何温度压力下理想气体的压缩因子总为 1。当 $Z>1$，$V(\text{真})>V(\text{理})$，表示真实气体较理想气体难压缩；反之，若 $Z<1$，则说明真实气体较理想气体易压缩。这也是为什么称为压缩因子的缘故。

$pV(\text{真})=ZnRT$ 是真实气体状态方程的一种，此式表示真实气体 T、V、p 的关系。如能求出 Z 值，便可用该式计算真实气体 p、V、T 中任何一个量。Z 可利用压缩因子图查出。

§1-4　液体饱和蒸气压和物质的临界状态

1. 液体饱和蒸气压

若在室内放一盛有纯水(液体)的敞口容器，将会发现容器中的水(液体)不断变为蒸气而逸出至空气中，这一现象称为气化。但是，在室温下，若将过量的纯水(液体)放入带有压力表的密封真空透明容器中，刚开始时，蒸气的压力随着液体的蒸发而增加，当蒸发到最后时，压力的读数便不再变化，这时液体的量不再减少，蒸气与液体处于平衡状态，此时的蒸气压力称为该水(液体)在室温下的饱和蒸气压。如在上述平衡系统中抽去若干蒸气，则液体将自动蒸发一部分以恢复原来的压力；反之，如果自外界加入一部分蒸气，则将有部分蒸气凝结，最后蒸气压力仍回到该温度下的饱和蒸气压。

液体的蒸气压可以用分子运动学说来解释。在液体中分子具有的能量是不相等的,其中有某些分子的能量特别大,足以克服分子间的引力而从表面逸出。根据能量分布定律,在一定温度下具有这种能量和超过这种能量的分子分数是不变的。所以在单位时间内,从单位表面逸出的分子数(即蒸发速率)也是恒定的。相反地,当蒸气中的分子在运动中碰撞到液面时,也会因分子间相互吸引力作用而重新回到液体中,称之为凝结。在单位时间内碰撞到单位液体表面上的分子数(即凝结速率)决定于蒸气的压力。在开始蒸发时,只有逸出的分子而没有凝结的分子。随着蒸发的进行,蒸气的压力渐渐加大,相应凝结的分子逐渐加多,最后必然到达一个蒸发速率与凝结速率相等的状态,即平衡状态。此时从表观上看,液体不再蒸发,而蒸气的压力也不再变大。由此可知,蒸气压的大小反映了液体的蒸发能力强弱。

在开口容器中对液体加热,蒸气压随着温度升高而增加。当蒸气压等于外压时,气化不仅在表面上进行,而且发生在液体的内部,此时液体内部不断有蒸气气泡产生,表现为剧烈的蒸发,这个现象称为沸腾,相应的温度称为液体的沸点。液体的蒸发能在任何温度进行,但在外压一定时沸腾却只能在一定温度下发生,只有改变外压才能改变液体的沸点。通常将液体在101 325 Pa下的沸腾温度称为正常沸点。

液体在蒸发时,由于失去了动能较大的分子,故发生冷却现象,为了保持温度不变,必须从环境吸取热量,这种热量称为蒸发热(又称汽化热),蒸发热的数值决定于液体分子间的相互作用力的大小。蒸发热大的液体一般具有较小的蒸气压,也就是沸点较高。

2.临界状态

在前面所讨论的真实气体偏离理想行为的情况,是局限在较窄的温度、压力范围内的。若在更宽的温度、压力范围内测定真实气体的 pVT 关系,则不难发现,除偏离理想行为外,还可观察到真实气体的液化和与液化过程密切相关的另一物理性质——临界状态。

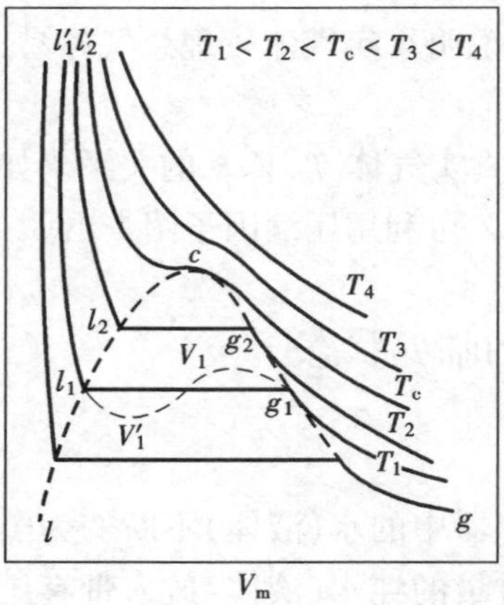

图 1-4-1　真实气体等温线的示意图

图 1-4-1 是实验测得某真实气体在指定的不同温度下,该气体的压力 p 与体积 V_m 的关系,即压力对体积的等温线。从图可以看出:当温度 $T > T_c$(称为临界温度),即温度远高于临界温度时,该气体的等温线近似为双曲线,这说明其形状与理想气体的等温线相似;当温度逐渐降低时,即温度虽高于临界温度但又靠近临界温度的等温线,则真实气体的等温线与理想气体的等温线偏离得越显著。

当 $T < T_c$,即温度低于临界温度时,图中的等温线与 $T > T_c$时的等温线显著不同。以 T_1 等温线为例,从低压开始压缩气体时,气体体积随压力增大而减小,但当压力增大到图中 g_1点的压力后,曲线变成一水平线。虽然气体的体积在减小,但压力却不变,说明气体的压力达到 g_1点时,气体达到饱和而开始液化,液体的体积为 l_1点,若继续加压,则气体不断液化为液体,直到气体全部变成液体后,等温线约呈直线上升,就是说,液体的体积是非常难以压缩的。

由图还可看出，温度越高的等温线其水平线段就越短。例如温度升至 T_2时，该温度的等温线的水平线段 g_2l_2较水平线段 g_1l_1要短，表明 g_2点的压力较 g_1点大，g_2点的气体摩尔体积小于 g_1点的气体摩尔体积。另一方面，l_2点的液体摩尔体积则较 l_1点的液体摩尔体积大。说明温度为 T_2时的气体的摩尔体积与液体的摩尔体积之差小于温度 T_1时这两者之差。由此可见，随着温度升高，互成平衡的蒸气摩尔体积与液体摩尔体积越来越接近。当温度升至 T_c时，水平线段缩成一点，此时蒸气与液体的摩尔体积相等，蒸气与液体两者合二为一，不可区分。c 点称为气体的临界点，它代表的状态称临界状态。临界点处的温度称为该气体的临界温度，用 T_c表示。c 点的压力称临界压力，用 p_c表示，是该气体在临界温度时液化所需的最小压力。在 T_c、p_c下，物质所具有的体积称临界摩尔体积，以 $V_{m,c}$表示，或简称为临界体积。p_c、V_c、T_c总称为物质的临界参数。过 c 点的等温线称临界等温线。而气体温度在临界温度以上时，所有的等温线均无水平线段，亦即气体温度在临界温度以上时，单纯增大压力是不可能使气体液化的，故临界温度是气体能够液化的最高温度。

实验证明：每种气体均有临界点。不同的气体，其分子种类、分子热运动以及分子间的相互作用力不同，因而临界参数不同。但是在临界点处，每种气体均表现出相同的情况，即气、液之间的区别消失了。这表明，不同气体处在各自临界状态时具有共同的内部规律。

3. 对应状态原理

由上述可知，临界参数的不同是物质性质差异的一种表现。不过，任何物质在临界状态时都是气、液不分，所以临界点又反映了各物质的一种共同特性。实验证明：以临界点作为基准点，用临界温度、临界压力和临界摩尔体积去度量温度、压力和体积的数值，可得到式(1-4-1)所示的一组状态参数，分别称为对比温度(T_r)、对比压力(p_r)和对比摩尔体积(V_r)。这组参数称为对比状态参数，是表示气体离开各自临界状态的倍数。即

$$p_r = p/p_c \quad T_r = T/T_c \quad V_r = V_m/V_{m,c} \tag{1-4-1}$$

对比状态参数为量纲一的量。必须注意，对比温度要用开尔文温度求值。

用对比状态参数整理大量实验数据的结果，发现各种真实气体，若它们的 p_r、T_r相等，则它们的对比摩尔体积基本相同。换言之，若不同的气体有两个对比状态参数彼此相等，则第三个对比状态参数基本上具有相同的数值。这一经验的规律称为对应状态原理。当两种真实气体对比状态参数彼此相同时，则称此两种气体处于对应状态之下。

对应状态原理提供了能从一种气体的 p、V、T 性质推算另一种气体的p、V、T 性质的可能。在§1-3 中，为了保留理想气体状态方程的简单形式，而将真实气体与理想气体之间的所有偏差归结到一个修正因子 Z(压缩因子)，并将理想气体状态方程修正为适用于真实气体的状态方程，即

$$pV_m = ZRT$$

根据对应状态原理，可用对比参数来描述真实气体的行为，而且可以推想，处于同一对比状态下的各种气体应具有相同的压缩因子。证明如下：

根据式(1-4-1)，某种气体的 p、V、T 与临界参数及对比参数之间有如下的关系：

$$p = p_r p_c \quad T = T_r T_c \quad V_m = V_c V_r$$

将此关系代入 $pV_m = ZRT$ 中，得

$$(p_r p_c)(V_r V_c) = ZR(T_r T_c)$$

移项整理后，得

$$Z=\frac{p_c V_c}{RT_c}\frac{p_r V_r}{T_r}$$

式中$\frac{p_c V_c}{RT_c}$用 Z_c 代替，称临界压缩因子。用各真实气体的 p_c、V_c、T_c 计算，结果大部分真实气体的 Z_c 大体上相同，在 0.27 ~ 0.29 之间，可近似作为常数，并有

$$Z=Z_c\frac{p_r V_r}{T_r} \tag{1-4-2}$$

根据对应状态原理，不同气体在相同的对比压力 p_r 与对比温度 T_r 下，对比摩尔体积 $V_{m,r}$ 基本相同，所以由式(1-4-2)可知，不同气体若处于对比状态时，它们具有相同的压缩因子 Z。

图 1-4-2 是对 10 种气体（N_2、CO_2、H_2、CH_4、C_2H_6、C_2H_4、C_3H_8、n-C_4H_{10}、i-C_6H_{10}、n-C_5H_{10}）在不同温度下进行实验测定，取其平均值描绘成的。

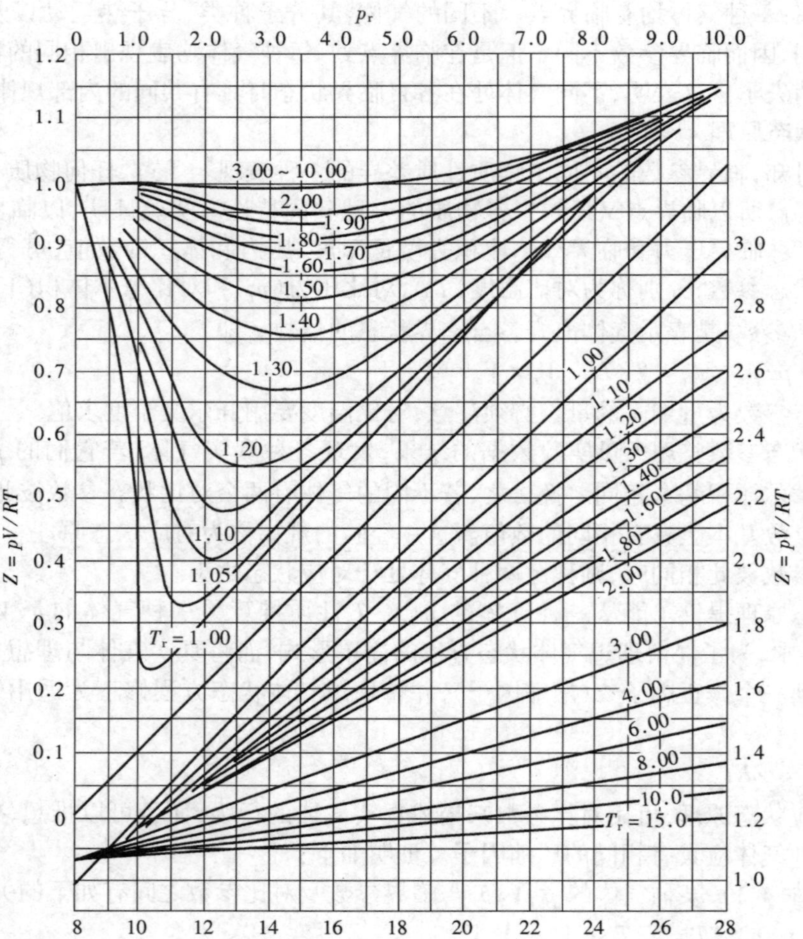

图 1-4-2　双参数普遍化压缩因子图

§1-5 超临界流体

超临界流体是指温度、压力高于临界温度 T_c 和临界压力 p_c 的流体。这种超临界流体既不是气体也不是液体，但它同时具有气体和液体的某些性质。特别是超临界流体具有溶解许多物质的能力，而且，具有省能、省资源的优点，并避免了通常采用有机溶剂所带来的污染环境问题。正是这一特点，在近 30 年，以超临界流体作为萃取剂的新分离技术，被用于石油、医药、化工、食品、香料等方面。下面以 CO_2 为例，简述有关超临界流体的一些性质。

1.超临界流体溶解物质的能力

图 1-5-1 是 CO_2 的 $p—V—T$ 图，在临界点附近的超临界状态下，等温线的斜度平缓，即温度或压力的微小变化就会引起密度发生很大变化。当接近临界温度 T_c，相当于对比温度 $T_r=1\sim1.2$ 时，流体有很大的可压缩性。在对比压力 $p_r=0.7\sim2$ 的范围内，适当增加压力可使流体密度很快变到与普通液体的密度相近，因此超临界流体具有与液体相近的溶解溶质的能力，而且随温度与压力的变化而连续变化。密度越大，溶解能力越高。

此外，也可通过加入其他助溶剂来调节物质在超临界流体中的溶解度。研究表明，除了压力的改变能令超临界流体的密度发生改变之外，在所溶解的溶质分子周围能形成一种“局部密度升高”的状态。例如，在以超临界状态 CO_2 为溶剂的超临界萃取中，溶质分子周围的 CO_2 溶剂的密度大于其本体的密度，而且这种溶质分子周围的“局部密度升高”作用在临界压力 p_c 附近最为强烈，所以超临界流体 CO_2 压力越靠近临界压力，其本体密度迅速增大，同时还令溶质分子周围溶剂分子的“局部密度升高”更快，这就使得超临界流体 CO_2 的溶解能力迅速增强。图 1-5-2 中所示的萘在超临界流体 CO_2 中之溶解度，便是很好的例子。当压力小于 7.0 MPa 时，萘在 CO_2 中之溶解度非常小。只有当压力增大到 CO_2 临界压力附近时，萘溶于 CO_2 的溶解度便开始急剧上升，而且随着压力增大萘的溶解度呈直线上升，到 25 MPa 时，萘在 CO_2 中的溶解度高达 70 g/L。

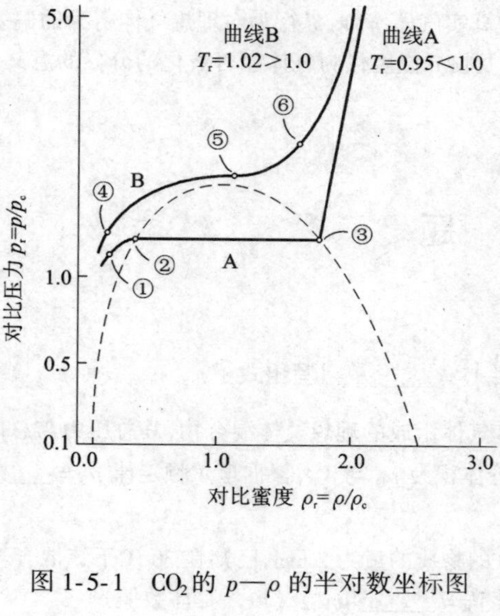

图 1-5-1　CO_2 的 $p—\rho$ 的半对数坐标图

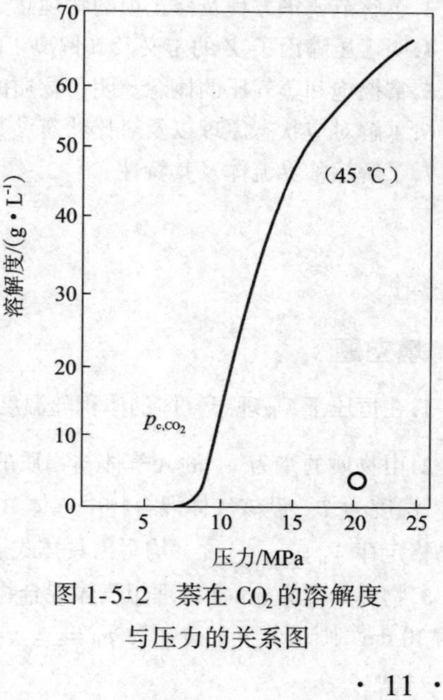

图 1-5-2　萘在 CO_2 的溶解度与压力的关系图

2.临界流体的传递性质

超临界流体的最重要的传递性质是粘度和扩散系数。超临界流体的粘度受温度和压力的影响也很大。超临界流体的粘度仅为气体的6倍,其对比粘度 μ_r 只有1~3,而普通液体萃取剂的 μ_r 为12以上,这说明超临界流体的粘度远低于普通液体萃取剂的粘度。同样,超临界流体的自扩散系数要比通常状态下液体的自扩散系数大7~24倍,所以超临界流体能迅速渗透到物体内部而溶解目标物质,快速达到萃取平衡。

表1-5-1中列出超临界流体和常温、常压下气体、液体的密度、粘度和扩散速度的数据。从该表所列数据表明,超临界流体具有很高的传质速率和很快达到萃取平衡的能力。

表1-5-1 超临界流体和常温、常压下气体、液体的物性比较

	气体(常温、常压)	超临界流体		液体(常温、常压)
		T_c, p_c	~ T_c, $4p_c$	
密度/(g·cm^{-3})	0.006~0.02	0.2~0.5	0.4~0.9	0.6~1.6
粘度/($\times 10^{-4}$ g·cm^{-1}·s)	1~3	1~3	3~9	20~300
自扩散系数/(cm^2·s^{-1})	0.1~0.4	0.7×10^{-3}	$0.2\sim10^{-3}$	$(0.2\sim2)\times10^{-5}$

超临界流体作为新的分离技术已为人们所公认,特别在高附加值、热敏性、难分离物质的回收和脱除方面有其优越之处。

本章基本要求

1.熟练应用理想气体方程进行计算;明了理想气体及其微观模型;熟记 R 的数值与单位。

2.掌握分压力 p_B 及分体积 V_B 的概念及适用范围。掌握道尔顿定律与阿马格定律以及它们的应用。掌握任一组分B的压力分数 p_B/p、体积分数 V_B/V 与摩尔分数 y_B 间的关系。

3.了解范德华方程及修正项的物理意义。

4.明了压缩因子 Z 的定义及其偏离1的含义。了解真实气体 p、V、T 行为对理想气体行为的偏差。

5.掌握饱和蒸气压的概念。明了物质的临界状态以及临界温度作为气体能否液化的分界的意义。

6.了解对应状态原理以及对比状态参数的计算。

7.了解超临界流体及其特性。

概 念 题

填空题

1.在恒压下,某理想气体的体积随温度的变化率 $\left(\frac{\partial V}{\partial T}\right)_p$ = ______。(写出式子)

2.由物质的量为 n_A 的A气体与物质的量为 n_B 的B气体组成的理想气体混合物,其总压力与总体积为 p 和 V,温度为 T。设该气体混合物中气体B的分压力与分体积为 p_B 与 V_B,根据道尔顿定律 p_B = ______;根据阿马格定律 V_B = ______。(均写出具体式子)

3.物质的量为5 mol的理想气体混合物,其中组分B的物质的量为2 mol,已知在30 ℃下该混合气体的体积为10 dm^3,则组分B的分压力 p_B = ______ kPa,分体积 V_B = ______ dm^3。(填入具体数值)

4. 已知在温度 T 下，理想气体 A 的密度 ρ_A 为理想气体 B 的密度 ρ_B 的 2 倍，而 A 的摩尔质量 M_A 却是 B 的摩尔质量 M_B 的一半。在温度 T 下，将相同质量的气体 A 和 B 放入到体积为 V 的真空密闭容器中，此时两气体的分压力之比(p_A/p_B) = ______。(填入具体数值)

5. 在任何温度、压力条件下，压缩因子恒为 1 的气体为______。若某条件下的真实气体的 $Z>1$，则说明该气体的 V_m ______同样条件下的理想气体的 V_m，也就是该真实气体比同条件下的理想气体______压缩。

6. 液体饱和蒸气压是指______。液体的沸点则是指______。

7. 一物质处在临界状态时，其表现为______________________________。

8. 已知 A、B 两种气体临界温度关系为 $T_c(A)<T_c(B)$，则两气体相对易液化的气体为______。

9. 已知耐压容器中某物质的温度为 30 ℃，而且它的对比温度 $T_r=9.12$，则该容器中的物质为______体，而该物质的临界温度 T_c = ______ K。

10. 气体 A 和气体 B(两者均不为氢)的临界参数如下：

物质	p_c(kPa)	t_c(℃)
A	20.265	6.8
B	4 053.0	56.8

已知气体 A 处在 $p(A)=2\,431.8$ kPa，$t(A)=62.8$ ℃时，其压缩因子 $Z_A=0.75$，则气体 B 在 $p(B)$ = ______ kPa，$t(B)$ = ______ ℃条件下，其压缩因子 Z_B 亦为 0.75。

选择填空题(请从每题所附答案中择一正确的填入横线上)

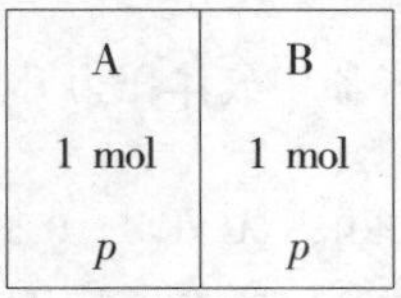

1. 如左图所示，被隔板分隔成体积相等的两容器中，在温度 T 下，分别放有物质的量各为 1 mol 的理想气体 A 和 B，它们的压力皆为 p。将隔板抽掉后，两气体则进行混合，平衡后气体 B 的分压力 p_B = ______。

选择填入：(a) $2p$　(b) $4p$　(c) $p/2$　(d) p

2. 在温度为 T、体积恒定为 V 的容器中，内含 A、B 两组分的理想气体混合物，它们的分压力与分体积分别为 p_A、p_B、V_A、V_B。若又往容器中再加入物质的量为 n_C 的理想气体 C，则组分 A 的分压力 p_A ______，组分 B 的分体积 V_B ______。

选择填入：(a)变大　(b)变小　(c)不变　(d)无法判断

3. 已知 CO_2 的临界参数 $t_c=30.98$ ℃，$p_c=7.375$ MPa。有一钢瓶中贮存着 29 ℃的 CO_2，则该 CO_2 ______状态。

选择填入：(a)一定为液体　(b)一定为气体　(c)一定为气液共存　(d)数据不足，无法确定

4. 有一碳氢化合物气体(视作理想气体)，在 25 ℃、1.333×10^4 Pa 时测得其密度为 0.161 7 $kg\cdot m^{-3}$，已知 C、H 的相对原子质量为 12.010 7 及 1.007 94，则该化合物的分子式为______。

选择填入：(a) CH_4　(b) C_2H_6　(c) C_2H_4　(d) C_2H_2

5. 在恒温 100 ℃的带活塞气缸中，放有压力为 101.325 kPa 的饱和水蒸气。于恒温下压缩该水蒸气，直到其体积为原来体积的 1/3，此时缸内水蒸气的压力______。

选择填入：(a)303.975 kPa　(b)33.775 kPa　(c)101.325 kPa　(d)数据不足，无法计算

6. 已知 A、B 两种气体的临界温度的关系 $T_c(A)>T_c(B)$，如两种气体处于同一温度时，则气体 A 的 $T_r(A)$ ______气体 B 的 $T_r(B)$。

选择填入：(a)大于　(b)小于　(c)等于　(d)可能大于也可能小于

7. 已知水在 25℃的饱和蒸气压 $p^*(25℃)=3.67$ kPa。在 25℃下的密封容器中存在有少量的水及被水蒸气所饱和的空气，容器的压力为 100 kPa，则此时空气的摩尔分数 y(空)______。若将容器升温至 100 ℃并保持恒定，达平衡后容器中仍有水存在，则此时容器中空气的摩尔分数 y'(空)______。

选择填入：(a)0.903，0.963　(b)0.936，0.970　(c)0.963，0.543　(d)0.983，0.770

习　题

1-1(A)　在室温下,某盛氧气钢筒内氧气压力为 537.02 kPa,若提用 160 dm^3(在 101.325 kPa 下占的体积)的氧气后,筒内压力降为 131.72 kPa,设温度不变,试用理想气体状态方程估计钢筒的体积。

答: $V = 40\ dm^3$

1-2(A)　带旋塞的容器中,装有一定量的 0 ℃、压力为大气压力的空气。在恒压下将其加热并同时将旋塞拧开,现要求将容器内的空气量减少 1/5,问需将容器加热到多少度?(设容器中气体温度均匀)

答:341.44 K

1-3(A)　有一 10 dm^3 的钢瓶,内储压力为 10 130 kPa 的氧气。该钢瓶专用于体积为 0.4 dm^3 的某一反应装置充氧,每次充氧直到该反应装置的压力为 2 026 kPa 为止,问该钢瓶内的氧可对该反应装置充氧多少次?

答:100 次

1-4(A)　一个 2.80 dm^3 的容器中,有 0.174 g $H_2(g)$ 与 1.344 g $N_2(g)$,求容器中各气体的摩尔分数及 0℃时各气体的分压力。

答: $y(H_2) = 0.643$, $y(N_2) = 0.357$;

$p(H_2) = 70.00$ kPa, $p(N_2) = 38.92$ kPa

1-5(A)　试利用理想气体有关公式证明,由 A、B 两组分组成的理想气体混合物,其平均摩尔质量 $\bar{M}$ 与 A、B 两组分的摩尔质量 M_A 及 M_B 的关系为 $\bar{M} = y_A M_A + y_B M_B$。

1-6(A)　20℃时将乙烷与丁烷的混合气体充入一个 0.20 dm^3 的抽空容器中,当容器中气体压力升至 101.325 kPa,气体的质量为 0.389 7 g。求该混合气体的平均摩尔质量与各组分的摩尔分数。

答: $\bar{M} = 46.87\ mol^{-1}$, $y(C_2H_6) = 0.401$, $y(C_4H_{10}) = 0.599$

1-7(A)　已知混合气体中各组分的摩尔分数为:氯乙烯 0.88、氯化氢 0.10 及乙烯 0.02,在维持压力 101.325 kPa 不变条件下,用水洗去氯化氢,求剩余干气体(即不考虑其中水蒸气)中各组分的分压力。

答: p(氯乙烯) = 99.073 kPa, p(乙烯) = 2.25 kPa

1-8(A)　在 27℃下,测得总压为 100 kPa 的 Ne 与 Ar 混合气体的密度为 1.186 $kg \cdot m^{-3}$,求此混合气体中的 Ne 的摩尔分数及分压力。

答: $y(Ne) = 0.524$, $p(Ne) = 52.37$ kPa

1-9(A)　300 K 时,某容器中含有 H_2 与 N_2,总压力为 150 kPa。若温度不变,将 N_2 分离后,容器的质量减少了 14.01 g,压力降为 50 kPa。试计算:(a)容器的体积;(b)容器中 H_2 的质量;(c)容器中最初 H_2 与 N_2 的摩尔分数。

答:(a) $V = 0.012\ 47\ m^3$;(b) $m(H_2) = 0.504$ g;(c) $y(H_2) = 1/3$, $y(N_2) = 2/3$

1-10(A)　有 2 dm^3 湿空气,压力为 101.325 kPa,其中水蒸气的分压力为 12.33 kPa。设空气中 O_2 与 N_2 的体积分数分别为 0.21 与 0.79,求水蒸气、N_2 及 O_2 的分体积以及 N_2、O_2 在湿空气中的分压力。

答: $V(H_2O) = 0.243\ 4\ dm^3$, $V(N_2) = 1.387\ 8\ dm^3$, $V(O_2) = 0.368\ 8\ dm^3$;

$p(N_2) = 70.309$ kPa, $p(O_2) = 18.684$ kPa

1-11(A)　在一体积为 0.50 m^3 耐压容器中,放有 16 kg 温度为 500 K 的 CH_4 气体,用理想气体状态方程式与范德华方程式分别求算容器中气体的压力值。

答: p(理) = 8.29 MPa, p(范) = 8.16 MPa

1-12(A)　求 C_2H_4 在 150 ℃、100 MPa 下的密度。(a)用理想气体状态方程;(b)用双参数压缩因子图。其实测值为 442.05 $kg \cdot m^{-3}$。

答:(a) ρ(理) = 797.4 $kg \cdot m^{-3}$;(b) ρ(双) = 426.4 $kg \cdot m^{-3}$

1-13(B) 一真空玻璃管净重 37.936 5 g,在 20 ℃下充入干燥空气,压力为 101.325 kPa,质量为 38.073 9 g。在同样条件下,若充入甲烷与乙烷的混合气体,质量为 38.034 7 g。计算混合气体中甲烷的摩尔分数。

答:$y(CH_4) = 0.674$

1-14(B) 在 2.0 dm^3 的真空容器中,装入 4.64 g Cl_2 和 4.19 g SO_2,在 190 ℃时,Cl_2 与 SO_2 部分反应为 SO_2Cl_2,容器压力变为 202.65 kPa,求平衡时各气体的分压力。

答:$p(Cl_2) = 76.74$ kPa, $p(SO_2) = 76.66$ kPa, $p(SO_2Cl_2) = 49.25$ kPa

1-15(B) 20 ℃时,在 0.20 dm^3 的真空容器中放入乙烷与丁烷的混合气体。当压力为 99.992 kPa 时容器中气体的质量为 0.384 6 g,计算混合气体丁烷的摩尔分数及其分压力。

答:y(丁烷) = 0.598 9, p(丁烷) = 59.885 kPa

1-16(B) 有 20 ℃、101.325 kPa 的干燥气体 20 dm^3,通过保持 30 ℃的溴苯时,实验测得有 0.950 g 的溴苯被带走,求溴苯在 30 ℃的饱和蒸气压是多少?设溴苯蒸气为理想气体。

答:p^*(溴苯) = 0.731 6 kPa

1-17(B) 用毛细管连接的体积相等的两个玻璃球中,放入 0 ℃、101.325 kPa 的空气后并加以密封。若将其中一个球加热至 100 ℃,另一个球仍保持 0 ℃,求容器内的气体压力。毛细管的体积可忽略不计。

答:$p = 117$ kPa

1-18(B) 一密闭刚性容器中充满了空气,并有少量的水。当容器于 300 K 条件下达平衡时,容器内压力为 101.325 kPa。若把该容器移至 373.15 K 的沸水中,试求容器中到达新的平衡时应有的压力。设容器中始终有水存在,且可忽略水的任何体积变化。300 K 时水的饱和蒸气压为 3 567 Pa。

答:$p = 222.92$ kPa

第2章　热力学第一定律

工业生产中进行着各种各样的物理过程与化学过程，如物质加热或冷却、压缩或膨胀、蒸发或冷凝，以及化学反应等等。当物质进行这些过程时常伴有能量的交换。例如，化学反应进行时，不是吸热就是放热，气体的压缩需要对其施加机械功。因此，研究各种过程中能量从一种形式转变为另一种形式是非常重要的。热力学就是研究各种过程中能量转换规律的科学，其主要依据是热力学第一定律和热力学第二定律。热力学第一定律解决的是，物质进行某一过程时，在不同条件下所交换的不同形式之能量有多少。热力学第二定律则是从能量转换角度解决在不同条件下，过程能否自发进行以及进行至何等程度的问题。

热力学是通过物质进行物理过程或化学过程前后某些宏观性质的变化量来进行计算、分析这些过程的能量转换关系和过程进行的方向与限度，所以，它不能解决物质变化历程、速率及物质内部的微观个别粒子的行为。本章着重讨论热力学第一定律和该定律某些推论，以及它们的具体应用，主要用来解决工业上物质的各种物理过程与化学过程的能量转换（即热与功）的数量计算。这也是本章学习的重点。

§2-1　热力学基本概念与术语

1. 系统与环境

客观世界是由多种物质构成的，我们可能只研究其中一种或若干种物质。所以，热力学将作为研究对象的这一部分物质及其空间称为系统；而将与系统密切相关（即有物质与能量交换）的部分称为环境。系统与环境之间可以用实际存在的界面来分隔，也可以用想象的分界面来分隔。例如一钢瓶氧气，当研究其中气体时就将氧气定为系统，钢瓶以外的物质（空气等）则为环境，而钢瓶则是分界面。但是，当上述钢瓶中的氧气喷至空气中时，若需要研究某一瞬间瓶中残余氧气的性质时，则该残余氧气就是系统，离开钢瓶的氧气则为环境，它与残余氧气之间并没有实际界面隔开，只能是想象的界面。

为了研究方便，根据系统与环境之间联系情况的不同，将系统分成三类。

1）敞开系统

与环境不仅有能量交换而且有物质交换的系统称为敞开系统。如在加热氧气钢瓶的同时将阀门打开，瓶内的氧气受热膨胀而陆续流出至空气中，这时系统与环境有物质交换。钢瓶内的氧气流出到空气中是因为从环境获得能量的结果，因此，若将钢瓶氧气作为系统，则该系统便为开放系统。

2）封闭系统

与环境之间只有能量交换而无物质交换的系统，称为封闭系统。若将上述氧气钢瓶的阀门关闭，同时用火加热钢瓶，并以氧气作为系统时，氧气只可能与环境有热交换（即有能量的交换),但因阀门关闭而氧气不能流出瓶外(即无物质的交换),故系统是封闭系统。就是说,封闭系统只能通过界面以热与功等的形式与环境进行能量的交换。封闭系统较为简单,是热力学研究的基础,本书中除特别注明之外,所研究的对象均为封闭系统。

3)隔离系统

与环境之间既无物质交换又无能量交换的系统,称为隔离系统。隔离系统也称为孤立系统。例如,在一个绝热而又体积不变的密封容器中进行化学反应,则可将该反应系统视为隔离系统。

2.状态与状态函数

从热力学看,若某一系统的物质组成、数量与形态,系统的温度、压力、体积等都有确定的数值时,则称该系统处于一定的状态。就是说,系统的状态是其所有宏观性质的综合表现。因此,当一个系统的状态确定后,各种宏观性质也具有确定的数值,所以热力学将各种宏观性质称为状态函数。系统的质量、组成、温度、压力、体积等均为状态函数,后面介绍的非常重要的热力学能、焓、熵、吉布斯函数等亦皆为状态函数。

系统的宏观性质(简称性质)可以分成两类:一类为广度性质,另一类为强度性质。系统的广度性质是指将系统分割为若干部分时,系统的某一性质等于各部分该性质之和。如一盛有气体的容器用隔板分隔成两部分,则气体的总体积为两部分气体体积之和。属于广度性质的宏观性质有体积(V)、热力学能(U)、熵(S)、吉布斯函数(G)……。强度性质则是指系统中不具加和关系的性质。上述分隔为两部分的容器,其气体的温度绝不是两部分气体温度之和。强度性质除温度外还有压力、密度等等。应当指出,在一定条件下,广度性质也可转成强度性质。例如,摩尔体积是物质的量为 1 mol 时物质所具有的体积,因强调的是 1 mol 物质的量,故不具有加和性,亦即广度性质的摩尔值应为强度性质。

描述一个系统的状态并不需要将该系统的全部性质列出,因为系统的宏观性质是互相关联的。理想气体的物质的量、温度、压力确定后,体积、密度等性质就由理想气体状态方程求得。一般来说,当系统的物质的量、组成、聚集状态(相态)以及两个强度性质确定后,系统其他的性质就都能确定。

如前指出,当系统的状态确定后,系统的宏观性质就有确定的数值,亦即系统的宏观性质是状态的单值函数。由此可以得到一个重要的结论:系统的状态函数只取决于系统状态,当系统的状态确定后,系统的状态函数就有确定的值;当系统由某一状态变化到另一状态时,系统的状态函数的变化值只取决于始、终两状态,而与系统变化的具体途径无关。还有,状态函数的和、差、积、商仍为状态函数。状态函数的这些特性在热力学解决实际问题时是非常重要的,需要认真领会和应用。

应该指出,系统在一定的始态与终态之间完成状态变化的具体途径可能有无数条,但其状态函数的变化量则总是相等的,与所经历途径无关。如下图所示:

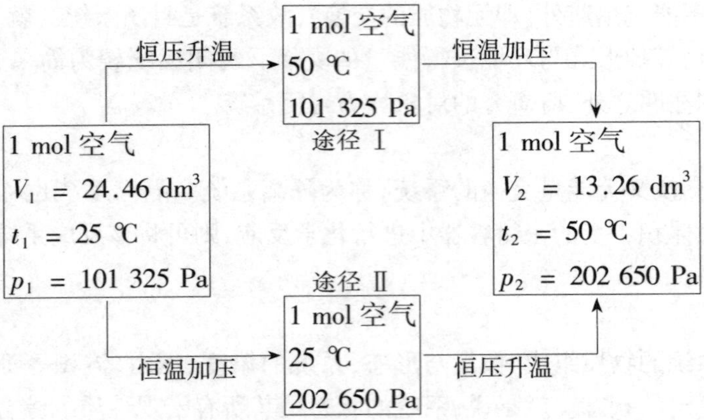

1 mol 空气(理想气体)从温度 25 ℃、压力 101 325 Pa 变化至温度 50 ℃、压力 202 650 Pa,经历了两条不同的途径。但是系统的体积变化值 $\Delta V = V_2 - V_1$,不论哪一条途径,ΔV 值均为 $-11.20\ dm^3$,温度变化值 $\Delta t = 50\ ℃ - 25\ ℃ = 25\ ℃$,压力变化值 $\Delta p = 101.325\ kPa$。

3.热力学平衡

在没有环境影响的条件下,如果系统的各种宏观性质不随时间而变化时,则称该系统处于热力学的平衡状态,简称该系统处于平衡状态。一个系统要处于热力学平衡状态,一般应满足下面三个平衡。

1)热平衡

当系统内部无绝热壁存在时,系统的各部分温度相等,则称系统处于热平衡。

2)力学平衡

当系统内无刚性壁存在时,系统内各部分的压力相等,则称该系统处于力学平衡。

3)相平衡与化学平衡

当系统内无阻力因素存在时,系统内各部分组成均匀且不随时间而变化,则称该系统处于相平衡或化学平衡。

由此可见,如无特殊情况,系统处于平衡态必须是系统内部各种性质(如温度、压力)应相同,有相变化与化学反应进行时均应达到平衡,而且,系统的温度、压力还应分别与环境温度、压力相等,这样,系统才真正处于平衡态。

4.过程与途径

系统由一平衡态变化至另一平衡态,这种变化称为过程。实现这一变化的具体步骤称为途径。像气体的升温、压缩,液体蒸发为蒸气,晶体从液体中析出以及发生化学反应等等,均称进行了一个热力学过程。常见的特定过程有如下一些。

1)恒温过程

指系统状态发生变化时,系统的温度等于环境温度且为常数,即 T(系) = T(环) = 常数的过程。如系统状态变化时,仅是系统的始态温度等于终态温度等于环境温度且为常数,即 T(始) = T(终) = 常数,则此过程称等温过程。

2)恒压过程

整个过程中 p(系) = p(环) = 常数的过程称恒压过程。若 p(环)为定值,而只是系统的始

态压力 p_1 及终态压力 p_2 与环境压力相等,即 p_1(始) = p_2(终) = p(环) = 常数时的过程称为等压过程。当系统状态改变时,环境压力恒定,即 p(环) = 常数,而系统的始态压力 p_1 不等于 p(环),但终态压力 p_2 等于 p(环)的过程,称恒外压过程。

3)恒容过程

系统状态变化时,系统的体积始终保持不变,即 $\mathrm{d}V(系) = 0$ 的过程,称为恒容过程。

4)绝热过程

绝热过程是系统状态变化时,系统与环境之间无热交换,即 $\delta Q = 0$ 的过程。但应注意,虽然绝热过程中系统与环境无热交换,但可以有功的交换。

5)循环过程

循环过程是当系统由某一状态出发,经历了一系列具体途径后又回到原来状态的过程。循环过程的特点是,系统的状态函数变化量均为零,但整个过程中,系统与环境交换的功与热却往往不为零。

5.热与功

热与功是系统状态发生变化时,与环境进行能量交换的两种不同形式。因热与功只是能量交换形式,而且只有当系统进行某一过程时,才能以热与功的形式与环境进行能量的交换,因此,热与功的数值不仅与系统始、末状态有关,而且还与状态变化时所经历的途径有关,故将热与功称作途径函数。热与功具有能量的单位,为焦耳(J)或千焦耳(kJ)。

1)热

系统状态变化时,因与环境之间存在温度差而引起的能量交换之形式称为热,以符号 Q 表示。热力学规定:若系统吸热(即环境放热),Q 值规定为正;反之,系统对外放热,则 Q 值定为负。这样通过 Q 的数值之正或负就能说明热的传递方向。从微观角度讲,物质的温度高低反映该物质内部粒子无序热运动的平均强度大小,故热实质上是系统与环境两者内部粒子无序热运动平均强度不同而交换之能量。

2)功

系统状态发生变化时,除热之外,其他与环境进行能量交换之形式均称为功,以符号 W 来表示。对功的数值也同样规定:系统从环境得功为正,对环境作功为负。上述正负号的规定是依照最新的国家标准而定的,与过去沿用的规定相反。

因为除热之外,系统与环境交换能量的其他形式均归于功,所以功又有不同种类。热力学将功分成两类。一种是系统的体积发生变化时与环境所交换的功,称为体积功。体积功的计算式(或称定义式)为

$$\delta W = -p(环)\mathrm{d}V \tag{2-1-1}$$

或

$$W = \sum_{V_1}^{V_2} \delta W = -\int_{V_1}^{V_2} p(环)\mathrm{d}V \tag{2-1-2}$$

如果系统状态变化的整个过程中 p(环) = 常数,则式(2-1-2)简化为

$$W = -p(环)\int_{V_1}^{V_2} \mathrm{d}V$$

或

$$W = -p(环)(V_2 - V_1) = -p(环)\Delta V \tag{2-1-3}$$

除体积功之外的其他所有的功称为非体积功，或称其他功。在后面遇到的电功、表面功均属非体积功。从微观上看，功可理解为系统与环境间因粒子有序运动而交换的能量。

例 2.1.1 1 mol H_2 由 $p_1 = 101.325$ kPa、$T_1 = 298$ K 分别经历以下三条不同途径恒温变化到 $p_2 = 50.663$ kPa，求此三途径中系统与环境交换的 W。

(a)从始态向真空膨胀到终态；

(b)反抗恒定环境压力 p(环) = 50.663 kPa 膨胀至终态；

(c)从始态被 202.65 kPa 的恒定 p(环)压缩至一中间态，然后再反抗 50.663 kPa 的恒定 p'(环)膨胀至终态。

解：系统中 1 mol H_2 自始态经三条途径至同一终态，都是在恒温下进行，即保持在 298 K，故 $T_1 = T_2$。体积功数值取决于系统状态变化前后的体积差值与环境压力，故求体积功必须先算出始、终态的体积数值。据 $pV = nRT$ 方程，算出 V_1、V'_1、V_2 的数值，见下图。

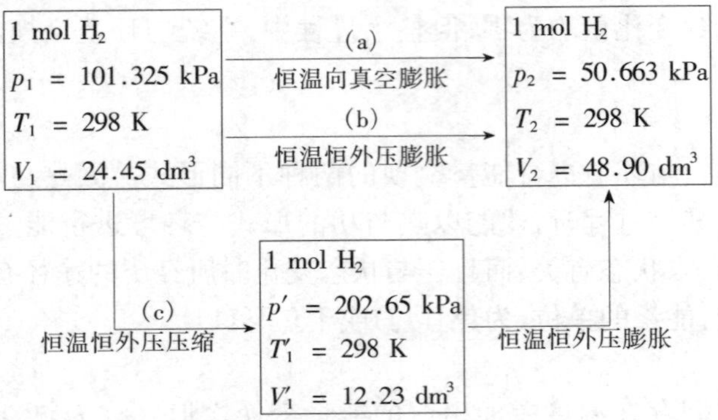

(a)气体向真空膨胀(也称自由膨胀)，即 p(环) = 0 下的气体膨胀，根据 $W = \int_{V_1}^{V_2} -p(\text{环})\,\mathrm{d}V$ 因 p(环)等于零，故

$$W(\mathrm{a}) = 0$$

(b)恒温下反抗恒定环境压力 p(环)膨胀，因 p(环) = 常数，故

$$W(\mathrm{b}) = -p(\text{环})(V_2 - V_1)$$
$$= -\{50\ 663\ \mathrm{Pa} \times (48.90 - 24.45) \times 10^{-3}\ \mathrm{m}^3\} = -1\ 238.7\ \mathrm{J}$$

(c)由两步构成，即恒温恒外压压缩与恒温恒外压膨胀，故

$$W(\mathrm{c}) = W(\text{压缩}) + W(\text{膨胀})$$
$$W(\mathrm{c}) = -p'_1(\text{环})(V'_1 - V_1) - p_2(\text{环})(V_2 - V'_1)$$
$$= -\{202\ 650\ \mathrm{Pa}(12.23 - 24.4) \times 10^{-3}\ \mathrm{m}^3 + 50\ 663\ \mathrm{Pa} \times (48.90 - 12.23) \times 10^{-3}\ \mathrm{m}^3\}$$
$$= 618.6\ \mathrm{J}$$

计算表明，虽然系统的始、终状态相同，但因经历途径不同，结果不仅体积功的数值不同，而且正负号也不同，证明功的数值与途径有关。

6. 热力学能

当环境通过热或功的形式将能量传给系统时，则这部分能量转变为系统的内部能量，称之为系统的热力学能增加。热力学能是指系统内所有粒子全部能量的总和(旧称内能)，用符号 U 表示，具有能量的单位。所谓粒子的全部能量之总和包括有：系统内分子热运动所具有的动能(称为内动能)，这部分能量的高低与系统的温度高低有关，故热力学能为温度的函数；分子间相互作用的势能(称为内势能)，内势能大小取决于分子间相互作用力与分子间距离。而分子间力又为分子间距离的函数，故内势能大小与系统内分子间平均距离有关。对量与组成一定的封闭系统，系统体积大小能反映分子间距离的大小，故热力学能为温度和体积的函数。还有分子内部各种微观粒子运动的能量与粒子间相互作用能量之和。

由上可知，当系统的物质的种类、数量、组成、温度及压力均已确定时，热力学能就有确定的数值，故热力学能为状态函数。系统的热力学能可表示为 T 与 V 的函数。即

$$U = f(T, V) \tag{2-1-4}$$

应注意，当系统为理想气体时，因理想气体分子间无相互作用力，故系统热力学能中的内势能为零。这样，对组成、数量确定的理想气体系统，其热力学能只是系统温度的函数。就是说，一定量的某种理想气体，其状态发生变化时，只要始、终态的温度相同，则该理想气体热力学能不发生变化，ΔU 为零。

尽管由于系统内部粒子热运动以及粒子间相互作用的复杂性，迄今无法确定系统处在某一状态下热力学能的绝对值。但是，实际计算各种过程的系统与环境交换的功与热之数值时，涉及的仅是热力学能之变化量，并不需要知道某状态下系统热力学能的绝对数值。

§2-2　热力学第一定律

1.热力学第一定律及其数学表达式

人类经过长期实践，总结出能量守恒原理这一重要的经验规律。该原理指出：能量有各种各样形式，并能从一种形式转变为另一种形式，但在转变过程中能量的总数量不变。将能量守恒原理应用在以热与功进行能量交换的热力学过程，就称为热力学第一定律。在热力学中，热力学第一定律的通常说法是"一个系统处于确定状态时，系统的热力学能具有单一确定数值。当系统状态发生变化时，系统热力学能的变化完全取决于系统的始态与终态而与状态变化的途径无关。"这种说法实质上就是能量守恒原理。假设系统从状态 1 经途径 A 变至状态 2 时，系统的热力学能的变化为 $\Delta U(A)$；而系统从状态 1 经途径 B 变至状态 2 时，系统的热力学能的变化为 $\Delta U(B)$。若 $\Delta U(A)$大于 $\Delta U(B)$时，则系统从始态 1 经途径 A 变至终态 2，而后再由途径 B 返回到始态 1，经历一个循环过程后，系统却多余出热力学能传递给了环境。如果有一台机器能将这一循环过程不断反复进行，就能源源不断地产生出能量，这就是所谓的第一类永动机。这完全违背了能量守恒原理，所以热力学第一定律的另一种说法是"第一类永动机不可能实现"。

要将热力学第一定律用于计算实际过程中功和热的数量时，必须将第一定律用数学式表达出来。对于封闭系统，因其只与环境有能量交换而无物质交换，所以，当封闭系统从始态 1 变至终态 2 时，环境以热、功的形式分别向系统传递了 Q 与 W 的能量。根据热力学第一定律，环境传递给系统的这两部分能量只能转变为系统的热力学能。故

$$\Delta U = Q + W \tag{2-2-1}$$

若系统状态变化为无限小量时，上式写成

$$\mathrm{d}U = \delta Q + \delta W \tag{2-2-2}$$

以上两式就是封闭系统热力学第一定律数学表达式。式(2-2-1)中 Q、W 的正负号，均规定系统从环境获得功与热(Q 与 W)时，其数值取正值，反之则 Q、W 的数值取负值，而热力学能则

增加为正，减少为负。由式(2-2-1)还可得到如下的结论。

(1)隔离系统因与环境之间既无物质交换又无能量交换，所以，隔离系统内进行任何过程时，系统与环境之间既无物质交换，又无 Q 与 W 的交换，故隔离系统的热力学能 U 不变，这是热力学第一定律的又一种说法。

(2)当系统从规定的始态变至规定的终态时，ΔU 的数值与所经历的途径无关。但由式 $\Delta U = Q + W$ 可知，$Q + W$ 也应与途径无关。这并不表示 W 与 Q 是状态函数，只是说，当系统的始、末状态确定后，不同途径的热与功之和($W + Q$)只取决于始、末状态，而与具体途径无关。

§2-3　恒容热、恒压热与焓

与化学反应等有关联之工业生产或科学研究的各种过程，一般不是在恒容条件就是在恒压条件下进行。所以将热力学第一定律数学式应用于恒容、非体积功 W' 为零或恒压、非体积功 W' 为零的过程以计算这两类过程的热，有很重要的实用价值。

1. 恒容热 Q_V

恒容过程因 $\Delta V = 0$，故体积功为零。若过程中系统与环境间无非体积功交换，则系统与环境之间无任何功的交换，即 $W = 0$，据式(2-2-1)，得

$$Q_V = \Delta U \qquad (\mathrm{d}V = 0,\ W' = 0) \tag{2-3-1}$$

Q 的下标“V”表示过程为恒容且非体积功为零，故 Q_V 称为恒容热。对于一微小恒容不作非体积功的过程，则上式可写为

$$\delta Q_V = \mathrm{d}U \qquad (\mathrm{d}V = 0, \delta W' = 0) \tag{2-3-2}$$

以上两式表明：在 $\mathrm{d}V = 0$、$\delta W' = 0$ 的条件下，过程的恒容热 Q_V 等于系统的热力学能变化量 ΔU。就是说，若要计算在 $\mathrm{d}V = 0$、$W' = 0$ 条件下过程的热 Q_V，只需求出系统在此过程中的热力学能的变化值 ΔU 即可。因为热力学能 U 是状态函数，其变化值 ΔU 只与系统的始态 1 与终态 2 有关，这样 ΔU 值的求取可在相同的始、终态下通过别的途径来求。这种方法是解决热力学问题的最基本方法。

2. 恒压热 Q_p 与焓

如前所述，恒压过程是指 $p(系) = p(环) =$ 常数的过程。恒压过程时系统与环境交换的体积功为

$$W = -p(环)\Delta V$$

因 $p(系) = p(环) =$ 常数，故系统终态压力 p_2 必须等于系统的始态压力 p_1。设始态体积为 V_1、终态体积为 V_2，则

$$W = -p(系)(V_2 - V_1) = -(p_2V_2 - p_1V_1)$$

若恒压过程的非体积功为零，则过程与环境交换的功只有体积功，此时，将热力学第一定律数学式用于恒压过程的热 Q_p 的推导：

$$Q_p = \Delta U - W = \Delta U + (p_2V_2 - p_1V_1)$$

而 $\qquad \Delta U = U_2 - U_1$

两式合并，得

$$Q_p = U_2 - U_1 + p_2 V_2 - p_1 V_1$$
$$= (U_2 + p_2 V_2) - (U_1 + p_1 V_1) \quad (dp = 0, W' = 0)$$

由于 U、p、V 均为系统的状态函数，故其组合($U + pV$)也应为系统状态函数。因此，将($U + pV$)定为新的状态函数，称为焓，其符号为 H，即

$$H \xlongequal{\text{def}} U + pV \tag{2-3-3}$$

这样，上面 Q_p 表达式可改写为

$$Q_p = H_2 - H_1 = \Delta H \quad (dp = 0, W' = 0) \tag{2-3-4}$$

若系统进行一恒压、无体积功交换的微小过程，则式(2-3-4)可表示如下：

$$\delta Q_p = dH \quad (dp = 0, W' = 0) \tag{2-3-5}$$

式中 Q_p 的下角标"p"表示过程是恒压、不作非体积功的过程。式(2-3-4)告诉我们一个重要结论：当系统经历了一个恒压、无非体积功交换的过程，则该过程的热 Q_p 等于此过程中状态函数 H 的变化值 ΔH。

应该指出，由于焓(H)是具有广度性质的状态函数，所以，当系统的状态发生变化时，作为状态函数的焓应该随之而改变，不管过程是否恒压以及作非体积功与否。但是，若某过程系统与环境交换的热 Q 等于该过程的 ΔH，则该过程必是非体积功为零的恒压过程或等压过程。

例 2.3.1 有物质的量为 n 的 N_2(理想气体)由始态 p_1、V_1、T_1 变至终态 p_2、V_2、T_2。若始态温度 T_1 等于终态温度 T_2，求理想气体焓的变化。

解：系统的始态与终态表示如下：

$n, N_2(g)$	$\xrightarrow{\Delta H = ?}$	$n, N_2(g)$
p_1, V_1, T_1, H_1		p_2, V_2, T_2, H_2

由 H 的定义式 $H = U + pV$ 得

$$\Delta H = H_2 - H_1 = (U_2 + p_2 V_2) - (U_1 + p_1 V_1)$$
$$= (U_2 - U_1) + (p_2 V_2 - p_1 V_1)$$

因 $T_2 = T_1$ 而且 $N_2(g)$ 作为理想气体，故

$$\Delta U = U_2 - U_1 = 0$$

再据理想气体状态方程 $pV = nRT$，得

$$p_2 V_2 - p_1 V_1 = nRT_2 - nRT_1 = 0$$

故 $\qquad \Delta H = 0$

计算结果说明，数量与组成一定的某种理想气体，当其 p、V、T 性质发生变化而且始态温度与终态温度相等时，则该理想气体的焓不变，即 $\Delta H = 0$。就是说，数量与组成一定的理想气体系统，其焓仅是温度的函数而与压力或体积无关。即

$$H = f(T) \quad \text{(理想气体单纯 } pVT \text{ 变化)}$$

§2-4 热容

在恒压或恒容不作非体积功的条件下，若系统仅因温度改变而与环境交换的热，此种热称为变温过程的热。如在一定压力下，将水从 25 ℃升至 100 ℃所需的热，曾称为显热；在一定温

度、压力下系统发生相变时与环境交换的热，此种热称为相变热，如水在 100 ℃、101 325 Pa 压力下变成 100 ℃、101 325 Pa 的水蒸气时所吸的热；还有在恒压或恒容下系统内发生化学反应时与环境交换的热，即化学反应热。计算以上变温过程的热、相变热或化学反应热等数值时，必须有相应的实验数据与计算公式。下面介绍变温过程的热的计算。

1.摩尔定容热容与摩尔定压热容

一个系统在不发生化学反应及相变化之情况下，若系统与环境存在温差而使系统的温度改变时，则系统与环境间有热的交换。要计算这种热，需要知道热容的实验数据。

1)定义

热容用符号 C 表示，其定义如下：

$$C \xlongequal{\text{def}} \delta Q/\mathrm{d}T$$

上式表明，封闭的均相系统，在无相变化、化学反应、不作非体积功下，由于吸收一微小的热量 δQ 而温度升高 $\mathrm{d}T$ 时，则$\delta Q/\mathrm{d}T$这个量称为热容。在不作非体积功的条件下，一定量物质于恒压时升温 1 K 与恒容时升温 1 K 所需的热不同，分别称为定压热容与定容热容。当物质的量为 1 mol 时称摩尔热容，以 C_{m} 表示，下标“m”表示物质的量为 1 mol。现有的数据手册列举的多为摩尔定压热容或摩尔定容热容。它们定义为：封闭的均相系统，物质的量为 1 mol 的物质在恒压(或恒容)、非体积功为零、单纯 pVT 变化的条件下，温度升高 1 K 时所需的热量，以符号 $C_{p,\mathrm{m}}$(或 $C_{V,\mathrm{m}}$)表示。其数学表达式如下：

$$C_{p,\mathrm{m}} = \delta Q_p/\mathrm{d}T \quad (1\ \text{mol 物质}, W' = 0, \text{恒压}, \text{单纯 } pVT \text{ 变化}) \tag{2-4-1}$$

$$C_{V,\mathrm{m}} = \delta Q_V/\mathrm{d}T \quad (1\ \text{mol 物质}, W' = 0, \text{恒容}, \text{单纯 } pVT \text{ 变化}) \tag{2-4-2}$$

在 $W' = 0$、恒压下，1 mol 物质的 $\delta Q_p = \mathrm{d}H_{\mathrm{m}}$，式(2-4-1)又可写成

$$C_{p,\mathrm{m}} = \left(\frac{\partial H_{\mathrm{m}}}{\partial T}\right)_p \tag{2-4-3}$$

同理，$W' = 0$、恒容下，1 mol 物质的 $\delta Q_V = \mathrm{d}U_{\mathrm{m}}$，式(2-4-2)可写成

$$C_{V,\mathrm{m}} = \left(\frac{\partial U_{\mathrm{m}}}{\partial T}\right)_V \tag{2-4-4}$$

2) $C_{p,\mathrm{m}}$与 $C_{V,\mathrm{m}}$的关系

$$C_{p,\mathrm{m}} - C_{V,\mathrm{m}} = \left(\frac{\partial H_{\mathrm{m}}}{\partial T}\right)_p - \left(\frac{\partial U_{\mathrm{m}}}{\partial T}\right)_V$$

推导得

$$C_{p,\mathrm{m}} - C_{V,\mathrm{m}} = \left\{\left(\frac{\partial U_{\mathrm{m}}}{\partial V_{\mathrm{m}}}\right)_T + p\right\}\left(\frac{\partial V_{\mathrm{m}}}{\partial T}\right)_p \tag{2-4-5}$$

上式是适用于 1 mol 任何物质的普遍公式。此式表明，1 mol 物质 $C_{p,\mathrm{m}}$与 $C_{V,\mathrm{m}}$数值不同的原因是由于恒压下 1 mol 物质温度升高 1 K 时体积要膨胀$(\partial V_{\mathrm{m}}/\partial T)_p$，这样，系统因体积膨胀而引起热力学能增加，同时还要对环境作体积功，这都需从环境吸收热量。恒容过程因 $\mathrm{d}V = 0$，无需多吸收此部分热。

若系统是理想气体，因其热力学能只是温度的函数，即$(\partial U_{\mathrm{m}}/\partial V_{\mathrm{m}})_T = 0$，所以

$$C_{p,\mathrm{m}} - C_{V,\mathrm{m}} = p\left(\frac{\partial V_{\mathrm{m}}}{\partial T}\right)_p$$

将理想气体状态方程 $pV_m = RT$ 在恒压下对 T 微分，则得

$$C_{p,m} - C_{V,m} = R \qquad (\text{理想气体}) \tag{2-4-6}$$

液体与固体有些物质的 $C_{p,m} - C_{V,m} \approx 0$，有些物质则由于 $(\partial U_m / \partial V_m)_T$ 及 $(\partial V_m / \partial T)_p$ 不能忽略而需由 p、V、T 数据按下式求算：

$$C_{p,m} - C_{V,m} = T\left(\frac{\partial p}{\partial T}\right)_V \left(\frac{\partial V}{\partial T}\right)_p \tag{2-4-7}$$

2.单纯变温过程的热的计算

在 $W' = 0$、恒压或恒容条件下，系统仅因温度改变而与环境交换的热可按下列公式进行计算。

恒压过程

$$Q_p = \Delta H = \int_{T_1}^{T_2} nC_{p,m} \mathrm{d}T \tag{2-4-8}$$

如 n、$C_{p,m}$ 为常数时，则上式可简化为

$$Q_p = \Delta H = nC_{p,m}(T_2 - T_1) \tag{2-4-9}$$

恒容过程

$$Q_V = \Delta U = \int_{T_1}^{T_2} nC_{V,m} \mathrm{d}T \tag{2-4-10}$$

同理，n、$C_{V,m}$ 为常数时，则

$$Q_V = \Delta U = nC_{V,m}(T_2 - T_1) \tag{2-4-11}$$

例 2.4.1 容积为 20 dm^3 的刚性容器中，放有 $C_{V,m} = 20.92\ \mathrm{J \cdot K^{-1} \cdot mol^{-1}}$ 的理想气体。将 $t = 17$ ℃、$p = 1.2 \times 10^5$ Pa的该理想气体加热至 $p_2 = 6.0 \times 10^5$ Pa 的终态，求此过程的 Q、ΔU、ΔH。

解：根据题给条件，此加热过程为恒容、$W' = 0$ 的过程，因此

$$Q_V = \Delta U = nC_{V,m}(T_2 - T_1)$$

但上式中 n 与 T_2 题中均未给出，所以必须首先求出。n 可根据始态的 p_1、V_1、T_1 数据求得，即

$$n = p_1 V_1 / RT_1$$
$$= 1.2 \times 10^5\ \mathrm{Pa} \times 20 \times 10^{-3}\ \mathrm{m^3} / (8.314\ \mathrm{J \cdot K^{-1} \cdot mol^{-1}} \times 290.15\ \mathrm{K}) = 0.994\ 9\ \mathrm{mol}$$

T_2 可根据 p_2、V_2、n 的数值求得，即

$$T_2 = p_2 V_2 / nR$$
$$= 6.0 \times 10^5\ \mathrm{Pa} \times 20 \times 10^{-3}\ \mathrm{m^3} / (0.994\ 9\ \mathrm{mol} \times 8.314\ \mathrm{J \cdot K^{-1} \cdot mol^{-1}}) = 1\ 451\ \mathrm{K}$$

所以

$$Q_V = \Delta U = nC_{V,m}(T_2 - T_1)$$
$$= 0.994\ 4\ \mathrm{mol} \times 20.92\ \mathrm{J \cdot K^{-1} \cdot mol^{-1}} \times (1\ 451\ \mathrm{K} - 290.15\ \mathrm{K}) = 24\ 161.1\ \mathrm{J}$$
$$\Delta H = nC_{p,m}(T_2 - T_1)$$
$$= 0.994\ 9\ \mathrm{mol} \times (20.92 + 8.314)\mathrm{J \cdot K^{-1} \cdot mol^{-1}} \times (1\ 451\ \mathrm{K} - 290.15\ \mathrm{K}) = 333\ 763.2\ \mathrm{J}$$

3.摩尔热容与温度的关系及平均摩尔热容

1)摩尔热容与温度的关系

定压(定容)摩尔热容是温度的函数，这已从实验中得到证实，其数学表达式常用的有：

$$C_{p,m} = a + bT + cT + dT^3 \tag{2-4-12}$$

$$C_{p,\mathrm{m}} = a + bT + c'T^{-2} \qquad (2\text{-}4\text{-}13)$$

式中的 a,b,c,d,c' 均为物质的特性常数，随物质的种类、相态及使用的温度范围不同而不同。以上两式均是经验公式，在各种化学、化工手册中均能查到。本书附录中列出了从手册上摘引的某些物质的 a,b,c,d 特性常数。$C_{p,\mathrm{m}} = f(T)$的关系也可用曲线表示，有关手册上有此类图，不过使用上不如函数式方便。

2)平均摩尔热容

将 $C_{p,\mathrm{m}} = f(T)$的函数关系式代入式(2-4-8)中计算所得的 Q_p 值是较准确的，但因要进行积分，计算较麻烦，故工程上在估算 Q_p 数值时很不方便，从而引进了平均摩尔热容的概念，以 $\bar{C}_{p,\mathrm{m}}$或 $\bar{C}_{V,\mathrm{m}}$表示。在此主要介绍 $\bar{C}_{p,\mathrm{m}}$。

当物质的量为 n 的某物质在恒压下由 T_1 升温至 T_2 时需 Q_p 的热，则此温度范围内该物质的平均摩尔定压热容 $\bar{C}_{p,\mathrm{m}}$定义为

$$\bar{C}_{p,\mathrm{m}} = \frac{Q_p}{n(T_2 - T_1)} \qquad (2\text{-}4\text{-}14)$$

表示 1 mol 某物质在 $T_1 \sim T_2$ 范围内平均升高温度 1 K 所需的热。

有了在某温度范围的数值，由式(2-4-14)计算 Q_p 就很方便，即

$$Q_p = n\bar{C}_{p,\mathrm{m}}(T_2 - T_1) \qquad (2\text{-}4\text{-}15)$$

$\bar{C}_{p,\mathrm{m}}$的数值与温度范围有关。使用时应该注意 $\bar{C}_{p,\mathrm{m}}$值的温度范围。

§ 2-5　相变焓

工业生产过程中，系统的状态变化时常常有蒸发、冷凝、熔化、凝固等被称为相变化的过程，要计算这类过程中系统与环境交换的热则要另一类称为相变焓的基础热力学数据。

1.相与相变化

系统中物理性质、化学性质相同而且均匀的部分称为相。如房间内的空气便是一个相，因为房间内空气的物理性质及化学性质均相同而且是均匀的，故为一个相。但是，一个密封真空容器内，放入过量的水，水蒸发成水蒸气并达到平衡时，瓶内的水和水蒸气，虽然两者的化学性质相同，但因它们的物理性质不同，则系统内存在的是两个相。又如石墨与金刚石均由碳原子构成，化学性质相同，但两者的结晶构造不同，物理性质差异极大，故金刚石与石墨是两个不同的相。

系统中物质从一个相转移至另一个相，称为相变化。容器中水变为水蒸气，用石墨制金刚石，均为相变化过程。相变化有不同类型，其表示符号如下：如液体蒸发为蒸气，用符号 vap 表示；固体升华为蒸气，用符号 sub 表示；固体熔化为液体，用符号 fus 表示；石墨变为金刚石这类固体的晶型转变，用符号 trs 表示。

2.相变焓(相变过程热)的计算

计算各种相变过程的热以及系统在相变过程中热力学能、焓等状态函数的变化值 ΔU 与 ΔH 时，需从化学、化工手册上查找称为摩尔相变焓的基础实验数据。

1 mol 纯物质于恒定温度及该温度的平衡压力下发生相变时相应之焓变，称为摩尔相变焓，以符号 $\Delta_{相变}H_\mathrm{m}(T)$表示，其单位为 $\mathrm{J \cdot mol^{-1}}$。如 100 ℃、压力为 101 325 Pa 下的液体水在恒

温恒压下变为 100 ℃、101 325 Pa 水蒸气时所发生的焓变称为水在该条件下的摩尔蒸发焓，用符号 $\Delta_{vap}H_m$(373 K)表示。反之，若 1 mol 100 ℃、101 325 Pa 的水蒸气变为同温同压的液体水时之焓变，则表示为 $-\Delta_{vap}H_m$(373 K)。另还有，$\Delta_{fus}H_m$(摩尔熔化焓)、$\Delta_{sub}H_m$(摩尔升华焓)等。

在恒温、恒压、非体积功为零的条件下，物质的量为 n 的某纯物质由一相变为另一相时的相变焓可用下式计算：

$$Q_p = \Delta_{相变}H = n\Delta_{相变}H_m \tag{2-5-1}$$

由于相变化过程是在恒压、不作非体积功条件下进行，所以，此相变过程的焓差就等于此过程系统与环境交换的热 Q_p。

3.相变焓与温度的关系

由于一定量纯物质的焓是温度与压力的函数，故摩尔相变焓应为温度与压力的函数。一般手册上大多只列出某一物质 B 在某个温度(T_1)、压力(p_1)下的摩尔相变焓数据，这样，就必须知道如何由 T_1、p_1 下的摩尔相变焓数值去求任意温度 T 及压力 p 下摩尔相变焓数值。下面举例说明如何计算。

若有 1 mol 物质 A 于 p_1、T_1 条件下由液相转变为气相，其摩尔气化焓为 $\Delta_{vap}H_m(T_1)$，求在 p_2、T_2 条件下的 $\Delta_{vap}H_m(T_2)$。

求解状态函数变化问题，必须利用状态函数变化值只与始、终态有关而与途径无关的特点，为此可设计如下的过程：

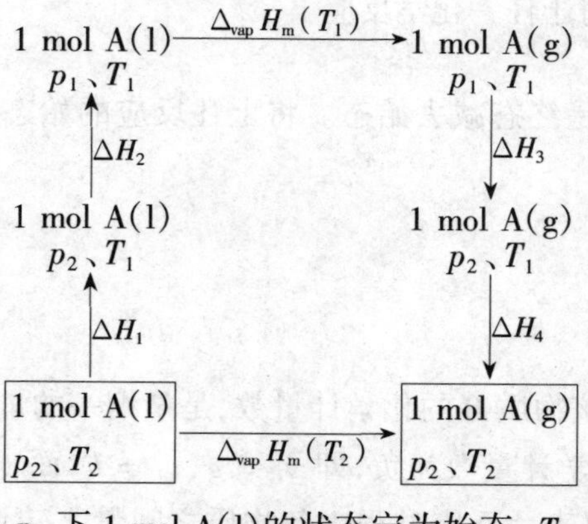

将 T_2、p_2 下 1 mol A(l)的状态定为始态，T_2、p_2 下 1 mol A(g)的状态定为终态，则

$$\begin{aligned}\Delta_{vap}H_m(T_2) &= \Delta H_1 + \Delta H_2 + \Delta_{vap}H_m(T_1) + \Delta H_3 + \Delta H_4 \\ &= \Delta_{vap}H_m(T_1) + \Delta H_1 + \Delta H_2 + \Delta H_3 + \Delta H_4\end{aligned}$$

图中：l 表示液态，g 表示气态；ΔH_2 表示在恒温下，压力从 p_2 变至 p_1 时液态的焓变，压差不大时可忽略，即 $\Delta H_2 \approx 0$；ΔH_3 为 A 蒸气在恒温变压时的焓差，若该蒸气视为理想气体，则 $\Delta H_3 = 0$。这样

$$\Delta_{vap}H_m(T_2) = \Delta_{vap}H_m(T_1) + \Delta H_1 + \Delta H_4$$

而

$$\Delta H_1 = \int_{T_2}^{T_1} C_{p,m}(l)\,dT$$

$$\Delta H_4 = \int_{T_1}^{T_2} C_{p,m}(g)\,dT$$

所以 $\Delta_{vap}H_m(T_2)=\Delta_{vap}H_m(T_1)+\int_{T_2}^{T_1}C_{p,m}(l)dT+\int_{T_1}^{T_2}C_{p,m}(g)dT$

$$=\Delta_{vap}H_m(T_1)+\int_{T_1}^{T_2}\{C_{p,m}(g)-C_{p,m}(l)\}dT \tag{2-5-2}$$

上式表明,若求任一温度 T_2 下 A 的摩尔蒸发焓 $\Delta_{vap}H_m(T_2)$,需要知道某一温度 T_1 下的 $\Delta_{vap}H_m(T_1)$以及液相摩尔定压热容 $C_{p,m}(l)$和气相摩尔定压热容 $C_{p,m}(g)$的数值。该式还表明,$\Delta_{vap}H_m$ 随温度而变的原因在于 $C_{p,m}(g)$与 $C_{p,m}(l)$不等。

§2-6 标准摩尔反应焓

系统进行化学反应时,系统的物质种类和数量都发生了变化,因而系统能量发生变化并与环境进行热与功的交换。所以,计算化学反应过程的 Q_p、Q_V、W 以及 ΔU、ΔH 的数值将较变温过程的热或相变焓的计算来得复杂。所以,首先需要介绍计算化学反应热所必须掌握的热力学基本概念:反应进度、物质的标准态及标准摩尔反应焓等。

1.反应进度 ξ

系统进行化学反应,必然有反应物的消耗与产物的生成。可用一反应方程来表示参加反应的物质的种类、相态与数量的变化关系。对于任一化学反应

$$c\text{C}+d\text{D}=\!=\!=g\text{G}+h\text{H}$$

按照热力学的规定,状态函数的变化值必须是终态减去始态。将上述反应的始态物质(反应物)c mol C 与 d mol D 向右移项,得

$$0=g\text{G}+h\text{H}-c\text{C}-d\text{D}$$

可写成通式表示如下:

$$0=\sum_{\text{B}}\nu_{\text{B}}\text{B} \tag{2-6-1}$$

式中 B 表示反应方程式中任一物质,ν_B表示该物质 B 的化学计量数,是量纲一的量。由式(2-6-1)可知,产物化学计量数为正,反应物的化学计量数为负,即 $\nu_G=g$,$\nu_H=h$,而 $\nu_C=-c$,$\nu_D=-d$。化学反应方程式中的化学计量数,仅表示反应过程中各物质之间量之转化的比例关系,并不说明在反应进程中各物质所转化的量。而系统中因进行化学反应而与环境所交换的热量多少是与反应进行程度有关。因此,为了反映系统中化学反应进行到何种程度,引进了反应进度概念,用符号 ξ 表示。以合成氨为例来说明反应进度概念:

	$N_2(g)$ +	$3H_2(g)$ =\=\=	$2NH_3(g)$
反应前各物质的量	$n_{N_2}(\xi_0)$	$n_{H_2}(\xi_0)$	$n_{NH_3}(\xi_0)$
反应至某一时刻各物质的量	$n_{N_2}(\xi)$	$n_{H_2}(\xi)$	$n_{NH_3}(\xi)$

由反应方程可知,每消耗 1 mol 的 N_2,同时需消耗 3 mol 的 H_2,并生成 2 mol 的 NH_3。总之,在反应进行到任一时刻参加反应的各种物质的 $\Delta n_B/\nu_B$是相同的。因此可以用参加反应的各种物质的物质的量的变化与其化学计量数的比值来描述化学反应进行的程度,即定义反应进度 ξ 为

$$\Delta\xi = \xi - \xi_0 = -\frac{n_{N_2}(\xi) - n_{N_2}(\xi_0)}{1} = -\frac{n_{H_2}(\xi) - n_{H_2}(\xi_0)}{3}$$

$$= \frac{n_{NH_3}(\xi) - n_{NH_3}(\xi_0)}{2}$$

若规定反应开始时 ξ_0为零,则 $\Delta\xi = \xi$,这样反应进度定义为

$$d\xi \stackrel{\text{def}}{=\!=\!=} \nu_B^{-1} dn_B \tag{2-6-2}$$

式中 n_B为参加反应的任一物质 B 的物质的量,ν_B表示物质 B 之计量系数。ξ 的单位为 mol。

由于同一反应中任一组分 B 的 $\Delta n_B/\nu_B$数值均相等,所以反应进度的值与选用该反应中任何组分 B 之物质的量进行计算无关。当 $\Delta\xi = 1$ mol 时,参加反应任一组分 B 的 $\Delta n_B = \nu_B$mol,则称该反应进行了 1 mol 反应进度。如上述合成氨反应,从反应开始起,若反应进行了 1 mol 反应进度时 ,则有 1 mol N_2(g)与 3 mol H_2(g)进行了反应并生成 2 mol NH_3(g)。相反,若该反应有 1 mol N_2(g)与 3 mol H_2(g)进行了反应并生成 2 mol NH_3(g),则称该反应的反应进度为 1 mol 反应。

要注意,当一反应进行到某一时刻时,参加反应的任一组分 B 的物质的量的变化值 Δn_B是一定的,但反应的反应进度的值则随化学反应方程式的写法不同而不同,所以在用 ξ 来表示反应进行程度时,必须与具体的化学反应方程结合,否则就无意义。

2. 物质的标准态及标准摩尔反应焓

1)物质的标准态

工程上常需要反应在恒温、恒压、不作非体积功的条件下的化学反应热。由于化学反应系统一般是混合物,为了避免同一物质在同一条件下于不同反应系统中其热力学状态函数具有不同的数值,热力学规定了一个公共参考状态,即标准状态,以便同一物质在不同反应中具有同一数值。

该规定为:在任一温度 T、压力为 100 kPa(又称标准压力,用符号 $p^{\ominus}$表示)的纯理想气体的状态定为气体物质的标准状态;液体、固体物质的标准状态则为在任一温度 T、标准压力 $p^{\ominus}$(100 kPa)下的纯液体、纯固体的状态。若某纯气体的温度为 T、压力为标准压力 $p^{\ominus}$(100 kPa),并具有理想气体的性质时,则称该气体处在标准状态。处在标准状态下的物质的量为 1 mol 的物质所具有的焓值称为标准摩尔焓,用符号 $H_m^{\ominus}$(B、T)表示。注意,物质的标准状态规定的是压力必须为 100 kPa,而温度并无限制,故同一物质在标准状态下,若温度不同则其标准摩尔焓值也不同。

2)标准摩尔反应焓 $\Delta_r H_m^{\ominus}$

在一定温度下,若某一化学反应中,参加反应的各个物质均处在标准状态,并反应了 1 mol 反应进度时,则该反应系统的焓的变化值称为标准摩尔反应焓,用符号 $\Delta_r H_m^{\ominus}$表示。需要指出的是:无论温度的数值为多少,只要一个化学反应中参加反应各个物质均处在标准状态,则该反应的焓之变化值均称为标准摩尔反应焓,但温度不同,反应的标准摩尔反应焓$\Delta_r H_m^{\ominus}$(T)的数值也相应不同。此外,还应指出:计算所得的 $\Delta_r H_m^{\ominus}$数值是指参加反应各个物质均处在标准压力 $p^{\ominus}$(100 kPa)下,若参加反应的物质为气体,而且在较高压力下进行,则反应的实际恒压反应热与同温下计算所得的 $\Delta_r H_m^{\ominus}$数值有一定的误差;还有,在计算时,参加反应的物质(反应

物和产物）均规定为纯态，而在实际反应中反应物和产物是混合在一起的，就是说，实际反应过程的反应热，除了由于分子结构改变而产生反应热（即 $\Delta_r H_m^\ominus$）之外，还应加上因混合过程中不同物质的分子相互作用而产生的混合热，特别是溶液中的化学反应所产生的混合热较大，是不能忽略的。只有参加反应的各个物质均处在标准状态而且混合热可忽略的实际反应，其恒压反应热与计算所得的 $\Delta_r H_m^\ominus$ 相等。

§2-7　化学反应标准摩尔反应焓的计算

求取某一反应标准摩尔反应焓 $\Delta_r H_m^\ominus$ 数值的方法，与相变焓的计算类似，即依据已知的基础热数据，利用状态函数法来进行 $\Delta_r H_m^\ominus$ 的计算。本节介绍的是：利用标准摩尔生成焓与标准摩尔燃烧焓这两种基础热数据，来计算任一反应的 $\Delta_r H_m^\ominus$。

1. 标准摩尔生成焓

由一种元素构成的物质称为单质，由两种或两种以上元素构成的物质则称化合物。若反应物均为单质，而反应生成的化合物又只有一种，将这类反应称为该化合物的生成反应。如 $H_2(g)+\frac{1}{2}O_2(g)=\!=\!=H_2O(g)$，这一反应称为气态水的生成反应。在温度为 T、反应各物质均处于标准状态下，由稳定相的单质生成 1 molβ 相某化合物 B 时，该反应的标准摩尔反应焓，称为化合物 B(β)在温度 T 下的标准摩尔生成焓，以符号 $\Delta_f H_m^\ominus(B,\beta,T)$ 表示。符号中的下标“f”表示生成反应，括号中的 β 表示化合物 B 的相态。$\Delta_f H_m^\ominus$ 的单位为 $J\cdot mol^{-1}$ 或 $kJ\cdot mol^{-1}$。例如：

$H_2(g)$	$+\ \frac{1}{2}O_2(g)$	$\longrightarrow$ $H_2O(g)$
纯态	纯态	纯态
100 kPa, Pg	100 kPa, Pg	100 kPa, Pg
298.15 K	298.15 K	298.15 K

上述反应在 298.15 K、参加反应各物质均处在标准状态下，由稳定相的 $H_2(g)$ 与 $O_2(g)$ 生成了 1 mol $H_2O(g)$。此反应的标准摩尔反应焓 $\Delta_r H_m^\ominus$ 称为 298.15 K 下水蒸气的标准摩尔生成焓，表示为 $\Delta_f H_m^\ominus(H_2O,g,298.15\ K)$。

应注意：当某单质在温度 T 下有不同相态时，应采用该温度下最稳定的相态。例如，碳在 298.15 K 下有石墨、金刚石与无定形三种相态，其中以石墨为最稳定。由此可知，稳定相单质的标准摩尔生成焓应为零，如 298.15 K 的石墨；不稳定相的单质，如 298.15 K 的金刚石，其标准摩尔生成焓就不为零。生成产物的物质的量必定为 1 mol，若不是 1 mol，则该反应的标准摩尔反应焓差就不是标准摩尔生成焓。例如，$2H_2(g)+O_2(g)=\!=\!=2H_2O(g)$，若此反应进行了 1 mol 的反应进度，则其 $\Delta_r H_m^\ominus$ 就不是水蒸气的标准摩尔生成焓。有关 298.15 K 下各种化合物的 $\Delta_f H_m^\ominus(298.15\ K)$ 的数值，可从各种化学、化工手册或热力学数据手册中查到，本书附有从手册中摘抄的部分数据。

2. 由标准摩尔生成焓数据计算任一反应的标准摩尔反应焓

如何利用标准摩尔生成焓的数据来求任一反应在同温下的标准摩尔反应焓 $\Delta_r H_m^\ominus$。例如,乙烯与氧作用生成环氧乙烷的反应,求其在 25 ℃下的标准摩尔反应焓 $\Delta_r H_m^{\ominus}(298.15\ \text{K})$。

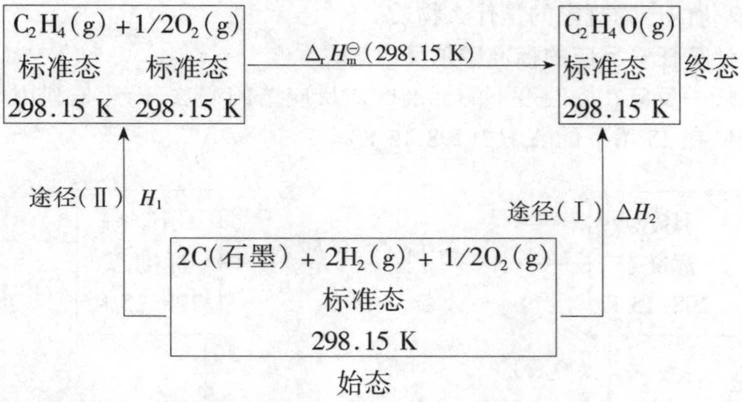

如上图所示,将稳定相单质定为始态,环氧乙烷定为终态。由稳定相单质 C(石墨)、H_2、O_2 反应生成 $C_2H_4O(g)$,可以采用直接一步完成,如图中的途径(Ⅰ);也可采取先生成 $C_2H_4(g)$,然后再将 $C_2H_4(g)$氧化生成 $C_2H_4O(g)$的途径(Ⅱ)。根据状态函数变化值只与始、终态有关而与所经的途径无关之特点,由稳定的单质经途径(Ⅰ)或途径(Ⅱ)生成 1 mol 环氧乙烷时反应的 $\Delta_f H_m^{\ominus}$数值应相同,即

$$\Delta H_2 = \Delta H_1 + \Delta_r H_m^{\ominus}(298.15\ \text{K})$$

$$\Delta_r H_m^{\ominus}(298.15\ \text{K}) = \Delta H_2 - \Delta H_1$$

$$\Delta H_2 = \Delta_f H_m^{\ominus}(C_2H_4O, g, 298.15\ \text{K})$$

$$\Delta H_1 = \Delta_f H_m^{\ominus}(C_2H_4, g, 298.15\ \text{K})$$

$$\Delta_r H_m^{\ominus}(298.15\ \text{K}) = \Delta_f H_m^{\ominus}(C_2H_4O, g, 298.15\ \text{K}) - \Delta_f H_m^{\ominus}(C_2H_4, g, 298.15\ \text{K})$$

因式中环氧乙烷为所求反应的产物,乙烯为反应物,故上述反应的 $\Delta_r H_m^{\ominus}(298.15\ \text{K})$计算式可写成

$$\Delta_r H_m^{\ominus}(298.15\ \text{K}) = \{\Delta_f H_m^{\ominus}(298.15\ \text{K})\}_{\text{产物}} - \{\Delta_f H_m^{\ominus}(298.15\ \text{K})\}_{\text{反应物}}$$

将此例的方法推广至温度 T 下的任一化学反应,可总结出以下关系式。即

$$\Delta_r H_m^{\ominus}(T) = \sum_B \nu_B \Delta_f H_m^{\ominus}(B, \beta, T) \tag{2-7-1}$$

式中 ν_B为参加反应各物质的计量系数,但要注意,计算时产物的计量系数取正值,反应物的计量系数取负值。

3.标准摩尔燃烧焓

对于难以直接由单质一步生成的化合物(特别是有机化合物),其标准摩尔生成焓的数据不能由实验直接测定,需要通过其他实验数据间接计算得到。最常用的数据是标准摩尔燃烧焓。

按照热力学规定:在温度为 T,参与反应各物质均处在标准态下,1 molβ 相的化合物 B 在纯氧中氧化反应至指定的稳定产物时,将该反应的标准摩尔反应焓称为化合物 B(β)在温度 T 时的标准摩尔燃烧焓,用符号 $\Delta_c H_m^{\ominus}$表示。式中的下标"c"表示燃烧。标准摩尔燃烧焓数据所指定的完全氧化的稳定产物一般规定为:C 变成 $CO_2(g)$, H 变为 H_2O (l),N 变为 $N_2(g)$,S 变为

$SO_2(g)$等。需要注意，不同手册所指定的稳定产物可能会不相同，因此利用标准摩尔燃烧焓数据时，应先查看数据表上氧化的产物规定的是什么物质。

4. 由标准摩尔燃烧焓计算任一反应的标准摩尔反应焓

由标准摩尔燃烧焓求任一反应在同温度下的标准摩尔反应焓的方法，仍然是利用状态函数的特点。例如求下列反应在 25 ℃下的 $\Delta_r H_m^{\ominus}(298.15\ K)$。

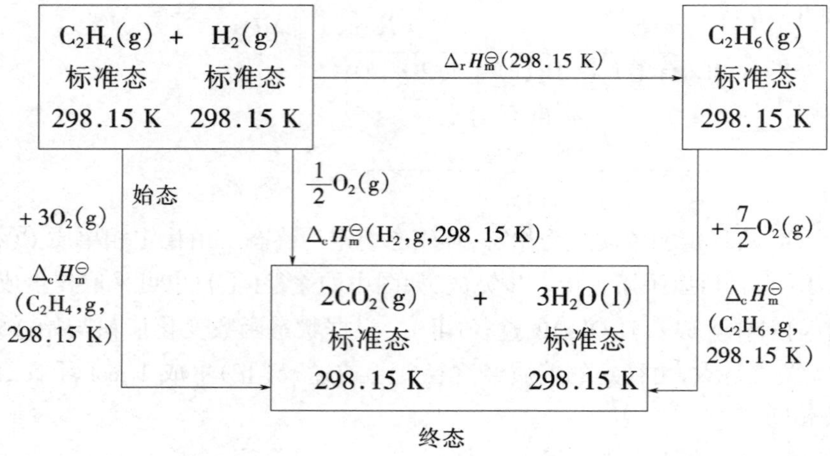

如上图所示，将 $C_2H_4(g)$与 $H_2(g)$定为始态，将完全氧化的产物 $CO_2(g)$与 $H_2O(l)$定为终态。由始态变化至终态有两条途径：一条是由始态的物质直接完全氧化为终态；另一条是 $C_2H_4(g)$与 $H_2(g)$反应变成 $C_2H_6(g)$，然后再完全氧化至终态。不管哪一条途径，两者焓的变化值相同，即

$$\Delta_c H_m^{\ominus}(C_2H_4, g, 298.15\ K) + \Delta_c H_m^{\ominus}(H_2, g, 298.15\ K) = \Delta_r H_m^{\ominus}(298.15\ K) + \Delta_c H_m^{\ominus}(C_2H_6, g, 298.15\ K)$$

所以
$$\Delta_r H_m^{\ominus}(298.15\ K) = \Delta_c H_m^{\ominus}(C_2H_4, g, 298.15\ K) + \Delta_c H_m^{\ominus}(H_2, g, 298.15\ K) - \Delta_c H_m^{\ominus}(C_2H_6, g, 298.15\ K)$$

由所求反应可知，$C_2H_4(g)$与 $H_2(g)$为反应物，$C_2H_6(g)$为产物。根据以上结果可写出，在温度 T 下由标准摩尔燃烧焓求同温度下任一反应的标准摩尔反应焓的通式，即

$$\Delta_r H_m^{\ominus}(T) = -\sum_B \nu_B \Delta_c H_m^{\ominus}(B, \beta, T) \tag{2-7-2}$$

此式与式(2-7-1)相差一个负号，应切实注意。

例 2.7.1 试计算异构化反应 $C_2H_5OH(l) = CH_3OCH_3(g)$ 在 25 ℃下的 $\Delta_r H_m^{\ominus}(298.15\ K)$。已知 $\Delta_f H_m^{\ominus}(C_2H_5OH, l, 298.5\ K) = -277.7\ kJ\cdot mol^{-1}$，$\Delta_f H_m^{\ominus}(H_2O, l, 298.15\ K) = -285.83\ kJ\cdot mol^{-1}$，$\Delta_c H_m^{\ominus}(CH_3OCH_3, g, 298.15\ K) = -1\ 456.0\ kJ\cdot mol^{-1}$，$\Delta_c H_m^{\ominus}$(石墨, s, 298.15 K) $= -393.51\ kJ\cdot mol^{-1}$。

解：本题求 298.15 K 下化学反应的 $\Delta_r H_m^{\ominus}$，既可用标准摩尔生成焓的数据，也可用标准摩尔燃烧焓的数据。根据题给数据，用标准摩尔生成焓数据计算时，缺 $\Delta_f H_m^{\ominus}(CH_3OCH_3, g, 298.15\ K)$的数据；而用标准摩尔燃烧焓数据计算时，又缺 $\Delta_c H_m^{\ominus}(C_2H_5OH, l, 298.15\ K)$的数据，所以此题可有两种解法。

解法一：

利用已知数据求 $\Delta_f H_m^{\ominus}(CH_3OCH_3, g, 298.15\ K)$。根据标准摩尔生成焓的定义，

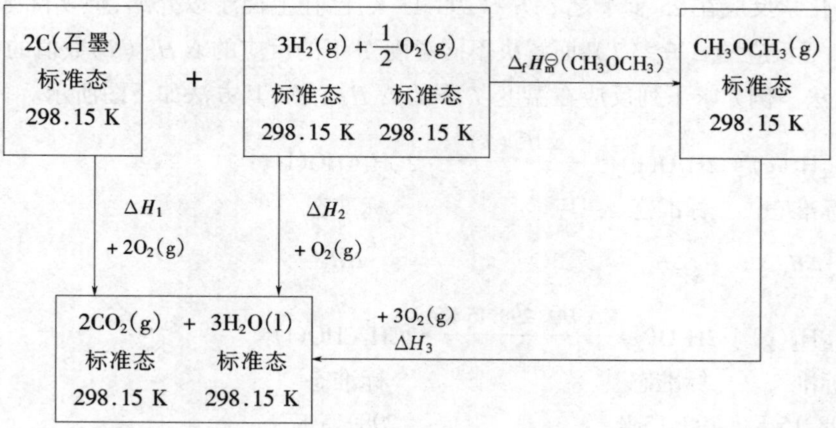

由图可知：

$$\Delta H_1 + \Delta H_2 = \Delta_f H_m^{\ominus}(CH_3OCH_3, g, 298.15\ K) + \Delta H_3$$

而 $\Delta H_1 = 2\Delta_c H_m^{\ominus}(\text{石墨}, s, 298.15\ K)$

$\Delta H_2 = 3\Delta_f H_m^{\ominus}(H_2O, l, 298.15\ K)$

$\Delta H_3 = \Delta_c H_m^{\ominus}(CH_3OCH_3, g, 298.15\ K)$

所以 $\Delta_f H_m^{\ominus}(CH_3OCH_3, g, 298.15\ K) = \Delta H_1 + \Delta H_2 - \Delta H_3$

$= 2\Delta_c H_m^{\ominus}(\text{石墨}, s, 298.15\ K) + 3\Delta_f H_m^{\ominus}(H_2O, l, 298.15\ K) - \Delta_c H_m^{\ominus}(CH_3OCH_3, g, 298.15\ K)$

$= 2 \times (-393.51\ kJ \cdot mol^{-1}) + 3 \times (-285.83\ kJ \cdot mol^{-1}) - (-1\ 456.0\ kJ \cdot mol^{-1})$

$= -188.51\ kJ \cdot mol^{-1}$

再据 $\Delta_r H_m^{\ominus}(298.15\ K) = \sum_B \nu_B \Delta_f H_m^{\ominus}(B, \beta, 298.15\ K)$

得异构反应 $\Delta_r H_m^{\ominus}(298.15\ K) = \Delta_f H_m^{\ominus}(CH_3OCH_3, g, 298.15\ K) - \Delta_f H_m^{\ominus}(C_2H_5OH, l, 298.15\ K)$

$\Delta_r H_m^{\ominus}(298.15\ K) = -188.51\ kJ \cdot mol^{-1} - (-277.7\ kJ \cdot mol^{-1}) = 89.19\ kJ \cdot mol^{-1}$

解法二：

利用已知数据求 $\Delta_c H_m^{\ominus}(C_2H_5OH, l, 298.15\ K)$。根据标准摩尔燃烧焓的定义，可写出

$$C_2H_5OH(l) + 3O_2(g) \xrightarrow[\Delta_r H_m^{\ominus}(298.15\ K)]{} 2CO_2(g) + 3H_2O(l)$$

根据 $\Delta_r H_m^{\ominus}(298.15\ K) = \sum_B \nu_B \Delta_f H_m^{\ominus}(B, \beta, 298.15\ K)$

而上面反应的 $\Delta_r H_m^{\ominus}(298.15\ K) = \Delta_c H_m^{\ominus}(C_2H_5OH, l, 298.15\ K)$

$\Delta_c H_m^{\ominus}(\text{石墨}, s, 298.15\ K) = \Delta_f H_m^{\ominus}(CO_2, g, 298.15\ K)$

所以 $\Delta_c H_m^{\ominus}(C_2H_5OH, l, 298.15\ K) = 2 \times \Delta_f H_m^{\ominus}(CO_2, g, 298.15\ K)$

$+ 3\Delta_f H_m^{\ominus}(H_2O, l, 298.15\ K) - \Delta_f H_m^{\ominus}(C_2H_5OH, l, 298.15\ K)$

则 $\Delta_c H_m^{\ominus}(C_2H_5OH, l, 298.15\ K)$

$= 2 \times (-393.51\ kJ \cdot mol^{-1}) + 3 \times (-285.83\ kJ \cdot mol^{-1}) - (-277.7\ kJ \cdot mol^{-1})$

$= -1\ 366.81\ kJ \cdot mol^{-1}$

所以 $\Delta_r H_m^{\ominus}(298.15\ K) = \Delta_c H_m^{\ominus}(C_2H_5OH, l, 298.15\ K) - \Delta_c H_m^{\ominus}(CH_3OCH_3, g, 298.15\ K)$

$= -1\ 366.81\ kJ \cdot mol^{-1} - (-1\ 456.0\ kJ \cdot mol^{-1})$

$= 89.19\ kJ \cdot mol^{-1}$

5.不同温度下的 $\Delta_r H_m^{\ominus}(T)$ 的计算——基希霍夫公式

求任一化学反应在 25 ℃下之 $\Delta_r H_m^{\ominus}(298.15\ K)$ 已在上面予以介绍，但实际上更多是需要不同温度 T 下反应的 $\Delta_r H_m^{\ominus}(T)$，而解决不同温度 T 下的反应的 $\Delta_r H_m^{\ominus}(T)$ 数值的计算方法，仍为状态函数法。例如求下列反应在温度 T 下的 $\Delta_r H_m^{\ominus}(T)$，其方法如下图所示。

$$
\begin{array}{ccccc}
2C_2H_2(g) & + & 2H_2O(g) & \xrightarrow{\Delta_r H_m^{\ominus}(T)} & 2CH_3CHO(l) \\
\text{标准态} & & \text{标准态} & & \text{标准态} \\
\downarrow \Delta H_1 & & \downarrow \Delta H_2 & & \uparrow \Delta H_3 \\
2C_2H_2(g) & + & 2H_2O(g) & \xrightarrow{\Delta_r H_m^{\ominus}(298.15\ K)} & 2CH_3CHO(l) \\
\text{标准态} & & \text{标准态} & & \text{标准态} \\
298.15\ K & & 298.15\ K & & 298.15\ K
\end{array}
$$

根据状态函数的特点，则有

$$\Delta_r H_m^{\ominus}(T) = \Delta H_1 + \Delta H_2 + \Delta_r H_m^{\ominus}(298.15\ K) + \Delta H_3$$

式中 ΔH_1、ΔH_2 及 ΔH_3 是系统恒压、不作非体积功的单纯变温过程，可用

$$\Delta H = \int_{T_1}^{T_2} nC_{p,m}(B,\beta)\,dT$$

故

$$\Delta_r H_m^{\ominus}(T) = \int_T^{298.15\ K} 2C_{p,m}(C_2H_2,g)\,dT + \int_T^{298.15\ K} 2C_{p,m}(H_2O,g)\,dT$$
$$+ \Delta_r H_m^{\ominus}(298.15\ K) + \int_{298.15\ K}^{T} 2C_{p,m}(CH_3CHO,l)\,dT$$

将积分上、下限均取从 298.15 K 至 T，然后进行整理，得到

$$\Delta_r H_m^{\ominus}(T) = \Delta_r H_m^{\ominus}(298.15\ K) + \int_{298.15\ K}^{T} \{2C_{p,m}(CH_3CHO,l) - [2C_{p,m}(C_2H_2,g) + 2C_{p,m}(H_2O,g)]\}\,dT$$

上式大括号中为产物摩尔定压热容总和减去反应物摩尔定压热容总和之差值，可表示成以下的通式：

$$\Delta_r C_{p,m} = \sum_B \nu_B C_{p,m}(B,\beta) \qquad (2\text{-}7\text{-}3)$$

因此

$$\Delta_r H_m^{\ominus}(T) = \Delta_r H_m^{\ominus}(298.15\ K) + \int_{298.15\ K}^{T} \Delta_r C_{p,m}\,dT \qquad (2\text{-}7\text{-}4)$$

式(2-7-4)为由 $\Delta_r H_m^{\ominus}(298.15\ K)$ 计算 $\Delta_r H_m^{\ominus}(T)$ 的一般关系式。对该式进行微分，则可得 $\Delta_r H_m^{\ominus}(T)$ 随温度变化的导数式，即

$$d\Delta_r H_m^{\ominus}(T)/dT = \Delta_r C_{p,m} \qquad (2\text{-}7\text{-}5)$$

为反应进行 1 mol 反应进度时，参加反应各个物质的定压摩尔热容之和，ν_B 为反应式中各个物质的计量系数。式(2-7-4)与式(2-7-5)均称基希霍夫(Kirchhoff)公式。

应该指出，基希霍夫公式只适用于参加反应各个物质的相态，无论在 298.15 K 还是温度为 T 下均应不变。如反应中的水在 25 ℃时为液体，而在 T K 下则为水蒸气，这时基希霍夫公

式便不能用。还有，如反应系统的始、末态温度不同时，基希霍夫公式也不能用。

当反应系统的始、末态温度不同时，要计算该反应的 $\Delta_r H_m^\ominus$，仍需利用状态函数法进行计算。其计算方法如下例所示。

例 2.7.2 已知下列反应的有关热力学数据：

$$\text{C(石墨)} + 2H_2O(g) \xlongequal{\quad} CO_2(g) + 2H_2(g)$$

298.15 K　373.15 K　　600.15 K　600.15 K

物质	$\Delta_f H_m^\ominus(298.15\ \text{K})(\text{kJ}\cdot\text{mol}^{-1})$	$\bar{C}_{p,m}(\text{J}\cdot\text{K}^{-1}\cdot\text{mol}^{-1})$
$H_2O(g)$	−241.82	35.10
C(石墨)	0	8.572
$CO_2(g)$	−393.51	40.10
$H_2(g)$	0	19.50

计算该反应在 101 325 Pa 压力下反应进行 1 mol 反应进度时之恒压反应热 Q_p。

解：解这类题目一定要根据题目所给数据，然后利用状态函数的特点设计途径进行计算。

$$\underset{298.15\ \text{K}}{\text{C(石墨)}} + \underset{373.15\ \text{K}}{2H_2O(g)} \xrightarrow[\Delta_r H_m = Q_{p,m}]{101\,325\ \text{Pa}} \underset{600.15\ \text{K}}{CO_2(g)} + \underset{600.15\ \text{K}}{2H_2(g)}$$

$\downarrow \Delta H_1$　　$\downarrow \Delta H_2$　　　　　　$\uparrow \Delta H_3$　　$\uparrow \Delta H_4$

$$\underset{298.15\ \text{K},\ p^\ominus}{\text{C(石墨)}} + \underset{298.15\ \text{K},\ p^\ominus}{2H_2O(g)} \xrightarrow{\Delta_r H_m^\ominus(298.15\ \text{K})} \underset{298.15\ \text{K},\ p^\ominus}{CO_2(g)} + \underset{298.15\ \text{K},\ p^\ominus}{2H_2(g)}$$

由上述途径可知，ΔH_1、ΔH_2、ΔH_3 及 ΔH_4 不仅有温度而且还应该有压力的影响。若气体为理想气体，则压力对焓的变化无影响。至于固体或液体，压力变化不大时，压力对它们状态的影响也可以忽略不计。所以计算时只考虑温度即可，故

$$Q_{p,m} = \Delta_r H_m = \Delta H_1 + \Delta H_2 + \Delta_r H_m^\ominus(298.15\ \text{K}) + \Delta H_3 + \Delta H_4$$

$$\Delta H_1 = 0$$

$$\begin{aligned}\Delta H_2 &= n(H_2O)\bar{C}_{p,m}(H_2O,g)(298.15\ \text{K} - 373.15\ \text{K})\\ &= 2\ \text{mol} \times 35.10\ \text{J}\cdot\text{K}^{-1}\cdot\text{mol}^{-1} \times (298.15\ \text{K} - 373.15\ \text{K})\\ &= -5.27\ \text{kJ}\end{aligned}$$

$$\begin{aligned}\Delta H_3 &= n(CO_2)\bar{C}_{p,m}(CO_2,g)(600.15\ \text{K} - 298.15\ \text{K})\\ &= 1\ \text{mol} \times 40.10\ \text{J}\cdot\text{K}^{-1}\cdot\text{mol}^{-1} \times (600.15\ \text{K} - 298.15\ \text{K})\\ &= 12.11\ \text{kJ}\end{aligned}$$

$$\begin{aligned}\Delta H_4 &= n(H_2)\bar{C}_{p,m}(H_2,g)(600.15\ \text{K} - 298.15\ \text{K})\\ &= 2\ \text{mol} \times 19.50\ \text{J}\cdot\text{K}^{-1}\cdot\text{mol}^{-1} \times (600.15\ \text{K} - 298.15\ \text{K})\\ &= 11.78\ \text{kJ}\end{aligned}$$

$$\begin{aligned}\Delta_r H_m^\ominus(298.15\ \text{K}) &= \Sigma\nu_B \Delta_f H_m^\ominus(B,\beta,298.15\ \text{K})\\ &= \Delta_f H_m^\ominus(CO_2,g,298.15\ \text{K}) - 2\Delta_f H_m^\ominus(H_2O,g,298.15\ \text{K})\\ &= -393.51\ \text{kJ}\cdot\text{mol}^{-1} - 2\times(-241.82\ \text{kJ}\cdot\text{mol}^{-1})\\ &= 90.13\ \text{kJ}\cdot\text{mol}^{-1}\end{aligned}$$

所以　$Q_{p,m} = (-5.27\ \text{kJ}\cdot\text{mol}^{-1}) + 12.11\ \text{kJ}\cdot\text{mol}^{-1} + 11.78\ \text{kJ}\cdot\text{mol}^{-1} + 90.13\ \text{kJ}\cdot\text{mol}^{-1} = 108.75\ \text{kJ}\cdot\text{mol}^{-1}$

若反应是在一绝热密闭容器中进行，即反应在绝热、恒容、$W'=0$ 下进行时，因绝热则 $Q_V=0$，而恒容则 $W=0$，故反应过程

$$Q_V=\Delta U=0 \qquad (W'=0,\text{恒容},\text{绝热})$$

若反应是在一带活塞的绝热气缸中进行时，即反应在绝热、恒压、$W'=0$ 条件下时，因绝热则 $Q_P=0$，而且由于恒压、$W'=0$，Q_P 又等于 $\Delta_r H$，所以

$$Q_p=\Delta_r H=0 \qquad (W'=0,\text{恒压},\text{绝热})$$

§2-9　可逆过程与可逆体积功的计算

1. 可逆过程与不可逆过程

当系统经某一过程从状态 1 变到状态 2 之后，环境因与系统有功和热的交换，也发生了变化。若用同样方法令系统从状态 2 回到状态 1 时，环境也回到原来的状态，即系统和环境都不发生任何变化，则将该过程称为可逆过程。下面以理想气体恒温膨胀过程为例予以说明。

图 2-9-1 所示为带活塞的气缸，设活塞的截面积为 A_s，活塞无重量而且运动时与缸壁的摩擦力为零。若气缸内放有物质的量为 n 的理想气体，整个气缸放在温度恒定为 T 的大热源中，活塞上放有一堆由 5 个金属砝码磨成的金属粒，金属粒的质量所产生的压力，即 p(环)，相当于 5×100 kPa，故开始时气缸内气体的压力亦为 5×100 kPa，相应的体积为 V_1。自活塞上取走一粒微小金属粒，则环境压力减少 $\mathrm{d}p$（$\mathrm{d}p$ 为一正的无穷小值），于是系统与环境间的平衡被破坏，引起缸内气体膨胀。当反抗 $5\times100\text{ kPa}-\mathrm{d}p$ 的环境压力恒温膨胀了 $\mathrm{d}V$ 体积后，再次处于平衡。若再取走一粒金属细粒，气体又恒温膨胀 $\mathrm{d}V$ 体积而达平衡。依次类推，一直取到只余下相当于 100 kPa 的金属细粒为止，则气体膨胀到 $p_2=p(\text{环})=100$ kPa、$T_2=T$ 及体积为 V_2 的终态。在恒温下，系统每膨胀一次，则其体积发生极微量 $\mathrm{d}V$ 的变化，而且系统的压力 p(系)与环境压力之差为无限小量 $\mathrm{d}p$，即 $p(\text{系})=p(\text{环})+\mathrm{d}p$。就是说，在该条件下，系统体积膨胀 $\mathrm{d}p$ 时克服了它所能克服的最大环境压力，作出了最大体积功，按体积功的定义，可得

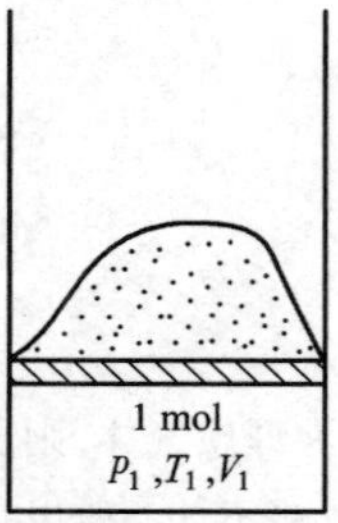

图 2-9-1　带活塞气缸示意图

$$\delta W_r=-p(\text{环})\mathrm{d}V=-\{p(\text{系})-\mathrm{d}p\}\mathrm{d}V=-p(\text{系})\mathrm{d}V+\mathrm{d}p\mathrm{d}V$$

二次微分项 $\mathrm{d}p\mathrm{d}V$ 可忽略不计，故

$$\delta W_r=-p(\text{系})\mathrm{d}V \tag{2-9-1}$$

当系统的体积从 V_1 膨胀到 V_2 时，则需膨胀次数增加到无限多次，系统在整个过程中对环境所作的功为

$$W_r=\int_1^2\delta W_r=\int_{V_1}^{V_2}-p(\text{系})\mathrm{d}V \tag{2-9-2}$$

W_r的数值相当于图(2-9-2)中由状态点 f 至状态点 b 间恒温曲线 fgb 与横坐标轴所包含的面积。

若将取走的金属微粒重新放回到活塞上，当每一粒金属微粒放回到活塞上时，则 p(环) =

p(系)+ dp,系统被压缩,其体积减小了 dV,则环境对系统所作的功应为

$$W'_r=\int_{V_2}^{V_1}-[p(系)+dp]dV$$

当将金属微粒全部放回到活塞上时,则系统的体积从 V_2 被压缩回到 V_1,整个过程系统经历了无限多次压缩,环境相应消耗的体积功为

$$W'_r=\int_1^2\delta W'_r=\int_{V_2}^{V_1}-p(系)dV-\int_{V_2}^{V_1}dpdV$$

忽略二次微分项,可得

$$W'_r=\int_{V_2}^{V_1}-p(系)dV \tag{2-9-3}$$

对照式(2-9-2)与式(2-9-3),不难发现,在恒温条件下,系统体积从 V_1 经历无限多次膨胀变至 V_2 后,环境所得的功为 W_r。在同一恒温条件下,将系统的体积从 V_2 经无限多次压缩变到 V_1 后,环境所消耗的功为 W'_r,而且与膨胀时环境所得功 W_r 数值相等,即 $W'_r=-W_r$。也就是说,系统经无限多次膨胀使体积从 V_1 膨胀到 V_2 后,再通过无限多次压缩,使系统体积从 V_2 回到 V_1 时,不仅系统回到原来的状态,而且环境也回到原来的状态(即没有功的得失)。热力学将这种能够通过过程的反方向变化而使系统回复到原来的状态,环境也完全回到原来状态(即环境没有发生任何变化)的过程,称为可逆过程。

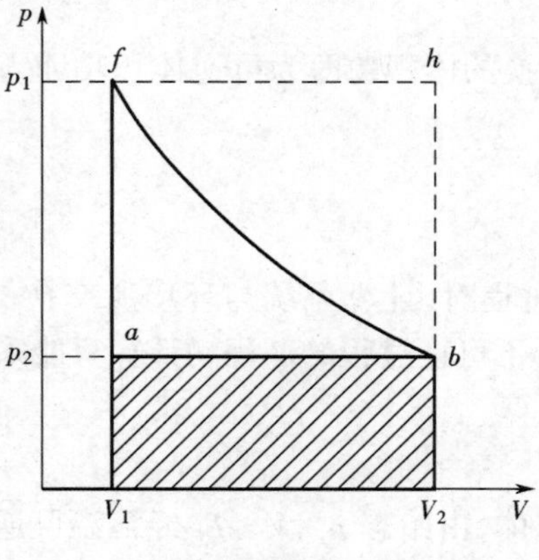

图 2-9-2 恒温膨胀的示功图

可逆过程具有以下几个特点:

(1)在可逆过程中,不仅系统内部在任何瞬间均处于无限接近平衡的状态,而且系统与环境之间也无限接近平衡。如系统与环境有热交换时则二者的温差为无限小,即 T(环)= T(系)± dT(dT 具有正值的无限小量);又如系统与环境间有体积功交换时,它们的压力差也应为无限小 dp,即 p(环)= p(系)± dp。

(2)在同一特定条件下,系统由始态可逆变化至终态,再由终态可逆回复到始态,此时系统与环境均可回复到原来状态,在环境中没有留下任何的变化(如功的损失)。

(3)可逆过程中,系统状态变化的动力与阻力仅相差无限小,所以在恒温下,系统对环境可逆膨胀时环境得到的功最大,而环境对系统可逆压缩时所消耗的功最小。

可逆过程是一个理想过程,它在自然界中并不存在。但是某些实际过程,如在无限接近相平衡条件下进行的相变化,像液体在沸点下的蒸发、固体在熔点下的熔化等等,均可近似视为可逆过程。虽然可逆过程实际并不存在,但在同一特定条件下,可逆过程的效率最高,因此可以将其作为改善、提高实际过程效率的目标。此外,热力学许多重要状态函数变化值的求取,只有通过设计可逆过程才能具体计算。所以热力学中的可逆过程有着重要的理论与现实意义。

上面着重介绍了可逆过程的概念及其在热力学中的地位,但自然界中所发生的过程严格说均是不可逆过程。不可逆过程与可逆过程之区别在何处?以在恒温下的一次膨胀与一次压缩为例,说明不可逆过程与可逆过程之区别。当将活塞上 5 个金属砝码一次拿走 4 个(称一次膨胀)时,系统的体积从 V_1 膨胀至 V_2,环境得到的功为图 2-9-2 上的 abV_2V_1 面积;然后一次将 4 个金属砝码放回到活塞上(称一次压缩)时,系统体积从 V_2 压缩回复到 V_1,环境消耗的功相当于图中的 hfV_1V_2 的矩形面积。显然,系统回到起始状态后,环境损失了图中 $abhf$ 面积的功。这种系统经历某一过程后再用同一手段令其回复到起始状态时,在环境中会留下永久性变化(即环境有功的损失)的过程,称为不可逆过程。过程的不可逆程度可由采用同一手段使系统回到原来状态时环境的功损失多少来衡量。环境损失的功越多,说明系统进行的某一过程不可逆程度越大,这就是不可逆过程的特点。不可逆过程概念同样是热力学的重要概念,对下一章问题的解决有重要作用。

2.可逆体积功的计算

可逆过程中系统与环境交换的体积功即为可逆体积功 W_r,下标"r"表示可逆。W_r计算可按式(2-9-3)进行,即

$$W_r = -\int_{V_1}^{V_2} p\mathrm{d}V \tag{2-9-4}$$

上式说明,系统经历一个可逆过程时,计算系统与环境所交换的体积功可用系统的压力 p 代替环境压力p(环)。但应注意,不可逆过程的体积功计算只能采用 p(环)的压力。下面介绍几种典型的可逆过程体积功的计算。

1)理想气体恒温可逆过程

物质的量为 n 的某理想气体,由始态 p_1、V_1、T_1 经恒温可逆过程变到终态 p_2、V_2、T_2,由于是恒温可逆过程,过程中 T 为常数,故在整个过程中

$$p = nRT/V = 常数/V$$

此式表达了在恒温可逆过程中 p、V、T 间的函数关系,称之为恒温可逆过程方程,将其代入式(2-9-4)中,可得

$$W_r = -\int_{V_1}^{V_2} p\mathrm{d}V = -\int_{V_1}^{V_2} (nRT/V)\mathrm{d}V = -nRT\ln\frac{V_2}{V_1} = -nRT\ln\frac{p_1}{p_2} \tag{2-9-5}$$

2)理想气体绝热可逆过程

绝热过程是指系统状态发生变化时,系统与环境间无热交换的过程。绝热过程可以是可逆过程,也可以是不可逆过程。绝热过程由于系统与环境有功的交换而无热的交换,因此,系统与环境进行功的交换时,根据热力学第一定律,环境得到或消耗的功只能来源于系统热力学

能的减少或使系统热力学能增大,这必然使系统的温度降低或升高。设一系统从 V_1 绝热可逆膨胀到 V_2,则过程中任何一个无限小量的变化都有

$$dU = \delta Q_r + \delta W_r$$

因过程绝热,$\delta Q_r = 0$,则 $dU = \delta W_r$。对于理想气体,因在任意过程中热力学能的变化值 $dU = nC_{V,m}dT$,而 $\delta W_r = -p(\text{系})dV$,所以

$$nC_{V,m}dT = -pdV$$

又因 $p = nRT/V$,故有

$$nC_{V,m}\frac{dT}{T} = -nR\frac{dV}{V} \quad C_{V,m}\frac{dT}{T} = -R\frac{dV}{V}$$

若理想气体的 $C_{V,m}$ 不随温度而变,且 $R = C_{p,m} - C_{V,m}$,上式可积分如下:

$$C_{V,m}\int_{T_1}^{T_2} d\ln T = -(C_{p,m} - C_{V,m})\int_{V_1}^{V_2} d\ln V$$

$$\ln\frac{T_2}{T_1} = \left(1 - \frac{C_{p,m}}{C_{V,m}}\right)\ln\frac{V_2}{V_1}$$

式中 $C_{p,m}/C_{V,m}$ 为量纲一的量而且是常数,以 $\gamma^{id}(g)$ 表示,或简写成 γ。γ 称为理想气体的热容比(旧称绝热指数)。将 γ 代入上式整理,得

$$T_2/T_1 = (V_2/V_1)^{1-\gamma}$$

或写成

$$TV^{\gamma-1} = \text{常数} \tag{2-9-6}$$

式(2-9-6)为理想气体绝热可逆过程方程,它描述了理想气体在绝热可逆过程中 T 与 V 的关系,故只能用于理想气体的绝热可逆过程。式(2-9-6)与理想气体状态方程相结合还可得

$$pV^{\gamma} = \text{常数} \tag{2-9-7}$$

$$Tp^{\frac{1-\gamma}{\gamma}} = \text{常数} \tag{2-9-8}$$

有了上述三个绝热可逆过程方程,就可以求出过程中任一状态的 p、V、T 数值。就是说,求出了终态 V_2(或 p_2)所对应的温度 T_2,则绝热可逆过程体积功便可据下式求出,即

$$W_r = \sum\delta W_r = \int_{T_1}^{T_2} nC_{V,m}dT = nC_{V,m}(T_2 - T_1)$$

例 2.9.1 1 mol 某理想气体自 $p_1 = 101\ 325$ Pa、$T = 298.15$ K 的始态,分别经(a)绝热可逆压缩,(b)用 $p(\text{环}) = 303\ 975$ Pa 的恒定环境压力绝热不可逆压缩。两途径达到终态的压力均为 303 975 Pa,求两途径的气体终态温度与过程的体积功。已知该气体的热容比 $\gamma = 1.4$。

解:(a)计算过程的功,需首先算出终态温度,对于绝热可逆过程终态温度,据题给数据可用式(2-9-8),即

$$T_2/T_1 = (p_2/p_1)^{\left(1-\frac{1}{\gamma}\right)}$$

将 $T_1 = 298.15$ K,$p_1 = 101\ 325$ Pa,$p_2 = 303\ 975$ Pa 及 $\gamma = 1.4$ 代入上式,得

$$T_2 = 298.15\left(\frac{3}{1}\right)^{\left(1-\frac{1}{1.4}\right)} = 408.1\ \text{K}$$

计算表明,气体经绝热压缩后温度升高。这是因为环境对系统作功,而且这部分功全部转化为系统的热力学能。

由 $W_r = nC_{V,m}(T_2 - T_1)$ 计算 W_r。因式中 $C_{V,m}$ 数值题中未给,需求 $C_{V,m}$ 值。对理想气体而言,$C_{p,m}$ 与 $C_{V,m}$

存在如下关系：

$$C_{p,\mathrm{m}} - C_{V,\mathrm{m}} = R = 8.314\ \mathrm{J \cdot K^{-1} \cdot mol^{-1}}$$

$$C_{p,\mathrm{m}} / C_{V,\mathrm{m}} = \gamma = 1.4$$

两式联立求解，得

$$C_{V,\mathrm{m}} = 20.79\ \mathrm{J \cdot K^{-1} \cdot mol^{-1}}$$

因此 $W_{\mathrm{r}} = nC_{V,\mathrm{m}}(T_2 - T_1)$

$$= 1\ \mathrm{mol} \times 20.79\ \mathrm{J \cdot mol^{-1} \cdot K^{-1}}(408.1\ \mathrm{K} - 298.15\ \mathrm{K}) = 2.29\ \mathrm{kJ}$$

(b)本问的过程为不可逆过程，计算绝热不可逆过程的 W，与(a)相同的是亦需求终态温度 T_2，不同的是，终态温度 T_2 不能用方程 $T_2/T_1 = (p_2/p_1)^{\left(1-\frac{1}{\gamma}\right)}$ 去求，此点应切记。

理想气体绝热不可逆过程 T_2 的求法例示如下：

与前相同 $\mathrm{d}U = \delta W$

再据 $\mathrm{d}U = nC_{V,\mathrm{m}}\mathrm{d}T$，$\delta W = -p(\text{环})\mathrm{d}V$

所以 $nC_{V,\mathrm{m}}\mathrm{d}T = -p(\text{环})\mathrm{d}V$

系统从 V_1 被压缩到 V_2 的过程是恒外压过程，故

$$nC_{V,\mathrm{m}}(T_2 - T_1) = -p(\text{环})(V_2 - V_1)$$

$$p(\text{环}) = p_2$$

$$nC_{V,\mathrm{m}}(T_2 - T_1) = -p_2(V_2 - V_1)$$

再由 $pV = nRT$ 方程得

$$nC_{V,\mathrm{m}}(T_2 - T_1) = -p_2\left(\frac{nRT_2}{p_2} - \frac{nRT_1}{p_1}\right)$$

$$nC_{V,\mathrm{m}}(T_2 - T_1) = -nRT_2 + nRT_1 p_2/p_1$$

$$T_2 = \frac{(Rp_2/p_1 + C_{V,\mathrm{m}})T_1}{C_{V,\mathrm{m}} + R}$$

$$= \frac{(8.314\ \mathrm{J \cdot mol^{-1} \cdot K^{-1}} \times 303\ 975\ \mathrm{Pa}/101\ 325\ \mathrm{Pa} + 20.79\ \mathrm{J \cdot mol^{-1} \cdot K^{-1}})298.15\ \mathrm{K}}{20.79\ \mathrm{J \cdot mol^{-1} \cdot K^{-1}} + 8.314\ \mathrm{J \cdot mol^{-1} \cdot K^{-1}}} = 468.49\ \mathrm{K}$$

将 T_2 数值代入，所以

$$W = nC_{V,\mathrm{m}}(T_2 - T_1)$$

$$= 1\ \mathrm{mol} \times 20.79\ \mathrm{J \cdot mol^{-1} \cdot K^{-1}}(468.49\ \mathrm{K} - 298.15\ \mathrm{K}) = 3.54\ \mathrm{kJ}$$

上述两途径计算结果表明，虽然系统从同一始态出发，但经历不可逆绝热压缩与经历可逆绝热压缩至同一终态压力时，系统终温与最终体积是不同的，所以热力学能不同。

3)可逆相变过程

前曾指出，当相变过程是在无限接近相平衡条件下进行时，该相变过程为可逆相变过程。由于可逆相变过程是在无限接近两相平衡时的压力、温度下进行，而且压力、温度恒定，所以

$$W = -p(\text{环})\Delta V = -p\Delta V$$

式中 p 为两相平衡时的压力，ΔV 为一定量物质相变前后的体积变化。对于有蒸气相参与的可逆相变，如液相与气相之间相互可逆转变，上式 p 为液体的饱和蒸气压，ΔV 为发生相变的液相体积与气相体积之差。若气、液之间相变时温度远离临界温度，则同一条件下蒸气相体积 $V(\mathrm{g})$ 远大于液相体积 $V(\mathrm{l})$，计算时可略去 $V(\mathrm{l})$。当蒸气可视为理想气体时，$V(\mathrm{g}) = \frac{nRT}{p}$。

设有物质的量为 n 的液体在温度 T 及该温度的饱和蒸气压下蒸发为蒸气，此过程的体积

功计算如下：

$$W = -p\Delta V = -p\{V(\mathrm{g}) - V(\mathrm{l})\} = -pV(\mathrm{g}) = -p\frac{nRT}{p} = -nRT$$

以上的计算方法同样可用于固气的相变过程。

本章基本要求

1. 掌握热力学的基本概念。着重理解平衡状态、各类过程及其特点、热力学标准态。切记状态函数只与状态有关，当系统始、终状态确定后，状态函数变化值只与始终态有关，与所经历途径无关是状态函数的特点。

2. 懂得热与功是系统与环境之间进行能量交换的两种形式，是与具体途径有关的量。掌握体积功的定义式和计算。

3. 掌握热力学第一定律的文字表述以及封闭系统之热力学第一定律数学表达式。

4. 明了热力学能（U）的概念与焓（H）的定义式。注意理想气体的热力学能（U）和焓（H）只是温度的函数。

5. 掌握 $Q_p = \Delta H$ 及 $Q_V = \Delta U$ 两式的使用条件。掌握 $C_{p,\mathrm{m}}$、$C_{V,\mathrm{m}}$、$\Delta_{相变}H_\mathrm{m}$ 以及 $\Delta_\mathrm{f}H_\mathrm{m}^\ominus$、$\Delta_\mathrm{c}H_\mathrm{m}^\ominus$ 的准确定义，并在以上基础上熟练掌握物质的 pVT 变化、相变化与化学反应过程中的热的计算。

6. 确切理解可逆过程与不可逆过程的概念。掌握可逆功的计算方法，尤其是对理想气体的恒压、恒温及绝热等可逆过程以及绝热不可逆过程的功的计算。

概　念　题

填空题

1. 如右图所示，一绝热容器中放有绝热的、无质量和无摩擦的活塞，该活塞将容器分隔为体积相等的左、右两室，两室中均充有 n、p_1、T_1 的理想气体。若右室中装有一电热丝，并缓慢通电加热右室气体，于是活塞逐渐往左移动。此时，如以右室气体为系统时，则此过程的 Q(右)________，W(右)________；如以左室气体为系统时，则此过程的 W(左)________，Q(左)________；如以整个容器的气体作为系统时，则此过程的 Q ________，W ________。

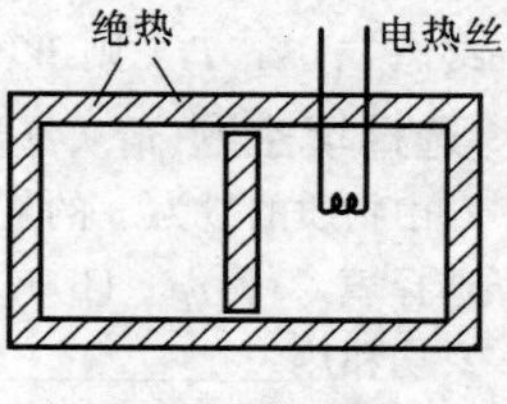

题 1 附图

2. 1 mol 理想气体 A，从始态 B 经途径Ⅰ到达终态 C 时，系统与环境交换了 $Q(\text{Ⅰ}) = -15$ kJ，$W(\text{Ⅰ}) = 10$ kJ。若该 1 mol 理想气体 A 从同一始态 B 出发经途径Ⅱ到达同一终态 C 时，系统与环境交换了 $Q(\text{Ⅱ}) = -10$ kJ，则此过程系统与环境交换的 $W(\text{Ⅱ}) =$ ________ kJ，整个过程系统的热力学能变化 $\Delta U =$ ________ kJ。（填入具体数值）

3. 绝热箱中用一绝热隔板将其分隔成两部分，其中分别装有压力、温度均不相同的两种真实气体。当将隔板抽走后，气体便进行混合，若以整个气体为系统，则此混合过程的 Q ________，W ________，ΔU ________。

4. 某系统经历了一过程之后，得知该系统在过程前后的 $\Delta H = \Delta U$，则该系统在过程前后的________条件下，才能使 $\Delta H = \Delta U$ 成立。

5. 对理想气体的单纯 pVT 变化过程，式 $\mathrm{d}H = nC_{p,\mathrm{m}}\mathrm{d}T$ 适用于________过程；而对于真实气体的单纯 pVT 变化过程，式 $\mathrm{d}H = nC_{p,\mathrm{m}}\mathrm{d}T$ 适用于________过程。

6. 已知水在 100 ℃时的 $\Delta_\mathrm{vap}H_\mathrm{m} = 40.63\ \mathrm{kJ\cdot mol^{-1}}$，若有 1 mol、$p = 101.325$ kPa、$t = 100$ ℃的水蒸气在恒 T、p 下凝结为同温、同压的液体水，则此过程的 $W =$ ________ kJ，$\Delta U =$ ________ kJ。（填入具体数值）。设蒸气为

理想气体,液体水的体积可忽略不计。

7.若将 1 mol、$p = 101.325$ kPa、$t = 100$ ℃的液体水放入到恒温 100 ℃的真空密封的容器中,最终变为 100 ℃、101.325 kPa 的水蒸气,$\Delta_{vap}H_m = 40.63$ kg·mol^{-1},则此系统在此过程中所作的功 $W =$ ________ kJ,$\Delta U =$ ________ kJ。

8.写出在温度为 T 下,下列反应的标准摩尔反应焓 $\Delta_r H_m^\ominus$ 是什么化合物的标准摩尔生成焓 $\Delta_f H_m^\ominus(B,\beta)$,是什么物质的标准摩尔燃烧焓 $\Delta_c H_m^\ominus(B,\beta)$?或者两者皆不是。

C(金刚石) + O_2(g)══CO_2(g) $\Delta_r H_m^\ominus(1)$为____________

CH_4(g) + $2O_2$(g)══CO_2(g) + $2H_2O$(g) $\Delta_r H_m^\ominus(2)$为____________

H_2(g) + ½O_2(g)══H_2O(l) $\Delta_r H_m^\ominus(3)$为____________

2C(石墨) + $4H_2$(g) + O_2(g)══$2CH_3OH$(g) $\Delta_r H_m^\ominus(4)$为____________

9.已知 25 ℃下的热力学数据如下:

C(石墨)的标准摩尔燃烧焓 $\Delta_c H_m^\ominus = -393.51$ kJ·mol^{-1}

H_2(g)的标准摩尔燃烧焓 $\Delta_c H_m^\ominus = -285.83$ kJ·mol^{-1}

CH_3OH(l)的标准摩尔燃烧焓 $\Delta_c H_m^\ominus = -726.51$ kJ·mol^{-1}

则可求得 CH_3OH(l)的标准摩尔生成焓 $\Delta_f H_m^\ominus =$ ________ kJ·mol^{-1}。

10.正丁醇 n-C_4H_9OH(l)(以 A 表示)与二乙醚$(C_2H_5)_2O$(l)(以 B 表示)为同分异构体,若已知 25 ℃下 $\Delta_f H_m^\ominus(A,l) = -327.1$ kJ·mol^{-1},$\Delta_f H_m^\ominus(B,l) = -251.8$ kJ·mol^{-1},$\Delta_c H_m^\ominus(A,l) = -2\,675.8$ kJ·mol^{-1},则 $\Delta_c H_m^\ominus(B,l) =$ ________ kJ·mol^{-1}。

11.在一容积为 5 L 的绝热、密封容器中发生一化学反应,反应达终态后,容积体积不变但压力增大了 2 026.5kPa,则系统反应前后的 $\Delta H =$ ________ J。(填入具体数值)

12.1 mol 某理想气体的 $C_{V,m} = 1.5R$,当该气体由 p_1、V_1、T_1 的始态经一绝热过程后,系统终态的 p_2V_2 乘积与始态的 p_1V_1 之差为 1 kJ,则此过程的 $W =$ ________,$\Delta H =$ ________。(填入具体数值)

13.物质的量为 1 mol 的某理想气体,从体积为 V_1 的始态分别经:(a)绝热可逆膨胀过程;(b)恒压膨胀到同一终态 p_1、V_2、T_2。则 W(绝热)________ W(恒压),Q(绝热)________ Q(恒压)。

选择填空题(请从每题所附答案中择一正确的填入横线上)

1.由物质的量为 n 的某纯理想气体组成的系统,若要确定该系统的状态,则系统的________必须确定。

选择填入:(a)p (b)V (c)T,U (d)T,p

2.功和热____________。

选择填入:(a)都是途径函数,无确定的变化途径就无确定的数值

(b)都是途径函数,对应某一状态有一确定值

(c)都是状态函数,变化量与途径无关

(d)都是状态函数,始、终态确定,其值也确定

3.在隔离系统中无论发生何种变化,其 ΔU ________,ΔH ________。

选择填入:(a)大于零 (b)小于零 (c)等于零 (d)无法确定

4.被绝热材料包围的房间内放有一电冰箱,将冰箱门打开的同时供以电能使冰箱运行,室内的温度将________。

选择填入:(a)逐渐降低 (b)逐渐升高 (c)不变 (d)不能确定

5.封闭系统经一恒压过程后,其与环境所交换的热________。

选择填入:(a)应等于此过程的 ΔU (b)应等于该系统的焓

(c)应等于该过程的 ΔH (d)因条件不足,无法判断

6. 1 mol 某理想气体在恒压下温度升高 1 K 时,则此过程的体积功 W ________。

选择填入:(a)为 8.314 J (b)为 -8.314 J (c)为 0 J (d)压力不知,无法计算

7. 某化学反应 $A(l)+0.5B(g) \longrightarrow C(g)$ 在 500 K、恒容条件下反应了 1 mol 反应进度时放热 10 $kJ \cdot mol^{-1}$。若该反应气体为理想气体,在 500 K、恒压条件下同样反应了 1 mol 反应进度时,则放热________。

选择填入:(a)7.92 $kJ \cdot mol^{-1}$ (b) -7.92 $kJ \cdot mol^{-1}$ (c)10 $kJ \cdot mol^{-1}$ (d)因数据不足,无法计算

8. 已知反应 $2A(g)+B(g) \longrightarrow 2C(g)$ 在 400 K 下的 $\Delta_r H_m^{\ominus}(400\ K)=150\ kJ \cdot mol^{-1}$,而且 A(g)、B(g)和 C(g)的摩尔定压热容分别为 20、30 和 35 $J \cdot K^{-1} \cdot mol^{-1}$,若将上述反应改在 800 K 下进行,则上述反应的 $\Delta_r H_m^{\ominus}$ 为________ $kJ \cdot mol^{-1}$。

选择填入:(a)300 (b)150 (c)75 (d)0

9. 在一绝热的、体积为 10 dm^3 的刚性密封容器中,发生了某一反应,反应的结果压力增加了 1 013.25 kPa,则此系统在反应前后的 ΔH 为________。

选择填入:(a)0 kJ (b)10.13 kJ (c) -10.13 kJ (d)因数据不足,无法计算

10. 一定量的某理想气体从同一始态出发,经绝热可逆压缩与恒温可逆压缩到相同终态体积 V_2,则 p_2(恒温)________ p_2(绝热),$|W_r$(恒温)$|$________ $|W_r$(绝热)$|$,ΔU(恒温)________ ΔU(绝热)。

选择填入:(a)大于 (b)小于 (c)等于 (d)不能确定

11. 一定量的某理想气体从同一始态出发,经绝热可逆膨胀(p_2, V_2)和反抗恒定外压 p_2 绝热膨胀到相同终态体积 V_2,则 T_2(可)________ T_2(不),在数值上 W(可)________ W(不)。

选择填入:(a)大于 (b)小于 (c)等于 (d)可能大于也可能小于

12. 1 mol 某理想气体由 100 kPa、373 K 分别经恒容过程(A)和恒压过程(B)冷却至 273 K,则数值上 W_A________ W_B,ΔH_A________ ΔH_B,Q_A________ Q_B。

选择填入:(a)大于 (b)小于 (c)等于 (d)可能大于也可能小于

13. 一定量的某理想气体,自始态 p_1、V_1、T_1 开始,当其经________的途径便能回到原来的始态。

选择填入:(a)绝热可逆膨胀至 V_2,再绝热不可逆压缩回 V_1

(b)绝热不可逆膨胀至 V_2,再绝热可逆压缩回 V_1

(c)绝热可逆膨胀至 V_2,再绝热可逆压缩回 V_1

(d)绝热不可逆膨胀至 V_2,再绝热不可逆压缩回 V_1

14. 物质的量为 1 mol 的单原子理想气体,从始态经绝热可逆过程到终态后,对环境作了 1.0 kJ 的功,则此过程的 ΔH 为________。

选择填入:(a)1.67 kJ (b) -1.67 kJ (c)1.47 kJ (d) -1.87 kJ

习 题

2-1(A) 5 mol 理想气体的始态为 $t_1=25$ ℃、$p_1=101.325$ kPa、V_1 在恒温下反抗恒定外压膨胀至 $V_2=2V_1$、p(环)$=0.5p_1$,求此过程系统所作的功。

答:$W=-6.20$ kJ

2-2(A) 1 mol 理想气体由 202.65 kPa、10 dm^3 恒容升温,压力增大到 2 026.5 kPa,再恒压压缩至体积为 1 dm^3,求整个过程的 W、Q、ΔU 及 ΔH。

答:$W=-Q=18.24$ kJ,$\Delta U=\Delta H=0$

2-3(A) 1 mol、300 K、101.325 kPa 的理想气体,在恒定外压下恒温压缩至内外压力相等,然后再恒容升温至1 000 K,此时系统压力为 1 628.247 kPa,求此过程的 Q、W、ΔU 及 ΔH。已知该气体 $C_{V,m}=12.47$ $J \cdot K^{-1} \cdot mol^{-1}$。

答：$W=9.53\ \text{kJ}, Q=-801\ \text{J}, \Delta U=8\ 729\ \text{J}, \Delta H=14.55\ \text{kJ}$

2-4(A) 1 mol 理想气体依次经下列过程：(a)恒容下从 25 ℃升温至 100 ℃；(b)绝热自由膨胀至二倍体积；(c)恒压下冷却至 25 ℃。试计算整个过程的 Q、W、ΔU 及 ΔH。

答：$Q=-623.6\ \text{J}, W=623.6\ \text{J}, \Delta U=\Delta H=0$

2-5(A) 0.1 mol 单原子理想气体，始态为 400 K、101.325 kPa，分别经下列两途径到达相同的终态：(a)恒温可逆膨胀到 10 dm^3，再恒容升温至 610 K；(b)绝热自由膨胀到 6.56 dm^3，再恒压加热至 610 K。分别求二途径的 Q、W、ΔU 及 ΔH。若只知始态及终态，能否求出两途径的 ΔU 及 ΔH？

答：(a) $Q=632.4\ \text{J}, W=-370.5\ \text{J}, \Delta U=261.9\ \text{J}, \Delta H=436.5\ \text{J}$；

(b) $Q=436.5\ \text{J}, W=-174.6\ \text{J}, \Delta U=261.9\ \text{J}, \Delta H=436.5\ \text{J}$

2-6(A) 在容积为 200 dm^3 的容器中放有 20 ℃、253.313 kPa 的某理想气体，已知其 $C_{p,\text{m}}=1.4C_{V,\text{m}}$，若该气体的 $C_{p,\text{m}}$ 近似为常数，求恒容下加热该气体至 80 ℃时所需的热。

答：$Q=25.9\ \text{kJ}$

2-7(A) 将 101.325 kPa、298 K 的 1 mol 水变成 303.975 kPa、406 K 的饱和蒸气(可视为理想气体)，计算该过程的 ΔU 及 ΔH。已知 $\bar{C}_{p,\text{m}}(\text{H}_2\text{O},\text{l})=75.31\ \text{J}\cdot\text{K}^{-1}\cdot\text{mol}^{-1}$，$\bar{C}_{p,\text{m}}(\text{H}_2\text{O},\text{g})=33.56\ \text{J}\cdot\text{K}^{-1}\cdot\text{mol}^{-1}$。水在 100 ℃、101.325 kPa 下的 $\Delta_{\text{vap}}H_{\text{m}}=40.63\ \text{kJ}\cdot\text{mol}^{-1}$。

答：$\Delta U=44.02\ \text{kJ}, \Delta H=47.39\ \text{kJ}$

2-8(A) 已知 100 ℃、101.325 kPa 下水的 $\Delta_{\text{vap}}H_{\text{m}}=40.63\ \text{kJ}\cdot\text{mol}^{-1}$，水蒸气和液体水的摩尔体积分别为 $V_{\text{m}}(\text{g})=30.19\ \text{dm}^3\cdot\text{mol}^{-1}$，$V_{\text{m}}(\text{l})=18.00\times10^{-3}\ \text{dm}^3\cdot\text{mol}^{-1}$，试计算下列两过程的 Q、W、ΔU 及 ΔH。(a)1 mol 液体水于 100 ℃、101.325 kPa 下可逆蒸发为水蒸气；(b)1 mol 液体水在 100 ℃恒温下于真空容器中全部蒸发为蒸气，而且蒸气的压力恰为 101.325 kPa。

答：(a) $Q=\Delta H=40.63\ \text{kJ}, W=-3.06\ \text{kJ}, \Delta U=37.54\ \text{kJ}$；

(b) $Q=37.57\ \text{kJ}, W=0, \Delta H=40.63\ \text{kJ}, \Delta U=37.54\ \text{kJ}$

2-9(A) 水于 100 ℃、101.325 kPa 下的 $\Delta_{\text{vap}}H_{\text{m}}=40.63\ \text{kJ}\cdot\text{mol}^{-1}$。在带活塞的气缸中放有 100 ℃、101.325 kPa 的水蒸气 100 dm^3，保持该温度、压力不变的条件下，将水蒸气体积压缩至 50 dm^3 的终态，求此过程的 Q、W、ΔU 及 ΔH。设液体水体积可忽略，水蒸气可视为理想气体。

答：$Q=\Delta H=-66.349\ \text{kJ}, W=5.066\ \text{kJ}, \Delta U=-61.28\ \text{kJ}$

2-10(A) 在放有 15 ℃、212 g 金属块的量热计中，于 101.325 kPa 下通过一定量 100 ℃的水蒸气，最后金属块的温度达 97.6 ℃，并有 3.91 g 水凝结在其表面上，求该金属的质量定压热容 C_p。已知水在 100 ℃、101.325 kPa 下的 $\Delta_{\text{vap}}H_{\text{m}}=40.63\ \text{kJ}\cdot\text{mol}^{-1}$，$\bar{C}_{p,\text{m}}=75.31\ \text{J}\cdot\text{K}^{-1}\cdot\text{mol}^{-1}$。

答：$C_p=505.7\ \text{J}\cdot\text{kg}^{-1}\cdot\text{K}^{-1}$

2-11(A) 已知 100 ℃、101.325 kPa 下水的 $\Delta_{\text{vap}}H_{\text{m}}=40.63\ \text{kJ}\cdot\text{mol}^{-1}$，0 ℃、101.325 kPa 下冰的 $\Delta_{\text{fus}}H_{\text{m}}=6.02\ \text{kJ}\cdot\text{mol}^{-1}$。冰、水及水蒸气的平均摩尔定热容 $\bar{C}_{p,\text{m}}$ 依次为 37.6 $\text{J}\cdot\text{K}^{-1}\cdot\text{mol}^{-1}$、75.31 $\text{J}\cdot\text{K}^{-1}\cdot\text{mol}^{-1}$ 及 33.6 $\text{J}\cdot\text{K}^{-1}\cdot\text{mol}^{-1}$。求 −10 ℃、101.325 kPa 下冰的摩尔升华焓为若干？

答：$\Delta_{\text{sub}}H_{\text{m}}$(冰)$=50.86\ \text{kJ}\cdot\text{mol}^{-1}$

2-12(B) 冰在 101.325 kPa 下的熔点为 273.15 K，现有 1 kJ、268.15 K 的过冷水，在 101.325 kPa 下因受环境的影响，过冷水凝结成冰。由于凝结很快，来不及与四周交换热，因此可看成绝热过程。若已知水在 273.15 K 时的摩尔熔化热 $\Delta_{\text{fus}}H_{\text{m}}=6.02\ \text{kJ}\cdot\text{mol}^{-1}$，水的质量定压热容 $C_p=4\ 238.4\ \text{J}\cdot\text{kg}^{-1}\cdot\text{K}^{-1}$，冰的密度为 916.8 $\text{kg}\cdot\text{m}^{-3}$，水的密度为 958.4 $\text{kg}\cdot\text{m}^{-3}$。求：(a)析出了多少冰？(b)凝固过程的 Q、W、ΔU 及 ΔH。

答：(a)63.42 g；(b) $Q_p=\Delta H=0, W=-0.304\ 2\ \text{J}, \Delta U=-0.304\ 2\ \text{J}$

2-13(B) 如附图所示，一带活塞(无摩擦、无质量)的气缸中装有 3 mol $\text{N}_2(\text{g})$，气缸底部有一玻璃瓶，瓶内充有 5 mol 液体水。活塞上维持 202.650 kPa 的恒定环境压力。在 100 ℃下将玻璃瓶打碎，水随即进行蒸发，

求达平衡时过程的 Q、W、ΔU 及 ΔH。已知 100 ℃时水的 $\Delta_{vap}H_m = 40.63\ kJ\cdot mol^{-1}$，并设 $N_2(g)$ 与 $H_2O(g)$ 为理想气体，液体水体积可忽略不计。

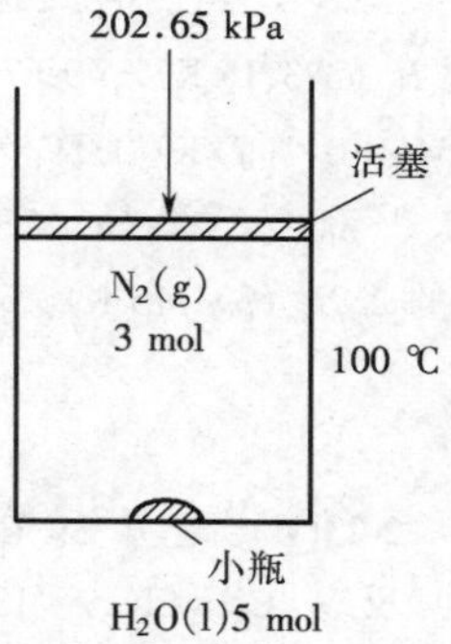

答：$W = -9.307\ kJ$，$Q = \Delta H = 121.89\ kJ$，$\Delta U = 112.58\ kJ$

2-14(A) 已知 298.15 K、标准状态下丙烷的 $\Delta_c H_m^\ominus = -2\ 219.9\ kJ\cdot mol^{-1}$，求 298.15 K 时丙烷的标准摩尔生成焓 $\Delta_f H_m^\ominus$。其他数据查书后附录七。

答：$\Delta_f H_m^\ominus(C_3H_8, g) = -103.95\ kJ\cdot mol^{-1}$

2-15(A) 已知 298.15 K 下萘的标准摩尔生成焓 $\Delta_f H_m^\ominus = 78.8\ kJ\cdot mol^{-1}$，求萘在 298.15 K 下的标准摩尔燃烧焓 $\Delta_c H_m^\ominus$。其他数据查书后附录。

答：$\Delta_c H_m^\ominus(C_{10}H_8, s, 298.15\ K) = -5\ 157.2\ kJ\cdot mol^{-1}$

2-16(A) 利用下面各反应 25 ℃下的标准摩尔反应焓，求 AgCl(s)25 ℃下的标准摩尔生成焓 $\Delta_f H_m^\ominus$。

$Ag_2O(s) + 2HCl(g) \longrightarrow 2AgCl(s) + H_2O(l)$　　$\Delta_r H_m^\ominus(1) = -323.35\ kJ\cdot mol^{-1}$

$2Ag(s) + \frac{1}{2}O_2(g) \longrightarrow Ag_2O(s)$　　$\Delta_r H_m^\ominus(2) = -31.0\ kJ\cdot mol^{-1}$

$\frac{1}{2}H_2(g) + \frac{1}{2}Cl_2(g) \longrightarrow HCl(g)$　　$\Delta_r H_m^\ominus(3) = -92.31\ kJ\cdot mol^{-1}$

$H_2(g) + \frac{1}{2}O_2(g) \longrightarrow H_2O(l)$　　$\Delta_r H_m^\ominus(4) = -285.83\ kJ\cdot mol^{-1}$

答：$\Delta_f H_m^\ominus(AgCl, s, 298.15\ K) = -126.57\ kJ\cdot mol^{-1}$

2-17(A) 已知 25 ℃下的热力学数据如下：

物质	$\Delta_f H_m^\ominus/kJ\cdot mol^{-1}$	$\Delta_c H_m^\ominus/kJ\cdot mol^{-1}$
$C_2H_5OH(l)$	-277.7	
$H_2O(l)$	-285.83	
$CH_3OCH_3(g)$		-1 456.0
C(石墨)		-393.51

求 25 ℃下 $C_2H_5OH(l) = CH_3OCH_3(g)$ 反应的 $\Delta_r H_m^\ominus$。

答：$-89.19\ kJ\cdot mol^{-1}$

2-18(A) $B_2H_6(g)$ 的燃烧反应如下：$B_2H_6(g) + 3O_2(g) \longrightarrow B_2O_3(s) + 3H_2O(g)$。在 298.15 K 标准状态下每燃烧 1 mol $B_2H_6(g)$ 放热 2 020 kJ，同样条件下 2 mol 元素硼燃烧生成 1 mol $B_2O_3(s)$ 时放热 1 264 kJ。求 298.15 K 下 $B_2H_6(g)$ 的标准摩尔生成焓。已知 25 ℃时 $\Delta_f H_m^\ominus(H_2O, l) = -285.83\ kJ\cdot mol^{-1}$，水的 $\Delta_{vap}H_m = 44.01\ kJ\cdot mol^{-1}$。

答：$\Delta_f H_m^\ominus(B_2H_6, g, 298.15\ K) = 30.54\ kJ\cdot mol^{-1}$

2-19(A) 298.15 K 下，测得 $CH_3COOH(l) + C_2H_5OH(l) \longrightarrow CH_3COOC_2H_5(l) + H_2O(l)$ 反应的标准摩尔反应焓 $\Delta_r H_m^\ominus$ 为 $-9.20\ kJ\cdot mol^{-1}$。查表得 $\Delta_c H_m^\ominus(C_2H_5OH, l, 298.15\ K) = -1\ 366.8\ kJ\cdot mol^{-1}$，$\Delta_c H_m^\ominus(CH_3COOH, l, 298.15\ K) = -874.54\ kJ\cdot mol^{-1}$。求 $\Delta_f H_m^\ominus(CH_3COOC_2H_5, l, 298.15\ K)$。

答：$\Delta_f H_m^\ominus(CH_3COOC_2H_5, l, 298.15\ K) = -485.2\ kJ\cdot mol^{-1}$

2-20(A) 试求反应 $CH_3COOH(g) \longrightarrow CH_4(g) + CO_2(g)$ 的标准摩尔反应焓 $\Delta_r H_m^\ominus(1\ 000\ K)$。$CH_3COOH(g)$、$CH_4(g)$、$CO_2(g)$ 的平均摩尔定压热容 $\bar{C}_{p,m}$ 分别为 52.3、37.7、31.4 $J\cdot K^{-1}\cdot mol^{-1}$。其他数据可查附录。

答：$\Delta_r H_m^\ominus(1\ 000\ K) = -24.3\ kJ\cdot mol^{-1}$

2-21(A) 已知在 298 K 时 $\Delta_f H_m^\ominus(C_6H_6, l) = 48.66\ kJ\cdot mol^{-1}$，$\Delta_f H_m^\ominus(C_6H_6, g) = 82.93\ kJ\cdot mol^{-1}$，$C_{p,m}(C_6H_6, l) = (59.5 + 255\times10^{-3}\ TK^{-1})\ J\cdot K^{-1}\cdot mol^{-1}$，$C_{p,m}(C_6H_6, g) = (-33.9 + 471\times10^{-3}\ TK^{-1})\ J\cdot K^{-1}\cdot mol^{-1}$。求在苯的正常沸点 353 K 时 1 mol $C_6H_6(l)$ 完全气化为 $C_6H_6(g)$ 时的 ΔU 及 ΔH。

答：$\Delta U = 30.07\ kJ$，$\Delta H = 33.00\ kJ$

2-22(B) 已知在 25 ℃下,液体水的标准摩尔生成焓 $\Delta_f H_m^{\ominus}$ 为 $-285.83\ kJ\cdot mol^{-1}$,水在 100 ℃下的蒸发焓 $\Delta_{vap}H_m(373.15\ K)=40.63\ kJ\cdot mol^{-1}$。$C_{p,m}(H_2)=\{27.70+3.39\times10^{-3}(T/K)\}J\cdot K^{-1}\cdot mol^{-1}$、$C_{p,m}(O_2)=\{28.28+2.54\times10^{-3}(T/K)\}J\cdot K^{-1}\cdot mol^{-1}$、$C_{p,m}(H_2O,l)=75.31\ J\cdot K^{-1}\cdot mol^{-1}$、$C_{p,m}(H_2O,g)=\{30.21+9.93\times10^{-3}(T/K)\}J\cdot K^{-1}\cdot mol^{-1}$。求:(a)在 373.15 K 时水蒸气的标准摩尔生成焓;(b)$2H_2(g)+O_2(g)\longrightarrow 2H_2O(g)$反应在 120 ℃下的 $\Delta_r H_m^{\ominus}(393.15\ K)$。

答:(a)$\Delta_f H_m^{\ominus}(H_2O,g,373.15\ K)=-242.81\ kJ\cdot mol^{-1}$;
(b)$\Delta_r H_m^{\ominus}(393.15\ K)=-486.00\ kJ\cdot mol^{-1}$

2-23(B) 已知 25 ℃时的下列数据:

反应 $4C_2H_5Cl(g)+13O_2(g)\longrightarrow 2Cl_2(g)+8CO_2(g)+10H_2O(g)$的 $\Delta_r H_m^{\ominus}=-5\ 144.60\ kJ\cdot mol^{-1}$;

反应 $C_2H_6(g)+\frac{7}{2}O_2(g)\longrightarrow 2CO_2(g)+3H_2O(g)$的 $\Delta_r H_m^{\ominus}=-1\ 515.79\ kJ\cdot mol^{-1}$;

$\Delta_f H_m^{\ominus}(H_2O,g)=-241.82\ kJ\cdot mol^{-1}$;$\Delta_f H_m^{\ominus}(HCl,g)=-92.307\ kJ\cdot mol^{-1}$

求反应 $C_6H_6(g)+Cl_2(g)\longrightarrow C_2H_5Cl(g)+HCl(g)$在 25 ℃下的 $\Delta_r H_m^{\ominus}$。

答:$\Delta_r H_m^{\ominus}=-201.04\ kJ\cdot mol^{-1}$

2-24(A) 已知 25 ℃时 $H_2O(l)$、$H_2O(g)$、$CH_4(g)$的标准摩尔生成焓 $\Delta_f H_m^{\ominus}$ 分别为:-285.53、-241.82 和 $-74.81\ kJ\cdot mol^{-1}$。$CH_4(g)$的标准摩尔燃烧焓 $\Delta_c H_m^{\ominus}$ 为 $-890.31\ kJ\cdot mol^{-1}$。求在 25 ℃下,下列反应

$$C(石墨)+2H_2O(g)=\!=\!=CO_2(g)+2H_2(g)$$

的 $\Delta_r H_m^{\ominus}$ 和 $\Delta_r U_m^{\ominus}$。

答:$\Delta_r H_m^{\ominus}=90.13\ kJ\cdot mol^{-1}$,$\Delta_r U_m^{\ominus}=87.65\ kJ\cdot mol^{-1}$

2-25(A) 恒压下用 2 倍理论量的空气(含 20% O_2、80% N_2)在炉内燃烧甲烷,若甲烷与空气的温度是 25 ℃,燃烧产物的温度是 110 ℃,求燃烧 1 mol 甲烷所放出的热。已知:$\Delta_c H_m^{\ominus}(CH_4,g,298.15\ K)=-890.31\ kJ\cdot mol^{-1}$,水在 25 ℃下的摩尔蒸发焓 $\Delta_{vap}H_m=44.0\ kJ\cdot mod^{-1}$,$O_2(g)$、$N_2(g)$、$H_2O(g)$及 $CO_2(g)$的 $C_{p,m}$ 分别为 30.23、29.33、33.86 与 39.50 $J\cdot K^{-1}\cdot mol^{-1}$。

答:$Q_p=-748.15\ kJ$

2-26(A) (a)在一恒温 25 ℃密闭容器中,有 1 mol CO(g)与 0.5 mol $O_2(g)$反应生成 1 mol $CO_2(g)$时,求此反应过程的 Q、W、ΔU 及 ΔH。

(b)若上述反应在一绝热的密闭容器中进行,则此反应过程的 Q、W、ΔU 及 ΔH 为多少? 已知 CO(g)及 $O_2(g)$的温度为 25 ℃。查表得:$\Delta_f H_m^{\ominus}(CO_2,g,298.15\ K)=-393.51\ kJ\cdot mol^{-1}$,$\Delta_f H_m^{\ominus}(CO,g,298.15\ K)=-110.52\ kJ\cdot mol^{-1}$,$C_{V,m}(CO_2,g)=46.5\ kJ\cdot mol^{-1}$。

答:(a)$W=0$,$Q=\Delta U=-281.8\ kJ$,$\Delta H=-283.0\ kJ$;
(b)$Q=0$,$W=0$,$\Delta U=0$,$\Delta H=49.14\ kJ$

2-27(B) 用接触法制硫酸时,将 SO_2 和空气的混合气体于恒压下通过有催化剂的反应器。通入的气体温度为 380 ℃,反应器绝热良好,在反应器中有 90% SO_2 氧化为 SO_3。如要维持反应器的温度为 480 ℃,试计算 1 mol SO_2 需配多少摩尔空气。已知 380 ℃下反应 $SO_2(g)+1/2O_2(g)\longrightarrow SO_3(g)$的 $\Delta_r H_m^{\ominus}=-937.2\ kJ\cdot mol^{-1}$,$N_2(g)$、$SO_2(g)$、$SO_3(g)$及 $O_2(g)$的 $C_{p,m}$ 分别为 29.29、46.2、60.25、32.23 $J\cdot K^{-1}\cdot mol^{-1}$。(设空气中 $n(CO_2)/n(N_2)=21/79$)

答:n(空气)$=280.5$ mol

2-28(A) 1 mol、20 ℃、101.325 kPa 的空气,分别经恒温可逆与绝热可逆压缩到终态压力 506.625 kPa,分别求这两压缩过程的功。空气的 $C_{p,m}=29.1\ J\cdot K^{-1}\cdot mol^{-1}$。

答:W_r(恒 T)$=3.92$ kJ,W_r(绝热)$=3.56$ kJ

2-29(A)　在一带活塞(无质量、无摩擦)的绝热气缸中,放有 2 mol、298.15 K、1 519.00 kPa 的理想气体,分别经:(a)绝热可逆膨胀到最终体积为 7.59 dm^3;(b)将环境压力突降至 506.625 kPa 时,气体作绝热快速膨胀到终态体积为 7.59 dm^3。求上述两过程的终态 T_2、p_2 及过程的 W、ΔH。已知该气体 $C_{p,m}=35.90\ J\cdot K^{-1}\cdot mol^{-1}$。

答:(a) $T_2=231.2$ K, $p_2=506.5$ kPa, $W=-3\ 694$ J, $\Delta H=-4\ 808$ J;

(b) $T_2=258.42$ K, $p_2=566.14$ kPa, $W=-2\ 192$ J, $\Delta H=-2\ 853$ J

2-30(A)　0.5 mol 单原子理想气体,最初温度为 25 ℃,容积为 2 dm^3,反抗恒定外压 p(环) = 101.326 kPa 作绝热膨胀,直至内外压力相等,然后保持在膨胀后的温度下可逆缩回 2 dm^3,求整个过程的 Q、W、ΔU 及 ΔH。

答: $Q=-1\ 157.5$ J, $W=535.4$ J, $\Delta U=-622.1$ J, $\Delta H=-1\ 036.8$ J

2-31(A)　在一绝热的带活塞气缸中,盛有一定量某未知气体。今使该气体从 25 ℃、5 dm^3 绝热可逆膨胀至 6 dm^3,测得该气体温度下降了 21 ℃,计算判断该气体是单原子气体还是双原子气体。该气体可视为理想气体。

答: $C_{V,m}=\frac{5}{2}R$,为双原子理想气体

2-32(B)　1 mol 单原子理想气体,从始态 $T_1=273.15$ K、$p_1=202.630$ kPa 沿 $p/V=$ 常数的途径被可逆压缩至终态压力 $p_2=405.260$ kPa,求此过程的 Q、W、ΔU 及 ΔH。

答: $Q=13.625$ kJ, $W=-3.406\ 5$ kJ, $\Delta U=10.22$ kJ, $\Delta H=17.03$ kJ

第 3 章　热力学第二定律

自然界中所发生的一切过程都必须遵守热力学第一定律，可是，不违反热力学第一定律的过程是否就一定能进行呢？例如，水能否自动从周围空气中吸取所需的能量自动升温至沸腾的这一类例子，人们可以根据长期的经验，便判断出这一类过程是不可能发生的。但是对于化学反应过程就难以直观判断。例如 C(金刚石) + O_2(g)⟶CO_2(g)的反应在 298.15K 标准状态下，能自动反应并放出 393.51 $kJ \cdot mol^{-1}$的热，反之，在 298.15 K 标准状态下，由环境供给 393.51 $kJ \cdot mol^{-1}$的热，CO_2(g)是否能自动分解成金刚石与 O_2(g)呢？虽然从能量角度是完全符合热力学第一定律，但实际上此反应在该条件下是不能进行的。由此可见，热力学第一定律只能指出什么过程是一定不能进行的，但却不能指出什么过程一定可以自动进行以及进行到什么程度。然而这一问题对于化学、化工过程恰是极其重要的问题。要解决这些不违背热力学第一定律又能在一定条件下自动进行的过程之方向与限度，则需借助新的定律——热力学第二定律。

§3-1　自发过程与热力学第二定律

在自然界中，有很多过程无需外力(即环境)作用就能够自动进行：如高处的重物能自动落到地面上；热能从高温物体自动传至低温物体；气体自动从高压处流往低压处；锌片放入 H_2SO_4 水溶液中，Zn 会自动溶解等等。这些无需外力(即环境)作用就能够自动进行的过程，称为自发过程。相反，需要环境施加影响才能进行的过程，称为非自发过程。例如，重物无外力作用是不能从低处升至高处；消耗了电功水才能电解成 H_2(g)和 O_2(g)。问题是，自然界中哪些过程是自发过程？哪些过程是非自发过程？如何去判断？有无判断标准？这就需要了解自发过程有何特点，找出其共同的规律。

1. 自发过程及其特点

虽然自然界的自发过程各种各样，但这些过程却表现出具有共同的特征。

(1)自发过程总是单方向趋向平衡。例如，热从高温物体自动传至低温物体，直到两物体温度相等；气体自动从高压处流往低压处，直到两处压力相等；溶液中溶质浓度不均匀时，溶质自动从高浓度向低浓度扩散，直到各处浓度相等；在一定条件下，H_2 和 O_2 能自动反应生成 H_2O(l)，直到反应达平衡为止。

(2)自发过程均具有不可逆性。自发过程的不可逆性有如下两方面含义：一是系统经自发过程达平衡后，如无外力作用，系统是不会自发地反方向进行并回到起始状态；二是自然界中所有的自发过程均是热力学不可逆过程。如理想气体向真空膨胀过程是一个典型的自发过程，同时又是不可逆过程。

(3)自发过程具有对环境作功的能力，如配有合适的装置，还可从自发过程中获得可用的功。例如，热从高温传至低温的过程，可带动热机作功；又如水从高处落到低处，可带动水轮机发电（即作电功）。就是说，系统经历一自发变化过程是可能获得功的，即系统将失去一定量的作功能力。相反，非自发过程的发生均需环境对系统作功。例如，要让热从低温物体传到高温物体，需通过制冷装置（如冰箱、空调）消耗环境的电功才能实现。当系统经历非自发过程后从环境中获得一定的功，系统的作功能力相应有所增加。这是自发与非自发的根本区别。

2. 热力学第二定律

人类对自发过程及其特点的认识，完全源于热力学第二定律的建立。热力学第二定律有多种说法，下面介绍两种代表性的说法。

克劳修斯（Clausirs）说法："不可能把热从低温物体传到高温物体而不引起其他变化。"

开尔文（Kelvin）说法："不可能从单一热源取出热并使之全部变为功而不引起其他变化。"

通过克氏和开氏的热力学第二定律的两种说法，可以归纳出两个重要的结果：①以上两种说法均指出自发过程的单方向性，即热能自发从高温物体传到低温物体和功可以全部自发变成热。反之，这两种自发过程的逆过程则不可能自发进行，只有在引起其他变化情况下才能进行，这就是自发过程的单方向性；②以上两种说法均指出自发过程的不可逆性。就是说，热自发从高温物体传到低温物体后，如无其他变化下热不可能自动从低温物体传到高温物体。同样，功自动完全变成热后，如无其他变化下热不可能自动完全变成功。两者均说明自发过程具有不可逆性。以上两点说明所有自发过程都存在着内在联系，可从某一自发过程具有的不可逆性，便可以推导出其他自发过程都具有不可逆性，这样就有可能借助已知的过程方向和限度，判断未知的过程方向和限度，从而在各种不同热力学过程之间，建立统一的普遍适用的判断过程方向和限度的判据。在热力学研究过程中，人们就是从功热转换的不可逆性入手，利用各种热力学过程不可逆性的相关性，建立起普遍适用的判断过程方向和限度的判据。

在领会热力学第二定律时，有两点需要注意：首先，对于开尔文的说法不要错误理解为"功可以完全变成热，而热不能完全变为功"，实际上，只有在不引起其他变化的条件下，热才不能完全变成功。例如，理想气体进行恒温膨胀过程，系统将从环境所吸取的热全部转变为系统对环境所作的体积功，但是系统的体积增大，即其状态发生了变化，开尔文说法中的"在不引起其他变化"这一条件是绝不能忽略的。其次，要明确热力学第二定律是建立在无数事实基础上，是人类长期经验的总结，所以热力学第二定律及其推论，是真实地反映客观规律的，不能违背。若想在不违反热力学第一定律条件下设计一种循环机器，该机器能自动地源源不断从大气或海洋中取出热转化为功是不可能的，因为它违背热力学第二定律的开尔文说法，称之为"第二类永动机永不可能造成"。

§3-2 卡诺循环

1. 卡诺循环

由于判断过程能否自动进行是与热功转化问题的出现具有极其密切关系，故需要探求热功转换过程的方向及限度。热功转换的问题随着蒸汽机的出现而为人们所重视。蒸汽机是热机的一种，它能否将从高温热源所吸收的热量全部转化为功呢？这一问题在 18 世纪被法国工程师卡诺（Carnot）解决。他提出了一种工作在两个热源之间的理想热机，如图 3-2-1 所示。设理想气体在两热源间依次经过图 3-2-2 所示的四步可逆过程，然后回到原来状态，构成一个循

环过程,该循环过程称为卡诺循环。将恒温可逆过程和绝热可逆过程的可逆功的计算公式代

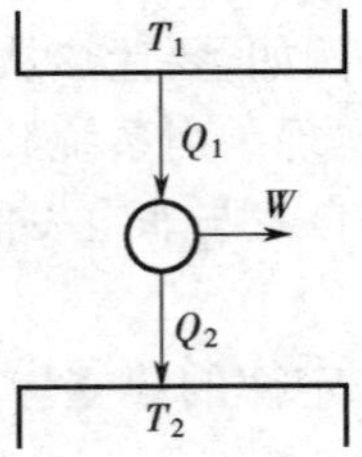

图 3-2-1　卡诺热机

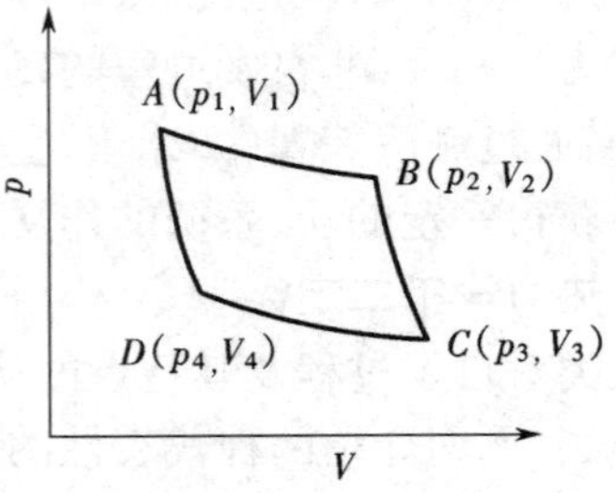

图 3-2-2　卡诺循环

入循环中,便可得

$$-W=Q=Q_1+Q_2$$

式中,W 为热机循环一次所作的功,Q_1 为热机从高温热源吸取的热,Q_2为热机放到低热源的热。热机进行一次循环过程所作的功 W 与从高温热源吸收的热量 Q_1 之比,定义为热机效率,用 η 表示,即 $\eta=-W/Q_1$。于是,卡诺热机效率为

$$\eta=\frac{-W}{Q_1}=\frac{Q_1+Q_2}{Q_1}=(T_1-T_2)/T_1 \tag{3-2-1}$$

式(3-2-1)表明,卡诺热机效率只与两热源的温度有关,高温热源温度 T_1 越高,低温热源温度 T_2 越低,则热机的效率越大,这就指明了如何去提高热机的效率。但是,低温热源温度 T_2是不可能等于零,而高温热源的温度 T_1又不可能无限高,故卡诺热机效率 η 必然小于 1,这说明热在不引起其他变化时不能完全变成功。如热机只与一个热源接触,即 $T_1=T_2$,卡诺热机效率 $\eta=0$,说明第二类永动机不成立。

将式(3-2-1)移项、整理得　$1+\dfrac{Q_2}{Q_1}=1-\dfrac{T_2}{T_1}$

$$Q_1/T_1+Q_2/T_2=0 \tag{3-2-2}$$

上式表明:在卡诺循环中,可逆热温商之和等于零。这是卡诺循环的一项重要性质。式中的 Q 为可逆过程的热;T 为热源温度,当过程为可逆时也就是系统的温度。

2.卡诺定理

上述结论是以理想气体为工作物质并且由两个恒温可逆过程与两个绝热可逆过程构成的卡诺循环推证而得的。这一结论是否具有普遍性呢?例如,卡诺热机所用工作物质不是理想气体而是真实气体或其他物质时,效率是否不同?在相同的高温热源与低温热源之间进行的是其他循环的热机,其效率是否会大于卡诺热机效率?关于这两个问题,依据热力学第二定律,通过数学逻辑推理的反证法(证明从略),证明了以下被称为"卡诺定理"的结论:

(1)工作在相同高温热源与低温热源之间的可逆卡诺热机,其效率相等,与所用工作物质无关;

(2)工作在相同高温热源与低温热源之间的任意热机,其效率不可能高于相同两热源间的可逆卡诺热机的效率。

根据卡诺定理两结论,由理想气体与卡诺循环推出的结果可适用于任何物质与任意变化的可逆循环过程。尤应指出的是,从卡诺定理得出重要结论:在相同温度两热源间工作的所有可逆热机,其效率必相等;而在相同温度两热源间工作的不可逆热机,其效率一定小于可逆热机效率。即

$$\eta \leqslant \eta_r$$

或 $$\frac{Q_1 + Q_2}{Q_1} \leqslant \frac{T_1 - T_2}{T_1}$$

上式改写为 $1 + (Q_2/Q_1) \leqslant 1 - (T_2/T_1)$

两边都减去 1,则得

$$(Q_1/T_1) + (Q_2/T_2) = 0 \quad \text{可逆} \tag{3-2-3}$$

$$(Q_1/T_1) + (Q_2/T_2) < 0 \quad \text{不可逆} \tag{3-2-4}$$

对无限小的卡诺循环,则

$$(\delta Q_1/T_1) + (\delta Q_2/T_2) \leqslant 0 \quad \begin{matrix}\text{不可逆}\\ \text{可逆}\end{matrix} \tag{3-2-5}$$

式(3-2-3)、式(3-2-4)或式(3-2-5)的意义为:工作物质在 T_1、T_2 两热源间进行可逆卡诺循环时,两个热源的热温商$\left(\frac{Q_1}{T_1} + \frac{Q_2}{T_2}\right)$之和等于零;若工作物质在 T_1、T_2 两热源间进行不可逆卡诺循环时,两个热源的热温商之和小于零。T_1、T_2 均是指两恒温热源的温度。上面三式可适用于任何物质、发生任何变化的循环过程。

§3-3　熵和熵增原理

1.熵的导出

设系统由状态 a 经 BC 可逆途过程变至状态 b,再由 b 经可逆过程 DA 回到 a,如图 3-3-1 中的 $ABCDA$ 曲线所示。引许多绝热线(虚线)和恒温线(实线)将这一可逆循环分 割成许多由两条绝热线和两条恒温线构成的小卡诺循环。由图可知,图中的每一条虚线的绝热线既是前一个小卡诺循环的绝热压缩线又是紧靠着的后一个小卡诺循环的绝热膨胀线,由于方向相反,所以可以互相抵消。因此,任一可逆循环可用这些小卡诺循环的总和所形成封闭折线 $ABCDA$ 所替换。当小卡诺循环无限多时,折线即为曲线,折线包围的面积与曲线包围的面积相等。就是说,折线所经的过程与曲线所经的过程完全相同,因此任意一个可逆循环过程均可用无限多个微小卡诺循环之和来代替。

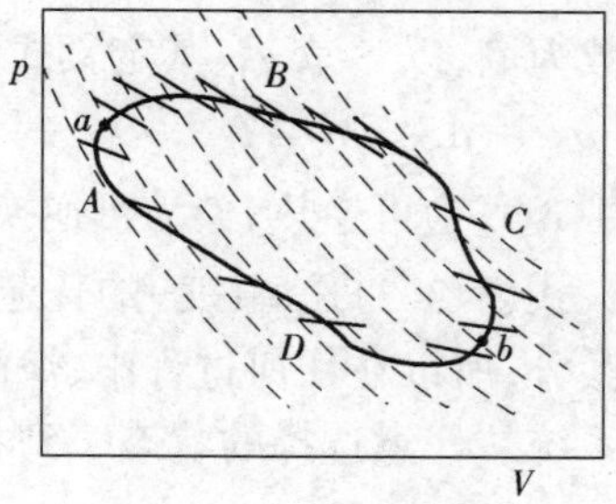

图 3-3-1　任意的可逆循环

对于每个微小卡诺循环都有下列关系式:

$$(\delta Q_1/T_1) + (\delta Q_2/T_2) = 0, \qquad (\delta Q_1'/T_1') + (\delta Q_2'/T_2') = 0,$$
$$(\delta Q_1''/T_1'') + (\delta Q_2''/T_2'') = 0, \cdots$$

式中 T_1、T_2、T'_1、T'_2……分别为每个微小卡诺循环中热源的温度。上面各式相加,可得

$$(\delta Q_1/T_1+\delta Q_2/T_2)+(\delta Q'_1/T'_1+\delta Q'_2/T'_2)+\cdots=0$$

即

$$\sum(\delta Q_r/T)=0 \tag{3-3-1}$$

因为循环中每一步均为可逆过程,故 δQ_r 为微小卡诺循环中热源温度为 T(也是系统的温度)时的可逆热。比值 $\delta Q_r/T$ 称为可逆热温商。式(3-3-1)表示任意的可逆循环热温商之和为零。在极限的条件下,式(3-3-1)可写成

$$\oint(\delta Q_r/T)=0 \tag{3-3-2}$$

式中符号$\oint$表示沿封闭曲线的环积分。按积分定理,若沿封闭曲线的环积分为零,所积分的变量 $\delta Q_r/T$ 应为某一函数的全微分,因此该变量的积分值就应当只取决于系统的始末状态,与过程的具体途径无关。

另外,该循环是系统由始态 a 经可逆途径 BC 到终态 b,然后由终态 b 再经可逆途径 DA 回到始态 a 所组成,所以,把该循环过程拆写成两项,即

$$\oint\left(\frac{\delta Q_{可逆}}{T}\right)=\int_b^a\left(\frac{\delta Q_{可逆}}{T}\right)_{BC}+\int_b^a\left(\frac{\delta Q_{可逆}}{T}\right)_{DA}=0$$

则

$$\int_a^b\left(\frac{\delta Q_{可逆}}{T}\right)_{BC}=-\int_b^a\left(\frac{\delta Q_{可逆}}{T}\right)_{DA}$$

因途径可逆,所以 $-\int_b^a\left(\frac{\delta Q_{可逆}}{T}\right)_{DA}=\int_a^b\left(\frac{\delta Q_{可逆}}{T}\right)_{DA}$

代入上式,得 $\int_a^b\left(\frac{\delta Q_{可逆}}{T}\right)_{BC}=\int_a^b\left(\frac{\delta Q_{可逆}}{T}\right)_{DA}$

这就说明,无论是途径 BC 或 DA,($\delta Q_{可逆}/T$)在状态 a 至 b 之间积分值相等,即($\delta Q_{可逆}/T$)积分值只与状态有关,而与途径无关,所以($\delta Q_{可逆}/T$)为状态函数的全微分。于是命名这状态函数为熵,以 S 表示,其定义式为

$$dS=\delta Q_r/T \tag{3-3-3}$$

式中 δQ_r 为可逆热,T 为可逆换热 δQ_r 时系统的温度。

式(3-3-3)是熵(变)的普遍定义式,它适用于任何系统的任何可逆过程。由于 dS 是一个全微分,所以在任何过程中,熵的变化只由最初状态和最终状态决定,与变化的途径无关。对于系统从任意选择的状态 1 到状态 2 的熵的变化,积分式(3-3-3)可有

$$\Delta S=\int_1^2 dS=\int_1^2\delta Q_r/T$$

2.克劳修斯不等式与熵增原理

在卡诺循环中,如果有一个不可逆步骤,则整个循环就是不可逆循环。由卡诺定理证明此不可逆卡诺循环的热温商之和小于零,即

$$(\delta Q_1/T_1)+(\delta Q_2/T_2)<0$$

对于一个任意不可逆循环,同时能用无限多个小不可逆卡诺循环代替。由于每个小不可逆卡诺循环的热温商之和小于零,故所有小不可逆卡诺循环的热温商之总和同样小于零,也就是任一不可逆循环的热温商之和小于零,即

$$\left(\sum \frac{\delta Q}{T}\right)_{\text{不可逆}} < 0 \tag{3-3-4}$$

式中 T 为热源的温度。

设有系统由状态 1 经不可逆途径 a 到达状态 2,然后再由可逆途径 b 回到状态 1,如图3-3-2所示,所组成的循环过程为不可逆过程。由式(3-3-4)得

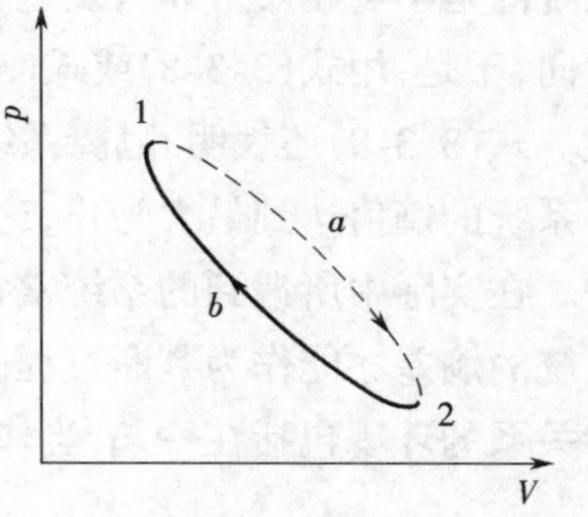

图 3-3-2　不可逆循环

$$\left(\sum \frac{\delta Q}{T}\right)_{1-2} + \int_2^1 \frac{\delta Q_r}{T} < 0$$

或

$$-\int_2^1 \delta Q_r / T > \left(\sum \frac{\delta Q}{T}\right)_{1-2}$$

因途径 b 为可逆过程,故$\int_2^1 \delta Q_r / T = S_1 - S_2$ 或 $-\int_2^1 \delta Q_r / T = S_2 - S_1$,由此得

$$S_2 - S_1 > \left(\sum \delta Q_r / T\right)_{1-2} \tag{3-3-5}$$

上式表明,系统由状态 1 经不可逆途径到状态 2 的热温商之和一定小于系统在此过程中的熵变 ΔS。

如果将可逆过程与不可逆过程一起来表示,则

$$dS \geqslant \frac{\delta Q}{T} \quad \begin{matrix}\text{不可逆过程}\\ \text{可逆过程}\end{matrix} \tag{3-3-6}$$

或

$$\Delta S \geqslant \sum_1^2 \left(\frac{\delta Q}{T}\right) \quad \begin{matrix}\text{不可逆过程}\\ \text{可逆过程}\end{matrix} \tag{3-3-7}$$

上两式称克劳修斯不等式,它表明系统状态变化时,若过程的熵变大于该过程的热温商之和,则该过程为不可逆过程;若过程的熵变等于该过程的热温商之和,则该过程为可逆过程。应注意,克劳修斯不等式只能判断过程可逆与否,不能判断过程是否为自发过程。

当过程为绝热过程时,因系统与环境间无热交换,即 $\delta Q = 0$,所以式(3-3-7)可写为

$$\Delta S(\text{绝热}) \geqslant 0 \quad \begin{matrix}\text{不可逆过程}\\ \text{可逆过程}\end{matrix}$$

上式表明,绝热系统只能发生熵大于零或熵等于零的过程,绝不会发生熵小于零的过程,这称为熵增原理。由此可知,当系统从同一始态出发,分别经绝热可逆过程和绝热不可逆过程时,所达到的终态是不同的。上式还表明,绝热可逆过程系统的熵不变,故又称绝热可逆过程为恒熵过程。

对于隔离系统,因其与环境之间无热与功的交换,因此式(3-3-7)同样能用于隔离系统。即

$$\Delta S(\text{隔}) \geqslant 0 \quad \begin{matrix}\text{不可逆(自发)}\\ \text{可逆\ \ (平衡)}\end{matrix} \tag{3-3-8}$$

对无限小变化,上式化为

$$\mathrm{d}S(\text{隔}) \geqslant 0 \quad \begin{matrix} \text{不可逆(自发)} \\ \text{可逆 \quad (平衡)} \end{matrix} \tag{3-3-9}$$

也就是说,“隔离系统的熵绝不会减少”,这也是熵增原理的另一说法。由于隔离系统不受环境任何作用,所以,在隔离系统内发生了一个不可逆过程,则该过程必定为自发过程。反之,隔离系统内是不可能发生非自发过程。就是说,隔离系统中不可逆过程的方向也就是自发变化的方向,于是,用式(3-3-8)或式(3-3-9)便可利用判断过程可逆性的方法来判断过程变化的方向性。式(3-3-8)还表明,隔离系统中自发过程的方向总是向着熵增大的方向进行,直到该条件下系统的熵值达到最大为止,这也就是隔离系统中自发过程所能进行的限度。

在实际中所遇到的系统常常不是隔离系统,系统与环境之间总有能量交换,但因只有隔离系统的熵差才能作为判断过程的方向,所以目前采用的方法是将所研究的系统与该系统有密切关系的环境包括在一起,当作一个隔离系统来处理,于是

$$\Delta S(\text{隔}) = \Delta S(\text{系}) + \Delta S(\text{环}) \geqslant 0 \quad \begin{matrix} \text{不可逆(自发进行)} \\ \text{可逆 \quad (平 \quad 衡)} \end{matrix}$$

当将系统经历某一过程的熵差 ΔS(系)与相关环境的熵差 ΔS(环)算出,然后将 ΔS(系)和 ΔS(环)相加,其和若大于零,则此过程便为自发过程。

§3-4 熵变的计算

系统经历一过程后状态要发生变化,作为系统状态函数的熵会随之而变。该系统熵变的计算可用下列公式:

$$\mathrm{d}S(\text{系}) = \delta Q_r / T$$

或

$$\Delta S(\text{系}) = \int_A^B \delta Q_r / T$$

由于系统经历过程(单纯 pVT 变化、相变化及化学变化)的不同,ΔS(系)的计算方法也不同,下面分别予以介绍。

1. 单纯 pVT 变化的熵变计算

所谓单纯 pVT 变化,是指系统在不作非体功下,从始态变至终态的整个过程中无任何相变化与化学反应进行,只有压缩、膨胀、升温、降温等过程。

对于物质的量为 n、组成不变的理想气体系统,从始态 p_1、V_1、T_1 变至终态 p_2、V_2、T_2 时,系统的熵变 ΔS 可用以下三个公式中的任一个进行计算。这三个公式分别为

$$\Delta S = nC_{V,\mathrm{m}}\ln(T_2/T_1) + nR\ln(V_2/V_1) \tag{3-4-1}$$

$$\Delta S = nC_{p,\mathrm{m}}\ln(T_2/T_1) + nR\ln(p_1/p_2) \tag{3-4-2}$$

$$\Delta S = nC_{p,\mathrm{m}}\ln(p_2/p_1) + nC_{V,\mathrm{m}}\ln(V_2/V_1) \tag{3-4-3}$$

式(3-4-1)、式(3-4-2)与式(3-4-3)是等效的,但是计算时选用何者为好应据题目所给条件而

定，一般前两式使用较多。上述三个式子只适用于 $C_{V,\mathrm{m}}$（或 $C_{P,\mathrm{m}}$）为常数的理想气体。

例 3.4.1 1 mol 的理想气体在 25 ℃下由 202.650 kPa、V_1 向真空膨胀至 101.325 kPa、$V_2=2V_1$，求过程系统的熵变 ΔS。

解：理想气体在恒温下向真空膨胀，既未作功，热力学能也不改变，所以系统在自由膨胀过程中与环境无热的交换，$Q=0$。但不等于说，此过程的 $\Delta S=0$，因为向真空膨胀的过程是不可逆过程。此过程的 ΔS 计算可用式(3-4-1)或式(3-4-2)。现以式(3-4-1)进行计算。

$$\Delta S=nC_{V,\mathrm{m}}\ln(T_2/T_1)+nR\ln(V_2/V_1)$$

因 $T_2=T_1$，故

$$\begin{aligned}\Delta S&=nR\ln(V_2/V_1)\\&=1\ \mathrm{mol}\times 8.314\ \mathrm{J\cdot K^{-1}\cdot mol^{-1}}\times\ln(2V_1/V_1)\\&=1\ \mathrm{mol}\times 8.314\ \mathrm{J\cdot K^{-1}\cdot mol^{-1}}\times\ln 2\\&=5.76\ \mathrm{J\cdot K^{-1}}\end{aligned}$$

例 3.4.2 0 ℃、101.325 kPa 的 10 $\mathrm{dm^3}$ H_2（理想气体）经绝热可逆压缩到 1 $\mathrm{dm^3}$，试求终态温度以及 ΔU、ΔH、ΔS。已知 $C_{p,\mathrm{m}}(H_2)=29.23\ \mathrm{J\cdot K^{-1}\cdot mol^{-1}}$。

解：绝热可逆过程就是恒熵过程，即 $\Delta S=0$。所以可利用式(3-4-1)来求终态温度，即

$$\Delta S=nC_{V,\mathrm{m}}\ln(T_2/T_1)+nR\ln(V_2/V_1)=0$$

$$\ln(T_2/T_1)=(-R/C_{V,\mathrm{m}})\ln(V_2/V_1)$$

因为 $\quad C_{V,\mathrm{m}}=C_{p,\mathrm{m}}-R$

所以

$$\begin{aligned}\ln(T_2/T_1)&=-\frac{R}{C_{p,\mathrm{m}}-R}\ln(V_2/V_1)\\&=\frac{-8.314\ \mathrm{J\cdot K^{-1}\cdot mol^{-1}}}{29.23\ \mathrm{J\cdot K^{-1}\cdot mol^{-1}}-8.314\ \mathrm{J\cdot K^{-1}\cdot mol^{-1}}}\times\ln(1/10)\\&=0.915\end{aligned}$$

$$T_2=2.497T_1=2.497\times 273.15\ \mathrm{K}=682.06\ \mathrm{K}$$

$$\begin{aligned}\Delta U&=\int_{T_1}^{T_2}nC_{V,\mathrm{m}}\mathrm{d}T=nC_{V,\mathrm{m}}(T_2-T_1)=\frac{p_1V_1}{RT_1}C_{V,\mathrm{m}}(T_2-T_1)\\&=\frac{101\ 325\ \mathrm{Pa}\times 10\times 10^{-3}\ \mathrm{m^3}}{8.314\ \mathrm{J\cdot K^{-1}\cdot mol^{-1}}\times 273.15\ \mathrm{K}}\times(29.23\ \mathrm{J\cdot K^{-1}\cdot mol^{-1}}-8.314\ \mathrm{J\cdot K^{-1}\cdot mol^{-1}})\\&\quad\times(682.16\ \mathrm{K}-273.15\ \mathrm{K})\\&=3817\ \mathrm{J}\end{aligned}$$

$$\begin{aligned}\Delta H&=nC_{p,\mathrm{m}}(T_2-T_1)\\&=0.446\ \mathrm{mol}\times 29.23\ \mathrm{J\cdot K^{-1}\cdot mol^{-1}}\times(682.16\ \mathrm{K}-273.15\ \mathrm{K})\\&=5\ 330.79\ \mathrm{J}\end{aligned}$$

本题求终态温度是利用式(3-4-1)，前提是 $\Delta S=0$，即只有绝热可逆过程才能用，绝热不可逆过程求终态温度则不能用此法，因为绝热不可逆过程是 $\Delta S>0$。

2.相变化过程熵变 ΔS 的计算

1)可逆相变化过程

所谓可逆相变化是指在无限接近相平衡条件下进行的相变化。什么是无限接近相平衡的条件呢？例如，373.15 K 水的饱和蒸气压为 101.325 kPa，所以，373.15 K、101.325 kPa 的液体水

与 373.15 K、101.325 kPa 的水蒸气组成的系统就是处于相平衡状态。若将蒸气的压力减少了 dp,则水与水蒸气的平衡被破坏,于是水就要蒸发,此时,水是在无限接近相平衡条件下进行相变的,故为可逆相变。又如,液体水在 101.325 kPa 压力下冷至 0 ℃时开始凝固成冰,反之,冰在 101.325 kPa、加热至 0 ℃时会开始熔化,所以液体水与冰在 101.325 kPa、0 ℃下处于相平衡。若冰、水平衡系统的温度升高 dT 的温度,则系统中的冰就要熔化变成水,此时的相变化也是在无限接近平衡条件下进行,也属于可逆相变。

以上对可逆相变的分析可知,任何纯物质的可逆相变均具有恒温、恒压的特点,所以,恒温恒压和无限接近相平衡条件下的相变过程的热(即可逆热)就是第一定律介绍的相变焓。根据熵的定义式

$$\mathrm{d}S \xlongequal{\text{def}} \delta Q_{\mathrm{r}}/T \quad 或 \quad \Delta S = \int_1^2 \delta Q_{\mathrm{r}}/T$$

对于恒温可逆过程,可写成

$$\Delta S = Q_{\mathrm{r}}/T \tag{3-4-8}$$

对于恒温恒压、$W' = 0$ 的可逆相变,上式可改写为

$$\Delta S = \Delta_{相变} H/T \quad (恒\ T、p、W' = 0\ 的可逆相变) \tag{3-4-9}$$

例 3.4.3 计算 1 mol 甲苯在正常沸点 110 ℃下完全蒸发为蒸气的过程之熵变 ΔS。已知 $\Delta_{\mathrm{vap}} H_{\mathrm{m}}$(甲苯) $= 33.5\ \mathrm{kJ \cdot mol^{-1}}$。

解:沸点是指液体的饱和蒸气压与环境压力相等时之沸腾温度。将环境压力为 101.325 kPa 时的液体之沸点称为正常沸点。若苯的正常沸点为 110 ℃,就是说,101.325 kPa、110 ℃的液体甲苯在恒温、恒压下变为压力为 101.325 kPa、温度为 110 ℃的甲苯蒸气的过程,为可逆相变过程。所以其熵变 ΔS 的计算可用式(3-4-9),即

$$\begin{aligned}\Delta S &= \Delta_{相变} H/T = n\Delta_{\mathrm{vap}} H_{\mathrm{m}}/T \\ &= 1\ \mathrm{mol} \times 33.5\ \mathrm{kJ \cdot mol^{-1}}/383.15\ \mathrm{K} = 87.43\ \mathrm{J \cdot K^{-1}}\end{aligned}$$

2)不可逆相变过程的熵变计算

可逆相变一定是在恒温恒压下进行的,但并不是说,凡是恒温恒压下进行的相变均为可逆相变。例如 101.325 kPa、90 ℃的 1 mol 水蒸气在恒温恒压下变成同温同压的液体水,此过程就不是可逆相变。因可逆相变必须是在无限接近相平衡条件下进行。101.325 kPa 压力的水蒸气要可逆变为 101.325 kPa 液体水,其温度应比 100 ℃低无限小的温差。所以 101.325 kPa、90 ℃的水变成同温同压的液体水的过程不是可逆相变过程。因此,凡不在无限接近相平衡条件下进行的相变过程,均为不可逆相变过程。在求取不可逆相变过程的熵变 ΔS 时,决不能用不可逆相变过程中系统与环境所交换的热 Q 除以过程温度 T 来计算。因为,根据 $\mathrm{d}S = \delta Q_{\mathrm{r}}/T$ 可知,要求 $\mathrm{d}S$,必须用可逆过程的热 δQ_{r}除以该过程的 T,故不可逆相变过程的 ΔS 的计算是通过在相同的始、终态间设计一条可逆过程,然后计算此可逆过程的熵变 ΔS,由于始终态确定后,状态函数熵的变化值 ΔS 与过程无关,故由可逆过程求得的 ΔS 也就是不可逆相变过程的 ΔS。

例 3.4.4 计算 101.325 kPa、50 ℃的 1 mol $H_2O(l)$ 变成 101.325 kPa、50 ℃的水蒸气之 ΔS。已知 $C_{p,\mathrm{m}}(H_2O,l) = 73.5\ \mathrm{J \cdot K^{-1} \cdot mol^{-1}}$, $C_{p,\mathrm{m}}(H_2O,g) = 33.6\ \mathrm{J \cdot K^{-1} \cdot mol^{-1}}$, 100 ℃、101.325 kPa 下的 $\Delta_{\mathrm{vap}} H_{\mathrm{m}} = 40.63\ \mathrm{kJ \cdot mol^{-1}}$。

解:不可逆相变过程的 ΔS 不能直接求取,需在始、终态之间设计一可逆过程,求出此可逆过程 ΔS 就等于

求出不可逆相变过程的 ΔS。如何设计可逆过程,取决于题目给出的有关可逆相变的数据。如本题给了水在 100 ℃、101.325 kPa 的摩尔蒸发焓,就等于告诉了水的可逆相变过程。为此可设计出如下的可逆途径:

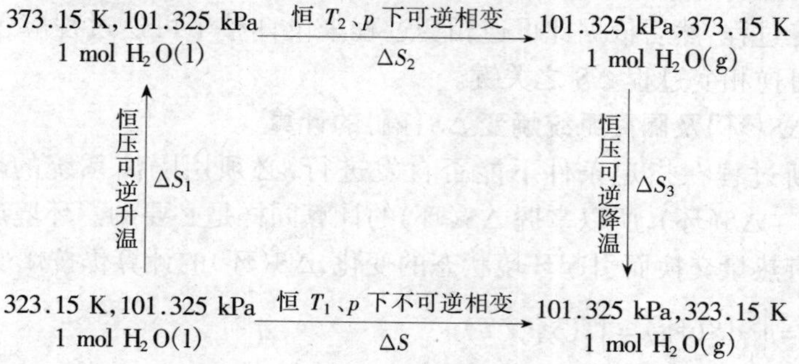

$$
\begin{array}{ccc}
\text{373.15 K, 101.325 kPa} & \xrightarrow[\Delta S_2]{\text{恒 } T_2 \text{、}p \text{ 可逆相变}} & \text{101.325 kPa, 373.15 K} \\
\text{1 mol H}_2\text{O(l)} & & \text{1 mol H}_2\text{O(g)} \\
\Big\uparrow \Delta S_1 \text{ 恒压可逆升温} & & \Big\downarrow \Delta S_3 \text{ 恒压可逆降温} \\
\text{323.15 K, 101.325 kPa} & \xrightarrow[\Delta S]{\text{恒 } T_1 \text{、}p \text{ 下不可逆相变}} & \text{101.325 kPa, 323.15 K} \\
\text{1 mol H}_2\text{O(l)} & & \text{1 mol H}_2\text{O(g)}
\end{array}
$$

因此

$$\Delta S = \Delta S_1 + \Delta S_2 + \Delta S_3$$

$$\Delta S_1 = \int_{T_1}^{T_2} nC_{p,m}(\text{H}_2\text{O,l}) \, dT/T = nC_{p,m}(\text{H}_2\text{O,l})\ln(T_2/T_1)$$

$$\Delta S_2 = n\Delta_{\text{vap}}H_m/T_2$$

$$\Delta S_3 = \int_{T_2}^{T_1} nC_{p,m}(\text{H}_2\text{O,g}) \, dT/T = nC_{p,m}(\text{H}_2\text{O,g})\ln(T_1/T_2)$$

$$\Delta S = nC_{p,m}(\text{H}_2\text{O,l})\ln(T_2/T_1) + \frac{n\Delta_{\text{vap}}H_m}{T_2} + nC_{p,m}(\text{H}_2\text{O,g})\ln(T_1/T_2)$$

$$= 1 \text{ mol} \times 73.5 \text{ J·K}^{-1}\text{·mol}^{-1}\ln\frac{373.15}{323.15} + \frac{1 \text{ mol} \times 40.63 \times 10^3 \text{ J·mol}^{-1}}{373.15 \text{ K}}$$

$$+ 1 \text{ mol} \times 33.6 \text{ J·K}^{-1}\text{·mol}^{-1} \times \ln(323.15/373.15)$$

$$= 114.6 \text{ J·K}^{-1}$$

例 3.4.5 已知苯在 101.325 kPa 下的熔点为 5 ℃,在此条件下的摩尔熔化焓 $\Delta_{\text{fus}}H_m = 9\,916 \text{ J·mol}^{-1}$, $C_{p,m}(\text{C}_6\text{H}_6,\text{l}) = 126.78 \text{ J·K}^{-1}\text{·mol}^{-1}$,$C_{p,m}(\text{C}_6\text{H}_6,\text{s}) = 122.59 \text{ J·K}^{-1}\text{·mol}^{-1}$。求在 101.325 kPa、-5 ℃ 下 1 mol 过冷苯凝固为固体苯的 ΔS。

解:题中给出苯在 101.325 kPa 下的熔点为 5 ℃,则在此条件下液体苯凝固为固体苯是可逆相变过程。为此利用此可逆过程设计可逆途径如下:

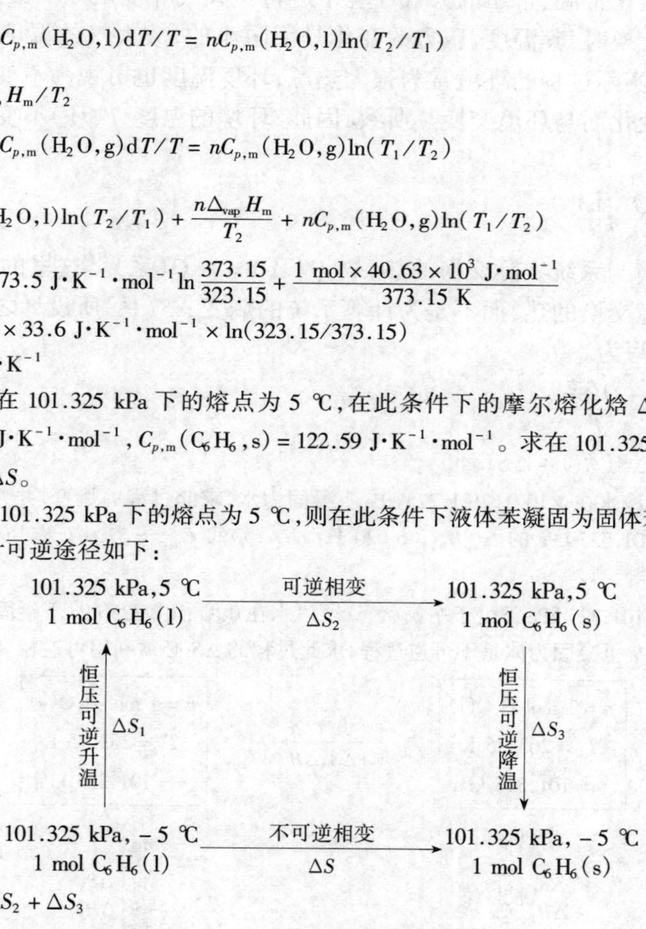

$$
\begin{array}{ccc}
\text{101.325 kPa, 5 ℃} & \xrightarrow[\Delta S_2]{\text{可逆相变}} & \text{101.325 kPa, 5 ℃} \\
\text{1 mol C}_6\text{H}_6\text{(l)} & & \text{1 mol C}_6\text{H}_6\text{(s)} \\
\Big\uparrow \Delta S_1 \text{ 恒压可逆升温} & & \Big\downarrow \Delta S_3 \text{ 恒压可逆降温} \\
\text{101.325 kPa, -5 ℃} & \xrightarrow[\Delta S]{\text{不可逆相变}} & \text{101.325 kPa, -5 ℃} \\
\text{1 mol C}_6\text{H}_6\text{(l)} & & \text{1 mol C}_6\text{H}_6\text{(s)}
\end{array}
$$

因此

$$\Delta S = \Delta S_1 + \Delta S_2 + \Delta S_3$$

$$= nC_{p,m}(\text{C}_6\text{H}_6,\text{l})\ln(T_2/T_1) + \frac{-n\Delta_{\text{fus}}H_m}{T_2} + nC_{p,m}(\text{C}_6\text{H}_6,\text{s})\ln(T_1/T_2)$$

$$= 1 \text{ mol} \times 126.78 \text{ J·K}^{-1}\text{·mol}^{-1} \times \ln\frac{278.15}{268.15} - \frac{1 \text{ mol} \times 9\,916 \text{ J·mol}^{-1}}{278.15 \text{ K}}$$

$$+ 1 \text{ mol} \times 122.59 \text{ J·K}^{-1}\text{·mol}^{-1} \times \ln(268.15/278.15)$$

$$= -35.50 \text{ J·K}^{-1}$$

由以上两例可知，计算不可逆相变过程的熵变，必须在相同始、终态之间设计一可逆过程，而且此可逆过程必然有一个或一个以上的可逆相变过程。因此，在解题时需要认真分析题给的是什么可逆相变过程，然后依据此可逆相变过程来设计整个可逆过程应包含有哪些具体途径。这是求取不可逆相变过程 ΔS 之关键。

3. 环境熵变 ΔS(环)及隔离系统熵变 ΔS(隔)的计算

用熵函数判断过程在指定条件下能否自发进行，必须用隔离系统的熵变 ΔS(隔)。而 $\Delta S(隔) = \Delta S(系) + \Delta S(环)$，所以掌握 ΔS(环)的计算同样是必要的。环境产生熵变的原因是因为环境与系统有热量交换而引起环境状态的变化，ΔS(环)的计算仍按熵变定义式进行，即

$$\Delta S(环) = \int_1^2 dS(环) = \int_1^2 (\delta Q_r / T)_{环}$$

很多实际过程是在常温、常压的大气环境中进行。大气环境是一个极大的热源，当其与系统进行有限的热量交换时，其温度、压力的变化是无限小的，故大气的温度可为常数。即使环境不是大气，但不少实际过程的环境常为很大热源，环境温度也可视为不变。由于环境熵的改变是由于系统发生变化而与环境交换热所致，因此，环境的温度 T(环)不变时、计算 ΔS(环)时所用的计算式如下：

$$\Delta S(环) = \frac{Q(环)}{T} \qquad (3\text{-}4\text{-}10)$$

式中 Q(环)是指环境与系统实际交换的热，故 $Q(环) = -Q(系)$。这里的 Q(系)是指系统进行实际过程时与环境交换的热，而不是为计算系统的熵变 ΔS(系)所设计之可逆过程的热。这样，式(3-4-10)可改写为

$$\Delta S(环) = \frac{-Q(系)}{T} \qquad (3\text{-}4\text{-}11)$$

故 $\quad \Delta S(隔) = \Delta S(系) + \Delta S(环)$

例 3.4.6 1 mol 过冷水在 −10 ℃、101.325 kPa 下凝固为水，求此过程的熵变，并判断此过程是否为自发过程。已知冰在 0 ℃、101.325 kPa 的 $\Delta_{fus}H_m = 6\ 020\ J \cdot mol^{-1}$，冰的 $C_{p,m} = 37.6\ J \cdot K^{-1} \cdot mol^{-1}$，水的 $C_{p,m} = 75.3\ J \cdot K^{-1} \cdot mol^{-1}$。

解： 水与冰在 0 ℃、101.325 kPa 下处于平衡状态，所以水在 0 ℃、101.325 kPa 下凝固为冰是可逆相变过程。水在 −10 ℃、101.325 kPa 下凝固为冰是不可逆过程，求此过程的 ΔS 必须利用可逆相变过程。故作如下设计：

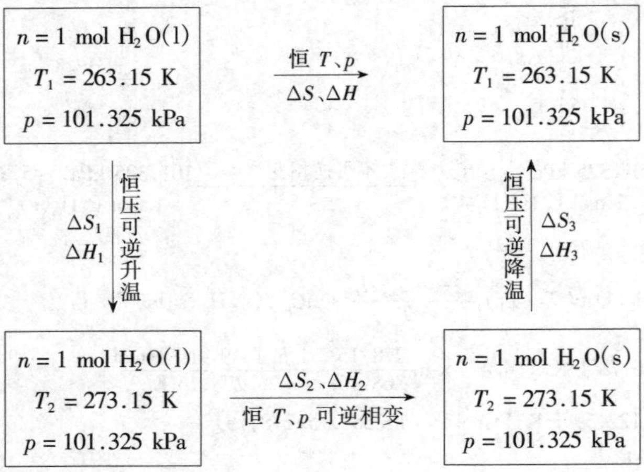

$$\Delta S=\Delta S_1+\Delta S_2+\Delta S_3$$

$$\Delta S_1=nC_{p,\mathrm{m}}(\mathrm{H_2O,l})\times\ln(T_2/T_1)$$

$$=1\ \mathrm{mol}\times75.3\ \mathrm{J\cdot K^{-1}\cdot mol^{-1}}\times\ln\frac{273.15}{263.15}=2.81\ \mathrm{J\cdot K^{-1}}$$

$$\Delta S_2=\frac{\Delta H_2}{T}=\frac{n\{-\Delta H_{\mathrm{fus}}H_{\mathrm{m}}(273.15\ \mathrm{K})\}}{T}$$

$$=\frac{1\ \mathrm{mol}\times(-6\ 020\ \mathrm{J\cdot mol^{-1}})}{273.15\ \mathrm{K}}=-22.0\ \mathrm{J\cdot K^{-1}}$$

$$\Delta S_3=nC_{p,\mathrm{m}}(\mathrm{H_2O,s})\times\ln(T_1/T_2)$$

$$=1\ \mathrm{mol}\times37.6\ \mathrm{J\cdot K^{-1}\cdot mol^{-1}}\times\ln(263.15/273.15)=-1.40\ \mathrm{J\cdot K^{-1}}$$

$$\Delta S=\Delta S_1+\Delta S_2+\Delta S_3$$

$$=2.81\ \mathrm{J\cdot K^{-1}}-22.0\ \mathrm{J\cdot K^{-1}}-1.40\ \mathrm{J\cdot K^{-1}}=-20.59\ \mathrm{J\cdot K^{-1}}$$

计算的结果为负值,并不说明此过程不是自动进行,因为用熵函数判断过程是否自发进行必须用 ΔS(隔),所以还需计算 ΔS(环)。据式(3-4-11):

$$\Delta S(环)=-Q(系)/T(环)$$

Q(系)是指在 -10 ℃、101.325 kPa 下 1 mol 水凝固成冰时系统与环境交换的热量。因是在恒 T、p 下进行,故 $Q(系)=\Delta H$。而 ΔH 可据设计的可逆途径求出。

因为 $\Delta H=\Delta H_1+\Delta H_2+\Delta H_3$

$$\Delta H_1=nC_{p,\mathrm{m}}(\mathrm{H_2O,l})(T_2-T_1)$$

$$=1\ \mathrm{mol}\times75.3\ \mathrm{J\cdot K^{-1}\cdot mol^{-1}}\times(273.15\ \mathrm{K}-263.15\ \mathrm{K})=753\ \mathrm{J}$$

$$\Delta H_2=n\{-\Delta_{\mathrm{fus}}H_{\mathrm{m}}(273.15\mathrm{K})\}$$

$$=1\ \mathrm{mol}\times(-6\ 020\ \mathrm{J\cdot mol^{-1}})=-6\ 020\ \mathrm{J}$$

$$\Delta H_3=nC_{p,\mathrm{m}}(\mathrm{H_2O,s})(T_1-T_2)$$

$$=1\ \mathrm{mol}\times37.6\ \mathrm{J\cdot K^{-1}\cdot mol^{-1}}\times(263.15\ \mathrm{K}-273.15\ \mathrm{K})=-376\ \mathrm{J}$$

所以 $\Delta H=\Delta H_1+\Delta H_2+\Delta H_3$

$$=753\ \mathrm{J}-6\ 020\ \mathrm{J}-376\ \mathrm{J}=-5\ 643\ \mathrm{J}$$

因而 $\Delta S(环)=-Q(系)/T_1$

$$=-(5\ 643\ \mathrm{J})/263.15=21.44\ \mathrm{J\cdot K^{-1}}$$

$$\Delta S(隔)=\Delta S(系)+\Delta S(环)=-20.59+21.44=0.85\ \mathrm{J\cdot K^{-1}}$$

由于 $\Delta S(隔)>0$,故 -10 ℃、101.325 kPa 下过冷水变冰的过程为自发过程。

§3-5 热力学第三定律与化学反应熵变的计算

1.热力学第三定律

化学反应熵变的计算从原则上说也应根据 $\Delta S=\Sigma(\delta Q_r/T)$一式来计算。当然,$\delta Q_r$必须是化学反应经历一可逆过程时与环境所交换的热。但是化学反应是物质的种类、数量发生变化的过程。若化学反应要以可逆方式进行,则需将该反应设计为可逆原电池,再利用该原电池在可逆放电过程中与环境交换的热,才能用来计算反应系统的熵变(详见第 7 章)。但并不是任何一个化学反应都能设计为原电池的,所以,必须找出一个普遍性的计算方法。

1)熵的物理意义

热力学所研究的系统是由大量粒子(分子、原子或离子等等)组成的系统。系统的宏观性质如温度、压力、热力学能无一不是大量分子微观性质的统计结果。例如,温度是分子平动能平均值大小的反映;热力学能是系统内部所有微观粒子的能量总和。那么,状态函数熵又反映了系统内部大量粒子的什么行为呢?从以上熵变 ΔS 的计算可知:系统体积增大、温度升高的过程,对系统而言是墒增大的过程,即 ΔS(系) > 0;一定量的物质在温度、压力恒定下由固体变成液体,或由液体变为蒸气的过程,同样都是熵增大的过程。也就是说,一定量的物质,当其从气体变为液体,液体再被冷却直至凝固成固体,是一个熵减少的过程。从分子运动论可知,与气体相比,液体内部的粒子排列较气体内部粒子排列状况要有秩序得多。但是,固体内部粒子的排列状况又较液体内部粒子排列状况更有秩序,或称为有序性更高。不难发现,系统向有序性变化,其熵就减少。或者说,一个系统的熵增大,表明该系统的无序化程度增大,即系统的混乱程度增大。故可以说,熵函数是系统内部大量粒子热运动的无序化程度的反映,这就是熵函数的物理意义。

2)热力学第三定律

前已指出,系统的熵函数是与系统内部大量粒子的无序化程度有直接关系。同一物质处在气态时的熵值要大于处在液态时的熵值。原因是物质处在气态时其粒子间距离较大,粒子可作大幅度杂乱无章的运动;而物质处在液态时,系统内部的粒子间距离比气态时要缩短很多,粒子只能小幅度运动。这种有序性的增大反映在物质从气态变为液态时熵值减小。至于物质处于固态时,固态中的粒子在空间呈周期性排列,粒子只能在一定平衡位置上作微小振动,说明固态的有序性更高,所以物质处于固态时熵值又较液态时低。若再将固态的温度降低,则系统的熵值还要继续降低。这种变化的结果对任何一种物质均相同。人们充分考虑到上述的规律性,并根据一系列的实验结果及推测,总结出热力学第三定律。该定律的说法是:"在绝对零度时,纯物质完美晶体的熵值规定为零。"即

$$S^*(0\ \text{K},\text{完美晶体}) = 0 \tag{3-5-1}$$

所谓完美晶体是指晶体内部无任何缺陷,质点形成完全是有规律的点阵结构,而且质点均处于最低能级。就是说,完美晶体只有一种排列构型。但是,有些异核双原子分子晶体,如NO、CO,即使在绝对零度时它们分子在晶体中的取向有可能出现以下两种形式:如 COCOCOCO…与 COOCCOOC…,由这两种排列构型混合而成的晶体就不是完美晶体。就是说,这样两种排列构型的混合晶体在 0 K 时,熵值不为零。

2.规定熵与标准熵

从热力学第三定律得到某一纯物质 B 的 $S_B^*(0\ \text{K},\text{完美晶体}) = 0$ 的结论,这样,若以温度为 0 K、压力为 p 下,1 mol 纯物质 B 完美晶体为始态,此状态的 $S_m^*(\text{B},0\ \text{K}) = 0$,以温度为 T、压力为 p 时的指定状态为终态,算出 1 mol 物质 B 的熵变 $\Delta S(\text{B})$。该 $\Delta S(\text{B})$ 即是物质 B 在所指定状态下的熵值,以 $S_m(\text{B},T)$ 表示,称为摩尔规定熵,即

$$\Delta S_m(\text{B}) = S_m(\text{B},T) - S_m^*(\text{B},0\ \text{K}) = S_m(\text{B},T) \tag{3-5-2}$$

若 1 mol 纯物质 B 的固体(完美晶体)在标准压力 $p^\ominus = 100$ kPa 下,从 0 K 升温至 T 时的指定状态,则其摩尔规定熵用 $S_m^\ominus(\text{B},\beta,T)$ 表示,并称为温度 T 时的摩尔标准熵。标准摩尔熵应等于 1 mol 纯物质 B 完美晶体在 $p^\ominus = 100$ kPa 下从 0 K 升温至 T 的标准状态时过程的熵变,$\Delta S(\text{B}) = S_m^\ominus(\text{B},\beta,T) - S_m^\ominus(\text{B},0\ \text{K})$。因 $S_m^\ominus(\text{B},0\ \text{K}) = 0$,故若能算出 $\Delta S(\text{B})$ 则可得到

$S_m^\ominus(B,\beta,T)$的值。$\Delta S(B)$可利用前述的熵变计算获得。但必须考虑在标准压力下从 0 K 变温至温度 T 的标准状态时,中间可能出现的各种相变化,如晶型转变、熔化甚至气化等过程。故计算 $\Delta S(B)$时,应按两状态间假设的可逆途径分段计算,然后求和。

一般化学化工手册上均收录了众多纯物质在 298.15 K 下的摩尔标准熵 $S_m^\ominus(B,\beta,298.15\ K)$的值。所以,如需某纯物质在 298.15 K 下的 $S_m^\ominus(B,298.15\ K)$值,只需查阅有关手册即可,无须再计算。本书附录中选摘了部分纯物质的 $S_m^\ominus(B,\beta,298.15\ K)$值,计算中需要用该数据时可查阅。

3.化学反应的标准摩尔反应熵 $\Delta_r S_m^\ominus$ 的计算

1)298.15 K 下化学反应的 $\Delta_r S_m^\ominus$ 的计算

在 298.15 K 下各纯物质处在标准状态的摩尔标准熵 $S_m^\ominus(B,\beta,298.15\ K)$可由手册中查到,故需熟悉如何利用手册去查有关标准熵的数据,然后才能计算 298.15 K 下反应系统中各组分均处于各自标准状态时,任一化学应在进行 1 mol 反应进度后的 $\Delta_r S_m^\ominus$。

今设有一反应如下:

$$aA(g)+bB(g)\xrightarrow{\Delta_r S_m^\ominus(298.15\ K)} lL(g)+mM(g)$$

查表得 $S_m^\ominus(A,g,298.15\ K)$,$S_m^\ominus(B,g,298.15\ K)$,$S_m^\ominus(L,g,298.15\ K)$及 $S_m^\ominus(M,g,298.15\ K)$。上述反应的 $\Delta_r S_m^\ominus$ 可据下式计算:

$$\Delta_r S_m^\ominus(298.15\ K)=lS_L^\ominus(298.15\ K)+mS_M^\ominus(298.15\ K)-aS_A^\ominus(298.15\ K)-bS_B^\ominus(298.15\ K)$$

或

$$\Delta_r S_m^\ominus(298.15\ K)=\Sigma\nu_B S_m^\ominus(B,\beta,298.15\ K) \tag{3-5-3}$$

应指出,用式(3-5-3)计算的 $\Delta_r S_m^\ominus(298.15\ K)$是在 298.15 K 下反应物与产物均处在标准状态时反应进行 1 mol 反应进度之熵变。某些手册上若摩尔标准熵的数据不是 $S_m^\ominus(B,\beta,298.15\ K)$,而是另一温度下的数据,如 $S_m^\ominus(B,\beta,293.15\ K)$,则利用式(3-5-3)进行计算时,只需将 298.15 K 换成 293.15 K 即可。

例 3.5.1 利用手册的 $S_m^\ominus(B,\beta,298.15\ K)$数据求反应

$2H_2(g)+O_2(g)\longrightarrow 2H_2O(g)$在 298.15 K 下的 $\Delta_r S_m^\ominus(298.15\ K)$。

解:查表得 25 ℃时,$S_m^\ominus(H_2,g)=130.59\ J\cdot K^{-1}\cdot mol^{-1}$;$S_m^\ominus(O_2,g)=205.10\ J\cdot K^{-1}\cdot mol^{-1}$;$S_m^\ominus(H_2O,g)=188.72\ J\cdot K^{-1}\cdot mol^{-1}$。据式(3-5-3)得

$$\begin{aligned}\Delta_r S_m^\ominus(298.15\ K)&=2S_m^\ominus(H_2O,g)-2S_m^\ominus(H_2,g)-S_m^\ominus(O_2,g)\\&=2\times188.72\ J\cdot K^{-1}\cdot mol^{-1}-2\times130.59\ J\cdot K^{-1}\cdot mol^{-1}-205.10\ J\cdot K^{-1}\cdot mol^{-1}\\&=-88.84\ J\cdot K^{-1}\cdot mol^{-1}\end{aligned}$$

2)任一温度 T 下化学反应的 $\Delta_r S_m^\ominus(T)$的计算

手册一般只列出某一温度的摩尔标准熵值,一般为 298.15 K,实际的反应温度大多不为 298.15 K,因此需要掌握用 298.15 K 的标准摩尔熵 $S_m^\ominus(B,\beta,298.15\ K)$去求取任一温度 T 下化学反应的标准摩尔反应熵 $\Delta_r S_m^\ominus(T)$。

例 3.5.2 计算反应 $2CO(g)+O_2(g)\longrightarrow 2CO_2(g)$在温度 500.15 K 时的标准摩尔反应熵 $\Delta_r S_m^\ominus(500.15\ K)$。已知 $C_{p,m}(CO,g)$、$C_{p,m}(O_2,g)$及 $C_{p,m}(CO_2,g)$依次为 29.29、32.22 及 49.96 $J\cdot K^{-1}\cdot mol^{-1}$。查表得 298.15 K 下的

$S_m^{\ominus}(CO,g)$、$S_m^{\ominus}(O_2,g)$和$S_m^{\ominus}(CO_2,g)$分别为197.56、205.03、213.6 J·K^{-1}·mol^{-1}。

解:求温度500.15 K时反应的$\Delta_r S_m^{\ominus}(T)$,必须要用298.15 K下参与反应的物质之 $S_m^{\ominus}(B,\beta,298.15 K)$。在同一始、终态间设计以下可逆过程去求。

$$2\overset{p^{\ominus}}{CO(g)} + \overset{p^{\ominus}}{O_2(g)} \xrightarrow[\Delta_r S_m^{\ominus}(500.15\ K)]{500.15\ K} 2\overset{p^{\ominus}}{CO_2(g)}$$

$$\Big\downarrow \Delta S_1 \quad \Big\downarrow \Delta S_2 \qquad\qquad \Big\uparrow \Delta S_3$$

恒压可逆降温　恒压可逆降温　　恒压可逆升温

$$2\overset{p^{\ominus}}{CO(g)} + \overset{p^{\ominus}}{O_2(g)} \xrightarrow[\Delta_r S_m^{\ominus}(298.15\ K)]{298.15\ K} 2\overset{p^{\ominus}}{CO_2(g)}$$

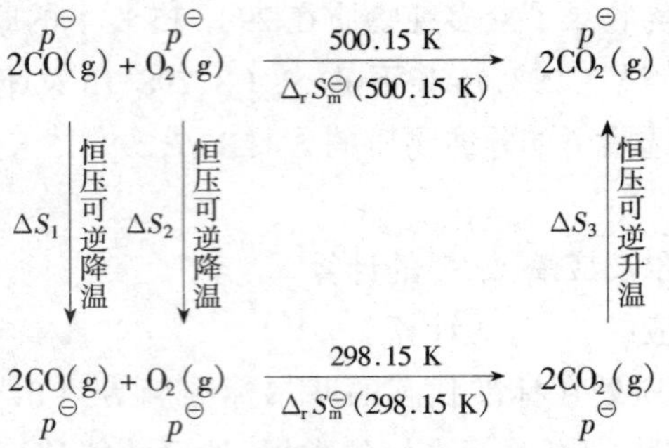

ΔS_1、ΔS_2与ΔS_3均是纯理想气体恒压可逆变温过程的熵变ΔS,皆可依据下式计算。即

$$\Delta S_B = n_B \int_{T_1}^{T_2} \frac{C_{p,m}(B,\beta)}{T} dT$$

或

$$\Delta S_B = n_B C_{p,m}(B,\beta)\ln(T_2/T_1)$$

$$\Delta S_1 = \int_{500.15\ K}^{298.15\ K} n(CO) C_{p,m}(CO,g) dT/T$$

$$\Delta S_2 = \int_{500.15\ K}^{298.15\ K} n(O_2) C_{p,m}(O_2,g) dT/T$$

$$\Delta S_3 = \int_{298.15\ K}^{500.15\ K} n(CO_2) C_{p,m}(CO_2,g) dT/T$$

所以　　$\Delta_r S_m^{\ominus}(500.15\ K) = \Delta S_1 + \Delta S_2 + \Delta_r S_m^{\ominus}(298.15\ K) + \Delta S_3$

于是　　$\Delta_r S_m^{\ominus}(500.15\ K) = \Delta_r S_m^{\ominus}(298.15\ K) + \int_{500.15\ K}^{298.15\ K} n(CO) C_{p,m}(CO,g) dT/T$

$$+ \int_{500.15\ K}^{298.15\ K} n(O_2) C_{p,m}(O_2,g) dT/T + \int_{298.15\ K}^{500.15\ K} n(CO_2) C_{p,m}(CO_2,g) dT/T$$

或　　$\Delta_r S_m^{\ominus}(500.15\ K) = \Delta_r S_m^{\ominus}(298.15\ K) + \int_{298.15\ K}^{500.15\ K} \{ n(CO_2) C_{p,m}(CO_2,g)$

$$- n(CO) C_{p,m}(CO,g) - n(O_2) C_{p,m}(O_2,g) \} dT/T$$

而　　$\Delta_r S_m^{\ominus}(298.15\ K) = \Sigma \nu_B S_B^{\ominus}(298.15\ K) = 2S_m^{\ominus}(CO_2,g) - 2S_m^{\ominus}(CO,g) - 2S_m^{\ominus}(O_2,g)$

故　　　　　　　$= 2 \times 213.6\ J·K^{-1}·mol^{-1} - 2 \times 197.56\ J·K^{-1}·mol^{-1} - 205.03\ J·K^{-1}·mol^{-1}$

$$= -172.95\ J·K^{-1}·mol^{-1}$$

$\Delta_r S_m^{\ominus}(500.15\ K) = -172.95\ J·K^{-1}·mol^{-1} + \int_{298.15\ K}^{500.15\ K} (2 \times 49.96\ J·K^{-1}·mol^{-1}$

$$- 2 \times 29.29\ J·K^{-1}·mol^{-1} - 1 \times 32.22\ J·K^{-1}·mol^{-1}) dT/T$$

$$= -172.95\ J·K^{-1}·mol^{-1} + 9.12\ J·K^{-1}·mol^{-1} \times \ln(500.15/298.15)$$

$$= -168.2\ J·K^{-1}·mol^{-1}$$

由本例归纳出任何化学反应在标准状态、任一温度下的$\Delta_r S_m^{\ominus}(T)$计算式如下:

$$\Delta_r S_m^{\ominus}(T) = \Delta_r S_m^{\ominus}(298.15\ K) + \int_{298.15\ K}^{T} (\Delta_r C_{p,m}/T) dT$$

$$\Delta_r C_{p,m} = \Sigma \nu_B C_{p,m}(B,\beta)$$

式中 B 为参加反应的任何物质,ν_B为反应式中该物质的化学计量数。

§3-6 亥姆霍兹函数及吉布斯函数

用熵函数判断过程能否自动进行以及进行到什么程度时,必须用隔离系统的熵变,即需要计算ΔS(系)及ΔS(环),而变温热源之ΔS(环)计算会很麻烦,甚至无法计算。此外,在工业生产中,大多数化学反应或相变化的过程都是在 $W'=0$(不作非体积功)、恒温恒容下进行或是在 $W'=0$、恒温恒压下进行。当系统经历的是这两类特定过程之一时,若能够用系统某一状态函数的变化判断过程的方向与限度,则比用熵函数作判据要方便得多。

1. 亥姆霍兹函数 A 判据

$$\mathrm{d}S(\text{隔})=\mathrm{d}S(\text{系})+\mathrm{d}S(\text{环})\geqslant 0 \quad \begin{matrix}\text{不可逆}\\ \text{可逆}\end{matrix}$$

而 $\mathrm{d}S(\text{环})=-\delta Q(\text{系})/T(\text{环})$

于是 $\mathrm{d}S(\text{系})-\delta Q(\text{系})/T(\text{环})\geqslant 0$

根据热力学第一定律 $\delta Q(\text{系})=\mathrm{d}U-\delta W$

两式联解,得

$$-(\mathrm{d}U-T(\text{环})\mathrm{d}S)\geqslant -\delta W \tag{3-6-1}$$

在恒温条件下,整个过程 $T(\text{系})=T(\text{环})=T$

则式(3-6-1)改写为

$$-\mathrm{d}(U-TS)\geqslant -\delta W \tag{3-6-2}$$

定义 $$A=U-TS \tag{3-6-3}$$

可得 $$-(\mathrm{d}A)_T\geqslant -\delta W \text{ 或 } -(\Delta A)_T\geqslant -W \tag{3-6-4}$$

式(3-6-2)中的 U、T、S 均为状态函数,所以,由 U、T、S 组合而成的A 亦是状态函数。A 称为亥姆霍兹函数,并具有与能量相同的量纲。该式的物理意义是:在恒温过程中,系统的亥姆霍兹函数的减少值与系统在此过程中对环境所作的功相等时,则该过程是可逆的;若系统在此过程中对环境所作的功之绝对值小于系统经历此过程后的亥姆霍兹函数之减少值时,则该过程为不可逆的。

若过程是在恒温、恒容、不作非体积功($W'=0$)条件下进行时,则

$$\left.\begin{matrix}-\mathrm{d}A\geqslant 0 \quad \text{或} \quad \mathrm{d}A\leqslant 0 & \begin{matrix}\text{不可逆(自发)}\\ \text{可逆(平衡)}\end{matrix}\\ -\Delta A\geqslant 0 \quad \text{或} \quad \Delta A\leqslant 0 & \begin{matrix}\text{不可逆(自发)}\\ \text{可逆(平衡)}\end{matrix}\end{matrix}\right\} \tag{3-6-5}$$

式(3－6－5)表明,封闭系统在恒温、恒容、不作非体积功的条件下,所有能自发进行的过程均是向亥姆霍兹函数 A 减少的方向进行,直到在该条件下系统的亥姆霍兹函数 A 降到最低值为止,即系统达到平衡。就是说,在恒温、恒容下系统与环境之间无非体积功交换时,系统不可能自发进行 $\Delta A>0$ 的过程。所以,在恒温、恒容、$W=0$ 的条件下,可用 ΔA 来判断封闭系统过程的方向和限度。

2. 吉布斯函数 G 判据

当系统在恒温、恒压并与环境之间有非体积功交换(即 $W'\neq 0$)条件下,经历某一过程时,

因系统与环境间有体积功交换，故将式(3-6-1)中的 δW 可写成 $\delta W' - p\mathrm{d}V$，得

$$-\mathrm{d}(U - TS) \geqslant -\delta W' + p\mathrm{d}V \quad \begin{matrix}\text{不可逆过程}\\ \text{可逆过程}\end{matrix}$$

移项并整理，得 $\quad -\mathrm{d}(U + pV - TS) \geqslant -\delta W'$

因 $H = U + pV$，故上式可改写为 $\quad -\mathrm{d}(H - TS) \geqslant -\delta W'$

定义 $\quad G = H - TS$

所以可得

$$-\mathrm{d}G \geqslant -\delta W' \quad \begin{matrix}\text{不可逆过程}\\ \text{可逆过程}\end{matrix} \tag{3-6-6}$$

G 称为吉布斯函数(又称吉布斯自由能)，亦是状态函数，具有与能量相同的量纲。式(3-6-6)表明，在恒温、恒压、$W' \neq 0$ 的条件下，封闭系统经历某一过程后，若系统的吉布斯函数减少值等于该过程中系统对环境所作的非体积功时，该过程为可逆过程；若系统的吉布斯函数减少值大于该过程中系统对环境所作的非体积功时，该过程为不可逆过程。故 G 可以理解为系统在恒温、恒压下作非体积功的能力。若过程是在恒温、恒压、$W' = 0$ 的条件下进行时，则式(3-6-6)变为

$$-\mathrm{d}_{T,p}G \geqslant 0 \text{ 或 } \mathrm{d}_{T,p}G \leqslant 0 \quad \begin{matrix}\text{不可逆过程(自发)}\\ \text{可逆过程(平衡)}\end{matrix} \tag{3-6-7}$$

$$-\Delta_{T,p}G \geqslant 0 \text{ 或 } \Delta_{T,p}G \leqslant 0 \quad \begin{matrix}\text{不可逆过程(自发)}\\ \text{可逆过程(平衡)}\end{matrix} \tag{3-6-8}$$

式(3-6-7)和式(3-6-8)说明：在恒温、恒压、$W' = 0$ 的条件下，若封闭系统经历一个令系统吉布斯函数减少的过程，则该过程为自发过程。当系统的吉布斯函数 G 降至在该条件下的最低值时，即 $\Delta_{T,p}G = 0$ 时，系统达到平衡。在恒温、恒压下，如无环境对系统作非体积功时，系统内的过程不可能进行 $\Delta G > 0$ 的过程。

3. ΔA 与 ΔG 的计算举例

ΔA 和 ΔG 的计算的最直接方法，就是从 A 和 G 的定义式出发，再根据所求过程的条件，导出相应的计算式。例如，G 的定义式为

$$G = H - TS$$

则 $\quad \Delta G = \Delta H - \Delta(TS)$

而 $\quad \Delta(TS) = (S_2T_2 - T_1S_1)$

故 $\quad \Delta G = \Delta H - (S_2T_2 - T_1S_1) \tag{3-6-9}$

式(3-6-9)表明，只要知道过程的 ΔH 以及系统在始、末态的温度和熵之数值，便可用式(3-6-9)计算该过程的 ΔG。下面的例 3.6.1 便是式(3-6-9)的应用举例。若是恒温过程，则式(3-6-9)可改写如下：

$$\Delta G = \Delta H - T\Delta S \tag{3-6-10}$$

式(3-6-10)只能用于恒温过程，尤适用于恒温、恒压(容)的相变化和化学反应，见例 3.6.2。对于理想气体的恒温过程，因为过程的 ΔU 和 ΔH 均等于 0，故过程的 ΔG 应为

$$\Delta G = -T\Delta S$$

至于 ΔA 的计算，与 ΔG 的计算相似，只需将式(3-6-9)和式(3-6-10)中的 ΔG 换成 ΔA，ΔH 换成 ΔU 即可。

1)单纯 pVT 变化

例 3.6.1 1 mol 理想气体,始态为 298.15 K、101.325 kPa。若温度不变,将该理想气体用恒定为 5 066.25 kPa的环境压力压缩至终态压力 $p_2 = 5\ 066.25$ kPa 的平衡态,求此过程的 Q、W、ΔU、ΔH、ΔS、ΔA 及 ΔG。

解:理想气体的单纯 pVT 变化过程若是恒外压过程时,则此过程为不可逆过程,计算其体积功必须从定义式出发,即

$$W = -p(\text{环})(V_2 - V_1)$$

V_2 与 V_1 可由 $pV = nRT$ 一式求出,故上式改写为

$$W = -p(\text{环})\left(\frac{nRT}{p_2} - \frac{nRT}{p_1}\right)$$

或

$$W = -nRTp(\text{环})\left(\frac{p_1 - p_2}{p_2 p_1}\right)$$

$$= -1\ \text{mol} \times 8.314\ \text{J·K}^{-1}\text{·mol}^{-1} \times 298.15\ \text{K} \times 5\ 066\ 250\ \text{Pa} \times \left(\frac{101.325\ \text{Pa} - 5\ 066\ 250\ \text{Pa}}{101\ 325\ \text{Pa} \times 5\ 066\ 250\ \text{Pa}}\right)$$

$$= 121.46\ \text{kJ}$$

因过程的 $T_2 = T_1$,故 $\Delta U = 0$、$\Delta H = 0$,根据 $\Delta U = Q + W$,得

$$Q = -W = -121.46\ \text{kJ}$$

而

$$\Delta S = nR\ln(p_1/p_2)$$

$$= 1\ \text{mol} \times 8.314\ \text{J·K}^{-1}\text{·mol}^{-1} \times \ln(101\ 325\ \text{Pa}/5\ 066\ 250\ \text{Pa}) = -32.52\ \text{J·K}^{-1}$$

再据恒温下 $\Delta A = \Delta U - T\Delta S$

$$= 0 - 298.15\ \text{K} \times (-32.52\ \text{J·K}^{-1}) = 9\ 695.8\ \text{J}$$

同时 $\Delta G = -T\Delta S = 9\ 695.8\ \text{J}$

例 3.6.2 1 mol 甲苯蒸气在正常沸点 383.2 K 下,凝结为同温、同压的液体甲苯,求此过程的 Q、W、ΔU、ΔH、ΔS、ΔA 和 ΔG。已知甲苯在正常沸点下的 $\Delta_{\text{vap}}H_{\text{m}} = 33.30\ \text{kJ·mol}^{-1}$。设液体体积可忽略,蒸气视为理想气体。

解:计算相变 ΔS 时,必须先要确定相变是可逆与否。当气、液相变在某外压之沸点下进行,此相变为可逆相变。故题给相变为恒温、恒压下之可逆相变,而且不作非体积功,因此

$$Q_p = \Delta H = -\Delta_{\text{vap}}H_{\text{m}} = -33.30\ \text{kJ}$$

$$W = -p(\text{环})(V_2 - V_1) = -p(\text{环})\{V(\text{l}) - V(\text{g})\}$$

因 $V(\text{l}) \approx 0$, $V(\text{g}) = nRT/p$,而题给正常沸点是指环境压力为 101.325 kPa 下的沸腾温度,因此可得

$$W = -p(\text{环})\{-V(\text{g})\} = nRT$$

$$= 1\ \text{mol} \times 8.314\ \text{J·K}^{-1}\text{mol}^{-1} \times 383.2\ \text{K} = 3\ 185.92\ \text{J}$$

于是

$$\Delta U = Q + W$$

$$= -33\ 300\ \text{J} + 3\ 185.92\ \text{J} = -30\ 114.1\ \text{J}$$

$$\Delta S = \Delta H/T = -\Delta_{\text{vap}}H_{\text{m}}/T$$

$$= -33\ 300\ \text{J}/383.2\ \text{K} = -86.90\ \text{J·K}^{-1}$$

$$\Delta A = \Delta U - T\Delta S$$

$$= -30\ 114.1\ \text{J} - (-86.90\ \text{J·K}^{-1} \times 383.2\ \text{K}) = 3\ 185.9\ \text{J}$$

$$\Delta G = \Delta H - T\Delta S = -\Delta_{\text{vap}}H_{\text{m}} - T(-\Delta_{\text{vap}}H_{\text{m}}/T) = 0$$

§ 3-7 热力学基本方程及麦克斯韦关系式

从热力学第一定律与热力学第二定律得到了五个热力学状态函数 U、H、S、A 与 G,其中 U 与 S 是基本的,H、A 与 G 是由 U 或 S 所派生。U 与 H 用于能量衡算方面,S、A 与 G 用来判断过程方向与限度。所以,这五个状态函数都很重要,然而却不能直接测定。另一方面,p、V、T、$C_{V,\mathrm{m}}$ 等这类状态函数能直接测定。若能找出可测函数与不可直接测定函数间的关系,就能通过实验测定 p、V、T 等数值,从而间接得到不可直接测定的函数的有关数值。本节主要介绍寻求这种关系必须掌握的基本公式。

1. 热力学基本方程

组成恒定的封闭系统在不作非体积功的条件下经历一微小的可逆过程,根据热力学第一定律,则

$$\mathrm{d}U = \delta Q_{\mathrm{r}} + \delta W_{\mathrm{r}}$$

因为是可逆,故 $\delta Q_{\mathrm{r}} = T\mathrm{d}S$,若 $\delta W' = 0$,则 $\delta W_{\mathrm{r}} = -p\mathrm{d}V$,故

$$\mathrm{d}U = T\mathrm{d}S - p\mathrm{d}V \tag{3-7-1}$$

若将焓的定义式 $H = U + pV$ 取微分,可得

$$\mathrm{d}H = \mathrm{d}U + p\mathrm{d}V + V\mathrm{d}p$$

将式(3-7-1)代入,整理后得

$$\mathrm{d}H = T\mathrm{d}S + V\mathrm{d}p \tag{3-7-2}$$

同理,将 A 与 G 的定义式 $A = U - TS$ 与 $G = H - TS$ 取微分,再与式(3-7-1)相结合,分别得到

$$\mathrm{d}A = -p\mathrm{d}V - S\mathrm{d}T \tag{3-7-3}$$

$$\mathrm{d}G = V\mathrm{d}p - S\mathrm{d}T \tag{3-7-4}$$

式(3-7-1)至式(3-7-4)这四个方程称为热力学基本方程。后面三个方程均由 $\mathrm{d}U = T\mathrm{d}S - p\mathrm{d}V$ 方程与 H、A、G 定义式的全微分式结合而得到的,所以应用的条件与式(3-7-1)相同。在推导式(3-7-1)时,曾规定了 $W' = 0$ 与可逆过程两个条件,可是 $\mathrm{d}U = T\mathrm{d}S - p\mathrm{d}V$ 是表示系统的热力学能随系统的熵与体积变化而变化的关系,也就是始、终态确定后,$\mathrm{d}U$、$\mathrm{d}S$ 与 $\mathrm{d}V$ 已与途径无关了,所以 $\mathrm{d}U = T\mathrm{d}S - p\mathrm{d}V$ 等式的应用不受过程可逆的限制。因此,上述四个方程的应用条件为:组成恒定的封闭系统、$W' = 0$ 时,从一平衡态到另一平衡态的过程。具体地说,若系统内有相变化及化学变化发生时,则这些变化必须是可逆的,否则系统的组成发生不可逆的改变。对于单纯 pVT 变化过程,则过程可逆与否,上述热力学基本方程均可适用。

2. 麦克斯韦关系式

根据状态函数在数学上具有全微分的性质。若 z 为自变量 x、y 的连续函数,即 $z = f(x, y)$,并且 z 对任一自变量都可以微分。其全微分可表示如下:

$$\mathrm{d}z = \left(\frac{\partial z}{\partial x}\right)_y \mathrm{d}x + \left(\frac{\partial z}{\partial y}\right)_x \mathrm{d}y \tag{3-7-5}$$

如将 U 表示为 S、V 的函数,即 $U = f(S, V)$,则

$$\mathrm{d}U = \left(\frac{\partial U}{\partial S}\right)_V \mathrm{d}S + \left(\frac{\partial U}{\partial V}\right)_S \mathrm{d}V$$

将此式与式(3-7-1)相对照,并且根据对应项相等原理,可得

$$(\partial U/\partial S)_V = T \tag{3-7-6}$$

$$(\partial U/\partial V)_S = -p \tag{3-7-7}$$

同理,将式(3-7-2)、式(3-7-3)及式(3-7-4)与式(3-7-5)相结合,可得

$$(\partial H/\partial S)_p = T \tag{3-7-8}$$

$$(\partial H/\partial p)_S = V \tag{3-7-9}$$

$$(\partial A/\partial V)_T = -p \tag{3-7-10}$$

$$(\partial A/\partial T)_V = -S \tag{3-7-11}$$

$$(\partial G/\partial p)_T = V \tag{3-7-12}$$

$$(\partial G/\partial T)_p = -S \tag{3-7-13}$$

式(3-7-6)到式(3-7-13)表明:在某一定条件下,U、H、A、G 等的偏导数与系统的某一可测函数等值。利用全微分性质还可得到另外一组重要关系式。因为全微分的二阶微商与其求导的次序无关,由

$$dz = (\partial z/\partial x)_y dx + (\partial z/\partial y)_x dy = M dx + N dy$$

可得

$$\left[\frac{\partial}{\partial y}\left(\frac{\partial z}{\partial x}\right)_y\right]_x = \left[\frac{\partial}{\partial x}\left(\frac{\partial z}{\partial y}\right)_x\right]_y$$

或 $$(\partial M/\partial y)_x = (\partial N/\partial x)_y$$

将此关系用于 $dU = TdS - pdV$,可得

$$(\partial T/\partial V)_S = -(\partial p/\partial S)_V \tag{3-7-14}$$

同理,由 $dH = TdS + Vdp$,$dA = -SdT - pdV$ 与 $dG = Vdp - SdT$,得

$$(\partial T/\partial p)_S = (\partial V/\partial S)_p \tag{3-7-15}$$

$$(\partial p/\partial T)_V = (\partial S/\partial V)_T \tag{3-7-16}$$

$$-(\partial V/\partial T)_p = (\partial S/\partial p)_T \tag{3-7-17}$$

以上四式称为麦克斯韦(Maxwell)关系式。上述关系式将系统不可直接测定的热力学状态函数(U、H、A、G、S)与直接可测定的状态函数(p、V、T、$C_{p,m}$)联系起来了,是很有用的关系式。

本章基本要求

1. 懂得自发过程的定义及其特征。

2. 了解卡诺循环、卡诺热机效率以及卡诺定理。

3. 了解熵的导出过程,正确掌握熵的定义式、克劳修斯不等式以及用熵作为过程方向判据的条件。

4. 掌握各类过程系统熵变的计算。

5. 理解热力学第三定律的叙述及数学表达式。了解熵的物理意义,掌握规定熵及标准熵的概念以及化学反应熵变的计算。

6. 掌握亥姆霍兹函数与吉布斯函数的定义,以及它们作为过程方向判据的应用条件。

7. 掌握物理过程及化学过程的吉布斯函数的计算。

8. 理解热力学基本方程与麦克斯韦关系式的推导过程及其应用条件。

概　念　题

填空题

1. 在 $T_1=750\ \mathrm{K}$ 的高温热源与 $T_2=300\ \mathrm{K}$ 的低温热源之间工作的一卡诺可逆热机，当其从高温热源吸热 $Q_1=250\ \mathrm{kJ}$ 时，该热机对环境所作的功 $W=$______ kJ，放至低温热源的热 $Q_2=$______ kJ。

2. 1 mol 单原子理想气体从同一始态体积的 V_1 开始，经历下列过程后变至 $10V_1$，计算：

(a)若经恒温自由膨胀，则 $\Delta S=$______ $\mathrm{J\cdot K^{-1}}$；

(b)若经恒温可逆膨胀，则 $\Delta S=$______ $\mathrm{J\cdot K^{-1}}$；

(c)若经绝热自由膨胀，则 $\Delta S=$______ $\mathrm{J\cdot K^{-1}}$；

(d)若经绝热可逆膨胀，则 $\Delta S=$______ $\mathrm{J\cdot K^{-1}}$。

3. 写出下列过程的熵差 ΔS 之具体计算公式。

(a)1 mol 理想气体经绝热自由膨胀后，由 p_1 变至 p_2，$\Delta S=$______。

(b)n mol 的真实气体在恒压下 T_1 升温至 T_2，$\Delta S=$______。

(c)2 mol 水蒸气自 100 ℃、101.325 kPa 的始态，经恒温、恒压压缩为 100 ℃、101.325 kPa 的液态水，此过程的 ΔS ______。已知在 100 ℃、101.325 kPa 下的摩尔蒸发焓 $\Delta_{\mathrm{vap}}H_{\mathrm{m}}$。

(d)1 mol 水自 80 ℃、101.325 kPa 的始态，经恒温、恒压蒸发为 80 ℃、101.325 kPa 水蒸气，则此过程的 $\Delta S=$______。已知水在 100 ℃、101.325 kPa 下的 $\Delta_{\mathrm{vap}}H_{\mathrm{m}}$ 及 $C_{p,\mathrm{m}}(\mathrm{H_2O,l})$及 $C_{p,\mathrm{m}}(\mathrm{H_2O,g})$。

4. 在 300 K 的恒温热源中，有一系统由始态 1 经可逆过程变至状态 2，然后再经不可逆过程回到原来的状态 1，整个过程中系统从环境得到 10 kJ 的功，则整个过程的 Q ______，ΔS(系)______，ΔS(环)______。(填入具体数值)

5. 如下图所示，H_2 与 O_2 均为理想气体，当经历如下图所示的过程后，则系统的 $\Delta U=$______，$\Delta H=$______，$\Delta S=$______，$\Delta G=$______。

1 mol H_2(g) 101.325 kPa 0 ℃ 22.4 $\mathrm{dm^3}$	1 mol O_2(g) 101.325 kPa 0 ℃ 22.4 $\mathrm{dm^3}$	恒温混合 →	1 mol H_2(g) + 1 mol O_2(g) 202.65 kPa，0 ℃ 22.4 $\mathrm{dm^3}$

6. 高温热源温度 $T_1=600\ \mathrm{K}$，低温热源温度 $T_2=300\ \mathrm{K}$，若有 120 kJ 的热从高温热源直接传到低温热源，则此过程的熵差 $\Delta S=$______ $\mathrm{J\cdot K^{-1}}$。(填入具体数值)

7. 内有 2 mol 理想气体的导热良好的带活塞气缸放在温度为 400 K 的大热源中，当气体从状态 1 恒温不可逆膨胀到状态 2 时，从热源吸热 1 000 J，并对环境作出了为同一温度下可逆膨胀到相同终态的可逆功的一半，则系统在过程前后的 ΔS(系)$=$______，ΔS(环)$=$______，ΔS(隔)$=$______。(填入具体数值)

8. 1 mol 某双原子理想气体 B 从 300 K 分别经恒容和恒压过程升温至 400 K，则两过程熵变之差，即 ΔS(恒压)$-\Delta S$(恒容)$=$______ $\mathrm{J\cdot K^{-1}}$。(填入具体数值)

9. 一定量的理想气体，从状态 A 开始，经恒温可逆膨胀过程 $AB\rightarrow$恒容可逆降温过程 $BC\rightarrow$恒温可逆压缩过程 $CD\rightarrow$绝热可逆压缩过程 DA 四个过程后回到起始状态 A，则在纵轴为 T、横轴为 S 的 TS 图上，画出上述可逆循环过程的图形：______。

10. 由 1 mol 理想气体 A($C_{V,\mathrm{m}}(\mathrm{A})=2.5\ R$)与 1 mol 理想气体 B($C_{V,\mathrm{m}}(\mathrm{B})=3.5\ R$)组成的理想气体混合物。若该混合物由某一始态 V_1 经绝热可逆膨胀到终态 $V_2=2V_1$，则该混合物在过程前后的 ΔS(系)$=$______。其中气体 A 的 $\Delta S_{\mathrm{A}}=$______，气体 B 的 $\Delta S_{\mathrm{B}}=$______。(填入具体数值)

11. 在真空密封的容器中，1 mol 温度为 100 ℃、压力为 101.325 kPa 的液体水完全蒸发为 100 ℃、101.325 kPa的水蒸气，测得此过程系统从环境吸热 37.53 kJ，则此过程的 $\Delta H =$ ______ kJ，$\Delta S =$ ______ $J\cdot K^{-1}$，$\Delta G =$ ______ kJ。（填入具体数值）

12. 已知 1 mol $H_2O(l, -5\ ℃, p_l^*) \longrightarrow H_2O(s, -5\ ℃, p_s^*)$ 相变的 $\Delta G = -106.0\ J\cdot mol^{-1}$，$-5$ ℃冰的蒸气压 $p_s^* = 401$ Pa，则 -5 ℃时水的蒸气压 $p_l^* =$ ______。

13. (a)若一封闭系统经历了一不可逆过程后，则该系统的 ΔS ______。

(b)若隔离系统内发生了一不可逆过程，则该隔离系统的 ΔS ______。

14. 某系统经一不作非体积功的过程后，其 $\Delta G = 0$，则此过程在______条件下进行。具体例子如______。

15. 写出用 S、A、G 三个状态函数的变化值作为过程方向判据的应用条件。熵判据的条件是______；亥姆霍兹函数 $\Delta A \begin{matrix} \geq \\ = \\ < \end{matrix} 0$ 的条件是______；吉布斯函数$\Delta G \begin{matrix} < \\ = \\ > \end{matrix} 0$的条件是______。

16. 若已算出下列过程的 ΔS、ΔA、ΔG 的数值，请从中选择一个用作判断该过程自发进行与否的判据并填入横线上。

(a)85 ℃、101.325 kPa 的 1 mol 水蒸气在恒温恒压下变成 85 ℃、101.325 kPa 的液体水，判断此过程应采用______判据。

(b)在绝热密闭的耐压钢瓶中进行一化学反应，应采用______作判据。

(c)将 1 mol 温度为 100 ℃、压力为 101.325 kPa 的液体水投入一密封的真空容器中并完全蒸发为同温同压的水蒸气，判断此过程应采用______。

17. 根据热力学基本方程，可写出$(\partial A/\partial T)_V =$ ______，$(\partial S/\partial p)_T =$ ______。

18. 写出$(\partial V/\partial T)_p$、$(\partial p/\partial T)_V$、$(\partial S/\partial V)_T$ 与$(\partial S/\partial p)_T$ 这四个量之间的两个等量关系______ = ______，______ = ______。

选择填空题（请从每题所附答案中择一正确的填在横线上）

1. 以汞作为工作物质时，可逆卡诺热机效率为以理想气体作为工作物质时的______。

选择填入：(a)1%　(b)20%　(c)50%　(d)100%

2. 根据热力学第二定律，在一循环过程中______。

选择填入：(a)功与热可以完全互相转换　(b)功与热都不能完全互相转换　(c)功可以完全转变为热，热不能完全转变为功　(d)功不能完全转变为热，热可以完全转变为功

3. 一定量的理想气体在恒温下从 V_1 自由膨胀到 V_2，则该气体经历此过程后，其 ΔU ______，ΔS ______，ΔA ______，ΔG ______。

选择填入：(a)大于零　(b)小于零　(c)等于零　(d)不能确定

4. 在一带活塞的气缸中，放有温度为 300 K、压力为 101.325 kPa 的 1 mol 理想气体。若在绝热的条件下，于活塞上突然施加 202.65 kPa 的外压进行压缩，直到系统的终态压力为 202.65 kPa，此过程的熵差 ΔS ______；若在 300 K 大热源中的带活塞气缸内有同一始态理想气体，同样于活塞上突然施加 202.65 kPa 的外压进行压缩直到平衡为止，则此压缩过程中系统的 ΔS(系)______，ΔS(热源)______，ΔS(隔)______。

选择填入：(a)大于零　(b)小于零　(c)等于零　(d)可能大于也可能小于

5. 在一绝热的气缸（活塞也绝热）中有 1 mol 理想气体，其始态为 p_1、V_1、T_1，经可逆膨胀到 p_2、V_2、T_2，再施加恒定外压 p_3 将气体压缩至 $V_3 = V_1$ 的终态，则整个过程的 W ______，ΔH ______，ΔS ______。

选择填入：(a)大于零　(b)小于零　(c)等于零　(d)无法确定

6. 如附图所示，一定量理想气体，从同一始态出发经 AB 与 AC 两条途径到达 B、C，而 B、C 两点刚好处在同一条绝热过程线上，则 ΔU_{AB} ______ ΔU_{AC}，ΔS_{AB} ______ ΔS_{AC}。

选择填入：(a)大于　(b)小于　(c)等于　(d)可能大于也可能小于

7. 理想气体在节流过程中的 ΔS ______，ΔG ______；真实气体在节流过程中的 ΔS ______，ΔG ______。

选择填入：(a)大于零　(b)小于零　(c)等于零　(d)条件不够无法判断

8. 液体苯在其沸点下恒温蒸发，此过程的 ΔU ______，ΔH ______，ΔS ______，ΔG ______。

选择填入：(a)大于零　(b)小于零　(c)等于零　(d)无法确定

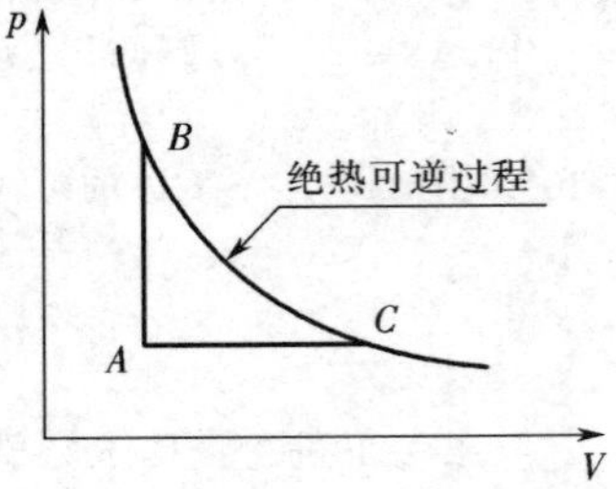

题6附图

9. 已知液态苯(C_6H_6)在 101.325 kPa 压力下之凝固点为 5.5 ℃，现有 1 mol C_6H_6(l)在 101.325 kPa、0 ℃下凝固为 C_6H_6(s)，若已测得该过程的 Q，则该过程的 ΔU ______ Q，ΔS ______ $\Delta H/T$ 及 ΔG ______ 0。(已知 $C_{p,\mathrm{m}}$(l)大于 $C_{p,\mathrm{m}}$(s)，$V_\mathrm{m}(\mathrm{s}) \approx V_\mathrm{m}(\mathrm{l})$)

选择填入：(a)大于　(b)小于　(c)等于

(d)可能大于也可能小于

10. 封闭系统中，非体积功 $W' = 0$ 且在恒 T、p 下化学反应进行了1 mol的反应进度时，可用______来计算系统的熵变 $\Delta_\mathrm{r} S_\mathrm{m}$。

选择填入：(a)$\Delta_\mathrm{r} S_\mathrm{m} = Q_p/T$　(b)$\Delta_\mathrm{r} S_\mathrm{m} = \Delta_\mathrm{r} H/T$　(c)$\Delta_\mathrm{r} S_\mathrm{m} = (\Delta_\mathrm{r} H_\mathrm{m} - \Delta_\mathrm{r} G_\mathrm{m})/T$

(d)$\Delta_\mathrm{r} S_\mathrm{m} = nR\ln(V_2/V_1)$

11. 在一定温度范围内，某化学反应的 $\Delta_\mathrm{r} H_\mathrm{m}$ 与温度无关，那么，该反应的 $\Delta_\mathrm{r} S_\mathrm{m}$ 随温度升高而______。

选择填入：(a)增大　(b)减小　(c)不变　(d)可能增大也可能减小

12. 在绝热的刚性容器中，发生了不作非体积功的某化学反应，实验测得容器的温度升高 500 K，压力增大了 2 026.50 kPa，则此反应过程的 $\Delta_\mathrm{r} U$ ______，$\Delta_\mathrm{r} H$ ______，$\Delta_\mathrm{r} S$ ______，$\Delta_\mathrm{r} A$ ______。

选择填入：(a)大于零　(b)小于零　(c)等于零　(d)可能大于零也可能小于零

13. 在一带活塞绝热气缸中，$W' = 0$ 的条件下发生某化学反应后，系统的体积增大，温度升高，则此反应过程的 W ______，$\Delta_\mathrm{r} U$ ______，$\Delta_\mathrm{r} H$ ______，$\Delta_\mathrm{r} S$ ______，$\Delta_\mathrm{r} G$ ______。

选择填入：(a)大于零　(b)小于零　(c)等于零　(d)可能大于零也可能小于零

14. 已知液体水在 101.325 kPa 压力下，沸点为 100 ℃，则在 101.325 kPa 压力下，下列过程：

H_2O(l,110 ℃)⟶H_2O(g,110 ℃)　　ΔG ______；

H_2O(l,100 ℃)⟶H_2O(g,100 ℃)　　ΔG ______；

H_2O(l,90 ℃)⟶H_2O(g,90 ℃)　　ΔG ______。

选择填入：(a)大于零　(b)等于零　(c)小于零　(d)因数据不足，无法判断

15. 在下列的过程中，$\Delta G = \Delta A$ 的过程为______。

选择填入：(a)液体在正常沸点下气化为蒸气　(b)理想气体绝热可逆膨胀

(c)理想气体 A 与 B 在恒温下混合　(d)恒温、恒压下的可逆反应过程

16. 下列各量中，______为偏摩尔量，______为化学势定义式。

选择填入：(a)$(\partial H/\partial n_\mathrm{B})_{T,p,n_\mathrm{C}}$　(b)$(\partial G/\partial V)_{T,p,n_\mathrm{B}}$　(c)$(\partial G/\partial n_\mathrm{B})_{T,p,n_\mathrm{C}}$　(d)$(\partial S/\partial n_\mathrm{B})_{T,V,n_\mathrm{C}}$

17. 对于理想气体，下列的偏微分式中______小于零。

选择填入：(a)$\left(\frac{\partial H}{\partial S}\right)_p$　(b)$\left(\frac{\partial G}{\partial p}\right)_T$　(c)$\left(\frac{\partial H}{\partial p}\right)_S$　(d)$\left(\frac{\partial S}{\partial p}\right)_T$

18. 下列关系式中，适用于理想气体的为______。

选择填入：(a)$\left(\frac{\partial T}{\partial V}\right)_S = \frac{-V}{C_{V,\mathrm{m}}}$　(b)$\left(\frac{\partial T}{\partial V}\right)_S = \frac{-p}{C_{V,\mathrm{m}}}$　(c)$\left(\frac{\partial T}{\partial V}\right)_S = \frac{-nR}{V}$　(d)$\left(\frac{\partial T}{\partial V}\right)_S = -R$

19. 状态方程为 $pV_\mathrm{m} = RT + bp\ (b > 0)$的真实气体和理想气体各为 1 mol，并均从同一始态(p_1、V_1、T_1)出发，经绝热可逆膨胀到相同的 V_2 时，则两系统在过程前后的 ΔU(真)______ ΔU(理)，ΔS(真)______ ΔS(理)。

选择填入：(a)大于　(b)小于　(c)等于　(d)可能大于也可能小于

习　题

3-1(A)　有一可逆卡诺热机从温度为 227 ℃的高温热源吸热 225 kJ，若对外作了 150 kJ 的功，则低温热源

温度 T_2 应为多少？

答：$T_2 = 166.7$ K

3-2(A) 某卡诺热机工作在温度为 100 ℃与 27 ℃的两热源之间，若从高温热源吸热 1 000 J时，问有多少 Q_2 热传给了低温热源？

答：$Q_2 = -804.4$ J

3-3(A) 1 mol 理想气体，始态为 27 ℃、103.25 kPa，经恒温可逆膨胀到 101.325 kPa。求过程的 Q、W、ΔU、ΔH、ΔS。

答：$\Delta U = \Delta H = 0$, $Q = -W = 5.75$ kJ, $\Delta S = 19.14\ \text{J}\cdot\text{K}^{-1}$

3-4(A) 在带活塞气缸中有 10 g He(g)，起始状态为 127 ℃、500 kPa，若在恒温下将施加在活塞上的环境压力突然加至 1 000.0 kPa，求此压缩过程的 Q、W、ΔU、ΔH、ΔS。

答：$Q = -8\ 312$ J, $W = 8\ 312$ J, $\Delta U = \Delta H = 0$,
$\Delta S = -14.4\ \text{J}\cdot\text{K}^{-1}$, $\Delta A = \Delta G = 5\ 762$ J

3-5(A) 1 mol 单原子理想气体，始态为 2.445 dm^3、298.15 K，反抗 506.63 kPa 的恒定外压绝热膨胀到压力为 506.63 kPa 的终态。求终态温度 T_2 及此过程的 ΔS。

答：$T_2 = 238.49$ K, $\Delta S = 1.127\ \text{J}\cdot\text{K}^{-1}$

3-6(A) n mol 纯理想气体由同一始态(p_1、V_1、T_1)出发，分别经绝热可逆膨胀和绝热不可逆膨胀达到同一 V_2 的终态时，证明不可逆过程终态的温度 T_2(不)高于可逆过程的终态温度 T_2(可)。

3-7(A) 4 mol 某理想气体，其 $C_{V,\text{m}} = 2.5\ R$，由 600 kPa、531.43 K 的始态，先恒容加热到 708.57 K，再绝热可逆膨胀到 500 kPa 的终态。试求此过程终态的温度，过程的 Q、ΔH 与 ΔS。

答：$T_3 = 619.53$ K, $Q = 14.73$ kJ, $\Delta H = 10\ 25$ J, $\Delta S = 23.92\ \text{J}\cdot\text{K}^{-1}$

3-8(A) 1 mol CO(g，理想气体)在 25 ℃、101.325 kPa 时，被 506.63 kPa 的环境压力压缩到 200 ℃的最终状态，求此过程的 Q、W、ΔU、ΔH、ΔS。已知 $C_{p,\text{m}} \approx \frac{7}{2}R$。

答：$Q = -4.82$ kJ, $W = 8.46$ kJ, $\Delta U = 3.64$ kJ,
$\Delta H = 5.09$ kJ, $\Delta S = 0.0574\ \text{J}\cdot\text{K}^{-1}$

3-9(A) 已知 25 ℃下 H_2(g)的 $C_{V,\text{m}} = 5R/2$，标准熵 $S_\text{m}^\ominus(\text{g}) = 130.67\ \text{J}\cdot\text{K}^{-1}\cdot\text{mol}^{-1}$，若将 25 ℃、标准状态的 1 mol H_2(g)先经绝热不可逆压缩到 100 ℃，再恒温可逆膨胀到 100 ℃、101.325 kPa，求终态 H_2(g)的熵值。

答：$S_\text{m} = 137.09\ \text{J}\cdot\text{K}^{-1}\cdot\text{mol}^{-1}$

3-10(A) 有一系统如下左图所示。已知系统中气体 A、B 均为理想气体，且 $C_{V,\text{m}}(\text{A}) = 1.5R$，$C_{V,\text{m}}(\text{B}) = 2.5R$，如将绝热容器中隔板抽掉，求混合过程中系统的 ΔS。

答：$\Delta S = 16.73\ \text{J}\cdot\text{K}^{-1}$

3-11(B) 一系统如下右图所示。系统中气体 A、B 均为理想气体，且 $C_{V,\text{m}}(\text{A}) = 1.5R$，$C_{V,\text{m}} = 2.5R$，若导热隔板不动，将无摩擦的绝热活塞上的销钉去掉，求达到平衡终态时系统的 ΔS。

答：$\Delta S = 2.68\ \text{J}\cdot\text{K}^{-1}$

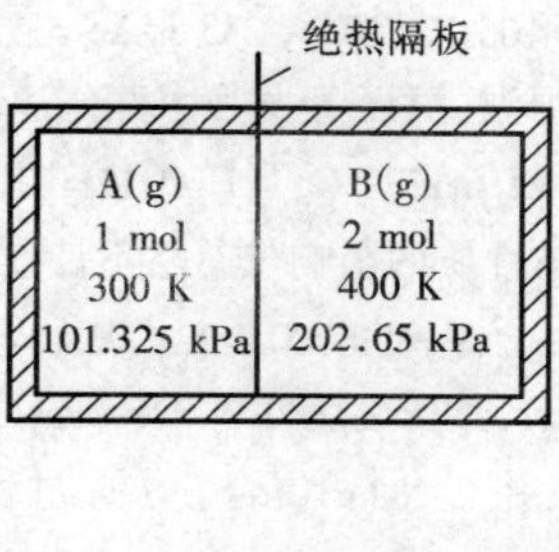

题 3-10 附图

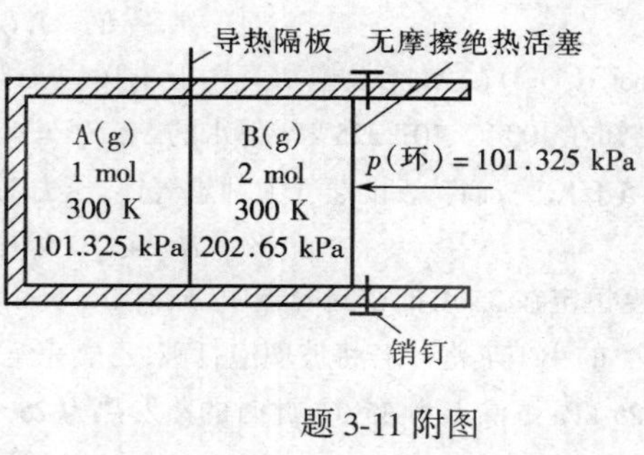

题 3-11 附图

3-12(A)　1 mol 理想气体依次经历下列过程：

(a)恒容下加热从 25 ℃到 100 ℃；

(b)再绝热向真空自由膨胀至 2 倍体积；

(c)最后恒压下冷却至 25 ℃。

试计算整个过程的 Q、W、ΔU、ΔH、ΔS。

答：$\Delta U=\Delta H=0$，$Q=-623.55$ J，$W=623.55$ J，$\Delta S=3.897\ \mathrm{J\cdot K^{-1}}$

3-13(A)　将 10 ℃、101.325 kPa 的 1 mol $H_2O(l)$变为 100 ℃、10.13 kPa 的 $H_2O(g)$，求此过程的熵变 ΔS。已知 $C_{p,m}(H_2O,l)=75.31\ \mathrm{J\cdot K^{-1}\cdot mol^{-1}}$，100 ℃、101.325 kPa 下 $\Delta_{vap}H_m(H_2O)=40.63\ \mathrm{kJ\cdot mol^{-1}}$。

答：$\Delta S=148.8\ \mathrm{J\cdot K^{-1}}$

3-14(A)　在绝热的容器中有 5 kg 30 ℃的水，若往水中放入 1 kg 的 −10 ℃冰，求此过程的 ΔS。已知冰的 $\Delta_{fus}H_m=6.02\ \mathrm{kJ\cdot mol^{-1}}$，$C_{p,m}(H_2O,s)=37.60\ \mathrm{J\cdot K^{-1}\cdot mol^{-1}}$，$C_{p,m}(H_2O,l)=75.31\ \mathrm{J\cdot K^{-1}\cdot mol^{-1}}$。

答：$\Delta S=100.1\ \mathrm{J\cdot K^{-1}}$

3-15(A)　过冷的 $CO_2(l)$在 −59 ℃时，蒸气压为 465.96 kPa，而同温度下 $CO_2(s)$的蒸气压为 439.30 kPa。求在 −59 ℃、101.325 kPa 下，1 mol 过冷 $CO_2(l)$变成同温、同压的固态 $CO_2(s)$时过程的 ΔS。设压力对液体与固体的影响可以忽略不计。已知过程中放热 189.54 $\mathrm{J\cdot g^{-1}}$。

答：$\Delta S=-38.5\ \mathrm{J\cdot K^{-1}}$

3-16(B)　试计算 −10 ℃、101.325 kPa 下，1 mol 水凝结成同温、同压的冰时，水与冰的饱和蒸气压之比。已知水与冰的质量恒压热容分别为 4.184 $\mathrm{J\cdot K^{-1}\cdot g^{-1}}$和 2.092 $\mathrm{J\cdot K^{-1}\cdot g^{-1}}$，0 ℃时冰的 $\Delta_{fus}H=334.7\ \mathrm{J\cdot g^{-1}}$。

答：$p^*_{(l)}/p^*_{(s)}=1.103$

3-17(A)　将 298 K、100 kPa 的 2 dm^3 双原子理想气体绝热不可逆压缩至 150 kPa，测得此过程系统得功 502 J，求终态的 T_2 及该过程的 ΔH 和 ΔS。

答：$T_2=597.2$ K，$\Delta H=702.8$ J，$\Delta S=1.361\ \mathrm{J\cdot K^{-1}}$

3-18(A)　1 mol 理想气体($C_{V,m}=2.5R$)在 300 K、101.325 kPa 下恒熵压缩至 405.30 kPa，再恒容升温至 500 K，最后经恒压降温至 400 K。求整个过程的 W、ΔS、ΔA 及 ΔG。已知 300 K 时 $S_m^{\ominus}=20.11\ \mathrm{J\cdot K^{-1}\cdot mol^{-1}}$。

答：$W=3.862$ kJ，$\Delta S=-4.11\ \mathrm{J\cdot K^{-1}}$，$\Delta A=1.723$ kJ，$\Delta G=2.534$ kJ

3-19(B)　5 mol 某理想气体($C_{p,m}=2.5R$)在 400 K、202.65 kPa 下反抗恒定外压 101.325 kPa 绝热膨胀至压力与环境压力相同，而后恒压降温到 300 K，最后经恒熵压缩到 202.65 kPa。求整个过程的 Q、W、ΔU、ΔH、ΔS、ΔA 及 ΔG。假设该气体在 25 ℃的标准熵 $S_m^{\ominus}=119.76\ \mathrm{J\cdot K^{-1}\cdot mol^{-1}}$。

答：$Q=-2\,079$ J，$W=1\,819.7$ J，$\Delta U=-258.8$ J，$\Delta H=-431.3$ J，
$\Delta S=-1.084\ \mathrm{J\cdot K^{-1}}$，$\Delta A=2\,658.7$ J，$\Delta G=2\,486.2$ J

3-20(A)　真空容器中有一小玻璃泡内装 1 g $H_2O(l)$，在 25 ℃下将小泡打破，有一半水蒸发为蒸气，其蒸气压为 3.167 kPa。若 25 ℃时水的质量蒸发焓为 2.469 $\mathrm{kJ\cdot g^{-1}}$，计算此过程的 Q、W、ΔH、ΔS 及 ΔG。

答：$W=0$，$Q=1\,166$ J，$\Delta H=1\,235$ J，$\Delta S=4.14\ \mathrm{J\cdot K^{-1}}$，$\Delta G=0$

3-21(A)　1 mol $H_2O(l)$在 25 ℃及饱和蒸气压 3.167 kPa 下，恒温、恒压蒸发为水蒸气。求此过程的 ΔH、ΔS、ΔA 及 ΔG。已知在 100 ℃、101.325 kPa 下水的$\Delta_{vap}H_m^{\ominus}=40.63\ \mathrm{kJ\cdot mol^{-1}}$，$C_{p,m}(H_2O,l)=75.30\ \mathrm{J\cdot K^{-1}\cdot mol^{-1}}$，$C_{p,m}(H_2O,g)=33.5\ \mathrm{J\cdot K^{-1}\cdot mol^{-1}}$。设蒸气为理想气体，压力对液体性质的影响可忽略不计。

答：$\Delta H=43.77\ \mathrm{kJ\cdot mol^{-1}}$，$\Delta S=146.80\ \mathrm{J\cdot K^{-1}}$，$\Delta A=-2.48$ kJ，$\Delta G=0$

3-22(B)　温度恒定在 35 ℃的密封容器中，放有 0.4 mol $N_2(g)$，其压力为 101.325 kPa。同时在容器内有一装有 0.1 mol 乙醚的小玻璃泡。若将玻璃泡打破，乙醚完全蒸发并与 $N_2(g)$混合。求此过程的 ΔH、ΔS、ΔG。已知乙醚在 101.325 kPa 下沸点为 35 ℃，此时的蒸发热为 25.104 $\mathrm{kJ\cdot mol^{-1}}$。

答：$\Delta H=2.51$ kJ，$\Delta S=9.299\ \mathrm{J\cdot K^{-1}}$，$\Delta G=-355.2$ J

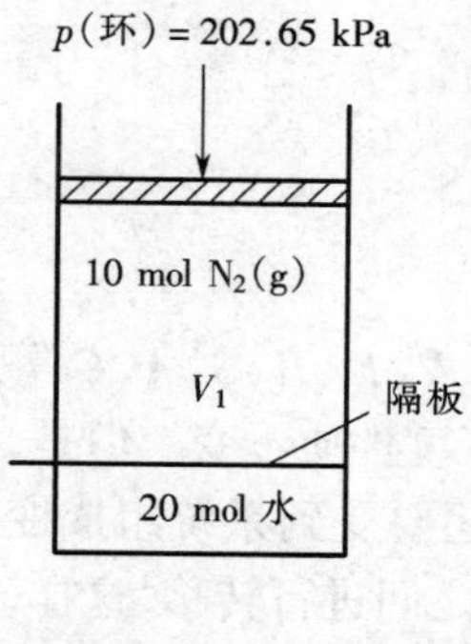

题 3-23 附图

3-23(B) 有系统如附图所示，活塞为理想活塞，它可随时保持系统内外的压力相等。已知 373.15 K、101.325 kPa 下水的 $\Delta_{vap}H_m^{\ominus} = 40.67\ kJ \cdot mol^{-1}$。$H_2O(g)$与 N(g)皆可视为理想气体。若将隔板抽开，于 373.15 K 的恒温下水蒸发至平衡态，求此过程的 Q、W、ΔH、ΔS 及 ΔG。

答：$W = -31.02\ kJ$，$Q = \Delta H = 406.7\ kJ$，
$\Delta S = 1\ 147.5\ J \cdot K^{-1}$，$\Delta G = -21.50\ kJ$

3-24(A) 在 300 K 的标准状态下，理想气体反应

$$A(g) + 3B(g) \longrightarrow 2D(g)$$

进行 1 mol 反应进度时的 $\Delta_r U_m^{\ominus} = -87.23\ kJ \cdot mol^{-1}$，$\Delta_r S_m^{\ominus} = 8.94\ J \cdot K^{-1} \cdot mol^{-1}$，且已知 $\Delta_r C_{V,m} = -3.8R$。试求该反应在 320 K、反应进度为 1 mol 时，$\Delta_r H_m^{\ominus}$(320 K)及 $\Delta_r S_m^{\ominus}$(320 K)各为若干？

答：$\Delta_r H_m^{\ominus}(320\ K) = -93.18\ kJ \cdot mol^{-1}$，
$\Delta_r S_m^{\ominus}(320\ K) = 5.828\ J \cdot K^{-1} \cdot mol^{-1}$

3-25(A) 由附录查出有关物质的 $\Delta_f H_m^{\ominus}$(298.15 K)与 $S_m^{\ominus}$(298.15 K)的数据，求算下列反应的 $\Delta_r G_m^{\ominus}$(298.15 K)：

(a) $CH_4(g) + 1/2\ O_2(g) = CH_3OH(l)$

(b) 6C(石墨) + $3H_2(g) = C_6H_6(g)$

(c) $H_2O(l) + CO(g) = CO_2(g) + H_2(g)$

答：(a) $\Delta_r G_m^{\ominus} = -115.12\ kJ \cdot mol^{-1}$；(b) $\Delta_r G_m^{\ominus} = 129.8\ kJ \cdot mol^{-1}$；
(c) $\Delta_r G_m^{\ominus} = -20.06\ kJ \cdot mol^{-1}$

3-26(A) 在 300 K 的标准状态下

$$A_2(g) + B_2(g) \longrightarrow 2AB(g)$$

此反应的 $\Delta_r H_m^{\ominus} = 50.00\ kJ \cdot mol^{-1}$，$\Delta_r S_m^{\ominus} = -40.00\ J \cdot K^{-1} \cdot mol^{-1}$，$\Delta_r C_{p,m} = 0.5\ R$。试求反应 400 K 时的 $\Delta_r H_m^{\ominus}$(400 K)、$\Delta_r S_m^{\ominus}$(400 K)及 $\Delta_r G_m^{\ominus}$(400 K)各为若干？此反应在 400 K 的标准状态下能否自动地进行？

答：$\Delta_r H_m^{\ominus}(400\ K) = 50.416\ kJ \cdot mol^{-1}$，$\Delta_r S_m^{\ominus}(400\ K) = -38.804\ J \cdot K^{-1} \cdot mol^{-1}$，
$\Delta_r G_m^{\ominus}(400\ K) = 65.94\ kJ \cdot mol^{-1}$

因为 $\Delta_r G_m^{\ominus}(400\ K) > 0$，故反应在 400 K 的标准状态下不能自动进行。

3-27(A) 在 400 K、标准状态下，理想气体间进行下列恒温恒压化学反应：$A(g) + B(g) \longrightarrow C(g) + D(g)$。求进行 1 mol 上述反应的 $\Delta_r G_m^{\ominus}$。已知 25 ℃数据如下：

	A	B	C	D
$\Delta_f H_m^{\ominus}(kJ \cdot mol^{-1})$	0	−40	−30	0
$C_{p,m}(J \cdot K^{-1} \cdot mol^{-1})$	10	50	20	25
$S_m^{\ominus}(B)(J \cdot K^{-1} \cdot mol^{-1})$	20	70	30	40

答：$\Delta_r G_m^{\ominus} = 18.236\ kJ \cdot mol^{-1}$

3-28(A) 25 ℃、100 kPa 下，金刚石与石墨的标准熵分别为 $2.38\ J \cdot K^{-1} \cdot mol^{-1}$ 与 $5.74\ J \cdot K^{-1} \cdot mol^{-1}$，其标准摩尔燃烧焓分别为 $-395.407\ kJ \cdot mol^{-1}$ 与 $-393.510\ kJ \cdot mol^{-1}$。计算 25 ℃、100 kPa 下 C(石墨)→C(金刚石)的 $\Delta G_m^{\ominus}$，并说明在 25 ℃、100 kPa 条件下何者是稳定的。

答：$\Delta G_m^{\ominus} = 2.90\ kJ \cdot mol^{-1}$，石墨为稳定态

第 4 章　多组分系统热力学

以上几章重点讨论的均为纯物质或组成不变的封闭系统。系统的 V、U、H、S、A、G 等广度性质只受温度与压力两个变量影响,即当温度、压力不变时,系统的广度性质不变。但是,对于多组分多相系统,系统的广度性质不仅受到温度、压力的影响,而且还要受到系统组成变化的影响。例如,当多组分多相系统发生相变化时,将会有组分在不同相之间进行转移,这样,系统的广度性质还要受系统内各相中有关组分的物质的量变化之影响;还有,若系统中不同组分之间存在化学反应,则系统的组成将会改变。这就需要引入一个能表示系统的广度性质随系统组成改变而变化的新的物理量。

§4-1　基本概念

1.混合物与溶液

系统可以是单相,也可以是多相。当两种或两种以上的物质以分子、原子或离子的大小相互混合而成的单相系统,称为多组分单相系统。为了便于热力学处理,按处理方法的不同,又将多组分单相系统区分为混合物和溶液。若单相混合系统中所有组分(A、C、D……B)均遵循相同的规律(如服从拉乌尔定律)并选用同样的状态(如 100 kPa 下纯液体的状态)为标准状态,则称该混合系统为混合物;当将单相混合系统中的组分(如 A 和 B)区分为溶剂(A)和溶质(B),而且二者遵循不同的规律(如溶剂服从拉乌尔定律,溶质服从亨利定律),以及选用不同的状态为标准状态,则该混合系统称为溶液。

按聚集状态的不同,混合物可分为气态混合物、液态混合物和固态混合物。溶液则可分为液态溶液和固态溶液。在本章中,除非特别指明,混合物即指液态混合物,溶液即指液态溶液。

2.组成表示法

在物理化学中常用到四种组成表示法。

1)物质 B 的物质的量分数(即物质 B 的摩尔分数)

混合物(或溶液)中,某物质 B 的物质的量 n_B 与整个混合物(或溶液)的总物质的量 $\sum n_B$ 之比,称为该物质 B 的量分数,用符号 x_B 表示,即

$$x_B = n_B / \sum n_B \tag{4-1-1}$$

故有　$\sum x_B = 1$

2)物质 B 的质量分数

混合物(或溶液)中,物质 B 的质量 m_B 与整个混合物(或溶液)的总质量 $\sum m_B$ 之比,称为该物质 B 的质量分数,用符号 w_B 表示,其定义式为

$$w_B = m_B / \sum m_B \tag{4-1-2}$$

3)物质 B 的物质的量浓度

溶液中溶质 B 的物质的量 n_B 与溶液的体积 V 之比,称为该物质 B 的量浓度,用符号 c_B 表

示，单位为 $mol \cdot m^{-3}$。

$$c_B = n_B / V \tag{4-1-3}$$

4）物质B的质量摩尔浓度

溶液中溶质B的物质的量 n_B 与溶液中溶剂的质量 m_A 之比，称为该溶质B的质量摩尔浓度，用符号 b_B 或 m_B 表示，单位为 $mol \cdot kg^{-1}$。其定义式为

$$b_B = n_B / m_A \tag{4-1-4}$$

例 4.1.1 将 23.034 5 g 的乙醇(B)溶于 0.500 0 kg 的水(A)中，所形成溶液的密度为 992.0 $kg \cdot m^{-3}$。计算乙醇的摩尔分数 x_B、质量摩尔浓度 b_B 及物质的量浓度 c_B。

已知 $M(H_2O) = 18.015 \times 10^{-3}\ kg \cdot mol^{-1}$，$M(C_2H_5OH) = 46.069 \times 10^{-3}\ kg \cdot mol^{-1}$

解：由于乙醇(B)量少而水量(A)多，故乙醇为溶质，水为溶剂。A、B两组分的物质的量分别为

$$n_A = m_A / M_A = 0.500\ 0\ kg / (18.015 \times 10^{-3}\ kg \cdot mol^{-1}) = 27.754\ 6\ mol$$

$$n_B = m_B / M_B = 23.034\ 5 \times 10^{-3}\ kg / (46.069 \times 10^{-3}\ kg \cdot mol^{-1}) = 0.500\ 0\ mol$$

$$x_B = \frac{n_B}{n_A + n_B} = \frac{0.500\ 0\ mol}{27.754\ 6\ mol + 0.500\ 0\ mol} = 0.017\ 70$$

$$b_B = \frac{n_B}{m_A} = \frac{0.500\ 0\ mol}{0.500\ 0\ kg} = 1.000\ mol \cdot kg^{-1}$$

$$c_B = \frac{n_B}{(m_A + m_B)/\rho}$$

$$= \frac{0.500\ 0\ mol}{(23.034\ 5 \times 10^{-3} + 0.500\ 0)kg / (992.0\ kg \cdot m^{-3})} = 948.3\ mol \cdot m^{-3}$$

§4-2 偏摩尔量及化学势

1.偏摩尔量的定义

在 20 ℃、101.325 kPa 下，将乙醇与水以不同比例进行混合，组成新的系统。混合的条件是混合各系统总质量为 100 g，而 1 g 乙醇的体积为 1.267 cm^3，1 g 水的体积为 1.004 cm^3。实验结果列于下表中。

表 4-2-1 乙醇与水以不同比例混合后实验结果

乙醇浓度 w_B	混合前乙醇的体积 V_1/cm^3	混合前水的体积 V_2/cm^3	混合前总体积 $(V_1+V_2)/cm^3$	混合后实测总体积 V/cm^3	偏差 $\Delta V = \{(V_1+V_2)-V\}/cm^3$
0.10	12.67	90.36	103.03	101.84	1.19
0.30	38.01	70.28	108.29	104.84	3.45
0.50	63.35	50.20	113.55	109.43	4.12
0.70	88.69	36.12	118.81	115.25	3.56
0.90	114.03	10.04	124.07	122.25	1.82

表中数据表明，在温度、压力一定且系统总质量不变条件下，混合前后系统的总体积不相

等,而且混合前后的体积之差随浓度的不同而不同。这说明,对于多组分单相系统,其体积与浓度有关。形成这一现象是因为,水与乙醇这两种分子间的相互作用与它们在纯态时分子间的相互作用不同,所以,当水与乙醇进行混合时,分子间的相互作用便发生变化,而且这种变化是随系统浓度的不同而不同。即每种组分 1 mol 量的液体对系统体积的贡献与纯态时的摩尔体积不同,而且浓度不同贡献也不同。所以,要确定一个组成可变的多组分均相系统的状态,除温度、压力两参数需指明外,还需指明系统中各组分的含量(即系统的组成)。

在温度、压力和组成一定的条件下,将 1 mol 某组分 B 加到无限大量的多组分均相系统中所引起系统体积的变化量 V_B,称为组分 B 在该条件下的偏摩尔体积。其数学表达式为

$$V_B = (\partial V/\partial n_B)_{T,p,n_C} \tag{4-2-1}$$

式中下角标 n_C表示除 n_B外,系统所有物质的物质的量 n 都保持不变。V_B数值与同温同压下纯组分 B 的摩尔体积 V_B^* 数值不等,且随该混合物的组成而变。

上面是以体积这一广度性质为例,说明偏摩尔量的物理意义。上述结论对系统的其他广度性质(U、H、S、A、G)完全适用。以 X 代表系统的任一广度性质,该性质的偏摩尔量定义式为

$$X_B = (\partial X/\partial n_B)_{T,p,n_C} \tag{4-2-2}$$

例如,多组分均相系统中,某组分 B 的

偏摩尔熵 S_B之定义式为 $S_B = (\partial S/\partial n_B)_{T,p,n_C}$

偏摩尔焓 H_B之定义式为 $H_B = (\partial H/\partial n_B)_{T,p,n_C}$

偏摩尔吉布斯函数 G_B之定义式为 $G_B = (\partial G/\partial n_B)_{T,p,n_C}$

应指出:①只有系统具有广度性质的状态函数才有偏摩尔量;②偏摩尔量是具有强度性质的状态函数;③只有在恒温、恒压和除组分 B 之外其他组分均不变的条件下,系统某一广度性质的状态函数对组分 B 的物质的量的偏导数才能称为偏摩尔量。例如:式$(\partial G/\partial n_B)_{T,p,n_C}$称为偏摩尔吉布斯函数;而式$(\partial G/\partial n_B)_{T,V,n_C}$虽为偏导数,但不能称为偏摩尔量,因该式下角标是恒温恒容而不是恒温恒压。

2.偏摩尔量的有关公式

若在恒温恒压下,把物质的量为 dn_A的 A 和 dn_C的 C 加到由 A、C 两组分组成的液态均相系统中,系统的体积变化量可用下式表示:

$$dV = V_A dn_A + V_C dn_C \tag{4-2-3}$$

在恒温恒压下,将 n_A的 A 与 n_C的 C 从零开始按一定比例逐渐加到烧杯中,即过程中系统的各组分的组成保持不变,也就是 A 和 C 的偏摩尔体积 V_A和 V_C不变。当将 n_A、n_C全部加进烧杯后,混合系统的体积 V 可按下式计算,即

$$V = n_A V_A + n_C V_C \tag{4-2-4}$$

式(4-2-4)称为集合公式。它表明,实际均相混合系统的体积等于形成混合系统的各组分的偏摩尔体积与各组分之物质的量的乘积之和。

若上述实验中 A 和 C 的加入不按比例时,还要考虑 V_A和 V_C随组成变化而改变所产生的

影响,因此,在 A 和 C 的加入过程中,系统体积的微小变化量 dV 不仅与加入的 dn_A 和 dn_C 有关,而且还要加上 V_A 和 V_C 随组成变化而变所产生的影响。将式(4-2-4)微分,就得到系统体积微小增量与 dn_A、dn_B、dV_A 及 dV_C 的关系。即

$$dV = V_A dn_A + V_C dn_C + n_A dV_A + n_C dV_C$$

将此式与式(4-2-3)比较,可得到

$$n_A dV_A + n_C dV_C = 0 \tag{4-2-5}$$

将此式除以 $n_A + n_B$,则上式可写为

$$x_A dV_A + x_C dV_C = 0 \tag{4-2-6}$$

上面两式称为吉布斯-杜亥姆(Gibbs-Duhem)方程。它表明:在恒温恒压下各组分的偏摩尔量随系统组成改变而发生的变化是互相关联互相制约的。如上面所举的二组分系统的例子表明:当系统因组成改变而引起各组分偏摩尔体积发生变化时,若 A 组分的偏摩尔体积增大,即 dV_A 为正值;则 C 组分的偏摩尔体积一定减小,即 dV_C 为负值。

同样,对于系统的任一具有广度性质的状态函数 X,其集合公式与吉布斯-杜亥姆方程可分别改写为

$$X = \sum_B n_B X_B \quad (\text{集合公式}) \tag{4-2-7}$$

$$\sum_B n_B dX_B = 0 \quad (\text{吉布斯-杜亥姆方程}) \tag{4-2-8}$$

或

$$\sum_B x_B dX_B = 0 \tag{4-2-9}$$

3.化学势

1)化学势的定义

若系统内发生化学反应或相变化过程,则系统的物质种类或物质的量都会发生变化,所以,除了温度、压力(或体积)外,还要考虑系统组成的变化。设构成混合系统的组分为 A、B、C、D……,对应物质的量为 n_A、n_B、n_C、n_D……,则多组分系统的吉布斯函数 G 应为温度、压力及各组分的物质的量之函数,即 $G = G(T、p、n_A、n_B、n_C、n_D\cdots)$,其全微分形式如下:

$$dG = \left(\frac{\partial G}{\partial T}\right)_{p,n_B} dT + \left(\frac{\partial G}{\partial p}\right)_{T,n_B} dp + \left(\frac{\partial G}{\partial n_A}\right)_{T,p,n_B,n_C\cdots} dn_A + \left(\frac{\partial G}{\partial n_B}\right)_{T,p,n_A,n_C\cdots} dn_B + \cdots \tag{4-2-10}$$

为简化起见,以下偏导数下标写作 n_B 则表示 n_A、n_B、n_C……不改变,即系统的组成不变。而下式中的偏导数下标 n_C 则表示除某物质 B 外其他物质的物质的量均不变,这样上式可简写成

$$dG = \left(\frac{\partial G}{\partial T}\right)_{p,n_B} dT + \left(\frac{\partial G}{\partial p}\right)_{T,n_B} dp + \sum_B \left(\frac{\partial G}{\partial n_B}\right)_{T,p,n_C} dn_B \tag{4-2-11}$$

当系统的组成不变,即 n_A、n_B、n_C……均不变时,

$$dG = -SdT + Vdp$$

即

$$\left(\frac{\partial G}{\partial T}\right)_{p,n_B} = -S, \qquad \left(\frac{\partial G}{\partial p}\right)_{T,n_B} = V$$

同时将偏摩尔吉布斯函数 G_B 称为化学势,用符号 μ_B 表示,即

$$\mu_B \overset{\text{def}}{=\!=} \left(\frac{\partial G}{\partial n_B}\right)_{T,p,n_C} \tag{4-2-12}$$

因此可得

$$dG = -SdT + Vdp + \sum_B \mu_B dn_B \tag{4-2-13}$$

上式是一个重要的公式。当多组分封闭系统在恒温恒压下发生化学反应或相变化时,因 $dT = 0$, $dp = 0$,而 $dn_B \neq 0$,于是

$$dG = \sum_B \mu_B dn_B \tag{4-2-14}$$

在 T、p 一定且 $W' = 0$ 的条件下,吉布斯函数作为过程方向的判据是

$$dG = \sum_B \mu_B dn_B \leqslant 0 \quad \begin{matrix} \text{自发进行} \\ \text{平衡} \end{matrix} \tag{4-2-15}$$

2)化学势在相平衡中的应用

设多组分系统是由 A 和 B 两组分和 α、β 两相构成,在恒温、恒压下,从 β 相中有 dn_B 的组分 B 自动转移到 α 相,如图 4-2-1。若组分 B 在 β 相中的化学势为 μ_B^β,在 α 相中的化学势为 μ_B^α,当组分 B 从 β 相转移至 α 相而引起系统吉布斯函数的变化为

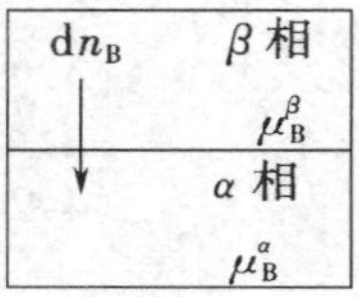

图 4-2-1 两组分两相平衡示意图

$$\begin{aligned} dG &= dG^\alpha + dG^\beta \\ &= \mu_B^\alpha dn_B + \mu_B^\beta(-dn_B) \quad \text{(负号表示减少)} \\ &= (\mu_B^\alpha - \mu_B^\beta)dn_B \end{aligned}$$

因过程自动进行,故 $d_{T,p}G < 0$,但组分 B 的物质转移量 dn_B 不可能为负数,即 $dn_B > 0$,所以得到

$$dG = (\mu_B^\alpha - \mu_B^\beta) < 0$$

或 $$\mu_B^\alpha < \mu_B^\beta$$

若组分在两相中达到平衡时,则

$$dG = (\mu_B^\alpha - \mu_B^\beta) = 0$$

即 $$\mu_B^\alpha = \mu_B^\beta$$

此结果表明:若组分 B 在 β 相中的化学势大于该组分 B 在 α 相中的化学势时,则组分 B 能自动地从 β 相转移至 α 相。若组分 B 在 β 相中的化学势等于它在 α 相中的化学势,则组分 B 在两相中处于平衡。就是说,物质的化学势的高低决定物质在相变化过程中的转移方向与限度,因此,可将物质在两相中的化学势不同看作物质在两相中转移的推动力。

对于多组分多相系统,用化学势作为判据的表达式又将如何?设构成多组分多相系统的组分有 B、C、D……,而该系统所包含的相有 α、β、γ……。在恒温恒压且 $W' = 0$ 的条件下,若系统内发生相变化或化学反应时,则系统的吉布斯函数变化应为

$$dG = dG^\alpha + dG^\beta + \cdots$$

而对系统中 α 相,则其 dG^α 可用式(4-2-14)表示,即

$$dG^\alpha = \sum_B \mu_B^\alpha dn_B^\alpha$$

因此 $$dG = \sum_B \mu_B^\alpha dn_B^\alpha + \sum_B \mu_B^\beta dn_B^\beta + \sum_B \mu_B^\gamma dn_B^\gamma + \cdots$$

或 $\mathrm{d}G=\sum_{\alpha}\sum_{\mathrm{B}}\mu_{\mathrm{B}}^{\alpha}\mathrm{d}n_{\mathrm{B}}^{\alpha}$

此式是多组分多相系统在恒温恒压且 $W'=0$ 的条件下,判断过程自发进行方向与限度的判据,称为化学势判据,即

$$\mathrm{d}G=\sum_{\alpha}\sum_{\mathrm{B}}\mu_{\mathrm{B}}^{\alpha}\mathrm{d}n_{\mathrm{B}}^{\alpha}\leqslant 0 \quad \begin{matrix}\text{自发进行}\\ \text{平衡}\end{matrix} \quad (\mathrm{d}T=0,\mathrm{d}p=0,\delta W'=0) \tag{4-2-16}$$

§4-3 气体化学势的表达式

1.理想气体混合物化学势的表达式

由上面推证可知,在恒温、恒压且 $W'=0$ 条件下的化学反应或相变化过程自发进行的方向与限度,可通过物质在始、终状态的化学势来判断。如何才能知道某一物质 B 转移后该物质 B 的化学势是变大还是变小。因为物质 B 的化学势是与其在混合系统中的组成有关,对于理想气体混合物来说,系统的温度、压力一定时,某组分 B 的组成变化可用分压力 p_{B}的变化来表示。下面讨论理想气体混合物中某组分 B 的化学势 μ_{B}与其分压力 p_{B}的关系。

若 1 mol 纯理想气体在温度 T 下,从标准状态压力 $p^{\ominus}$ 恒温变压至 p 时,其化学势由 $\mu^{\ominus}(\mathrm{Pg},T,p^{\ominus})$变至 $\mu^{*}(\mathrm{Pg},T,p)$。此过程的吉布斯函数变化值 ΔG 可用式(3-7-4)计算。因 $\mathrm{d}T=0$,故

$$\Delta G=\mu^{*}(\mathrm{Pg},T,p)-\mu^{\ominus}(\mathrm{Pg},T)=\int_{p^{\ominus}}^{p}V_{\mathrm{m}}^{*}\mathrm{d}p$$

将理想状态方程 $V_{\mathrm{m}}=\dfrac{RT}{p}$代入,得

$$\mu^{*}(\mathrm{Pg},T,p)-\mu^{\ominus}(\mathrm{Pg},T)=RT\int_{p^{\ominus}}^{p}\mathrm{d}\ln p=RT\ln(p/p^{\ominus}) \tag{4-3-1}$$

或简写为

$$\mu^{*}=\mu^{\ominus}+RT\ln(p/p^{\ominus}) \tag{4-3-2}$$

式中 $\mu^{\ominus}$为纯理想气体在温度 T 及标准压力 $p^{\ominus}$这一状态下的化学势,称为该气体的标准化学势,它只是温度的函数。而将纯理想气体在温度 T 及标准压力 $p^{\ominus}$下的这一状态,称为标准(状)态。μ^{*}右上角的“ * ”表示纯物质。式(4-3-2)表明,1 mol 纯理想气体在不同温度、压力下,其化学势 μ^{*}数值是不同的。

对于理想气体混合物,因各组分分子间无相互作用力,所以,其中任一组分气体 B 的热力学性质不受其他组分气体存在的影响。就是说,在温度 T、压力 p 及组成为 y_{C}的理想气体混合物中,某一组分 B 的化学势等于该组分 B 在温度 T、压力 p_{B}($p_{\mathrm{B}}=py_{\mathrm{B}}$)条件下的纯态时之化学势,即

$$\mu_{\mathrm{B}}(\mathrm{Pg},T,p,y_{\mathrm{C}})=\mu_{\mathrm{B}}^{\ominus}(\mathrm{Pg},T)+RT\ln(p_{\mathrm{B}}/p^{\ominus}) \tag{4-3-3}$$

$$\mu_{\mathrm{B}}=\mu_{\mathrm{B}}^{\ominus}+RT\ln(p_{\mathrm{B}}/p^{\ominus}) \tag{4-3-4}$$

式中 $\mu_{\mathrm{B}}^{\ominus}$为理想气体混合物中组分 B 在温度 T 下的标准化学势,仍为该组分在温度 T、标准压力 $p^{\ominus}$下纯态时的化学势。

2.逸度与真实气体混合物化学势的表达式

对于1 mol纯真实气体,在温度 T 下,从标准状态压力 $p^{\ominus}$ 恒温变压至 p 时,其化学势自 $\mu^{\ominus}(g,T,p^{\ominus})$ 变至 $\mu^{*}(g,T,p)$。此过程的吉布斯函数变化值 ΔG 可用式(3-7-4)计算。

即 $$\Delta G=\mu^{*}(g,T,p)-\mu^{\ominus}(g,T)=\int_{p^{\ominus}}^{p}V_{m}^{*}\,dp$$

但要进行积分,必须知道真实气体 $V_{m}{}^{*}$ 与 p 的函数式 $V_{m}{}^{*}=f(p)$,即真实气体状态方程。由于还缺一个能适用于任一真实气体在任何条件下而形式又较为简单的真实气体状态方程。为了克服这一困难,路易斯提出了一个解决方法。该方法是在理想气体化学势的表达式中的压力项前乘一修正因子 φ,并令 $f=\varphi p$。即

$$\mu^{*}(p,T)=\mu^{\ominus}+RT\ln(\varphi p/p^{\ominus}) \tag{4-3-5}$$

或 $$\mu^{*}(p,T)=\mu^{\ominus}+RT\ln(f/p^{\ominus}) \tag{4-3-6}$$

式中 φ 称为逸度因子(原称逸度系数),为量纲一的量,f 称为逸度。将式(4-3-6)展开,得

$$\mu^{*}(p,T)=\mu^{\ominus}+RT\ln(p/p^{\ominus})+RT\ln\varphi \tag{4-3-7}$$

与 $\mu^{*}(p,T)=\mu^{\ominus}+RT\ln(p/p^{\ominus})$这一理想气体化学势的表达式比较,$RT\ln\varphi$ 项则表示真实气体和理想气体于同一压力、温度下在化学势上的偏差。

对于真实气体混合物,则令

$$\varphi_{B}=f_{B}/(y_{B}p)=f_{B}/p_{B} \tag{4-3-8}$$

式中,φ_{B}亦称为逸度因子,为量纲一的量。对纯理想气体,其逸度等于压力,故逸度系数 φ 恒等于1。同理,理想气体混合物中某组分B的逸度 f_{B}与其分压力 p_{B}相等,所以 φ_{B}亦恒等于1。由此可见,φ 或 φ_{B}偏离1的大小,能反映真实气体与理想气体在化学势上的偏离程度。

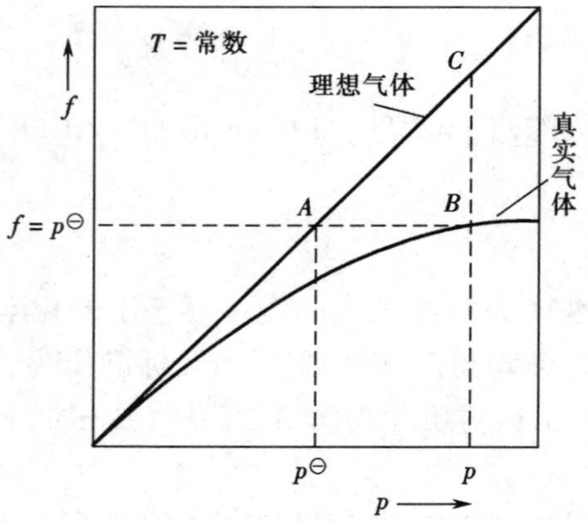

图4-3-1 真实气体与理想气体的 f—p 关系及标准态

真实气体与理想气体的f—p 关系及标准态化学势所选用的标准态见图4-3-1。从图中可以看出:理想气体的 f—p 线为通过原点且斜率为1的直线,不论 p 值多大,始终为 $f/p=1$ 的直线。图中曲线代表真实气体 $f=p$ 的关系:在 $p\to 0$ 时 $f/p=1$,这是因为真实气体与理想气体已无区别;随着压力增大曲线就偏离直线,而且偏离程度随压力增大而增大。在此应指出:在真实气体的 $f=p^{\ominus}$的状态下,虽然 $\mu=\mu^{\ominus}$,但该状态并不是标准态。标准态应为 A 点,而真实气体 $f=p^{\ominus}$状态为 B 点,两点的状态显然不同。虽然真实气体化学势 μ 与标准态化学势 $\mu^{\ominus}$数值相等,但因状态不同,其他状态函数熵、焓等常是不同的。

§4-4 拉乌尔定律和亨利定律

1.拉乌尔定律

在一定温度下,当纯溶剂 A 的气、液两相达到平衡时,对应的蒸气压力 p_A^* 称为 A 的饱和蒸气压。若在纯溶剂 A 中加入溶质 B,不论 B 是否挥发,溶剂的蒸气压必然降低。

1886 年,拉乌尔(Raoult F M)根据实验结果得出,纯溶剂 A 中因溶质 B 的加入形成稀溶液时,溶剂 A 的蒸气压下降 Δp_A 与稀溶液中的 B 摩尔分数 x_B 间的关系为

$$\Delta p_A = p_A^* x_B \tag{4-4-1}$$

式中 p_A^* 为纯溶剂 A 在同一温度下的饱和蒸气压。这就是拉乌尔定律。上式说明:稀溶液中溶剂的蒸气压下降 Δp_A 数值的大小与溶质的摩尔分数 x_B 成正比,而与溶质的性质无关。其比例常数为同温度下纯溶剂的饱和蒸气压 p_A^*。

若溶液中只有溶剂 A 和溶质 B 两个组分,由于 $x_B = 1 - x_A$,故拉乌尔定律也可写成

$$p_A = p_A^* x_A \tag{4-4-2}$$

稀溶剂中溶剂 A 的蒸气压等于同温度下纯溶剂的饱和蒸气压 p_A^* 与溶液中溶剂的摩尔分数 x_A 的乘积,这就是拉乌尔定律。

应当指出:若溶质不挥发,p_A 即为溶液的蒸气压;若溶质挥发,则 p_A 为溶剂 A 在气相中的平衡蒸气分压。

拉乌尔定律只适用于理想液态混合物(见 §4-5)中的任一组分和理想稀溶液中的溶剂。一般稀溶液中的溶剂,在一定浓度范围内,拉乌尔定律也近似成立。

2.亨利定律

若稀溶液中的溶质 B 为挥发性的溶质时,该溶质在蒸气相中的蒸气分压力 p_B 与其在液相中的摩尔分数 x_B 的关系是否符合拉乌尔定律,这一问题在 1803 年,被(Henry W)所解决。亨利在研究中发现,一定温度下气体在液体中的溶解度与该气体的平衡压力有关。这一规律同样适用于稀溶液中挥发性的溶质。将其总结为:在一定温度下,稀溶液中挥发性溶质 B 在平衡气相中的分压力 p_B 与其在溶液中的浓度成正比,这就是亨利定律。因溶质的浓度有多种表示方法,所以亨利定律也相应有若干表示式,常见的有:

$$p_B = k_{x,B} x_B \tag{4-4-3}$$

$$p_B = k_{c,B} c_B \tag{4-4-4}$$

$$p_B = k_{b,B} b_B \tag{4-4-5}$$

式中 $k_{x,B}$,$k_{c,B}$,$k_{b,B}$ 称为亨利常数。它们分别是溶质 B 的浓度采用摩尔分数 x_B、物质的量浓度 c_B 或质量摩尔浓度 b_B 表示时相应的亨利常数。$k_{x,B}$ 的单位为 Pa,$k_{c,B}$ 的单位为 $Pa·mol^{-1}·m^3$,$k_{b,B}$ 的单位为 $Pa·mol^{-1}·kg$。表 4-4-1 列出 25 ℃下若干种气体在水和苯中的亨利常数。

表 4-4-1　几种气体在水或苯中的亨利系数(25 ℃)

气　体	亨利系数 $k_x/10^6$ kPa	
	水为溶剂	苯为溶剂
H_2	7.12	0.367
N_2	8.68	0.239
O_2	4.40	
CO	5.79	0.163
CO_2	0.168	0.011 4
CH_4	4.18	0.056 9
C_2H_2	0.135	
C_2H_4	1.16	
C_2H_6	3.07	

严格说来,只有理想稀溶液的溶质才真正符合亨利定律,一般稀溶液中的溶质在一定浓度范围内,亨利定律也近似成立。

使用亨利定律时需要注意:①若稀溶液中溶有数种易挥发溶质时,则气相为气体混合物。在压力不太高的条件下,其中某一种溶质 B 在液相中的浓度只与气相中该溶质 B 的平衡分压力 p_B成正比,即当几种易挥发性溶质溶于同一溶剂并皆为稀溶液时,则每一种溶质皆分别遵循亨利定律;②亨利定律只适用于溶质在气、液两相中的分子形式相同的情况;③亨利常数 k 值的大小,不仅与溶质、溶剂的本性以及压力、浓度的单位有关,而且随着温度的升高而变大。

例 4.4.1　在 97.11 ℃时,$p^*(H_2O) = 91.3$ kPa,与 x(乙醇) = 0.011 95 的水溶液成平衡的蒸气总压为 101.325 kPa。试求在上述温度下,与 x(乙醇) = 0.02 的水溶液成平衡的蒸气中水和乙醇的分压力各为若干?

解:题给两溶液均按乙醇(B)在水(A)中的稀溶液考虑,A 符合拉乌尔定律,B 符合亨利定律。

$$p_A = p_A^* x_A = p_A^*(1 - x_B) = 91.3(1 - 0.02)\text{kPa} = 89.474 \text{ kPa}$$

计算 p_B 应先求 B 的亨利系数:

$$p(\text{总}) = p_A^* x'_A + k_{x,B} x'_B$$

$$k_{x,B} = \{p(\text{总}) - p_A^* x'_A\}/x'_B$$

$$= \{101.325 \text{ kPa} - 91.3(1 - 0.011\ 95)\text{kPa}\}/0.011\ 95 = 930.2 \text{ kPa}$$

$$p_B = k_{x,B} x_B = 930.2 \times 0.02 \text{ kPa} = 18.60 \text{ kPa}$$

§4-5　理想液态混合物

若液态混合系统中任一组分在整个浓度范围内皆符合拉乌尔定律.则该混合物称为理想液态混合物。形成理想液态混合物中的各组分(B、C……)应具备下列条件:①各组分分子的大小和物理性质相近;②形成混合物时分子的受力情况不发生变化,即 B—C 分子间的作用力、B—B 分子间的作用力与 C—C 分子间的作用力三者相等。理想液态混合物是真实液态混合物的一种理想模型，在客观上是不存在的。但是，像同位素化合物的混合物（H_2O-D_2O）；光学异构体的混合物（*d*-樟脑与*l*-樟脑）；结构异构体的混合物（*c*-二甲苯与*p*-二甲苯）；紧邻同系物的混合物（苯和甲苯），这些混合物都可近似地视为理想液态混合物。

1.理想液态混合物中任一组分的化学势

在 T、p 恒定下，由组分 B、C、D……形成的理想液态混合物与其蒸气达到两相平衡时，根据相平衡的条件可知，混合物中任一组分 B 在气、液两相中的化学势相等。即

$$\mu_B(l, T, p, x_C) = \mu_B(g, T, p, y_C) \tag{4-5-1}$$

上式中的 x_C 及 y_C 分别表示液相和气相中除组分 B 以外所有其他组分的摩尔分数。若蒸气为理想气体混合物，组分 B 在气相中的分压为 p_B，则气相中组分 B 的化学势可表示为

$$\mu_B(g, T, p, y_C) = \mu_B^{\ominus}(Pg, T) + RT\ln(p_B/p^{\ominus})$$

将拉乌尔定律 $p_B = p_B^* x_B$ 代入上式，可得

$$\mu_B(g, T, p, y_C) = \mu_B^{\ominus}(Pg, T) + RT\ln(p_B^*/p^{\ominus}) + RT\ln x_B$$

上式中 $\mu_B^{\ominus}(Pg, T)$为纯理想气体 B 在温度 T 时的标准化学势，$\mu_B^{\ominus}(Pg, T) + RT\ln(p_B^*/p^{\ominus})$为纯 B(l)在 T、p 条件下的化学势 μ^* B(l, T, p)，故理想液态混合物中任一组分 B 的化学势为

$$\mu_B(l, T, p, x_C) = \mu_B^*(l, T, p) + RT\ln x_B \tag{4-5-2a}$$

或简写成

$$\mu_B = \mu_B^* + RT\ln x_B \tag{4-5-2b}$$

$\mu_B{}^*$ 不仅是 T 的函数，也是 p 的函数。按国家标准规定，标准态是指温度为 T，压力为 100 kPa，即 $p^{\ominus}$ = 100 kP 的状态。当压力 p 与 $p^{\ominus}$ 相差不大时，压力对纯 B(1)的化学势的影响可忽略不计，故可用 $\mu^{\ominus}$代替 $\mu_B{}^*(l, T, p)$。因此，在 T、p 条件下，组成为 x_C的理想液态混合物中 B 的化学势可近似写成

$$\mu_B = \mu_B^{\ominus} + RT\ln x_B \tag{4-5-3}$$

式(4-5-3)为理想液态混合物中任一组分 B 的化学势表达式。今后除特别指明外，将经常使用此式。

2.理想液态混合物的混合性质

因理想液态混合物为真实液态混合物的理想模型，故有一些特殊的性质。

(1)混合过程的 $\Delta_{mix}V = 0$，即由纯组分混合成理想液态混合物时，混合前后系统体积不变。

(2)混合过程的 $\Delta_{mix}H = 0$，就是说，由纯组分混合成理想液态混合物时，混合前后系统的焓不变，即混合过程系统与环境无热交换（无混合热）。

(3)混合过程的 $\Delta_{mix}S > 0$。理想液态混合物是由两种或两种以上纯液体混合而成，在未混合之前纯液体相对于混合物有序程度较高，混合成混合物后有序程度下降，即混乱程度增大，亦即混合过程是熵增大的过程。由于混合过程无功和热交换，故可以认为混合过程是在隔离系统中进行的，隔离系统中进行一个 $\Delta_{mix}S > 0$ 的过程，该（混合）过程为自发过程。

(4)混合过程的吉布斯函数变 $\Delta_{mix}G < 0$。根据 $G = H - TS$ 这一定义式可知，混合过程的吉布斯函数变 $\Delta_{mix}G$ 与混合焓差 $\Delta_{mix}H$ 及混合熵差 $\Delta_{mix}S$ 之间的关系为

$$\Delta_{mix}G = \Delta_{mix}H - T\Delta_{mix}S$$

因 $\Delta_{mix}H=0$,所以 $\Delta_{mix}G=-T\Delta_{mix}S$,由于 $\Delta_{mix}S>0$,因此

$$\Delta_{mix}G<0$$

因为混合过程是在恒温、恒压和 $W'=0$ 的条件下进行的,$\Delta_{mix}G<0$ 说明混合过程为自发过程。

§4-6 理想稀溶液中溶剂与溶质的化学势

前已指出,溶质的浓度趋于零的溶液,称为理想稀溶液。理想稀溶液是溶液的理想模型。理想稀溶液区分为溶剂 A 和溶质 B,溶剂遵循拉乌尔定律,溶质则遵循亨利定律。因此溶剂和溶质的化学势表达式有所不同,下面分别介绍。

1.溶剂的化学势

因理想稀溶液中的溶剂服从拉乌尔定律,若与溶液成平衡的气体为理想气体时,其化学势与理想态混合物中任一组分的化学势的表达式完全相同,即

$$\mu_A=\mu_A^\ominus+RT\ln x_A \tag{4-6-1}$$

式中 $\mu_A^\ominus$ 为标准态的化学势,它是温度为 T、压力为标准压力 $p^\ominus$ 下纯溶剂 A 这一标准状态的化学势。

2.溶质的化学势

理想稀溶液中挥发的溶质服从亨利定律。当理想稀溶液的气、液两相达平衡时,溶质在两相中化学势相等,即

$$\mu_B(l,T,p)=\mu_B(g,T,p,y_c)=\mu_B^\ominus(Pg,T)+RT\ln(p_B/p^\ominus)$$

由于溶液的组成表示方法不同,亨利定律的形式不同,溶质的标准状态和化学势的表达式也不相同。下面分别介绍。

1)溶质的浓度用摩尔分数 x_B 表示

若溶质的浓度用摩尔分数 x_B 表示时,亨利定律为 $p_B=k_{x,B}x_B$,于是在液相中溶质 B 的化学势可表示为

$$\begin{aligned}\mu_B(l,T,p,x_B)&=\mu_B^\ominus(Pg,T)+RT\ln(k_{x,B}x_B/p^\ominus)\\&=\mu_B^\ominus(Pg,T)+RT\ln(k_{x,B}/p^\ominus)+RT\ln x_B\end{aligned}$$

令

$$\mu_B^*(假想,T,p)=\mu_B^\ominus(Pg,T)+RT\ln(k_{x,B}/p^\ominus) \tag{4-6-2}$$

式中 $\mu_B^*(假想,T,p)$是温度为 T、压力为 p 的纯溶质 B($x_B=1$)且遵循亨利定律这一假想状态之化学势。这一化学势不是标准态化学势,因为式中 p 为溶液的实际压力。当 p 变为 $p^\ominus$ 时,这时假想的纯溶质才是标准态。当系统的压力 p 与 $p^\ominus$ 相差不大时,液相中溶质 B 的化学势可近似表示为

$$\mu_B=\mu_{x,B}^\ominus+RT\ln x_B \tag{4-6-3}$$

式中 $\mu_{x,B}^\ominus$ 称为标准态化学势,是选用温度为 T、压力为标准压力 $p^\ominus$ 下的纯溶质 B 且服从亨利定律的这一假想状态作为溶质 B 的标准状态,见图 4-6-1 中(c)。

2)溶质 B 的浓度用质量摩尔浓度 b_B 表示

当溶质 B 的浓度用质量摩尔浓度 b_B 表示时,亨利定律的形式为 $p_B=k_{b,B}b_B$,液相中溶质 B

的化学势可表示为(推导同前)

$$\mu_B(l,T,p,b_B)==\mu_B^{\ominus}(Pg,T)+RT\ln(k_{b,B}b^{\ominus})+RT\ln(b_B/b^{\ominus})$$

当系统的压力 p 与 $p^{\ominus}$ 相差不大时,液相中溶质 B 的化学势可近似表示为

$$\mu_B=\mu_{b,B}^{\ominus}+RT\ln(b_B/b^{\ominus}) \tag{4-6-4}$$

式中 $\mu_{b,B}^{\ominus}$ 称为标准态化学势,所选用的标准状态是在温度为 T、压力为标准压力 $p^{\ominus}$、溶质 B 的浓度 $b_B=1\ \text{mol}\cdot\text{kg}^{-1}$ 且仍服从亨利定律的这一假想状态,见图 4-6-1 中(a)。

3)溶质 B 的浓度用物质的量浓度 c_B(体积摩尔浓度)表示

当溶质 B 的浓度用质量摩尔浓度 c_B 表示时,亨利定律的形式为 $p_B=k_{c,B}c_B$,液相中溶质 B 的化学势可近似表示为(推导同前)

$$\mu_B=\mu_{c,B}^{\ominus}+RT\ln(c_B/c^{\ominus}) \tag{4-6-5}$$

式中 $\mu_{c,B}^{\ominus}$ 称为标准态化学势,所选用的标准状态是温度为 T、压力为标准压力 $p^{\ominus}$、溶质 B 的浓度 $c_B=1\ \text{mol}\cdot\text{dm}^{-3}$ 且仍服从亨利定律的这一假想状态,见图 4-6-1 中(b)。

应当指出,溶质的上述三种化学势的表达式,不论溶质挥发与否皆可应用。严格说来,它只适用于理想稀溶液的溶质,但对一般稀溶液也可近似地应用。对于指定条件下同一稀溶液中的任一溶质 B 来说,化学势的表示式不同,标准化学势不同,但该溶质的化学势 μ_B 一定是相同的。

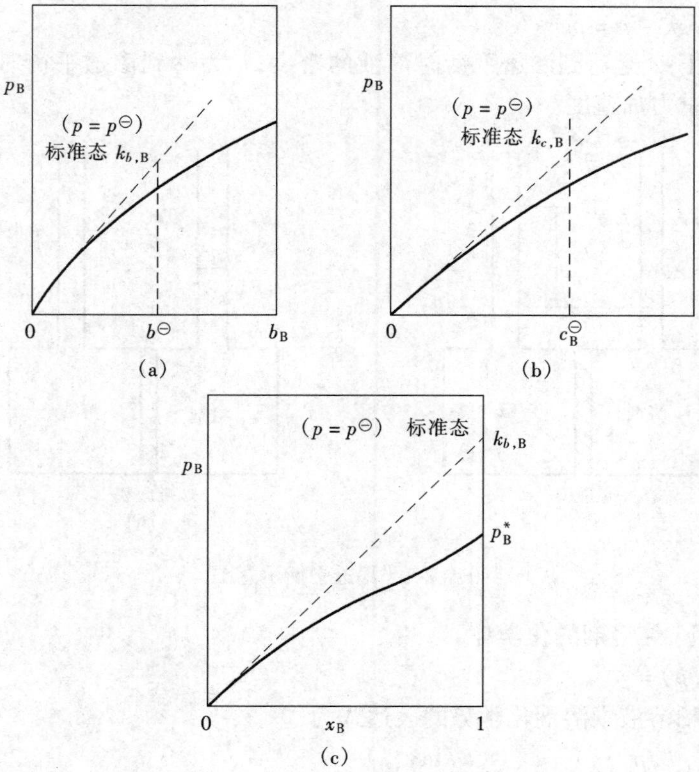

图 4-6-1 理想稀溶液中溶质的标准态示意图

§4-7 化学势在稀溶液中的应用

1.稀溶液的依数性

纯溶剂中因溶质的加入,而令其蒸气压下降,当形成稀溶液时,该溶剂蒸气压下降的数值,只与稀溶液中溶质的粒子(分子、原子、离子等)数有关,而与溶质本性无关。因此与稀溶液中溶剂蒸气压下降的数值相关的其他性质,如渗透压、凝固点下降等也呈现同样行为。

1)渗透压

有许多天然的或人造的膜允许混合系统中的某些物质粒子(分子、原子、离子等)透过,而不允许另一些物质粒子透过,有明显的选择性。例如亚铁氰化铜膜只允许水透过却不允许水中的糖分子透过,将这类膜称为半透膜。在一定温度下,溶剂分子通过半透膜进入溶液的现象称为渗透。

于一定温度下,在一个由半透膜隔开的容器中,左侧装入纯溶剂 A,右侧装有同样高度的组成为 x_A 的稀溶液。在大气压力 p 下,溶剂将自动地通过半透膜流向溶液一侧,直至溶液上升到一定高度 h 为止,称之为达到渗透平衡,如图 4-7-1(a)所示。

当渗透达平衡时,由于溶液的液面升高而产生的额外压力称为渗透压。设渗透平衡时,溶剂的液面上与溶液在同一水平面的截面上所受的压力分别为 p 和 $p+\Pi$(即 $p+\rho gh$),因此

$$\Pi = p + \rho gh - p = \rho gh \tag{4-7-1}$$

式中 Π 称为渗透压;ρ 是达到渗透平衡时溶液的密度;h 为达到渗透平衡时溶液与溶剂的液面的高度差;g 为重力加速度。

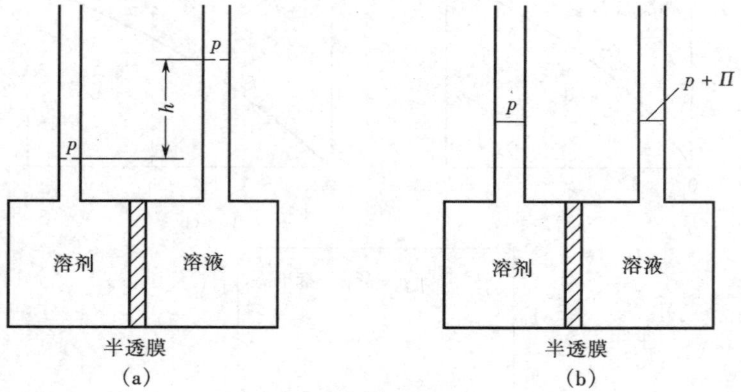

图 4-7-1　渗透平衡示意图

对于在 T,p 恒定下,纯溶剂的化学势

$$\mu_A^*(1,T,p) = \mu_A^\ominus$$

而在同温同压下,稀溶液中溶剂化学势的表达式为

$$\mu_A(\text{溶液},T,p,x_A) = \mu_A^\ominus + RT\ln x_A$$

因 $\mu_A^*(1,T,p) > \mu_A(\text{溶液},T,p,x_A)$,所以溶剂 A 从纯态通过半透膜渗透到溶液中,直到溶剂 A 在半透膜两侧的化学势相等为止,即处于渗透平衡。处于渗透平衡时溶液中溶剂的化

学势为 μ_A(溶液,$T,p+\Pi,x_A$)。μ_A(溶液,$T,p+\Pi,x_A$)与 μ_A(溶液,T,p,x_A)之差主要是由于渗透压造成,其值为$\int_p^{p+\Pi} V_A \mathrm{d}p$,于是

$$\mu_A^{\ominus} = \mu_A^{\ominus} + RT\ln x_A + \int_p^{p+\Pi} V_A \mathrm{d}p$$

整理得 $$-RT\ln x_A = \int_p^{p+\Pi} V_A \mathrm{d}p \tag{4-7-2}$$

设 V_A为常数,则

$$-RT\ln x_A = V_A \Pi$$

式中 V_A为溶液中溶剂的偏摩尔体积,溶液很稀时 V_A近似等于纯溶剂的摩尔体积 V/n_A,还有 $\ln x_A = \ln(1-x_B) = -x_B$,而且 $x_B \approx n_B/n_A$。将这两个近似项代入式中,可得

$$\Pi V = n_B RT \tag{4-7-3a}$$

或 $$\Pi = c_B RT \tag{4-7-3b}$$

式中 V 为溶液的体积,c_B为溶液中溶质 B 的物质的量浓度。此式就是稀溶液的范特霍夫渗透压公式。从形式上看,渗透压公式与理想气体状态方程式是相似的。通过渗透压的测量,可以求出大分子溶质的摩尔质量。

2)凝固点降低(不生成固溶体)

在一定外压下,液态溶液冷却至开始析出固态时的平衡温度,称为该溶液的凝固点。液态溶液的凝固点与溶剂(A)的本性、环境的压力、溶液的组成以及所析出固态物质的组成有关。当溶质 B 与溶剂 A 不生成固态溶液,从溶液中析出的固态物质为纯 A(s)时溶液的凝固点就会低于相同外压下纯 A(l)的凝固点,图 4-7-2 示意地绘出凝固点降低的原理。图中 $p_{A(s)}^*$ 及 $p_{A(l)}^*$ 分别为纯 A(s)与纯 A(l)在一定外压下,不同温度时的饱和蒸气压曲线。两曲线交点 o 所对应的温度 T_f^* 为纯溶剂的凝固点;而 $p_{A(l)}$ 曲线则是在相同的外压下,组成为 x_B的稀溶液中的溶剂 A 在气相中的蒸气分压力曲线,该 $p_{A(l)}$ 曲线与 $p_{A(s)}^*$ 曲线的交点 a 所对应的温度 T_f便是溶液的凝固点。$\Delta T_f = T_f^* - T_f$称为溶液的凝固点降低。ΔT_f数值的大小与溶液组成有关,它们之间的定量关系推导如下:

在一定外压(如大气压力)下,组成为 x_A之溶液的凝固点为 T_f,即是图 4-7-2 中的 a 点。此时溶剂 A 在固、液两相的化学势相等。即

$$\mu_{A(s)}^* = \mu_{A(l)}$$

若溶液的组成改变了 $\mathrm{d}b_A$,凝固点相应改变 $\mathrm{d}T$,在恒定外压下,溶剂 A 在固、液两相将达到新的平衡时,溶剂 A 在固、液两相的化学势重新相等,因此,固、液两相在此过程的化学势变化值必然相等。即

$$\mathrm{d}\mu_{A(s)}^* = \mathrm{d}\mu_{A(l)}$$

因为在恒定外压下,纯溶剂 A(s)的化学势只是温度的函数,而溶液中的溶剂 A 的化学势则是温度与组成的函数。

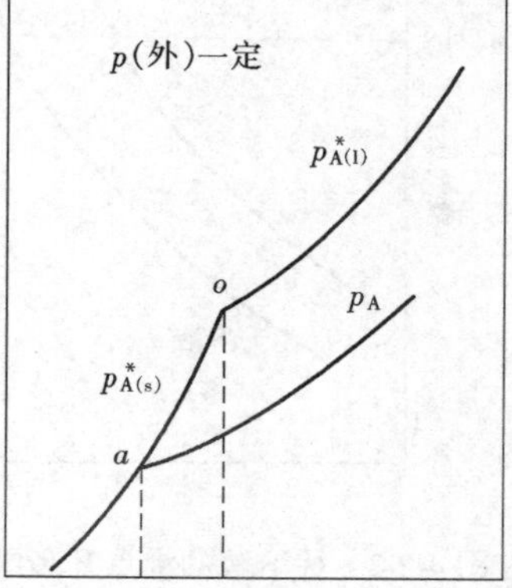

图 4-7-2　稀溶液的凝固点降低

即

$$\left\{\frac{\partial\mu_{A(s)}^{*}}{\partial T}\right\}_{p}dT=\left\{\frac{\partial\mu_{A(l)}}{\partial T}\right\}_{p,b_B}dT+\left\{\frac{\partial\mu_{A(l)}}{\partial b_B}\right\}_{T,p}db_B \tag{4-7-4}$$

将 $\{\partial\mu_{A(s)}^{*}/\partial T\}_{p}=-S_{m,A(s)}^{*}$，$\{\partial\mu_{A(l)}/\partial T\}_{p,b_B}=-S_{A(l)}$

及 $\{\partial\mu_{A(l)}/\partial b_B\}_{T,p}db_B=-RTM_A db_B$

代入式(4-7-4)中，整理可得

$$\Delta T_f=T_f^{*}-T_f=\frac{R(T_f^{*})^2M_A}{\Delta_{fus}H_{m,A}^{\ominus}}b_B$$

令 $K_f=R(T_f^{*})^2M_A/\Delta_{fus}H_{m,A}^{\ominus}$

K_f称为溶剂的凝固点降低常数，它只取决于溶剂的性质。于是，得到稀溶液的凝固点降低公式：

$$\Delta T_f=K_f b_B \tag{4-7-5}$$

若已知 K_f 值，通常测定一定组成溶液的 ΔT_f 后，就可根据上式计算出溶质的摩尔质量。表 4-7-1 列出一些溶剂的 K_f 值。注意：式(4-7-5)只能用于稀溶液，而且析出的为纯溶剂固体。

表 4-7-1 几种溶剂的 K_f 值

溶　剂	水	醋酸	苯	萘	环己烷	樟脑
$K_f/(K\cdot mol^{-1}\cdot kg)$	1.86	3.90	5.10	7.0	20	40

例 4.7.1 在 25.00 g 苯中溶入 0.245 g 苯甲酸，测得凝固点降低 $\Delta T_f=0.204\,8$ K。凝固时析出纯固态苯，求苯甲酸在苯中的分子式。

解：由表 4-7-1 查得苯的 $K_f=5.10\ K\cdot mol^{-1}\cdot kg$

$$\Delta T_f=K_f b_B=K_f m_B/(M_B m_A)$$

$$M_B=\frac{K_f m_B}{\Delta T_f m_A}=\frac{5.10\times0.245}{0.204\,8\times25.00}kg\cdot mol^{-1}=244.0\times10^{-3}\ kg\cdot mol^{-1}$$

已知苯甲酸 C_6H_5COOH 的摩尔质量为 $122\times10^{-3}\ kg\cdot mol^{-1}$，故它在苯中的分子式为$(C_6H_5COOH)_2$。

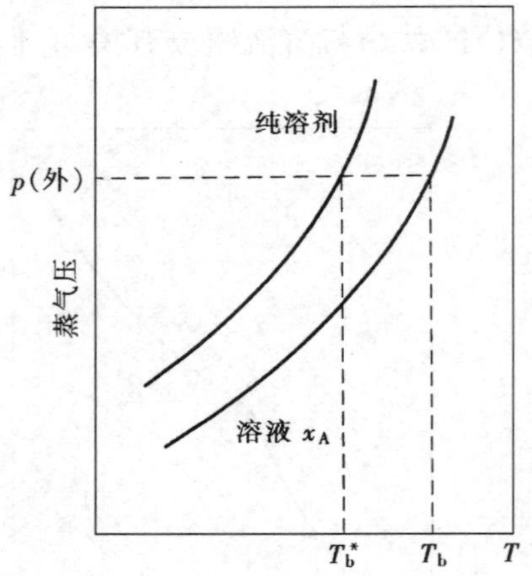

图 4-7-3 稀溶液的沸点升高原理图

3)沸点升高(溶质不挥发)

沸点是液体的饱和蒸气压等于外压时所对应的温度。若在溶剂 A 中加入不挥发的溶质 B，溶液的蒸气压就要低于同温度下纯溶剂的饱和蒸气压，溶液的蒸气压曲线位于纯溶剂饱和蒸气压曲线的下面。因此，溶液的蒸气压要达到同一外压时，所需的温度(沸点)必定高于纯溶剂的沸点，这种现象称为沸点升高，如图 4-7-3 所示。图中的 T_b^* 为纯溶剂在一定压力下的沸点，而 T_b则是溶液在同一外压下的沸点，两者之差 $\Delta T_b=T_b^*-T_b$为不挥发性溶质的稀溶液之沸点升高，其值大小与溶质 B 的浓度有关。

当溶液与其蒸气成平衡时，溶剂 A 在液相中的化学势与其在蒸气相中的化学势相等，即

$$\mu^*(g, T, p) = \mu(l, T, p, x_B)$$

与推导凝固点降低与溶质 B 的浓度的关系的方法相同。

可导出

$$\Delta T_b = T_b - T_b^* = \{R(T_b^*)^2 M_A / \Delta_{vap} H_{m,A}^{\ominus}\} b_B$$

令 $$K_b = R(T_b^*)^2 M_A / \Delta_{vap} H_{m,A}^{\ominus}$$

式中 K_b 称为沸点升高常数，它只与溶剂的性质有关，表 4-7-2 列举了一些溶剂的 K_b 值。

沸点升高公式则为

$$\Delta T_b = K_b b_B \tag{4-7-6}$$

沸点升高的应用与凝固点下降的应用范围是相同的，但要注意，溶质必须是不挥发，而且是稀溶液。

表 4-7-2 几种溶剂的 K_b 值

溶　剂	水	甲醇	乙醇	乙醚	丙酮	苯	氯仿	四氯化碳
$K_b/(K \cdot mol^{-1} \cdot kg)$	0.52	0.80	1.20	2.11	1.72	2.57	3.88	5.02

2. 分配系数及萃取

工业废水中常含有许多有价值的物质，用与水不相溶的溶剂进行萃取可最经济而有效地回收这些物质。还有，许多水分析方法也将萃取作为测定的一个重要步骤，从水样中萃取一些组分或络合物。因此溶剂萃取在环境工程的实用中是很重要的。那么萃取是依据什么原理呢？

设溶质 B 能溶于互不相溶的两种溶剂 A 和 C 中，形成 α 相（以溶剂 A 为主）和 β 相（以溶剂 C 为主）。当溶质 B 在两相中溶解达平衡时，溶质 B 在两相中的平衡浓度分别为 $c_B(\alpha)$ 和 $c_B(\beta)$，相应的化学势分别为 $\mu_B(\alpha)$ 与 $\mu_B(\beta)$，由相平衡条件得知

$$\mu_B(\alpha) = \mu_B(\beta)$$

即 $$\mu_B^{\ominus}(\alpha) + RT\ln a_B(\alpha) = \mu_B^{\ominus}(\beta) + RT\ln a_B(\beta)$$

整理得 $$a_B(\alpha)/a_B(\beta) = \exp\{(\mu_B^{\ominus}(\beta) - \mu_B^{\ominus}(\alpha))/RT\}$$

对于温度、溶剂和溶质一定的系统，上式等号右边为常数，即

$$K_c = a_B(\alpha)/a_B(\beta) \tag{4-7-7}$$

式(4-7-7)称为分配定律。若溶质 B 在两相中的浓度足够稀时，则式(4-7-7)中的活度 $a_B(\alpha)$ 和 $a_B(\beta)$ 可用浓度 $c_B(\alpha)$ 和 $c_B(\beta)$ 代替。即

$$K_c = c_B(\alpha)/c_B(\beta) \tag{4-7-8}$$

式(4-7-7)和式(4-7-8)只能用于溶质 B 在两相中的分子形态相同的系统。若溶质 B 分子在其中一相发生缔合或解离时，则上两式需要修正后才能用。

§4-8　真实液态混合物与真实溶液的化学势

实际的液态混合系统（混合物或溶液）多为非理想系统，所以，前面所介绍的理想液态混合

物或理想稀溶液之化学势表达式，便不能用来处理真实液态混合物或真实溶液的热力学计算。为了使实际的液态混合系统中各组分的化学势表达式在热力学的计算中简单好用，路易斯提出一个处理方法，即将真实液态混合物相对于理想液态混合物以及真实溶液相对于理想稀溶液在化学势上的偏差集中到浓度项进行修正，引进了活度的概念。下面将按真实液态混合物和真实溶液分别予以介绍。

1.真实液态混合物

理想液态混合物中任一组分在整个浓度范围内服从拉乌尔定律，所以其化学势表达式为

$$\mu_B(T,p,x_c)=\mu_B^{\ominus}(T)+RT\ln x_B$$

对于真实液态混合物中任一组分 B，在整个浓度范围内不服从拉乌尔定律，所以上式不能用于真实液态混合物。为了保持化学势表达式的简单形式，路易斯把上面化学势表达式中 x_B 用 $f_B x_B$ 替代，f_B 称为活度因子(原称活度系数)，于是，真实液态混合物中任一组分 B 的化学势表达式便为

$$\mu_B(T,p,x_c)=\mu_B^{\ominus}(T)+RT\ln(f_B x_B) \tag{4-8-1}$$

或

$$\mu_B=\mu_B^{\ominus}(T)+RT\ln a_B \tag{4-8-2}$$

$$a_B=f_B x_B \tag{4-8-3}$$

式中 a_B 称相对活度，简称活度，a_B 与 f_B 均是量纲为一的量。活度因子 f_B 表示真实液态混合物中组分 B 与该组分 B 处在同温、同压下的理想液态混合物中时之偏差程度。$\mu_B^{\ominus}(T,p)$ 为标准态化学势，是温度为 T、压力为 $p^{\ominus}$ 下纯液体 B(即 $f_B=1,x_B=1,a_B=1$ 的状态)的化学势。

由于引进活度 a_B 概念，所以拉乌尔定律可改写为

$$p_B=p_B^* a_B \quad 或 \quad p_B=p_B^* f_B x_B$$

于是

$$f_B=p_B/p_B^* x_B=p_B(真)/p_B(理) \tag{4-8-4}$$

式中 p_B(真)为真实液态混合物的气、液平衡系统中，组分 B 在气相中的平衡分压力；p_B(理)为同温度下，组分 B 按拉乌尔定律(p_B(理)$=p_B^* x_B$)计算的在气相中的平衡分压力。若测得 p_B(真)和计算出 p_B(理)，f_B 便可求。有了 f_B，再据式(4-8-3)就能求出 a_B。

2.真实溶液

若将液态混合系统作为真实溶液处理时，其中的组分便分为溶剂 A 和溶质 B，为了方便使用，将理想稀溶液的溶剂 A 的化学势表达式中的 x_A 用 $f_A x_A$ 代替，真实溶液中溶剂 A 的化学势表达式则为

$$\mu_A=\mu_A^{\ominus}(T)+RT\ln a_A \tag{4-8-5}$$

而 $$a_A=f_A x_A$$

式中 a_A 与 f_A 分别称为溶剂 A 的活度及活度因子，f_A 表示真实溶液中溶剂 A 与同温、同压、同组成的理想稀溶液的溶剂 A 在化学势上的偏差。$\mu_A^{\ominus}(T)$ 为标准态化学势，是温度为 T、压力为 $p^{\ominus}$ 下纯液体 A(即 $f_A=1,x_A=a_A=1$ 的状态)的化学势。

理想稀溶液的溶剂 A 服从拉乌尔定律，真实溶液的溶剂 A 却偏离拉乌尔定律，因此对于

真实溶液的溶剂 A,拉乌尔定律可改写为

$$p_A = p_A^* a_A \quad 或 \quad p_A = p_A^* f_A x_A$$

于是

$$f_A = p_A / p_A^* x_A = p_A(真)/p_A(理) \tag{4-8-6}$$

式(4-8-6)是计算 f_A的公式,有了 f_A,便可据式 $a_A = f_A x_A$求出 a_A。

由于理想稀溶液溶质的浓度有不同表示方法,所以溶质化学势的表达式也有不同的形式。因此,在理想稀溶液溶质化学势表达式基础上进行修正的真实溶液溶质的化学势表达式,同样有不同的形式。

当溶质的浓度用摩尔分数表示 x_B 表示时,理想稀溶液溶质化学势表达式为

$$\mu_B = \mu_{x,B}^{\ominus}(T) + RT\ln x_B$$

为了将上式用于真实溶液溶质,将理想稀溶液的溶质 B 的化学势表达式中的 x_B 用 $\gamma_B x_B$ 替代,并令 $a_B = \gamma_B x_B$,于是得到真实溶液中溶质 B 的化学势表达式为

$$\mu_B = \mu_{x,B}^{\ominus}(T) + RT\ln a_B \tag{4-8-7}$$

式中 a_B 与 γ_B 分别称为溶质 B 的活度及活度系数,γ_B 是表示真实溶液中的溶质 B 与同温、同压、同组成的理想稀溶液的溶质 B 在化学势上的偏差。$\mu_{x,B}^{\ominus}(T)$为标准态化学势,是温度为 T,压力为 $p^{\ominus}$下纯液体 B(即 $\gamma_B = 1, x_B = a_B = 1$ 的状态)并且还要服从亨利定律这一假想状态的化学势,这一假想状态就是标准态。

若真实溶液中的溶质 B 浓度用 b_B 表示时,则将理想稀溶液的溶质 B 的相应化学势表达式中的 b_B 用 $\gamma_B b_B$ 替代,并令 $a_B = \gamma_B b_B$,于是真实溶液中溶质 B 的化学势表达式为

$$\mu_B = \mu_{b,B}^{\ominus}(T) + RT\ln\gamma_{b,B}(b_B/b^{\ominus})$$

或

$$\mu_B = \mu_{b,B}^{\ominus}(T) + RT\ln a_{b,B} \tag{4-8-8}$$

式中 a_B 为溶质 B 的活度,γ_B 为活度系数,是表示真实溶液中浓度为 b_B 的溶质 B 与该溶质在同温、同压、同组成的理想稀溶液中时在化学势上的偏差。$\mu_{b,B}^{\ominus}(T)$为标准态化学势,是在 T,$p^{\ominus}$下,$\gamma_B = 1, b_B/b^{\ominus} = 1\ \mathrm{mol \cdot kg^{-1}}$,且还要服从亨利定律这一假想状态的化学势,这一假想状态就是标准态。

同理,若真实溶液中的溶质 B 浓度用 c_B 表示时,则 c_B 用 $\gamma_B c_B$ 替代,并令 $a_B = \gamma_B c_B$,于是真实溶液中溶质 B 的化学势表达式为式为

$$\mu_B = \mu_{c,B}^{\ominus}(T) + RT\ln\gamma_{c,B}(c_B/c^{\ominus})$$

或

$$\mu_B = \mu_{c,B}^{\ominus}(T) + RT\ln a_{c,B} \tag{4-8-9}$$

$\mu_{c,B}^{\ominus}(T)$为标准态化学势,是在 $T, p^{\ominus}$下,$\gamma_B = 1, c_B/c^{\ominus} = 1\ \mathrm{mol \cdot dm^{-3}}$并且还要服从亨利定律这一假想状态的化学势,这一假想状态就是标准态。

至于 γ_B 的求取可利用修正的亨利定律,例如溶质浓度用摩尔分数表示时,其计算方法如下:

$$p_B = k_{x,B}\gamma_{x,B}x_B$$

因此

$$\gamma_{x,B} = p_B/k_{x,B}x_B = p_B(实)/p_B(理) \tag{4-8-10}$$

式中 p_B(实)为真实溶液之气液平衡系统中溶质 B 在平衡气相的分压力,p_B(理)则为按亨利定

律所计算的溶质 B 在同一条件下于平衡气相中的分压力。若溶质浓度用 b_B 或 c_B 时，则将式(4-8-10)中的 x_B 换成即可 b_B 或 c_B 即可。

本章基本要求

1. 掌握偏摩尔量和化学势的概念。重点领会化学势在相变化及化学反应中的应用，即作为判据的应用条件。熟悉理想气体混合物中某组分 B 的化学势与该组分分压力 p_B 的关系以及标准态的概念。

2. 掌握拉乌尔定律及亨利定律的表示式及其应用。

3. 理解理想液态混合物、理想稀溶液及真实液态混合物中各组分化学势的表示式。

4. 了解稀溶液的依数性并能进行简单的计算。

5. 理解分配定律的热力学原理及应用。

6. 了解活度的标准状态以及任一组分的活度与活度因子的简单计算方法。

概　念　题

填空题

1. 在一定温度下，A 和 B 形成的二组分溶液的密度为 ρ，A 和 B 的摩尔质量分别为 M_A 和 M_B。已知溶液摩尔分数为 x_B，则此溶液浓度 c_B 和 x_B 的关系为 $c_B=$______；溶液质量摩尔浓度 b_B 与 x_B 的关系为 $b_B=$______。

2. 在一定温度下，溶质 B 溶于溶剂 A 形成理想稀溶液。已知溶液的摩尔分数为 x_B，溶液的密度近似为纯溶剂 A 的密度，即 $\rho=\rho_A^*$，已知 A、B 的摩尔质量 M_A 和 M_B，则此溶液的 $c_B=$______，$b_B=$______。

3. 在一定 T 下，对于理想稀溶液中溶剂的化学势 $\mu_A=\mu_A^*+RT\ln x_A$。若用组成的变量 b_B 表示 μ_A，假设 $b_BM_A\ll1$，则 $\mu_A=\mu_A^*$ ______。

4. 在一定温度下的理想稀溶液中，规定 $p=$______，溶质的组成 $b_B=b_B^{\ominus}=$______，或 $c_B=c_B^{\ominus}=$______，或 $x_B=$______纯 B 的状态，而又符合______定律的假想态，皆可定为溶质 B 的标准状态。

5. 在一定温度下，真实溶液中，溶质 B 的化学势可表示为

$$\mu_B=\mu_{b,B}^{\ominus}+RT\ln(b_B\gamma_B/b^{\ominus})$$

溶质 B 的标准态规定为 $p=$______，$\gamma_B=$______，$b_B=$______，又符合______定律的假想态。

6. 在一定 T,p 下，一切相变化必然是朝着化学势______的方向进行。

7. 凝固点降低公式：

$$\Delta T_f=K_fb_B=K_fm_B/(M_Bm_A)$$

可用测定凝固点降低的方法测定溶质 B 的摩尔质量的条件是______。式中 m_A 和 m_B 分别为溶剂和溶质的质量。

选择填空题（从每题所附答案中择一正确的填入横线上）

1. 在一定外压下，易挥发的纯溶剂 A 中加入不挥发的溶质 B 形成稀溶液，A、B 可生成固溶体，则此稀溶液的凝固点 T_f 将随着 b_B 的增加而______，此稀溶液的沸点将随着 b_B 的增加而______。

选择填入：(a)升高　(b)降低　(c)不变　(d)无一定变化规律

2. 在一定温度下，$p_B^*>p_A^*$，由 A 和 B 形成的理想液态混合物，当气、液两相平衡时，气相的组成 y_B 总是______液相组成 x_B。

选择填入：(a) >　(b) <　(c) =　(d)反比于

3. 在一定温度下，某理想稀溶液的密度等于同温度下纯水的密度，$\rho=\rho^*_{H_2O}=1\ kg\cdot dm^{-3}$，溶于其中某挥发性溶质在气相中的分压力

$$p_B=k_{c,B}c_B=k_{x,B}x_B=k_{b,B}b_B$$

c 的单位为 $mol\cdot dm^{-3}$，b 的单位为 $mol\cdot kg^{-1}$。三个亨利系数在数值上的关系为

$k_{x,B}$ ______ $k_{b,B}$ ______ $k_{c,B}$

选择填入：(a) > (b) < (c) ≈ (d)二者无一定关系

4. 在一定 T、p 下，$b=0.002\ mol\cdot kg^{-1}$ 蔗糖水溶液和 NaCl 水溶液的渗透压分别为 Π_1 和 Π_2。已知 NaCl 正负离子的平均活度因子 $\gamma_\pm=1$，则必然存在 Π_2/Π_1 ______的定量关系。

选择填入：(a) = 1 (b) = 0.5 (c) = 2 (d) = 4

5. 在常压下，将蔗糖溶于纯水形成一定浓度的稀溶液，冷却时首先析出的是纯冰，相对于纯水而言，将会出现：蒸气压______；沸点______；冰点______。

选择填入：(a)升高 (b)降低 (3)不变 (4)无一定变化规律

6. 在一定 T、p 下，由纯 A(l)与纯 B(l)混合而成理想液态混合物，此过程的

$\Delta_{mix}V_m$ ______；$\Delta_{mix}H_m$ ______；$\Delta_{mix}S_m$ ______；$\Delta_{mix}G_m$ ______；$\Delta_{mix}U_m$ ______；Q_m ______。

选择填入：(a)大于零 (b)小于零 (c)等于零 (d)不能确定

7. 温度、压力及组成一定的某真实溶液的化学势可表示为

$$\mu_B=\mu_B^\ominus+RT\ln a_B$$

式中 a_B 为活度。若采用不同的标准状态，上式中的 $\mu_B^\ominus$ ______；a_B ______；μ_B ______。

选择填入：(a)变 (b)不变 (c)变大 (d)无法确定

习　题

4-1(A)　D-果糖 $C_6H_{12}O_6$(B)溶于水(A)形成质量分数 $w_B=0.095$ 的溶液，此溶液在 20 ℃时的密度 $\rho=1.036\,5\times10^3\ kg\cdot m^{-3}$。求此溶液中 D-果糖的摩尔分数、物质的量浓度及质量摩尔浓度各为若干？

答：$x_B=0.010\,4$，$c_B=0.547\ mol\cdot dm^{-3}$，$b_B=0.583\ mol\cdot kg^{-1}$

4-2(A)　60 ℃时，甲醇和乙醇的饱和蒸气压分别为 83.39 kPa 和 47.01 kPa。两者可形成理想液态混合物。恒温 60 ℃下，甲醇与乙醇混合物气、液两相达到平衡时，液相组成 x(甲醇) = 0.589 8。试求气相的组成 y(甲醇)及平衡蒸气的总压各为若干？

答：y(甲醇) = 0.718 4，p(总) = 68.47 kPa

4-3(A)　80 ℃时，p^*(苯) = 100.4 kPa，p^*(甲苯) = 38.71 kPa，两者可形成理想液态混合物。若苯与甲苯混合物在 80 ℃时平衡蒸气的组成 y(苯) = 0.300，试求平衡液相的组成 x(苯)及蒸气总压各为若干？

答：x(苯) = 0.141 8，p(总) = 47.46 kPa

4-4(A)　25 ℃时，纯水的饱和蒸气压为 3.167 4 kPa，在 90 g 水中加入 10 g 甘油($C_3H_8O_3$)，与此溶液成平衡的蒸气压力为若干？假设气相中甘油蒸气的分压可忽略不计。

答：$p(H_2O)=3.10$ kPa

4-5(A)　20 ℃时，纯乙醚的饱和蒸气压为 58.95 kPa，今在 0.100 kg 的乙醚中加入 0.010 0 kg 某非挥发性有机物，使乙醚的蒸气压下降到 56.79 kPa。求该有机物质的摩尔质量。

答：$M=195\times10^{-3}\ kg\cdot mol^{-1}$

4-6(B)　18 ℃时，1 dm^3 的水中能溶解 101.325 kPa 下的 O_2 0.045 g，101.325 kPa 下的 N_2 0.02 g。18 ℃时 O_2(g)和 N_2(g)溶在水中的亨利系数分别为若干 $kPa(mol/dm^3)^{-1}$？现将 1 dm^3 被 202.65 kPa 的空气饱和的水溶

液加热至沸腾，赶出其中溶解的 O_2 和 N_2 并干燥之，求此干燥气体在 101.325 kPa、18 ℃下的体积及其组成 $y(O_2)$ 各为若干？设空气为理想气体，其中，$y'(O_2)=0.21$，$y'(N_2)=0.79$。

答：$k_{O_2}=72.05\times10^3\ \text{kPa}\cdot\text{mol}^{-1}\cdot\text{dm}^3$，$k_{N_2}=141.9\times10^3\ \text{kPa}\cdot\text{mol}^{-1}\cdot\text{dm}^3$，

$V=0.041\ 1\ \text{dm}^3$，$y(O_2)=0.344$

4-7(A)　0 ℃时，1.00 kg 的水中能溶解 810.6 kPa 下的 $O_2(g)$ 0.057 g。在相同温度下，若氧气的平衡压力为 202.7 kPa，1.00 kg 的水中能溶解氧气多少克？

答：$m(O_2)=0.014\ 3\ \text{g}$

4-8(A)　已知 95 ℃时，纯 A(l) 和纯 B(l) 的饱和蒸气压分别为 $p_A^*=76.00\ \text{kPa}$，$p_B^*=120.00\ \text{kPa}$，二者形成理想液态混合物。今在一抽空的容器中注入 A(l) 和 B(l)，恒温 95 ℃达到平衡时，系统中蒸气的总压力 $p=103.00\ \text{kPa}$。试求气、液两相的组成 x_B 及 y_B 各为若干？

答：$x_B=0.613\ 6$，$y_B=0.714\ 9$

4-9(A)　20 ℃时，纯苯的饱和蒸气为 10.0 kPa，HCl(g) 溶于苯的亨利系数 $k_x(\text{HCl})=2\ 380\ \text{kPa}$。在 20 ℃时，HCl(g) 溶于苯形成稀溶液，其蒸气的总压为 101.325 kPa，液相的组成 $x(\text{HCl})$ 为若干？在上述条件下，0.01 kg 的苯中能溶有多少千克的 HCl？已知 $M(\text{苯})=78.11\times10^{-3}\ \text{kg}\cdot\text{mol}^{-1}$，$M(\text{HCl})=36.46\times10^{-3}\ \text{kg}\cdot\text{mol}^{-1}$。

答：$x(\text{HCl})=0.038\ 53$，$M(\text{HCl})=1.872\times10^{-3}\ \text{kg}$

4-10(B)　在 25 ℃时，1 kg 水(A)中溶有醋酸(B)，当醋酸的质量摩尔浓度 b_B 介于 $0.16\ \text{mol}\cdot\text{kg}^{-1}$ 和 $2.5\ \text{mol}\cdot\text{kg}^{-1}$ 之间，溶液的总体积为

$$V/\text{cm}^3=1\ 002.935+51.832\{b_B/(\text{mol}\cdot\text{kg}^{-1})\}+0.139\ 4\{b_B/(\text{mol}\cdot\text{kg}^{-1})\}^2$$

求：(a) 把水(A)和醋酸(B)的偏摩尔体积分别表示成 b_B 的函数关系式；(b) $b_B=1.5\ \text{mol}\cdot\text{kg}^{-1}$ 时水和醋酸的偏摩尔体积。

答：(a) $V_A=\{18.067\ 9-25.113\times10^{-4}\ b_B/(\text{mol}\cdot\text{kg}^{-1})\}\ \text{cm}^3\cdot\text{mol}^{-1}$，

$V_B=\{51.832+0.278\ 8b_B/(\text{mol}\cdot\text{kg}^{-1})\}\ \text{cm}^3\cdot\text{mol}^{-1}$；

(b) $V_A=18.064\ 1\ \text{cm}^3\cdot\text{mol}^{-1}$，$V_B=52.250\ 2\ \text{cm}^3\cdot\text{mol}^{-1}$

4-11(A)　在一定温度下，由溶剂 A 和溶质 B 形成的溶液密度为 ρ，A 和 B 的摩尔质量分别为 M_A 和 M_B，试导出此溶液 c_B、b_B 与 x_B 之间的定量关系式。

4-12(B)　纯 B(l) 和纯 C(l) 可形成理想液态混合物，在 25 ℃及 100 kPa 下，向 $n=10\ \text{mol}$，$x_C=0.4$ 的 BC 液态混合物中，加入 14 mol 的纯 C(l)，形成新的混合物，求此过程的 ΔS 及 ΔG。

答：$\Delta S=56.252\ \text{J}\cdot\text{K}^{-1}$，$\Delta G=-16.772\ \text{kJ}$

4-13(B)　在 25 ℃和 100 kPa 下，向溶质 B 的质量摩尔浓度 $b_{B,1}=0.4\ \text{mol}\cdot\text{kg}^{-1}$ 的水溶液中，加入 1 kg 的纯水，使溶液的组成恰好变成 $b_{B,2}=0.2\ \text{mol}\cdot\text{kg}^{-1}$。

假设该溶液可视为理想稀溶液，求此过程的 ΔS 及 ΔG。

答：$\Delta S=2.305\ \text{J}\cdot\text{K}^{-1}$，$\Delta G=-687.27\ \text{J}$

4-14(B)　试由吉布斯-杜亥姆方程

$$x_A\text{d}\mu_A+x_B\text{d}\mu_B=0$$

证明在稀溶液中，若溶质 B 服从亨利定律，溶剂 A 必然服从拉乌尔定律。

4-15(B)　在 300 K、100 kPa 下，将 0.01 mol 的纯 B(l) 加入到 $x_B=0.40$ 的足够大量的 A、B 理想液态混合物中，0.01 mol 的 B(l) 加入后其浓度变化可忽略不计。求此过程化学势的变化 $\Delta\mu_B$ 为若干？

答：$\Delta\mu_B=-22.85\ \text{J}$

4-16(B)　在温度 T 时，纯 A(l) 和纯 B(l) 的饱和蒸气压分别为 40 kPa 和 120 kPa。已知 A、B 两液体可形成理想液态混合物。(a) 在温度 T 下，将 $y_B=0.60$ 的 A、B 混合气体于气缸中进行恒温缓慢压缩。求凝结出第

一个微小液滴(不改变气相组成)时系统的总压力及小液滴的组成 x_B 各为若干?(b)若 A、B 液态混合物恰好在温度 T、100 kPa 下沸腾,此混合液的组成 x_B 及沸腾时蒸气的组成 y_B 各为若干?

答:(a)p(总) = 66.67 kPa, $x_B = 0.333\ 3$;(b)$x_B = 0.75$, $y_B = 0.9$

4-17(A) 300 K、100 kPa 下,由各为 1.0 mol 的 A 和 B 混合形成理想液态混合物。求此混合过程的 ΔV、ΔH、ΔS 及 ΔG 各为若干?

答:$\Delta V = 0$, $\Delta H = 0$, $\Delta S = 11.53\ \mathrm{J \cdot K^{-1}}$, $\Delta G = -3\ 458\ \mathrm{J}$

4-18(B) 已知在某温度下,水的摩尔分数 $x(H_2O) = 0.40$ 的乙醇和水混合液的密度为 $0.849\ 4 \times 10^3\ \mathrm{kg \cdot m^{-3}}$,其中乙醇的偏摩尔体积为 $57.5 \times 10^{-6}\ \mathrm{m^3 \cdot mol^{-1}}$。试求此混合液中水的偏摩尔体积为若干?

答:$V(H_2O) = 16.18 \times 10^{-6}\ \mathrm{m^3 \cdot mol^{-1}}$

4-19(B) 在 25 g 的 CCl_4 中溶有 0.545 5 g 的某溶质,与其成平衡的蒸气中 CCl_4 的分压力为 11.188 8 kPa,而在同一温度下纯 CCl_4 的饱和蒸气压为 11.400 8 kPa。(a)求此溶质的分子量 M_r;(b)根据元素分析结果,已知溶质中含 C 和 H 的质量分数分别为 0.943 4 和 0.056 6,试确定溶质的化学式。

答:(a)$M_r = 177.1$;(b)$C_{14}H_{10}$

4-20(A) 10 g 葡萄糖溶于 400 g 乙醇中,溶液沸点较纯乙醇的上升 0.142 8 ℃。另外,有 2 g 某有机物质溶于 100 g 乙醇中,此溶液的沸点则上升 0.125 0 ℃。求乙醇的沸点升高系数 K_b 及溶质的摩尔质量 M。已知葡萄糖($C_6H_{12}O_6$)的摩尔质量为 $180.157 \times 10^{-3}\ \mathrm{kg \cdot mol^{-1}}$。

答:$K_b = 1.029\ \mathrm{K \cdot kg \cdot mol^{-1}}$, $M = 164.65 \times 10^{-3}\ \mathrm{kg \cdot mol^{-1}}$

4-21(A) 在 100 g 苯中溶有 13.76 g 的联苯($C_6H_5C_6H_5$),所形成溶液的沸点为 82.4 ℃,已知纯苯的沸点为 80.1 ℃。试求苯的沸点升高系数 K_b 和摩尔蒸发焓 $\Delta_{vap}H_m^{\ominus}$ 各为若干?

答:$K_b = 2.578\ \mathrm{K \cdot kg \cdot mol^{-1}}$, $\Delta_{vap}H_m^{\ominus} = 31.44\ \mathrm{kJ \cdot mol^{-1}}$

4-22(A) 在 300 K 时,将 10.00×10^{-3} kg 的 B 物质溶于溶剂 A 中,形成 $V = 7.000\ \mathrm{dm^3}$ 的稀溶液,实验测出 300 K 时上述溶液的渗透压为 0.400 kPa。试求溶质 B 的摩尔质量 M_B 为若干?

答:$M_B = 62.36\ \mathrm{kg \cdot mol^{-1}}$

4-23(A) 在 20 ℃时,将 68.4 g 蔗糖($C_{12}H_{22}O_{11}$)溶于 1.000 kg 的水中,所形成溶液的密度为 $1.024\ \mathrm{g \cdot cm^{-3}}$。纯水的饱和蒸气压 $p^*(H_2O) = 2.339$ kPa。试求上述溶液的蒸气压和渗透压各为若干?

答:$p = 2.33$ kPa, $\Pi = 466.7$ kPa

4-24(B) 摩尔质量 $M_A = 94.10 \times 10^{-3}\ \mathrm{kg \cdot mol^{-1}}$、凝固点为 318.15 K 的 0.100 0 kg 的溶剂中,加入 $M_B = 110.1 \times 10^{-3}\ \mathrm{kg \cdot mol^{-1}}$ 的溶质 B $0.555\ 0 \times 10^{-3}$ kg,使 A 的凝固点下降 0.382 K。若在上述溶液中再加入 $0.437\ 2 \times 10^{-3}$ kg 另一溶质 D,使上述溶液的凝固点又下降 0.467 K。试求:(a)溶剂 A 的凝固点降低系数 K_f;(b)溶质 D 的摩尔质量 M_D;(c)溶剂 A 的摩尔熔化焓 $\Delta_{fus}H_m$。

答:(a)$K_f = 7.578\ \mathrm{K \cdot kg \cdot mol^{-1}}$;(b)$M_D = 70.945 \times 10^{-3}\ \mathrm{kg \cdot mol^{-1}}$;
(c)$\Delta_{fus}H_m = 10.45\ \mathrm{kJ \cdot mol^{-1}}$

4-25(A) 三氯甲烷(A)和丙酮(B)的混合物,若液相组成 $x_B = 0.713$,则在 301.3 K 时总蒸气压为 29.40 kPa,蒸气中丙酮的摩尔分数 $y_B = 0.818$。在同一温度下纯三氯甲烷的饱和蒸气压为 29.57 kPa。试求混合物中三氯甲烷的活度及活度因子。

答:$a_A = 0.181$, $f_A = 0.631$

4-26(B) 在某一温度下将碘溶于 CCl_4 中,当碘的摩尔分数 $x(I_2)$ 在 0.01 ~ 0.04 范围内时,此溶液中的 I_2 符合亨利定律。今测得平衡时气相中 I_2 的蒸气压与液相中 I_2 的摩尔分数之间的两组数据如下:

$p(I_2)$(kPa)	1.638	16.72
$x(I_2)$	0.03	0.5

求 $x(I_2)=0.5$ 时,溶液中 I_2 的活度 $a(I_2)$ 及活度因子 $\gamma(I_2)$。

答:$a(I_2)=0.306,\gamma(I_2)=0.612$

4-27(A) 在 298 K 时,$p_A^*=76.6$ kPa,$p_B^*=124$ kPa。在一真空容器中注入适量的纯 A(l)和纯 B(l),二者形成真实液态混合物。恒温 298 K 达到气、液两相平衡时,液相组成 $x_B=0.55$,气相中 A 的平衡分压力 $p_A=49.79$ kPa,B 的平衡分压力为 $p_B=78.48$ kPa。试求此液态混合物中 A 和 B 的活度及活度因子各为若干?

答:$a_A=0.65,f_A=1.444$,

$a_B=0.632\ 9,f_B=1.150\ 7$

4-28(A) 40 ℃时,由纯 B 气体溶于纯 A 液体形成真实溶液,B 在 A 中不缔合、不离解,A 和 B 之间也无化学反应发生。溶质 B 的亨利系数 $k_{b,B}=3.33\ \text{kPa·mol}^{-1}\text{·kg}$。与 $b_B=16.50\ \text{mol·kg}^{-1}$ 的溶液成平衡的气相中,A 和 B 的分压分别为 5.84 kPa 和 4.67 kPa。40 ℃时纯 A(l)的 $p_A^*=7.376$ kPa,A 的摩尔质量 $M(A)=18.015\times10^{-3}\ \text{kg·mol}^{-1}$。求上述溶液中溶质 B 及溶剂 A 的活度及活度因子各为若干?

答:$a_A=0.791\ 8,f_A=1.027$,

$a_B=1.402\ 4,\gamma=0.084\ 99$

4-29(A) 25 ℃时,0.10 mol NH_3 溶于 1 dm^3 的三氯甲烷中,与其平衡的 NH_3 蒸气的分压力为 4.433 kPa;同温度下,0.10 mol NH_3 溶于 1 dm^3 的水中,与其平衡的 NH_3 蒸气的分压力为 0.887 kPa。求 NH_3 在互不相溶的水与三氯甲烷中分配系数 $K_c=\{c_{NH_3}(H_2O)/c_{NH_3}(CHCl_3)\}$。

答:$K_c=5$

第 5 章 化学平衡

在一定条件下,反应物能否按预想进行反应而变为产物?并且有多少反应物变成产物?如果反应不能按预想进行时,或者虽然进行但获得产物的量过少,有无办法令反应进行或提高产物的量?这些问题不仅对从事化学、化工的工作者很重要,而且对环境工程亦同样重要。上述这些问题的研究与解决,就是本章所要讨论的问题。本章将应用热力学的平衡条件来处理化学平衡问题,即化学反应达平衡时能用什么可测量的量来表达,该可测量的量又如何通过查找有关热力学数据来计算,该可测量的量又有何用途,以及温度等因素如何影响化学反应的平衡。这样,在处理环境工程中涉及化学反应的实际问题时,就可通过热力学计算来确定某一反应是否宜于在实际中应用。

§5-1 化学反应的平衡条件

在恒温恒压且不作非体积功的条件下,化学反应能否按指定的方向进行,可用反应系统在反应前后的吉布斯函数的变化量来衡量。

设在恒 T、p 且 $W'=0$ 下,反应系统内反应组分为 A、B、L、M 且组成一定,各反应组分的化学势为 μ_A、μ_B、μ_L、μ_M,它们之间存在如下反应:

$$\begin{array}{cccc} a\mathrm{A} \;+ & b\mathrm{B} \;=\!=\!= & l\mathrm{L} \;+ & m\mathrm{M} \\ \mu_\mathrm{A} & \mu_\mathrm{B} & \mu_\mathrm{L} & \mu_\mathrm{M} \\ -\mathrm{d}n_\mathrm{A} & -\mathrm{d}n_\mathrm{B} & \mathrm{d}n_\mathrm{L} & \mathrm{d}n_\mathrm{M} \end{array}$$

当进行了微小的反应,则 A 与 B 相应反应了 $\mathrm{d}n_\mathrm{A}$ 和 $\mathrm{d}n_\mathrm{B}$,L 和 M 生成了 $\mathrm{d}n_\mathrm{L}$ 及 $\mathrm{d}n_\mathrm{M}$。此时,反应系统的吉布斯函数的变化为

$$\mathrm{d}G=\mu_\mathrm{L}\mathrm{d}n_\mathrm{L}+\mu_\mathrm{M}\mathrm{d}n_\mathrm{M}-\mu_\mathrm{A}\mathrm{d}n_\mathrm{A}-\mu_\mathrm{B}\mathrm{d}n_\mathrm{B}$$

按反应进度定义:$\mathrm{d}\xi=\mathrm{d}n_\mathrm{B}/\nu_\mathrm{B}$ 或 $\mathrm{d}n_\mathrm{B}=\nu_\mathrm{B}\mathrm{d}\xi$,则上式可化为

$$\mathrm{d}G=\mu_\mathrm{L}l\mathrm{d}\xi+\mu_\mathrm{M}m\mathrm{d}\xi-\mu_\mathrm{A}a\mathrm{d}\xi-\mu_\mathrm{B}b\mathrm{d}\xi=(l\mu_\mathrm{L}+m\mu_\mathrm{M}-a\mu_\mathrm{A}-b\mu_\mathrm{B})\mathrm{d}\xi$$

可简写为

$$\mathrm{d}G=\sum_\mathrm{B}\nu_\mathrm{B}\mu_\mathrm{B}\mathrm{d}\xi$$

将上式两边除以 $\mathrm{d}\xi$,即

$$\left(\frac{\partial G}{\partial \xi}\right)_{T,p}=\sum_\mathrm{B}\nu_\mathrm{B}\mu_\mathrm{B}$$

式中$(\partial G/\partial\xi)_{T,p}$表示在温度、压力及系统组成恒定下,反应系统为无限大量时进行 1 mol 反应进度的化学反应引起系统的吉布斯函数变化,简称摩尔反应吉布斯函数变,以 $\Delta_\mathrm{r}G_\mathrm{m}$ 表示。

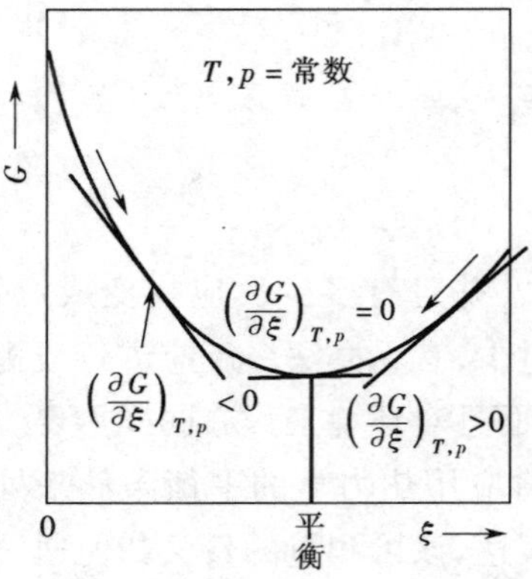

图 5-1-1　恒温恒压下 G 随 ξ 变化的曲线

若 $\left(\frac{\partial G}{\partial \xi}\right)_{T,p}<0$，即 $\Delta_r G_m<0$ 或 $\sum_B \nu_B\mu_B<0$，表示反应自发生成产物。

若 $\left(\frac{\partial G}{\partial \xi}\right)_{T,p}>0$，即 $\Delta_r G_m>0$ 或 $\sum_B \nu_B\mu_B>0$，表示在该条件下反应不能自发进行。

若 $\left(\frac{\partial G}{\partial \xi}\right)_{T,p}=0$，即 $\Delta_r G_m=0$ 或 $\sum_B \nu_B\mu_B=0$，表示反应已达化学平衡状态。

以上分析已表示在图 5-1-1 上。由图中的曲线可以看出，反应开始即 $\xi=0$ 时，G 值最大，随着反应的进行，反应系统的 G 值逐渐降低。曲线上某一点的斜率 $(\partial G/\partial \xi)_{T,p}$（即在 T、p 一定且反应进度为 ξ 处的反应 $\Delta_r G_m$）随着反应进度 ξ 渐增，曲线斜率的绝对值渐渐变小。反应达平衡时，$(\partial G/\partial \xi)_{T,p}=0$，即反应系统的 G 达到极小，所以，恒温、恒压与不作非体积功条件下，化学反应的平衡条件为

$$\Delta_r G_m=\left(\frac{\partial G}{\partial \xi}\right)_{T,p}=\sum_B \nu_B\mu_B=0$$

§ 5-2　化学反应的标准平衡常数

1. 化学反应的标准平衡常数 $K^{\ominus}$

任一化学反应

$$aA(a_A)+dD(a_D)=\!=\!=lL(a_L)+mM(a_M)$$

平衡时各组分的化学势为　μ_A　　μ_D　　μ_L　　μ_M

在恒温、恒压、$W'=0$ 条件下，反应达平衡时应满足以下条件，即

$$\Delta_r G_m=\sum \nu_B\mu_B=0$$

或

$$\Delta_r G_m=l\mu_L+m\mu_M+(-a)\mu_A+(-d)\mu_D \tag{5-2-1}$$

但是，反应在气相中进行和反应在液相中进行时，参加反应各个物质的化学势表达式是不同的。为便于推证，将参加反应各个物质的化学势表达式中的浓度、压力或活度均用一广义活度 a_B 代替，例如反应系统为理想气体时，a_B 相当于反应系统中某组分的 $p_B/p^{\ominus}$；为真实气体时，则 a_B 便相应为 $f_B/p^{\ominus}$；反应系统为理想稀溶液，而且参加反应各组分为溶质时，则 a_B 便相应为组分 B 的浓度 x_B（或 c_B、b_B）；反应系统为真实溶液时，a_B 便是反应系统组分 B 的活度。这样处理，便可将任一反应系统中某组分 B 的化学势表达式，统一使用以下的化学势表达式，即

$$\mu_B=\mu_B^{\ominus}+RT\ln a_B \tag{5-2-2}$$

将式(5-2-2)代入到式(5-2-1)中，可得

$$\Delta_r G_m=l(\mu_L^{\ominus}+RT\ln a_L)+m(\mu_M^{\ominus}+RT\ln a_M)-a(\mu_A^{\ominus}+RT\ln a_A)-d(\mu_D^{\ominus}+RT\ln a_D)$$

将上式移项整理得

$$\ln(a_L{}^l a_M{}^m / a_A{}^a a_D{}^d) = -(1/RT)(l\mu_L^{\ominus} + m\mu_M^{\ominus} - a\mu_A^{\ominus} - d\mu_D^{\ominus})$$

或

$$(a_L{}^l a_M{}^m / a_A{}^a a_D{}^d) = \exp\{-(1/RT)(l\mu_L^{\ominus} + m\mu_M^{\ominus} - a\mu_A^{\ominus} - d\mu_D^{\ominus})\}$$

因温度一定,故上式等号的右边为常数,因而上式等号的左边之相对活度商也为常数,用符号 $K^{\ominus}$表示,称为标准平衡常数,即

$$K^{\ominus} = (a_L{}^l a_M{}^m / a_A{}^a a_D{}^d) \tag{5-2-3}$$

2.理想气体反应系统的标准平衡常数 $K^{\ominus}$

1)理想气体反应系统的标准平衡常数 $K^{\ominus}$

对于理想气体反应系统,参加反应任一组分 B 的化学势表达式为

$$\mu_B = \mu_B^{\ominus} + RT\ln(p_B/p^{\ominus})$$

就是说,对于理想气体任一组分 B 的广义活度 $a_B = p_B/p^{\ominus}$,故式(5-2-3)可改写为

$$K^{\ominus} = \{(p_L/p^{\ominus})^l (p_M/p^{\ominus})^m / (p_A/p^{\ominus})^a (p_B/p^{\ominus})^b\} \tag{5-2-4}$$

对于理想气体反应系统,$K^{\ominus}$是以相对压力商表示的标准平衡常数,为量纲一的量。为实用方便,又引入实用平衡常数 K_y和 K_n。

由于理想气体反应系统中任一组分 B 的分压力 p_B与其组成 y_B的关系为

$$p_B = y_B p$$

将上式代入式(5-2-4)中,得

$$K^{\ominus} = \prod_B (py_B/p^{\ominus})^{\nu_B} = (p/p^{\ominus})^{\Sigma\nu_B} \prod_B y_B{}^{\nu_B}$$

令

$$K_y = \prod_B y_B{}^{\nu_B}$$

$$K^{\ominus} = K_y (p/p^{\ominus})^{\Sigma\nu_B} \tag{5-2-5}$$

式中的 K_y为以参加反应各物质的平衡摩尔分数之商表示的平衡常数。

对于理想气体,因

$$y_B = n_B / \sum n_B$$

将此式代入上两式中,整理得

$$K^{\ominus} = \{p/(p^{\ominus}\Sigma n_B)\}^{\Sigma\nu_B} \prod_B n_B{}^{\nu_B}$$

令

$$K_n = \prod_B n_B{}^{\nu_B}$$

则

$$K^{\ominus} = K_n \{p/(p^{\ominus}\Sigma n_B)\}^{\Sigma\nu_B} \tag{5-2-6}$$

式(5-2-6)中的 K_n为以参加反应各物质的平衡物质量之商表示的平衡常数。

式(5-2-5)和式(5-2-6)在化学平衡的计算中经常使用,而且在分析问题时也很有用处。

2)有纯态凝聚相参加的理想气体反应的 $K^{\ominus}$

参加化学反应的各组分并不一定都处在同一个相中,这种组分处在不同相中的反应称为多相反应。本章讨论的多相反应除有气相外,还有纯态凝聚相参加的反应。纯态凝聚相指的是固态纯物质或液态纯物质。下列反应属于有纯态凝聚相参加的反应:

$NH_4HCO_3(s)$ ══ $NH_3(g) + H_2O(g) + CO_2(g)$

$H_2(g) + \frac{1}{2}O_2(g)$ ══ $H_2O(l)$

$CaCO_3(s)$ ══ $CaO(s) + CO_2(g)$

这类有纯态凝聚相参加的化学反应之标准平衡常数 $K^\ominus$ 的表示方法,可通过以下例子说明。

$$NH_4HCO_3(s) \xlongequal{\text{恒 } T\text{、}p} NH_3(g) + H_2O(g) + CO_2(g)$$

平衡时各反应组分的化学势	$\mu_{NH_4HCO_3}$	μ_{NH_3}	μ_{H_2O}	μ_{CO_2}
平衡时各气体平衡分压		p_{NH_3}	p_{H_2O}	p_{CO_2}

根据反应平衡条件 $\Delta_r G_m = \sum_B \nu_B \mu_B = 0$

即 $\Delta_r G_m = \mu_{CO_2} + \mu_{H_2O} + \mu_{NH_3} - \mu_{NH_4HCO_3} = 0$

在化学平衡中,对于纯固体(或纯液体),一般规定在温度 T、压力 $p^\ominus$(即 100 kPa)下的状态为标准态。标准态的化学势称标准化学势 $\mu^\ominus$。当压力 p 与 $p^\ominus$ 相差不大时,可忽略压力对凝聚相化学势的影响,即 μ(凝聚相) = $\mu^\ominus$(凝聚相)。

如前所述,将理想气体混合物的化学势表达式代入化学反应的平衡条件中,可得

$$\mu^\ominus_{CO_2} + RT\ln(p_{CO_2}/p^\ominus) + \mu^\ominus_{H_2O} + RT\ln(p_{H_2O}/p^\ominus) + \mu^\ominus_{NH_3} + RT\ln(p_{NH_3}/p^\ominus) - \mu^\ominus_{NH_4HCO_3} = 0$$

将 $\mu^\ominus$ 项合并再整理,得

$$\left(\frac{p_{NH_3}}{p^\ominus}\right)\left(\frac{p_{H_2O}}{p^\ominus}\right)\left(\frac{p_{CO_2}}{p^\ominus}\right) = \exp\left\{-\frac{1}{RT}(\mu^\ominus_{NH_3} + \mu^\ominus_{H_2O} + \mu^\ominus_{CO_2} - \mu^\ominus_{NH_4HCO_3})\right\}$$

等式右边项仅与温度有关,温度一定则为定值,故用 $K^\ominus$ 代表,即

$$K^\ominus = \left(\frac{p_{NH_3}}{p^\ominus}\right)\left(\frac{p_{H_2O}}{p^\ominus}\right)\left(\frac{p_{CO_2}}{p^\ominus}\right)$$

由此可见,对于有纯态凝聚相参加的理想气体化学反应,表示该反应的标准平衡常数 $K^\ominus$ 时,只用气相中各组分的平衡分压即可,不涉及纯态凝聚相。

另有一类有凝聚相参加的理想气体化学反应,例如

$MgCO_3(s)$ ══ $MgO(s) + CO_2(g)$

其反应物中只有一个纯固相或纯液相的化合物,产物中的气体只有一种。在温度一定下反应达平衡时,此反应的标准平衡常数为

$$K^\ominus = p_{CO_2}/p^\ominus$$

将此气体的平衡压力称为该化合物在此温度下的分解压力。式中温度 T 下的反应平衡系统中的 p_{CO_2} 称为 $MgCO_3$ 的分解压力。分解压力为温度的函数,随温度升高而升高。分解压力与环境压力相等时的温度称该反应物的分解温度。通常 p(环)大都采用 101.325 kPa。例如 $CaCO_3(s)$ 在 101.325 kPa 的环境压力下,其分解温度为 897 ℃。

3.真实气体反应系统的标准平衡常数 $K^\ominus$

真实气体反应系统中,参加反应任一组分 B 的化学势表达式为

$$\mu_B = \mu_B^{\ominus} + RT\ln(f_B/p^{\ominus})$$

即任一组分 B 的广义活度 $a_B = f_B/p^{\ominus}$。

用 $f_B/p^{\ominus}$代替 a_B并代入式(5-2-4)中，可导出

$$K_f^{\ominus} = \frac{(f_L/p^{\ominus})^l (f_M/p^{\ominus})^m}{(f_A/p^{\ominus})^a (f_B/p^{\ominus})^b} \tag{5-2-7a}$$

或 $$K^{\ominus} = \prod (f_B/p^{\ominus})^{\nu_B} \tag{5-2-7b}$$

4. 理想液态混合物反应系统的标准平衡常数 $K^{\ominus}$

理想液态反应系统中，参加反应任一组分 B 的化学势表达式为

$$\mu_B = \mu_B^{\ominus} + RT\ln x_B$$

与上面推导相同，用 x_B代替 a_B并代入式(5-2-4)中，则得

$$K^{\ominus} = x_L^{\ l} x_M^{\ m} / x_A^{\ a} x_B^{\ b} \tag{5-2-8}$$

若反应系统为真实液态混合物，则式(5-2-8)中的参加反应任一组分 B 的 x_B用该组分的活度 a_B代替即可。

5. 理想稀溶液反应系统的标准平衡常数 $K^{\ominus}$

理想稀溶液反应系统中，参加反应任一溶质组分 B 的化学势表达式为

$$\mu_B = \mu_B^{\ominus} + RT\ln x_B (或\ c_B、b_B)$$

用 x_B(或 $c_B/c^{\ominus}$、$b_B/b^{\ominus}$)代替广义活度 a_B并代入式(5-2-3)中，则可得组成表示不同的标准平衡常数 $K^{\ominus}$，表示如下：

$$K^{\ominus} = (x_L^{\ l} x_M^{\ m}) / (x_A^{\ a} x_B^{\ b}) \tag{5-2-9a}$$

$$K^{\ominus} = \{(c_L/c^{\ominus})^l (c_M/c^{\ominus})^m / (c_A/c^{\ominus})^a (c_B/c^{\ominus})^b\} \tag{5-2-9b}$$

$$K^{\ominus} = \{(b_L/b^{\ominus})^l (b_M/b^{\ominus})^m / (b_A/b^{\ominus})^a (b_B/b^{\ominus})^b\} \tag{5-2-9c}$$

若反应系统为真实溶液，则式(5-2-9)中的 x_B(或 c_B、b_B)用参加反应任一溶质组分 B 的活度 a_B代替即可。

§5-3 标准平衡常数的测定与平衡组成的计算

$K^{\ominus}$的数值是很有用的，它不仅能衡量一个化学反应在一定温度下是否达到了平衡，更重要的是，有了标准平衡常数就能进行有关平衡转化率、平衡产率与平衡组成的计算。这些计算都具有很大的实用性。如何得到(测定或计算)$K^{\ominus}$的数值以及由已知 $K^{\ominus}$的数值求平衡组成是本章的重点。

转化率是反应转化掉的某反应物之数量占进行反应所用该反应物的数量的百分数。产率则是反应生成某指定产物所消耗某反应物的数量占进行反应所用该反应物的数量之百分数。即

$$转化率 = \frac{某反应物转化掉的数量}{进行反应所用该反应物的数量} \times 100\%$$

$$产率 = \frac{生成某指定产物所消耗某反应物的数量}{进行反应所用该反应物的数量} \times 100\%$$

转化率是对反应物而言，产率则是对产物而言。若反应无副反应则两者相等；有副反应时两者不等而且产率小于转化率，因为部分反应物变成副产物。

下面举例说明标准平衡常数 $K^{\ominus}$ 与平衡组成的计算。

例 5.3.1 0.5 dm^3 的容器内装有 1.588 g 的 $N_2O_4(g)$，在 25 ℃下 $N_2O_4(g)$ 按 $N_2O_4(g)$ ══ $2NO_2(g)$ 反应部分解离，测得解离达平衡时容器的压力为 101.325 kPa，求上述解离反应的 $K^{\ominus}$。

解法一：设 $N_2O_4(g)$ 未解离前的物质的量为 n_0，达平衡时余下的 $N_2O_4(g)$ 之物质的量为 n，根据反应，应有如下关系：

	$N_2O_4(g)$	══	$2NO_2(g)$
未解离时	n_0		0
平衡时	n		$2(n_0-n)$

而 $n_0 = m_0(N_2O_4)/M_{N_2O_4} = 1.588\ g/92\ g\cdot mol^{-1} = 0.017\ 26\ mol$

平衡时容器内总的物质的量

$$n(总) = n + 2n_0 - 2n = 2n_0 - n = 0.034\ 52\ mol - n$$

$$pV = n(总)RT = (0.034\ 52\ mol - n)RT$$

$$0.034\ 52\ mol - n = pV/RT$$

$$\begin{aligned} n &= 0.034\ 52\ mol - pV/RT \\ &= 0.034\ 52\ mol - 101\ 325\ Pa \times 0.5 \times 10^{-3}\ m^3/(8.314\ J\cdot K^{-1}\cdot mol^{-1} \times 298.15\ K) \\ &= 0.014\ 08\ mol \end{aligned}$$

$$\begin{aligned} K^{\ominus} &= K_n\{p/(p^{\ominus}\Sigma n_B)\}^{\Sigma\nu_B} \\ &= \frac{\{2(n_0-n)\}^2}{n} \times \{(p/p^{\ominus})/(0.034\ 52\ mol - n)\}^{2-1} \\ &= \frac{(2\times 0.003\ 18\ mol)^2}{0.014\ 08\ mol} \times \frac{101.325\ kPa}{100\ kPa} \times \frac{1}{0.034\ 52\ mol - 0.014\ 08\ mol} \\ &= 0.142 \end{aligned}$$

解法二：设 α 为 1 mol N_2O_4 解离的分数(称解离度)，则 $1-\alpha$ 为未解离的物质的量。因 1 mol $N_2O_4(g)$ 解离成 2 mol $NO_2(g)$，解离达平衡后总的物质的量为 $1-\alpha+2\alpha$，即 $1+\alpha$。开始时物质的量为 n_0 的 $N_2O_4(g)$，解离达平衡时混合气体总的物质的量为 $n_0(1+\alpha)$，即

未解离时 $p'V = n_0RT$

$$p' = \frac{n_0RT}{V} = \frac{m_0(N_2O_4)}{M(N_2O_4)}\frac{RT}{V}$$

解离平衡时 $pV = n_0(1+\alpha)RT$

两式相比 $p'/p = 1/(1+\alpha)$

$$\alpha = (p/p') - 1$$

将 p' 的式子代入，得

$$\begin{aligned} \alpha &= p\frac{M(N_2O_4)}{m_0(N_2O_4)}\frac{V}{RT} - 1 \\ &= 101\ 325\ Pa \times \frac{92\ g\cdot mol^{-1}}{1.588\ g} \times \frac{0.5\times 10^{-3}\ m^3}{8.314\ J\cdot K^{-1}\cdot mol^{-1}\times 298.5\ K} - 1 = 0.184\ 07 \end{aligned}$$

	$N_2O_4(g)$	══	$2NO_2(g)$
未反应时	n_0		0
平衡时	$n_0(1-\alpha)$		$2n_0\alpha$

$$K^{\ominus}=K_n\{p/(p^{\ominus}\sum n_B)\}^{\sum\nu_B}$$

$$=\frac{(2n_0\alpha)^2}{n_0(1-\alpha)}\left(\frac{p}{p^{\ominus}}\frac{1}{n_0(1+\alpha)}\right)^{2-1}=\frac{4\alpha^2}{(1-\alpha)(1+\alpha)}\frac{p}{p^{\ominus}}=\frac{4\alpha^2}{(1-\alpha^2)}\frac{p}{p^{\ominus}}$$

$$=\frac{4\times0.184\ 07^2}{1-0.184\ 07^2}\times\frac{101.325\ \text{kPa}}{100.00\ \text{kPa}}=0.142$$

例 5.3.2 在真空的容器中放入过量的固态 NH_4HS,于 25 ℃下分解为 $NH_3(g)$与 $H_2S(g)$,平衡时容器内的压力为 66.66 kPa。(a)当放入 NH_4HS 时容器中已有 39.99 kPa 的 H_2S,求平衡时容器中的压力;(b)容器中原有 6.666 kPa 的 NH_3,问需加多大压力的 H_2S 才能形成 NH_4HS 固体?

解:(a)这是有纯固相参加的理想气体化学反应,即

$$NH_4HS(s)=\!=\!=NH_3(g)+H_2S(g)$$

未反应时 $\qquad\qquad p_{0,H_2S}$

平衡时 $\qquad p_{NH_3} \qquad p_{0,H_2S}+p_{NH_3}$

因此 $\quad K^{\ominus}=(p_{NH_3}/p^{\ominus})\{(p_{0,H_2S}+p_{NH_3})/p^{\ominus}\} \qquad (1)$

若要求出 p_{NH_3},必须先求出 $K^{\ominus}$值。根据题给条件,即在 25 ℃下于真空容器内放入 $NH_4HS(s)$,其分解产物 $NH_3(g)$与 $H_2S(g)$的比例为 1:1,也就是$p'_{NH_3}=p'_{H_2S}=66.66\ \text{kPa}/2$,故

$$K^{\ominus}=(33.33\ \text{kPa}/100\ \text{kPa})(33.33\ \text{kPa}/100\ \text{kPa})=0.111$$

这样,式(1)可改写为

$$K^{\ominus}=p_{NH_3}(p_{0,H_2S}+p_{NH_3})/(p^{\ominus})^2$$

$$p_{NH_3}^2+p_{0,H_2S}\,p_{NH_3}-K^{\ominus}(p^{\ominus})^2=0$$

$$p_{NH_3}^2+39.99\ \text{kPa}\times p_{NH_3}-0.111\times10^4\ \text{kPa}^2=0$$

解一元二次方程,得

$$p_{NH_3}=18.86\ \text{kPa}$$

而 $\quad p_{H_2S}=(18.86+39.99)\ \text{kPa}=58.85\ \text{kPa}$

容器中的总压力 $\quad p=p_{NH_3}+p_{H_2S}=77.71\ \text{kPa}$

(b)因容器原存有 NH_3,其压力为 6.666 kPa,若想通入 $H_2S(g)$并令有 $NH_4HS(s)$析出,则通入的 $H_2S(s)$的压力 $p(H_2S)/p^{\ominus}$与 $p(NH_3)/p^{\ominus}$的乘积必须大于该温度下的 $K^{\ominus}$,所以应首先求出刚好使系统处于平衡时的 $H_2S(g)$之压力,即

$$K^{\ominus}=(p_{NH_3}/p^{\ominus})(p_{H_2S}/p^{\ominus})$$

因 $K^{\ominus}$及 p_{NH_3} 均为已知数据,所以

$$p_{H_2S}=K^{\ominus}(p^{\ominus})^2/p_{NH_3}=0.111\times(100\ \text{kPa})^2/6.666\ \text{kPa}=166\ \text{kPa}$$

也就是当 $p_{H_2S}>166$ kPa 时,系统就能析出 $NH_4HS(s)$。

§5-4 化学反应等温方程

若一反应系统在任意指定状态(未达平衡状态)下,反应系统能否按指定方向进行,这一问题的解决则需利用化学反应等温方程。为便于该方程用于任何反应系统,所以推导时仍使用广义活度 a_B,其导出如下:

设有任一化学反应

$$aA + dD \longrightarrow lL + mM$$

平衡时各组分的广义活度为 $a_A \quad a_D \quad a_L \quad a_M$

任意指定状态时的广义活度为 $a'_A \quad a'_D \quad a'_L \quad a'_M$

任意指定状态时各组分的化学势为 $\mu'_A \quad \mu'_D \quad \mu'_L \quad \mu'_M$

若恒温、恒压而且系统组成不变下,于无限大量的任意指定状态反应系统中进行了 1 mol 反应进度时,则该反应的摩尔反应吉布斯函数 $\Delta_r G_m$ 与各组分的化学势关系为

$$\Delta_r G_m = l\mu'_L + m\,\mu'_M - a\mu'_A - d\,\mu'_D$$

任一反应系统中参加反应某组分化学势表达式(用广义活度 a_B)为

$$\mu_B = \mu_B^{\ominus} + RT\ln a_B$$

将此化学势表达式代入 $\Delta_r G_m$ 的式子中,得

$$\Delta_r G_m = l(\mu_L^{\ominus} + RT\ln a'_L) + m(\mu_M^{\ominus} + RT\ln a'_M) - a(\mu_A^{\ominus} + RT\ln a'_A) - d(\mu_D^{\ominus} + RT\ln a'_D)$$

将上式整理,得

$$\Delta_r G_m = RT\{(a'_L)^l(a'_M)^m/(a'_A)^a(a'_D)^d\} + (l\mu_L^{\ominus} + m\mu_M^{\ominus} - a\mu_A^{\ominus} - d\mu_D^{\ominus}) \tag{5-4-1}$$

在推证标准平衡常数 $K^{\ominus}$ 时,曾导得

$$l\mu_L^{\ominus} + m\mu_M^{\ominus} - a\mu_A^{\ominus} - d\mu_D^{\ominus} = -RT\ln(a_L{}^l a_M{}^m / a_A{}^a a_D{}^d)$$

式中的 a_L、a_M、a_A、a_D 为同温度下反应达平衡时各组分的广义活度,故将上式代入式(5-4-1)中,整理得

$$\Delta_r G_m = RT\{(a'_L)^l(a'_M)^m/(a'_A)^a(a'_D)^d\} - RT\ln(a_L{}^l a_M{}^m / a_A{}^a a_D{}^d)$$

若设 $J_a = \{(a'_L)^l(a'_M)^m/(a'_A)^a(a'_D)^d\}$

而 $K^{\ominus} = a_L{}^l a_M{}^m / a_A{}^a a_D{}^d$

则得

$$\Delta_r G_m = RT\ln J_a - RT\ln K^{\ominus} \tag{5-4-2}$$

式(5-4-2)称为化学反应等温方程。式中 J_a 为反应系统在温度一定并处于任意指定状态时的相对活度商。此式是用来判断反应在任意指定状态时反应的进行方向和限度。从式(5-4-2)可以看出

当 $K^{\ominus} > J_a$ 时, $\Delta_r G_m < 0$ 反应能自发从左向右进行

当 $K^{\ominus} = J_a$ 时, $\Delta_r G_m = 0$ 反应达到平衡

当 $K^{\ominus} < J_a$ 时, $\Delta_r G_m > 0$ 反应不能自发从左向右进行

若反应系统为理想气体时,则 $J_a = J_p = \{(p'_L/p^{\ominus})^l(p'_M/p^{\ominus})^m/(p'_A/p^{\ominus})^a(p'_D/p^{\ominus})^d\}$,将 J_p 称为系统在温度一定并处于任意指定状态时的相对分压力商。而式(5-4-2)改写为

$$\Delta_r G_m = RT\ln J_p - RT\ln K^{\ominus} \tag{5-4-3}$$

如此类推,便可写出真实气体、理想液态混合物、理想稀溶液、真实液态混合物和真实溶液等各类反应等温方程。

例 5.4.1 已知反应 $C(s) + 2H_2(g) \longrightarrow CH_4(g)$ 在 1 000 K 下的 $K^{\ominus} = 0.102\,7$。若与 C(s)反应的气体由 10%(体积)$CH_4(g)$、80% $H_2(g)$ 与 10% $N_2(g)$ 组成,问

(a)在 $T = 1\,000$ K 及总压 $p = 101.325$ kPa 下,甲烷能否生成?

(b)在上述给定条件下,为使反应向甲烷生成方向进行,所需的最低压力是多少?

(c)在不改变 $H_2(g)$与 $CH_4(g)$的比例下,若将最初气体混合物中 $N_2(g)$之含量提高到 55%,试问此措施对生成甲烷是否有利?

解:(a)判断甲烷能否生成,就是判断反应能否自动向右进行的问题,需用化学反应等温方程式进行计算后才判断。已知反应为

$$C(s)+2H_2(g)\!=\!=\!=\!CH_4(g)$$

计算 $$J_p=\frac{p_{CH_4}/p^\ominus}{(p_{H_2}/p^\ominus)^2}=\frac{0.1\times101.325\ \text{kPa}/100\ \text{kPa}}{(0.8\times101.325\ \text{kPa}/100\ \text{kPa})^2}=0.154$$

将 J_p 与 $K^\ominus$ 代入到 $\Delta_r G_m=RT\ln J_p-RT\ln K^\ominus$

得 $$\Delta_r G_m=8.314\ \text{J}\cdot\text{K}^{-1}\cdot\text{mol}^{-1}\times1\,000\ \text{K}(\ln0.154-\ln0.102\,7)=3.368\ \text{kJ}\cdot\text{mol}^{-1}$$

由计算可知,$\Delta_r G_m>0$,故反应不能自发向右进行,即 CH_4 在此条件下不能自发生成。

(b)根据(a)的计算结果,若使反应方向逆转,即能自发向右进行,需改变压力。随着压力的改变反应必须要经过平衡状态,下面计算反应刚好处于平衡状态时的压力。此时,系统各组分的分压力分别为

$$p'_{CH_4}=0.1p\quad p'_{H_2}=0.8p$$

因为 $$\Delta_r G_m=RT\ln\frac{p'_{CH_4}/p^\ominus}{(p'_{H_2}/p^\ominus)^2}-RT\ln K^\ominus=0$$

即 $$\ln\frac{p'_{CH_4}/p^\ominus}{(p'_{H_2}/p^\ominus)^2}=\ln K^\ominus$$

$$\begin{aligned}K^\ominus&=(p'_{CH_4}/p^\ominus)/(p'_{H_2}/p^\ominus)^2=(0.1p/p^\ominus)/(0.8p/p^\ominus)^2\\&=0.1/(0.64p/p^\ominus)=0.1p^\ominus/(0.64p)\end{aligned}$$

则 $$p=0.1p^\ominus/(0.64K^\ominus)=0.1\times100\ \text{kPa}/(0.64\times0.102\,7)=152.14\ \text{kPa}$$

所以压力必须大于 152.14 kPa 才能自动生成甲烷。

(c)由于 N_2 的含量增大,使 H_2 与 CH_4 两者的摩尔分数从 90%下降到 45%。由于 H_2 与 CH_4 的比例保持不变,仍为 8:1 的关系,可知 45%份额中,H_2 占$(8/9)\times0.45=0.40$,CH_4 占 0.05。

判断提高 N_2 的比例是否有利于 CH_4 生成,仍需利用等温方程。

$$\begin{aligned}\Delta_r G_m&=RT\ln\{(p'_{CH_4}/p^\ominus)/(p'_{H_2}/p^\ominus)^2\}-RT\ln K^\ominus\\&=RT\left\{\ln\frac{0.05p/p^\ominus}{(0.4p/p^\ominus)^2}-\ln K^\ominus\right\}\\&=8.314\ \text{J}\cdot\text{K}^{-1}\cdot\text{mol}^{-1}\times1\,000\ \text{K}\left(\ln\frac{0.05\times100}{0.4^2\times101.325}-\ln0.102\,7\right)\\&=9\,142\ \text{J}\cdot\text{mol}^{-1}\end{aligned}$$

计算结果表明,原料气中增加 $N_2(g)$的比例不利于甲烷的生成。

§5-5 标准平衡常数的求取

在§5-4 中已经指出,要判断反应进行的方向和限度,以及计算反应达平衡时平衡系统的平衡组成,关键要有标准平衡常数 $K^\ominus$ 的数据。而标准平衡常数 $K^\ominus$ 数据的获得有两种方法,即通过实验测定或利用热力学数据进行计算。

实验测定的方法是利用一个化学反应在一定温度下达到平衡时,反应系统各个组分的分

压力或浓度不再随时间而变，因此测定各个组分的分压力或浓度便能确定其标准平衡常数 $K^\ominus$。测定的方法有物理法和化学法两种，但采用何种方法则取决于反应本身。不过通过实验测定求取 $K^\ominus$ 数值有时很麻烦，而且有些反应可能无法测定，所以一般采取利用热力学的数据来计算的方法。本节重点介绍如何利用热力学数据来计算 $K^\ominus$ 的方法，此方法的实质是要找出 $K^\ominus$ 与哪一个热力学函数有关。

1.化学反应的标准摩尔反应吉布斯函数 $\Delta_r G_m^\ominus$

设有任一化学反应

$$aA + dD \longrightarrow lL + mM$$

任意指定状态时的广义活度 $\quad a'_A \quad a'_D \qquad a'_L \quad a'_M$

若 A、D、L、M 四个组分均处在各自的标准状态（$a'_A = a'_D = a'_L = a'_M = 1$），在恒温、恒压而且系统组成不变下，于无限大量的反应系统中进行了 1 mol 反应进度时，根据等温方程则该反应的摩尔反应吉布斯函数 $\Delta_r G_m$ 为

$$\Delta_r G_m = RT\ln J_a - RT\ln K^\ominus$$

因 $\quad J_a = \{(a'_L)^l(a'_M)^m/(a'_A)^a(a'_D)^d\}$

而 $\quad a'_A = a'_D = a'_L = a'_M = 1$，故 $J_a = 1$，于是得

$$\Delta_r G_m^\ominus = -RT\ln K^\ominus \tag{5-5-1}$$

式中 $\Delta_r G_m^\ominus$ 称为标准摩尔反应吉布斯函数。式(5-5-1)是化学平衡这一章中极为重要的公式。此式的重要意义在于：$K^\ominus$ 与 $\Delta_r G_m^\ominus$ 存在着函数关系，就是说，若能计算出某反应的 $\Delta_r G_m^\ominus$ 便能计算出该反应的 $K^\ominus$。应该指出，虽然 $\Delta_r G_m^\ominus$ 与 $K^\ominus$ 存在着式(5-5-1)的函数关系，但 $\Delta_r G_m^\ominus$ 是指反应各组分均处在各自的标准状态下，反应系统中进行了 1 mol 反应进度时的系统的吉布斯函数之变化值，在一般情况下，反应各组分处在各自的标准状态时，系统并不是处在化学反应平衡状态，这一点必须注意。

2.$\Delta_r G_m^\ominus$ 的计算

如何利用热力学数据来计算 $\Delta_r G_m^\ominus$，下面分别介绍不同的计算方法。

1)由化学反应的 $\Delta_r H_m^\ominus$ 与 $\Delta_r S_m^\ominus$ 计算 $\Delta_r G_m^\ominus$

根据吉布斯函数定义，在恒温条件下，$\Delta_r G_m^\ominus$ 与 $\Delta_r H_m^\ominus$ 及 $\Delta_r S_m^\ominus$ 之间有如下关系：

$$\Delta_r G_m^\ominus = \Delta_r H_m^\ominus - T\Delta_r S_m^\ominus \tag{5-5-2}$$

若能求出反应在某温度 T 下的 $\Delta_r H_m^\ominus$ 及 $\Delta_r S_m^\ominus$，则可据上式求出 $\Delta_r G_m^\ominus$。$\Delta_r H_m^\ominus$ 计算可据以下两式，即

$$\Delta_r H_m^\ominus = \sum_B \nu_B \Delta_f H_m^\ominus(B, \beta, T)$$

或 $$\Delta_r H_m^\ominus = -\sum_B \nu_B \Delta_c H_m^\ominus(B, \beta, T)$$

$\Delta_r S_m^\ominus$ 计算可据下式，即

$$\Delta_r S_m^\ominus = \sum_B \nu_B S_m^\ominus(B, \beta, T)$$

应指出，一般化学、化工手册所列出的 $\Delta_f H_m^\ominus(B, \beta, T)$、$\Delta_c H_m^\ominus(B, \beta, T)$、$S_m^\ominus(B, \beta, T)$ 均是在某一温度 T、压力为 $p^\ominus$ 下纯物质的数据，所以算得的 $\Delta_r G_m^\ominus$ 为反应各组分都是选用温度

T 并处在标准压力下纯物质为标准状态时，反应进行了 1 mol 反应进度时之反应系统的 $\Delta_r G_m^\ominus$。属于这类反应系统有：理想气体或真实气体反应系统、理想液体混合物反应系统以及系统组成用摩尔分数表示时的理想稀溶液反应系统。

例 5.5.1 已知反应 $i\text{-}C_4H_{10}(g) + C_2H_4(g) \rlap{=}{=}\!= C_6H_{14}(g)$ 在 25 ℃下有关物质的热力学数据如下：

	$\Delta_f H_m^\ominus/(kJ \cdot mol^{-1})$	$S_m^\ominus/(J \cdot K^{-1} \cdot mol^{-1})$
$i\text{-}C_4H_{10}(g)$	-131.59	294.97
$C_2H_4(g)$	52.26	219.6
$C_6H_{14}(g)$	-185.56	358.57

求上述反应在 25 ℃时的 $K^\ominus$。

解：计算 $K^\ominus$ 须利用 $\Delta_r G_m^\ominus = -RT\ln K^\ominus$，而在恒温下，$\Delta_r G_m^\ominus$ 与 $\Delta_r H_m^\ominus$ 和 $\Delta_r S_m^\ominus$ 有下列关系，即

$$\Delta_r G_m^\ominus = \Delta_r H_m^\ominus - T\Delta_r S_m^\ominus$$

据题给数据

$$\begin{aligned}\Delta_r H_m^\ominus &= \sum_B \nu_B \Delta_f H_m^\ominus \\ &= \Delta_f H_m^\ominus(C_6H_{14}, g, 298.15\ K) - \{\Delta_f H_m^\ominus(i\text{-}C_4H_{10}, g, 298.15\ K) + \Delta_f H_m^\ominus(C_2H_4, g, 298.15\ K)\} \\ &= -185.56\ kJ \cdot mol^{-1} - (-131.59\ kJ \cdot mol^{-1} + 52.26\ kJ \cdot mol^{-1}) \\ &= -106.23\ kJ \cdot mol^{-1}\end{aligned}$$

同理

$$\begin{aligned}\Delta_r S_m^\ominus &= \sum_B \nu_B S_m^\ominus(B, \beta, T) \\ &= S_m^\ominus(C_6H_{14}, g, 298.15\ K) - \{S_m^\ominus(i\text{-}C_4H_{10}, g, 298.15\ K) + S_m^\ominus(C_2H_4, g, 298.15\ K)\} \\ &= 358.57\ J \cdot K^{-1} \cdot mol^{-1} - (294.97\ J \cdot K^{-1} \cdot mol^{-1} + 219.6\ J \cdot K^{-1} \cdot mol^{-1}) \\ &= -156.0\ J \cdot K^{-1} \cdot mol^{-1}\end{aligned}$$

因此

$$\begin{aligned}\Delta_r G_m^\ominus &= \Delta_r H_m^\ominus - T\Delta_r S_m^\ominus \\ &= -106.23\ kJ \cdot mol^{-1} - 298.15\ K(-156.0) \times 10^{-3}\ kJ \cdot K^{-1} \cdot mol^{-1} \\ &= -59.72\ kJ \cdot mol^{-1}\end{aligned}$$

而

$$\Delta_r G_m^\ominus = -RT\ln K^\ominus$$

故

$$\begin{aligned}\ln K^\ominus &= -\Delta_r G_m^\ominus / RT \\ &= \frac{59\ 720\ J \cdot mol^{-1}}{8.314\ J \cdot K^{-1} \cdot mol^{-1} \times 298.15\ K} = 24.092\end{aligned}$$

$$K^\ominus = 2.90 \times 10^{10}$$

2)由标准摩尔生成吉布斯函数 $\Delta_f G_m^\ominus$ 求任一反应的 $\Delta_r G_m^\ominus$

除了可用 1)所介绍的方法外，还可以查找手册上的标准摩尔生成吉布斯函数 $\Delta_f G_m^\ominus$ 数据计算任一反应的 $\Delta_r G_m^\ominus$。标准摩尔生成吉布斯函数的规定与标准摩尔生成焓相同，即在温度为 T，参加反应各个物质均处在各自标准状态下，由稳定的单质生成 1 mol 化合物时该反应的标准摩尔反应吉布斯函数称为所生成化合物的标准摩尔生成吉布斯函数，用符号 $\Delta_f G_m^\ominus(B, \beta, T)$ 表示。利用 $\Delta_f G_m^\ominus(B, \beta, T)$ 便可计算任一反应的 $\Delta_r G_m^\ominus$，如下列反应：

$$aA + dD \rlap{=}{=}\!= lL + mM$$

若从手册上查出 $\Delta_f G_m^\ominus(A)$、$\Delta_f G_m^\ominus(D)$、$\Delta_f G_m^\ominus(L)$、$\Delta_f G_m^\ominus(M)$，便可按下式计算出反应的 $\Delta_r G_m^\ominus$，即

$$\Delta_r G_m^\ominus = l\Delta_f G_m^\ominus(L) + m\Delta_f G_m^\ominus(M) + (-a)\Delta_f G_m^\ominus(A) + (-d)\Delta_f G_m^\ominus(D)$$

上式改写成 $\quad \Delta_r G_m^{\ominus} = \sum_B \nu_B \Delta_f G_m^{\ominus}(B,\beta,T)$ $\qquad\qquad$ (5-5-3)

例 5.5.2 在 600 K 下于抽空容器中放入过量的 $CaCO_3(s)$,其分解反应为 $CaCO_3(s) \Longrightarrow CaO(s) + CO_2(g)$,求 600 K 下反应达平衡时系统 $CO_2(g)$ 的压力。已知 600 K 下 $CaCO_3(s)$、$CaO(s)$ 及 $CO_2(g)$ 的 $\Delta_f G_m^{\ominus}$ 值依次为 $-1\,128.8$、-604.2 及 -394.4 kJ·mol^{-1}。

解:$CaCO_3(s) \Longrightarrow CaO(s) + CO_2(g)$ 反应是有纯固态物质参与的理想气体化学反应,其标准平衡常数 $K^{\ominus}$ 只需用气体平衡分压表示,即

$$K^{\ominus} = p_{CO_2}/p^{\ominus}$$

因此,求分解达平衡时系统的 p_{CO_2} 也就是求 $K^{\ominus}$,而求 $K^{\ominus}$ 需有该反应的 $\Delta_r G_m^{\ominus}$ 数值。$\Delta_r G_m^{\ominus}$ 可用题给各物质 $\Delta_f G_m^{\ominus}$ 数据按下式求得,即

$$
\begin{aligned}
\Delta_r G_m^{\ominus} &= \sum_B \nu_B \Delta_f G_m^{\ominus}(B,\beta,T)\\
&= \Delta_f G_m^{\ominus}(CO_2,g,600\text{ K}) + \Delta_f G_m^{\ominus}(CaO,s,600\text{ K}) - \Delta_f G_m^{\ominus}(CaCO_3,s,600\text{ K})\\
&= -394.4\text{ kJ·mol}^{-1} + (-604.2\text{ kJ·mol}^{-1}) - (-1\,128.8\text{ kJ·mol}^{-1})\\
&= 130.20\text{ kJ·mol}^{-1}
\end{aligned}
$$

再据 $\qquad \Delta_r G_m^{\ominus} = -RT\ln K^{\ominus}$

则 $\qquad \ln K^{\ominus} = \dfrac{-\Delta_r G_m^{\ominus}}{RT} = \dfrac{-130\,200\text{ J·mol}^{-1}}{8.314\text{ J·K}^{-1}\cdot\text{mol}^{-1} \times 600\text{ K}} = -26.10$

$\qquad\qquad K^{\ominus} = 4.62 \times 10^{-12}$

所以 $\qquad p_{CO_2} = K^{\ominus} p^{\ominus} = 4.62 \times 10^{-10}$ kPa

由上例可看出,从一般手册上查出 $\Delta_f G_m^{\ominus}$ 计算得到的 $\Delta_r G_m^{\ominus}$,是从纯态的反应物生成纯态的产物之 $\Delta_r G_m^{\ominus}$。若反应是在稀溶液中溶质间进行,而溶质的组成是用 b_B(或 c_B)表示时,则各个溶质标准态是选用温度为 T、压力为 $p^{\ominus}$ 下,组成为 $b_B = 1$ mol·kg^{-1}(或 $c_B = 1$ mol·dm^{-3})而且还要服从亨利定律的假想状态,所以参加反应溶质间的标准摩尔吉布斯函数 $\Delta_r G_m^{\ominus}$ 并不是纯溶质间的反应 $\Delta_r G_m^{\ominus}$(纯),两者之间关系可推导如下:

下图中的 b'_B 和 b'_D 分别为 B、D 两溶质在溶液中的饱和浓度。

$$
\begin{array}{ccc}
b\,B(b^{\ominus}) & \overline{\quad\overline{\Delta_r G_m^{\ominus}}\quad} & d\,D(b^{\ominus})\\
\Delta G(1)\big\downarrow & & \big\downarrow\Delta G(3)\\
b\,B(b'_B) & & d\,D(b'_D)\\
\Delta G(2)\big\downarrow & & \big\downarrow\Delta G(4)\\
b\,B(纯) & \underline{\quad\underline{\Delta_r G_m^{\ominus}(纯)}\quad} & d\,D(纯)
\end{array}
$$

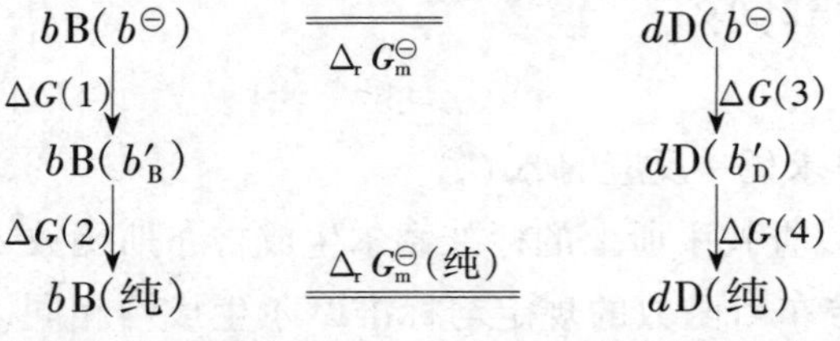

根据状态函数法可得出 $\Delta_r G_m^{\ominus}$ 与 $\Delta_r G_m^{\ominus}$(纯)的关系为

$$\Delta_r G_m^{\ominus} = \Delta_r G_m^{\ominus}(纯) + \Delta G(1) + \Delta G(2) - \Delta G(3) - \Delta G(4)$$

$\Delta G(2)$ 和 $\Delta G(4)$ 分别是在恒温、恒压、$W' = 0$ 下,溶质 B、D 于溶液中溶解达平衡时的吉布斯函数变化值,应为零。而 $\Delta G(1)$ 与 $\Delta G(3)$ 则为

$$
\begin{aligned}
\Delta G(1) &= b\{\mu_B(b'_B) - \mu_B^{\ominus}(b_B^{\ominus})\}\\
&= \{b\mu_B^{\ominus}(b_B^{\ominus}) + b\,RT\ln(b_B b^{\ominus}) - b\,\mu_B^{\ominus}(b_B^{\ominus})\}\\
&= RT\ln(b_B b^{\ominus})^b
\end{aligned}
$$

同理　　$\Delta G(3)=d\{\mu_D(b'_D)-\mu_D^{\ominus}(b_D^{\ominus})\}=RT\ln(b_D b^{\ominus})^d$

于是　　$\Delta_r G_m^{\ominus}=\Delta_r G_m^{\ominus}(\text{纯})+RT(b_B/b^{\ominus})^b-RT\ln(b_D/b^{\ominus})^d$

整理，得

$$\Delta_r G_m^{\ominus}=\Delta_r G_m^{\ominus}(\text{纯})+RT\ln\{(b_B/b^{\ominus})^b/(b_D/b^{\ominus})^d\} \tag{5-5-4}$$

对于溶质的浓度采用物质的量浓度时，同样可得类似的公式，其式如下：

$$\Delta_r G_m^{\ominus}=\Delta_r G_m^{\ominus}(\text{纯})+RT\ln\{c_B/c^{\ominus})^b/(c_D/c^{\ominus})^d\} \tag{5-5-5}$$

例 5.5.3　在 298.15 K，100 kPa 下，于含有 20% H_2O 的乙醇溶液中，右旋葡萄糖的 α 型与 β 型之间的转型为 α-右旋葡萄糖══β-右旋葡萄糖，求上述反应的标准平衡常数。已知 α-右旋葡萄糖的饱和溶解度为 20 $g\cdot dm^{-3}$，$\Delta_f G_m^{\ominus}(\alpha)=-902.9\ kJ\cdot mol^{-1}$，$\beta$-右旋葡萄糖的饱和溶解度为 49 $g\cdot dm^{-3}$，$\Delta_f G_m^{\ominus}(\beta)=-901.2\ kJ\cdot mol^{-1}$。

解：求溶液反应的标准平衡常数 $K^{\ominus}$，则必须利用题给数据求出该溶液反应的 $\Delta_r G_m^{\ominus}$，根据式(5-5-5)，首先求出 $\Delta_f G_m^{\ominus}$(纯)，而 $\Delta_f G_m^{\ominus}$(纯)计算如下：

将　$\Delta_f G_m^{\ominus}(\text{纯})=\Delta_f G_m^{\ominus}(\beta)-\Delta_f G_m^{\ominus}(\alpha)$

$$=-901.2\ kJ\cdot mol^{-1}-(-902.9\ kJ\cdot mol^{-1})=1.7\ kJ\cdot mol^{-1}$$

将此值代入式(5-5-5)中，即

$$\begin{aligned}\Delta_r G_m^{\ominus}&=\Delta_r G_m^{\ominus}(\text{纯})+RT\ln\{c_B/c^{\ominus})^b/(c_D/c^{\ominus})^d\}\\&=1\,700\ J\cdot mol^{-1}+8.314\,5\times\ J\cdot K^{-1}\cdot mol^{-1}\times 298.15\ K\ \ln\{(20/M)/(49/M)\}\\&=-520\ J\cdot mol^{-1}\end{aligned}$$

$$\begin{aligned}\ln K^{\ominus}&=-\Delta_r G_m^{\ominus}/RT\\&=-520\ J\cdot mol^{-1}/8.314\,5\times\ J\cdot K^{-1}\cdot mol^{-1}\times 298.15\ K\\&=0.216\end{aligned}$$

因而　　$K^{\ominus}=1.23$

3)生化反应的标准态和标准平衡常数

在环境工程中生化反应的利用非常有前途。由于生化反应多在氢离子浓度为 10^{-7} 溶液(即中性溶液)中进行，所以生化反应对溶质标准态规定：除氢离子之外的其他溶质标准态的规定与物理化学相同，另外还将氢离子浓度 $c_{H^+}=10^{-7}\ mol\cdot dm^{-3}$ 的状态定为氢离子标准态。因此，生化反应中凡有氢离子参加的反应，标准摩尔反应吉布斯函数用符号表示 $\Delta_r G_m^{\oplus}$ 表示，以示与 $\Delta_r G_m^{\ominus}$ 区别。例如有生化反应

$$aA+dD═══eE+xH^+$$

各物质的标准态为 $c_A=c_D=c_E=1\ mol\cdot dm^{-3}$，$c_{H^+}=10^{-7}\ mol\cdot dm^{-3}$，若进行 1 mol 反应进度时，反应的标准摩尔反应吉布斯函数为 $\Delta_r G_m^{\oplus}$，而上述反应的 $\Delta_r G_m^{\ominus}$ 则是反应各物质的浓度 $c_A=c_D=c_E=c_{H^+}=1\ mol\cdot dm^{-3}$，反应进行 1 mol 反应进度时的标准摩尔反应吉布斯函数，两者的关系为

$$\Delta_r G_m^{\oplus}=\Delta_r G_m^{\ominus}+xRT\ln 10^{-7}$$

若反应在 25 ℃，$x=1$ 下进行时，则

$$\Delta_r G_m^{\oplus}=\Delta_r G_m^{\ominus}-39.95\ kJ\cdot mol^{-1} \tag{5-5-6}$$

式(5-5-6)说明：当产物中有 H^+ 时 $\Delta_r G_m^{\oplus}<\Delta_r G_m^{\ominus}$，而 H^+ 为反应物时则 $\Delta_r G_m^{\oplus}>\Delta_r G_m^{\ominus}$；若反应中无 H^+ 时 $\Delta_r G_m^{\oplus}$ 便等于 $\Delta_r G_m^{\ominus}$。

与上述反应 $\Delta_r G_m^{\oplus}$ 相对应的标准平衡常数 $K^{\oplus}$ 则为

$$\Delta_r G_m^{\oplus} = -RT\ln K^{\oplus}$$

$$K^{\oplus} = \{(a_E)^e (a_{H^+})^x\} / \{(a_D)^d (a_A)^a\} \tag{5-5-7}$$

§5-6 标准平衡常数与温度的关系

上节中已介绍了从热力学数据计算 $K^{\ominus}$ 的方法，但手册上的热力学数据多为 25 ℃下的数据，因此需要寻找 $K^{\ominus}$ 与温度 T 的关系，以利用所求得 25 ℃下的 $K^{\ominus}$，去计算不同温度 T 下所对应的标准平衡常数 $K^{\ominus}$。

1. $\Delta_r G_m$ 与温度的关系

要解决温度 T 与标准平衡常数 $K^{\ominus}$ 的关系，首先需要解决 T 与 $\Delta_r G_m^{\ominus}$ 的关系。设反应如下：

$$\begin{matrix} aA & + & dD & = & gG & + & fF \\ G_m(A) & & G_m(D) & & G_m(G) & & G_m(F) \end{matrix}$$

反应进行 1 mol 进度时 $\Delta_r G_m = gG_m(G) + fG_m(F) - aG_m(A) - dG_m(D)$

在恒压下将上式对 T 微分，得

$$\partial \Delta_r G_m / \partial T)_p =$$

$$g(\partial G_m(G)/\partial T\}_p + f\{\partial G_m(F)/\partial T\}_p - d\{\partial G_m(D)/\partial T\}_p - a\{\partial G_m(A)/\partial T\}_p \tag{5-6-1}$$

根据热力学基本方程 $dG_m = V_m dp - S_m dT$

在恒压下，得 $(\partial G_m/\partial T)_p = -S_m$

将上式代入到式(5-6-1)中，得

$$(\partial \Delta_r G_m/\partial T)_p = -\{gS_m(G) + fS_m(F) - dS_m(D) - aS_m(A)\}$$

$$= -\Delta_r S_m \tag{5-6-2a}$$

在温度一定时 $\Delta_r G_m = \Delta_r H_m - T\Delta_r S_m$，故式(5-6-1)可改写如下：

$$(\partial \Delta_r G_m/\partial T)_p = -\Delta_r S_m = (\Delta_r G_m - \Delta_r H_m)/T \tag{5-6-2b}$$

式(5-6-2a)和式(5-6-2b)均称为吉布斯—亥姆霍兹方程，该式表示温度 T 对反应 $\Delta_r G_m$ 的影响。

当参加反应各组分均处在标准状态时，则式(5-6-2b)改写如下：

$$(\partial \Delta_r G_m^{\ominus}/\partial T)_p = (\Delta_r G_m^{\ominus} - /\Delta_r H_m^{\ominus})/T \tag{5-6-3}$$

2. 标准平衡常数 $K^{\ominus}$ 与温度 T 的关系式——等压方程

化学反应的 $\Delta_r G_m^{\ominus}$ 与 T 之间有以下关系：

$$\Delta_r G_m^{\ominus} = -RT\ln K^{\ominus}$$

将上式对 T 微分，得

$$\left(\frac{\partial \Delta_r G_m^{\ominus}}{\partial T}\right)_p = -R\ln K^{\ominus} - RT\left(\frac{\partial \ln K^{\ominus}}{\partial T}\right)_p$$

而 $$\left(\frac{\partial \Delta_r G_m^{\ominus}}{\partial T}\right)_p = \frac{\Delta_r G_m^{\ominus} - \Delta_r H_m^{\ominus}}{T}$$

故 $$\Delta_r G_m^{\ominus} - \Delta_r H_m^{\ominus} = -RT\ln K^{\ominus} - RT^2(\partial \ln K^{\ominus}/\partial T)_p$$

整理得 $\left(\dfrac{\partial \ln K^\ominus}{\partial T}\right)_p = \dfrac{\Delta_r H_m^\ominus}{RT^2}$ (5-6-4)

式(5-6-4)称为范特霍夫等压方程，$\Delta_r H_m^\ominus$ 为反应的标准摩尔反应焓差。式(5-6-4)既关联了 $K^\ominus$ 与 T，又指出了 $K^\ominus$ 随温度升高是增大还是减小是与 $\Delta_r H_m^\ominus$ 的正负号有关。当 $\Delta_r H_m^\ominus > 0$ 时，是吸热反应，则 $(\mathrm{d}\ln K^\ominus/\mathrm{d}T)_p > 0$，说明 $K^\ominus$ 随温度升高而升高；$\Delta_r H_m^\ominus < 0$，为放热反应，则 $(\mathrm{d}\ln K^\ominus/\mathrm{d}T)_p < 0$，说明 $K^\ominus$ 随温度升高而下降。

3.等压方程的应用

等压方程除可以分析温度改变对化学平衡的影响外，更重要的是它可以计算任意温度 T 下的 $K^\ominus(T)$ 或 $\Delta_r H_m^\ominus(T)$。

当温度变化范围较小，$\Delta_r H_m^\ominus$ 随温度的变化可以忽略，或者在所讨论温度范围内，$\Delta_r H_m^\ominus$ 作为常数处理可满足要求情况下，将式(5-6-4)进行不定积分与定积分。

不定积分 $\int \mathrm{d}\ln K^\ominus = \int \dfrac{\Delta_r H_m^\ominus}{RT^2}\mathrm{d}T = \dfrac{\Delta_r H_m^\ominus}{R}\int \dfrac{\mathrm{d}T}{T^2}$

$$\ln K^\ominus = -\frac{\Delta_r H_m^\ominus}{RT} + C \quad (5\text{-}6\text{-}5)$$

定积分 $\int_{K_1^\ominus}^{K_2^\ominus} \mathrm{d}\ln K^\ominus = \int_{T_1}^{T_2} \dfrac{\Delta_r H_m^\ominus}{RT^2}\mathrm{d}T$

$$\ln \frac{K_2^\ominus}{K_1^\ominus} = -\frac{\Delta_r H_m^\ominus}{R}\left(\frac{1}{T_2} - \frac{1}{T_1}\right) \quad (5\text{-}6\text{-}6)$$

式(5-6-5)多用于实验数据较多时，通过作 $\ln K^\ominus$ 对 $1/T$ 的作图，可由所得直线斜率较准确地求出 $\Delta_r H_m^\ominus$。式(5-6-6)常用于已知标准摩尔反应焓 $\Delta_r H_m^\ominus$ 及温度 T_1 时的 $K_1^\ominus$，求任一温度 T_2 时的 $K_2^\ominus$；也可由已知两个温度下的 $K^\ominus$ 求 $\Delta_r H_m^\ominus$。

例 5.6.1 在 1 137 K、101.325 kPa，反应 $Fe(s) + H_2O(g) = FeO(s) + H_2(g)$ 达平衡时，$H_2(g)$ 的平衡分压力 $p_{H_2} = 60.0$ kPa；压力不变而将反应温度升高至 1 298 K 时，平衡分压力 $p'_{H_2} = 56.93$ kPa。求：

(a) 1 137 K ~ 1 298 K 范围内上述反应的标准摩尔反应焓 $\Delta_r H_m^\ominus$ 在此温度范围内为常数。

(b) 1 200 K 下上述反应的 $\Delta_r G_m^\ominus(1\ 200\ \mathrm{K})$。

解：(a) 反应 $Fe(s) + H_2O(g) = FeO(s) + H_2(g)$

平衡时 1 137 K　41.325 kPa　60.0 kPa

1 298 K　44.40 kPa　56.93 kPa

1 137 K 时 $K_1^\ominus = \dfrac{p_{H_2}/p^\ominus}{p_{H_2O}/p^\ominus} = \dfrac{60.0\ \mathrm{kPa}/100\ \mathrm{kPa}}{41.325\ \mathrm{kPa}/100\ \mathrm{kPa}} = 1.452$

1 298 K 时 $K_2^\ominus = \dfrac{p'_{H_2}/p^\ominus}{p'_{H_2O}/p^\ominus} = \dfrac{56.93\ \mathrm{kPa}/100\ \mathrm{kPa}}{44.40\ \mathrm{kPa}/100\ \mathrm{kPa}} = 1.282$

$$\ln \frac{K_2^\ominus}{K_1^\ominus} = -\frac{\Delta_r H_m^\ominus}{R}\left(\frac{1}{T_2} - \frac{1}{T_1}\right)$$

改写成 $\Delta_r H_m^\ominus = \dfrac{RT_2T_1}{T_2 - T_1}\ln(K_2^\ominus/K_1^\ominus) = \dfrac{8.314\ \mathrm{J\cdot K^{-1}\cdot mol^{-1}} \times 1\ 298\ \mathrm{K} \times 1\ 137\ \mathrm{K}}{(1\ 298\ \mathrm{K} - 1\ 137\ \mathrm{K})}\ln\dfrac{1.282}{1.452}$

$= -9\ 490\ \mathrm{J\cdot mol^{-1}}$

(b) $T_3 = 1\ 200\ \text{K}$, $K_3^\ominus$ 的计算为

$$\ln K_3^\ominus = \ln K_1^\ominus + \frac{\Delta_r H_m^\ominus}{R}\left(\frac{T_2 - T_1}{T_1 T_2}\right)$$

$$= \ln 1.452 + \frac{-9\ 490\ \text{J·mol}^{-1}}{8.314\ \text{J·K}^{-1}\text{·mol}^{-1}}\left(\frac{1\ 200\ \text{K} - 1\ 137\ \text{K}}{1\ 200\ \text{K} \times 1\ 137\ \text{K}}\right)$$

$$= 0.320\ 2$$

则 $K_3^\ominus = 1.377$

所以 $\Delta_r G_m^\ominus(1\ 200\ \text{K}) = -RT\ln K_3^\ominus$

$$= -8.314\ \text{J·K}^{-1}\text{·mol}^{-1} \times 1\ 200\ \text{K} \times \ln 1.377 = -3.195\ \text{kJ·mol}^{-1}$$

当温度变化范围很大或 $\Delta_r H_m$ 不能视为常数或要求精确计算时，则必须将 $\Delta_r H_m$ 与温度 T 的函数关系代入等压方程中进行积分，这样便可求出 $K^\ominus$ 与 T 的关系式。

§5-7　其他因素对化学平衡的影响

对于理想气体化学反应的平衡的影响，除了温度对化学平衡的影响之外，当反应温度不变而改变平衡状态的总压力或添加反应物、产物以及惰性组分时，原有的平衡状态会被破坏，反应将向新的平衡态转移，直到重新达平衡为止。

1.压力对反应平衡的影响

设带活塞的气缸中有某理想气体起化学反应且达到了平衡状态。系统的压力为 p_1。若反应温度不变时将反应系统的压力增大到 p_2，则反应原有平衡被破坏，那么平衡将朝哪个方向转移呢？

对于理想气体化学反应，温度一定则 $K^\ominus$ 一定，与系统的压力无关。按下式

$$K^\ominus = K_y (p/p^\ominus)^{\Sigma\nu_B} = \prod_B y_B^{\nu_B} (p/p^\ominus)^{\Sigma\nu_B}$$

对 $\Sigma\nu_B < 0$ 的反应（分子数减少），当反应系统压力 p 增大时，$(p/p^\ominus)^{\Sigma\nu_B}$ 随压力增大而变小，因 $K^\ominus$ 为定值，所以，K_y 必须增大才能与 $(p/p^\ominus)^{\Sigma\nu_B}$ 乘积等于 $K^\ominus$。K_y 增大，表明在新的平衡总压下，产物在新的平衡态中的组成大于原平衡状态中该产物的组成，平衡应向生成物的方向移动。

对于 $\Sigma\nu_B > 0$ 的反应（分子数增加），当 p 增大时，$(p/p^\ominus)^{\Sigma\nu_B}$ 随压力增大而增大，只有 K_y 变小才能与 $(p/p^\ominus)^{\Sigma\nu_B}$ 的乘积等于 $K^\ominus$。K_y 变小说明在新的平衡总压下，产物的摩尔分数减少而反应物的摩尔分数增加，平衡应向生成反应物的方向转移。

对于 $\Sigma\nu_B = 0$ 的反应，$(p/p^\ominus)^{\Sigma\nu_B} = 1$，因此 $K^\ominus = K_y$，压力的改变对平衡无影响。

例 5.7.1　在 0 ℃、101.325 kPa 下，$N_2O_4(g)$ 离解为 $NO_2(g)$ 的解离度 α 为 0.11，求：

(a)在 0 ℃下 $N_2O_4(g) = 2NO_2(g)$ 的 $K^\ominus$；

(b)保持温度不变，将反应压力从 $p_1 = 101.325$ kPa 降至 $p_2 = 81.060$ kPa 时，$N_2O_4(g)$ 的解离度变化多少？

(c)在 0 ℃下若使 $N_2O_4(g)$ 的解离度改变为 0.08，反应压力将改变到多大？

解：(a)反应

	$N_2O_4(g)$	$=$	$2NO_2(g)$
反应前	1		0
平衡时	$1-\alpha$		2α

$$\Sigma n_B = 1-\alpha+2\alpha = 1+\alpha$$

$$K^{\ominus} = \frac{\left(\frac{2\alpha}{1+\alpha}\right)^2}{\frac{1-\alpha}{1+\alpha}}(p/p^{\ominus}) = \frac{\left(\frac{2\times 0.11}{1+0.11}\right)^2}{\frac{1-0.11}{1+0.11}} \times \frac{101.325\ \text{kPa}}{100\ \text{kPa}} = 0.049\ 6$$

(b)因温度不变,故 $K^{\ominus}$ 值不变。设新压力 p' 下的解离度为 α',则

$$K^{\ominus} = \frac{\left(\frac{2\alpha'}{1+\alpha'}\right)^2}{\frac{1-\alpha'}{1+\alpha'}}(p'/p^{\ominus}) = \frac{4\ \alpha'^2}{1-\alpha'^2}(p'/p^{\ominus})$$

$$4\ \alpha'^2 = \frac{p^{\ominus}}{p'}K^{\ominus}(1-\alpha'^2) = \frac{p^{\ominus}}{p'}K^{\ominus} - \frac{p^{\ominus}}{p'}K^{\ominus}\alpha'^2$$

$$\alpha' = \left\{\frac{p^{\ominus}}{p'}K^{\ominus}\Big/\left(4+\frac{p^{\ominus}}{p'}K^{\ominus}\right)\right\}^{1/2}$$

$$= \left\{\frac{100\ \text{kPa}}{81.060\ \text{kPa}}\times 0.049\ 6\Big/\left(4+\frac{100\ \text{kPa}}{81.060\ \text{kPa}}\times 0.049\ 6\right)\right\}^{1/2} = 0.123$$

$$\frac{\alpha'-\alpha}{\alpha} = \frac{0.123-0.11}{0.11} = 11.8\%$$

解离度增大了 11.8%。

(c)将 $\alpha = 0.08$ 代入下式:

$$K^{\ominus} = \frac{4\alpha^2}{1-\alpha^2}(p/p^{\ominus})$$

$$p = p^{\ominus}K^{\ominus}(1-\alpha^2)/4\alpha^2$$
$$= 100\ \text{kPa}\times 0.049\ 6(1-0.08^2)/(4\times 0.08^2)$$
$$= 192.51\ \text{kPa}$$

2. 在 T、p 恒定下惰性气体组分对反应平衡的影响

惰性气体组分是指系统内不参加反应的气体组分。在系统的温度、压力不变的条件下,向理想气体反应平衡系统中加入惰性气体组分时,是否会对反应平衡产生影响? 如发生影响,则惰性气体的加入会起什么作用?

对于理想气体化学反应,可用下式进行分析,即

$$K^{\ominus} = K_n\{p/(p^{\ominus}\Sigma n_B)\}^{\Sigma\nu_B}$$

在 T、p 一定下,对于 $\Sigma\nu_B<0$ 的反应,惰性气体的加入使 Σn_B 变大,于是 $\{p/(p^{\ominus}\Sigma n_B)\}^{\Sigma\nu_B}$ 增大,K_n 必须变小才与 $\{p/(p^{\ominus}\Sigma n_B)\}^{\Sigma\nu_B}$ 的乘积等于 $K^{\ominus}$(温度一定,$K^{\ominus}$ 不变),故平衡向反应物方向转移。就是说,加入惰性气体所起的作用相当于反应系统总压减小,即增加惰性组分有利于气体物质的量增大的反应,不利于气体物质的量减小的反应。例如合成氨反应:$\frac{1}{2}N_2(g)+\frac{3}{2}H_2(g)\longrightarrow NH_3(g)$,惰性组分的加入对氨的生成不利,因此生产中不希望惰性气体存在。对于 $\Sigma\nu_B>0$ 的反应,加入惰性气体能增加产物。例如乙苯脱氢制苯乙烯反应:$C_6H_5C_2H_5(g)\longrightarrow C_6H_5C_2H_3(g)+H_2(g)$ 是 $\Sigma\nu_B>0$ 的反应,为了有利于苯乙烯的生成,常通入大量惰性组分水蒸气。

例 5.7.2 在一定温度和 101.325 kPa 下,一定量 $PCl_5(g)$ 的体积为 1 dm^3,此时有 50% 的 $PCl_5(g)$ 解离为 $PCl_3(g)$ 和 $Cl_2(g)$。问在下列情况下,$PCl_5(g)$ 的解离度是增加还是减少?

(a)降低压力使体积变为 2 dm^3；

(b)保持 101.325 kPa 不变，通入 N_2(g)使体积变为 2 dm^3。

解：解这类题一定要有 $K^{\ominus}$ 数值，因为需利用 $K^{\ominus}$ 与解离度 α 的函数关系来判断 α 之变化。所以先求 $K^{\ominus}$ 值。

	$PCl_5(g)$	$\rightleftharpoons$ $PCl_3(g)$	+ $Cl_2(g)$
未反应时	1	0	0
平衡时	$1-\alpha$	α	α

平衡时总的物质的量 $\quad \sum n_B = 1-\alpha+\alpha+\alpha = 1+\alpha$

根据题意，$\alpha = 0.5$，所以

$$K^{\ominus} = \frac{\left(\frac{\alpha}{1+\alpha}\right)^2}{\frac{1-\alpha}{1+\alpha}}(p/p^{\ominus})^{2-1} = \frac{\alpha^2}{1-\alpha^2}(p/p^{\ominus})$$

$$= \frac{(0.5)^2}{1-(0.5)^2}(101.325\ \text{kPa}/100\ \text{kPa}) = 0.338$$

(a)因为温度不变，所以 $K^{\ominus}$ 值不变。设系统压力从 p_1 变至 p_2，平衡系统的物质的量从 n_1 变至 n_2，相应地 α 从 α_1 变至 α_2。由 $pV = nRT$ 关系得到

$$\frac{p_1V_1}{n_1} = \frac{p_2V_2}{n_2} \qquad p_2 = \frac{n_2p_1V_1}{n_1V_2} = \frac{(1+\alpha_2)p_1}{(1+0.5)\times 2} = \frac{(1+\alpha_2)p_1}{3}$$

在 p_2 压力下 $\quad K^{\ominus} = \frac{\alpha_2^2}{1-\alpha_2^2}\left\{\frac{(1+\alpha_2)}{3}(p_1/p^{\ominus})\right\}$

$$K^{\ominus} = \frac{\alpha_2^2}{1-\alpha_2}(p_1/3p^{\ominus})$$

$$0.338 = \frac{\alpha_2^2}{1-\alpha_2}(0.338)$$

$$\alpha_2^2+\alpha_2-1=0$$

$$\alpha_2 = 0.62$$

计算结果说明，压力降低使 PCl_5(g)解离度增加。

(b)	$PCl_5(g)$	$\rightleftharpoons$ $PCl_3(g)$	+ $Cl_2(g)$	$N_2(g)$
平衡时	$1-\alpha_3$	α_3	α_3	n_{N_2}

平衡总摩尔数 $\quad \sum n_B = 1+\alpha_3+n_{N_2}$

根据理想气体状态方程

$$pV_3 = (1+\alpha_3+n_{N_2})RT \quad (\text{通 } N_2 \text{ 后})$$

$$pV_1 = (1+\alpha_1)RT \quad (\text{通 } N_2 \text{ 前})$$

$$\frac{V_3}{V_1} = \frac{1+\alpha_3+n_{N_2}}{1+\alpha_1}$$

$$1+\alpha_3+n_{N_2} = \frac{V_3}{V_1}(1+\alpha_1) = \frac{2\ \text{dm}^3}{1\ \text{dm}^3}(1+0.5)\ \text{mol} = 3\ \text{mol}$$

$$K^{\ominus} = \frac{\left(\frac{\alpha_3}{1+\alpha_3+n_{N_2}}\right)^2}{\frac{1-\alpha_3}{1+\alpha_3+n_{N_2}}}(p/p^{\ominus})^{2-1}$$

$$0.338=\frac{\alpha_3^2}{3(1-\alpha_3)}(101.325\ \mathrm{kPa}/100\ \mathrm{kPa})$$

$$\alpha_3^2+\alpha_3-1=0$$

$$\alpha_3=0.62$$

计算结果表明，加入惰性气体使 $PCl_5(g)$ 解离度增大，也证明加入惰性气体的效果与降低压力作用相同。

本章基本要求

1. 掌握在指定温度、压力及组成条件下，用反应吉布斯函数变化来判断反应过程的方向与是否达到平衡。

2. 明了标准平衡常数 $K^\ominus$ 的定义。掌握理想气体化学反应的 $K^\ominus$、$K_y^\ominus$ 及 $K_n^\ominus$ 之间关系的数学表达式。理解有纯凝聚相参加的多相反应的 $K^\ominus$ 之表示方法。了解液相反应的 $K^\ominus$ 表示方法。

3. 了解等温方程的推导，掌握如何使用等温方程判断化学反应方向及限度。

4. 掌握从平衡常数计算平衡转化率与平衡组成。

5. 掌握标准摩尔反应吉布斯函数 $\Delta_r G_m^\ominus$ 的定义以及 $\Delta_r G_m^\ominus$ 与 $K^\ominus$ 的关系。掌握由标准摩尔生成焓 $\Delta_f H_m^\ominus(\mathrm{B},\beta,T)$、摩尔标准熵计算反应的 $\Delta_r G_m^\ominus$ 以及由标准摩尔生成吉布斯函数 $\Delta_f G_m^\ominus$ 计算反应的 $\Delta_r G_m^\ominus$ 的方法。了解生物反应的标准态确定及平衡常数 $K^\ominus$ 的计算。

6. 理解吉布斯—亥姆霍兹方程的意义；了解等压方程的推导；掌握 $K^\ominus$ 与 T 的关系式及其在分析温度对反应平衡的影响，利用该关系式计算不同温度所对应的 $K^\ominus$、反应的 $\Delta_r G_m^\ominus$ 等方面的应用。

7. 熟悉温度、压力及惰性物质等因素对反应平衡的影响。

概　念　题

填空题

1. 在指定 T、p 及组成的条件下，某反应的 $\Delta_r G_m$ 可表示为

$$\Delta_r G_m=(\partial G/\partial\xi)_{T,p}=\sum_B \nu_B\mu_B$$

根据上式回答摩尔反应吉布斯函数变的意义为______。

2. 若已知 1 000 K 下，反应

$$\frac{1}{2}C(s)+\frac{1}{2}CO_2(g)\rightleftharpoons CO(g)\ \text{的}\ K_1^\ominus=1.318$$

$$2C(s)+O_2(g)\rightleftharpoons 2CO(g)\ \text{的}\ K_2^\ominus=22.37\times10^{40}$$

则 $CO(g)+\frac{1}{2}O_2(g)\rightleftharpoons CO_2(g)$ 的 $K_3^\ominus=$______。

3. 在一个真空容器中，放有过量的 $B_3(s)$，于 900 K 下发生以下反应

$$B_3(s)\rightleftharpoons 3B(g)$$

反应达平衡时容器的压力为 300 kPa，则此反应在 900 K 下的 $K^\ominus=$______。（填入具体数值）

4. 理想气体反应为 $A(s)+C(g)\rightleftharpoons 2D(s)$，已知在温度 T 下，A(s)、C(g) 及 D(s) 的标准态化学势分别为 $\mu_A^\ominus$、$\mu_C^\ominus$ 及 $\mu_D^\ominus$，写出反应的 $K^\ominus$ 与参加反应各物质的标准态化学势的关系式，即 $K^\ominus=$______；并写出上述反应的 $\Delta_r G_m^\ominus$ 与参加反应物质的标准态化学势的关系式，即 $\Delta_r G_m^\ominus=$______。

5. 在 300 K、101.325 kPa 下取等摩尔的 C 与 D 进行反应：

$$C(g)+D(g)\rightleftharpoons E(g)$$

达平衡时测得系统的平衡体积只有原始体积的 80%，则平衡混合物的组成 $y_C=$______，$y_D=$______，$y_E=$

______。

6.分解反应：$PCl_5(g) \rightleftharpoons PCl_3(g) + Cl_2(g)$在 250 ℃、101.325 kPa 时反应达平衡，测得混合物密度 $\rho = 2.695 \times 10^{-3}$ kg/dm^3，则此温度下 PCl_5 的解离度 $\alpha =$ ______。

7.将 1 mol $SO_3(g)$放入到恒温 1 000 K 的真空密封容器中，并发生分解反应，即 $SO_3(g) \rightleftharpoons SO_2(g) + \frac{1}{2}O_2(g)$。当反应平衡时，容器的总压为 202.65 kPa，且测得 $SO_3(g)$的解离度 $\alpha = 0.25$，则上述分解反应在 1 000 K时之 $K^{\ominus} =$ ______。(填入具体数值)

8.已知在 298.15 K 下，$Cu(s) + \frac{1}{2}O_2(g) \rightleftharpoons CuO(s)$反应的 $K^{\ominus} = 6.11 \times 10^{-22}$，在 298.15 K 下，若将 CuO(s)放入真空容器中，为防止 CuO(s)分解，同时还放入 $N_2:O_2 = 4:1$ 的混合气体。当混合气体的总压 $p \geqslant$ ______ kPa 时，CuO(s)便不发生分解。(填入具体数值)

9.下列反应在同一温度下进行：

$H_2(g) + 1/2O_2(g) \rightleftharpoons H_2O(g)$　　$\Delta_r G_m^{\ominus}(1), K_1^{\ominus}$

$2H_2O(g) \rightleftharpoons 2H_2(g) + O_2(g)$　　$\Delta_r G_m^{\ominus}(2), K_2^{\ominus}$

两个反应的 $\Delta_r G_m^{\ominus}$ 的关系为：$\Delta_r G_m^{\ominus}(2) =$ ______。

10.已知反应 $C_2H_5OH(g) \rightleftharpoons C_2H_4(g) + H_2O(g)$的 $\Delta_r H_m^{\ominus} = 45.76\ kJ \cdot mol^{-1}$，$\Delta_r S_m^{\ominus} = 126.19\ J \cdot K^{-1} \cdot mol^{-1}$，而且均不随温度而变。在较低温度下，升高温度时 $\Delta_r G_m^{\ominus} =$ ______，有利于反应向______。

11.某反应的 $\Delta_r G_m^{\ominus}$ 与 T 的关系为

$\Delta_r G_m^{\ominus}/(J \cdot mol^{-1}) = -50(T/K) + 21\ 500$

若要使反应的 $K^{\ominus} > 1$，则反应温度应控制在______。

12.化学反应 $A(s) \rightleftharpoons B(s) + D(g)$在 25 ℃时 $\Delta_r S_m^{\ominus} > 0$，$K^{\ominus} < 1$(若反应的 $\Delta_r C_{p,m}$ 为零)，则升高温度，平衡常数 $K^{\ominus}$将会______。

13.理想气体化学反应为

$2A(g) + \frac{1}{2}B(g) \rightleftharpoons C(g)$

在某温度 T 下，反应已达平衡，若保持反应系统的 T 与 V 不变，加入惰性气体 D(g)，重新达平衡后，上述反应的 $K^{\ominus}$ ______，参加反应各物质的化学势 μ ______，反应的 K_y ______。

14.反应 $2NO(g) + O_2(g) \rightleftharpoons 2NO_2(g)$的 $\Delta_r H_m^{\ominus} < 0$，若上述反应平衡后，$T$ 一定下再增大压力，则平衡向______移动，$K^{\ominus}$ ______；在 T、p 不变下减少 NO_2 的分压，则平衡向______移动，$K^{\ominus}$ ______；在 T、p 不变下加入惰性气体，则平衡向______移动，$K^{\ominus}$ ______；恒压下升高温度，则平衡向______移动，$K^{\ominus}$ ______。

选择填空题(请从每题所附答案中择一正确的填入横线上)

1.在恒温、恒压下，反应 $CO(g) + \frac{1}{2}O_2(g) \rightleftharpoons CO_2(g)$达平衡的条件是______。

选择填入：(a) $\mu(CO,g) = \mu(O_2,g) = \mu(CO_2,g)$

(b) $\mu(CO,g) = \frac{1}{2}\mu(O_2,g) = \mu(CO_2,g)$

(c) $\mu(CO,g) + \mu(O_2,g) = \mu(CO_2,g)$

(d) $\mu(CO,g) + \frac{1}{2}\mu(O_2,g) = \mu(CO_2,g)$

2.在一定温度、压力下 $A(g) + B(g) \rightleftharpoons C(g) + D(g)$的 $K_1^{\ominus} = 0.25$；

$C(g) + D(g) \rightleftharpoons A(g) + B(g)$的 $K_2^{\ominus} =$ ______；

$2A(g) + 2B(g) \rightleftharpoons 2C(g) + 2D(g)$的 $K_3^{\ominus} =$ ______。

选择填入：(a)0.25　(b)4　(c)0.062 5　(d)0.5

3.已知在 1 000 K 时，理想气体反应 $A(s) + B_2C(g) \rightleftharpoons AC(s) + B_2(g)$ 的 $K^{\ominus} = 0.006\,0$。若有一上述反应系统，其 $p(B_2C) = p(B_2)$，则此反应系统______。

选择填入：(a)自发由左向右进行　(b)不能自发由左向右进行

(c)恰好处在平衡　(d)方向无法判断

4.在 300 K 下，一抽空的容器中放入过量的 A(s)，发生下列反应：

$$A(s) \rightleftharpoons B(s) + 3D(g)$$

已知上述反应的 $K^{\ominus} = 1.06 \times 10^{-6}$，则该反应达平衡后，容器的压力 p 为______。

选择填入：(a)1.06×10^{-4} kPa　(b)1.19×10^{-16} kPa　(c)1.02 kPa　(d)无法计算

5.标准摩尔反应吉布斯函数变 $\Delta_r G^{\ominus}$ 的定义为______。

选择填入：(a)在 298.15 K 下，各反应组分均处于各自标准状态时，化学反应进行了 1 mol 反应进度之吉布斯函数变

(b)在温度 T 下，反应系统总压为 100 kPa 下，化学反应进行了 1 mol 反应进度之吉布斯函数变

(c)在温度 T 下，各反应组分均处于各自标准状态时，化学反应进行了 1 mol 反应进度之吉布斯函数变

(d)化学反应的标准平衡常数 $K^{\ominus} = 1$ 时，化学反应进行了 1 mol 反应进度之吉布斯函数变

6.反应 $A(g) + 2B(g) \rightleftharpoons 2D(g)$ 在温度 T 时的 $K^{\ominus} = 1$。若在恒定温度为 T 的真空密封容器中通入 A、B、C 三种理想气体，而且它们的分压力 $p_A = p_B = p_C = 100$ kPa，在此条件下，反应______。

选择填入：(a)从左向右进行　(b)从右向左进行　(c)处于平衡状态　(d)因条件不足，无法判断其方向

7.已知 903 K 时，反应 $SO_2(g) + 0.5O_2(g) \rightleftharpoons SO_3$ 的 $K^{\ominus} = 5.428$，在同一温度下，反应 $2SO_3(g) \rightleftharpoons 2SO_2(g) + O_2(g)$ 的 $\Delta_r G_m^{\ominus\prime} =$ ______ $kJ \cdot mol^{-1}$。

选择填入：(a) − 12.70　(b) − 25.40　(c)12.70　(d)25.40

8.已知 445 ℃下，反应 $Ag_2O(s) \rightleftharpoons 2Ag(s) + 0.5O_2(g)$ 的 $\Delta_r G_m^{\ominus} = 11.20\ kJ \cdot mol^{-1}$，则 $\Delta_f G_m^{\ominus}(Ag_2O, s)$ 为______ $kJ \cdot mol^{-1}$，$\Delta_f G_m^{\ominus}(Ag, s)$ 为______ $kJ \cdot mol^{-1}$。

选择填入：(a) − 11.20　(b)0　(c)11.20　(d)无法确定

9.已知

反应(1)　$2A(g) + B(g) \rightleftharpoons 2C(g)$ 的 $\ln K_1^{\ominus} = (3\,134\ K/T) - 5.43$

反应(2)　$C(g) + D(g) \rightleftharpoons B(g)$ 的 $\ln K_2^{\ominus} = (-1\,638\ K/T) - 6.02$

则反应(3)　$2A(g) + D(g) \rightleftharpoons C(g)$ 的 $\ln K_3^{\ominus} = (AK/T) + B$

式中的 A 为______，B 为______。A、B 皆为量纲为 1 的量。

选择填入：(a)$A = 4\,772, B = 0.590$　(b)$A = 1\,496, B = -11.45$　(c)$A = -4\,772, B = -0.590$

(d)$A = -542.0, B = 17.47$

10.在一定温度范围内，某反应的 $K^{\ominus}$ 与 T 的函数关系可用下式表示，即

$$\ln K^{\ominus} = \{A/(T/K)\} + C$$

式中 A 与 C 均为常数且量纲为 1 的量。在上式适用的温度范围内，该反应的 $\Delta_r H_m^{\ominus} =$ ______，$\Delta_r S_m^{\ominus} =$ ______。

选择填入：(a) $-ARK$(K 为温度的单位)　(b)CR　(c)0　(d) $-R(AK + CT)$

11.对于反应 $CH_4(g) + 2O_2(g) \rightleftharpoons CO_2(g) + 2H_2O(g)$

(1)在恒压下，升高已达反应平衡的系统之温度时，则该反应的 $K^{\ominus}$ ______，$CO_2(g)$ 的摩尔分数 $y(CO_2)$ ______。

(2)在恒温下，增加上述反应系统的平衡压力，令反应系统的体积变小，于是该反应的 $K^{\ominus}$ ______，K_y ______，$y(CO_2)$ ______。

选择填入：(a)变大　(b)变小　(c)不变　(d)可能变大，也可能变小

12.有一化学反应,其$\Delta_r H_m^{\ominus}$(298.15 K) < 0,$\Delta_r S_m^{\ominus}$(298.15 K) > 0,若该反应的$\Delta_r C_{p,m}=0$,则该反应的$K^{\ominus}$______。

选择填入:(a)小于1且随温度升高而增大 (b)大于1且随温度升高而增大 (c)小于1且随温度升高而减小 (d)大于1且随温度升高而减小

13.在一定温度下,0.2 mol的A(g)和0.6 mol的B(g)进行下列反应:

$$A(g)+3B(g) \rightleftharpoons 2D(g)$$

当增加系统的压力时,此反应的$K^{\ominus}$______,K_y______及A的平衡转化率α_A______。

选择填入:(a)变大 (b)变小 (c)不变 (d)也许变大也许变小

14.在$T=380$ K、p(总) = 200 kPa下反应

$$C_6H_5C_2H_5(g) \rightleftharpoons C_6H_5C_2H_3(g)+H_2(g)$$

的平衡系统中加入一定量的惰性组分$H_2O(g)$。此反应的K_y______,$C_6H_5C_2H_5(g)$的转化率α______,$y(C_6H_5C_2H_3)$______。

选择填入:(a)变大 (b)变小 (c)不变 (d)因数据不足,无法判断

15.若14题反应的反应条件改为在恒T、V下进行,当反应达平衡后,再向反应系统中通入惰性组成$H_2O(g)$,则反应的$K^{\ominus}$______,K_y______,$C_6H_5C_2H_5$的平衡转化率α______,$y(C_6H_5C_2H_3)$______。

选择填入:(a)变大 (b)变小 (c)不变 (d)可能变大,也可能变小

习　题

5-1(A)　$N_2O_4(g)$的解离反应为$N_2O_4(g) \rightleftharpoons 2NO_2(g)$,在50 ℃、34.8 kPa下,测得$N_2O_4(g)$的解离度$\alpha=0.630$,求在50 ℃下反应的标准平衡常数$K^{\ominus}$。

答:$K^{\ominus}=0.916$

5-2(A)　在体积为1.055 dm^3抽空容器中放入NO(g),在297.15 K下测得NO(g)的压力为24.131 kPa,然后将0.704 g的Br_2放入容器中,并且将温度升至323.7 K,容器中发生如下反应:

$$2NOBr(g) \rightleftharpoons 2NO(g)+Br_2$$

反应达平衡时,测得系统的压力为30.824 kPa,求反应的$K^{\ominus}$。

答:$K^{\ominus}=0.042\,3$

5-3(A)　计算在温度为2 400 ℃时,由空气(21% O_2与79% N_2)合成NO的混合物组成。反应如下:

$$N_2(g)+O_2(g) \rightleftharpoons 2NO$$

已知在该温度下的标准平衡常数$K^{\ominus}=0.003\,5$,并且反应只进行到达平衡时80%。

答:$y_{N_2}=0.780\,7$,$y_{O_2}=0.200\,7$,$y_{NO}=0.018\,6$

5-4(A)　在600 K、200 kPa下,1 mol A(g)与1 mol B(g)进行反应为$A(g)+B(g) \rightleftharpoons D(g)$。当反应达平衡时有0.4 mol D(g)生成。

(a)计算上述反应在600 K下的$K^{\ominus}$;

(b)求在600 K、200 kPa下,在真空容器内放入物质的量为n的D(g),同时按上面反应的逆反应进行分解,反应达平衡时D(g)的解离度α为多少?

答:(a)$K^{\ominus}=0.888\,9$;(b)α(D) = 0.60

5-5(B)　在1 000 K、101.325 kPa下,将1.000 mol $SO_2(g)$与0.500 mol $O_2(g)$进行反应,反应达平衡后有0.460 mol $SO_3(g)$生成。在保持T、V不变下,向上述平衡系统通入$O_2(g)$,反应重新达平衡后,系统的总压增加了一倍。求所加入$O_2(g)$的物质的量$n(O_2)$及$SO_3(g)$之摩尔分数。

答：$n(O_2)=1.375\ \text{mol}$，$y(SO_3)=0.264$

5-6(A) 在真空容器中放入大量的 $NH_4HS(s)$，其分解反应为：$NH_4HS(s) \rightleftharpoons NH_3(g)+H_2S(g)$。在 293.15 K下测得平衡时系统的总压力为 45.30 kPa。(a)求分解反应在 293.15 K 下的 $K^{\ominus}$；(b)若容器体积为 2.4 dm^3，放入的 $NH_4HS(s)$量为 0.060 mol，达平衡时还余下固体的物质的量为多少？(c)若容器中原放有 35.50 kPa 的 $H_2S(g)$，则放入大量的 $NH_4HS(s)$并达平衡后，系统的总压力为多大？

答：(a) $K^{\ominus}=0.051\ 3$；(b) n(余) $=0.037\ 7$ mol；
(c) $p_{总}=57.55$ kPa

5-7(A) 体积比为 3∶1 的 $H_2(g)$与 $N_2(g)$之混合气体，在 400 ℃与 101.325 kPa 下反应达平衡时，得 3.85%(体积)的 $NH_3(g)$。(a)求反应 $N_2(g)+3H_2(g) \rightleftharpoons 2NH_3(g)$的 $K^{\ominus}$；(b)保持温度不变，平衡时欲得到 5% 的 $NH_3(g)$，需多大反应压力？(c)若将反应的总压力增加到 5 066.25 kPa，计算平衡混合气体中 $NH_3(g)$的摩尔分数和 K_y。

答：(a) $K^{\ominus}=16.016\times10^{-3}$；(b) $p=181.71$ kPa；
(c) $y_{NH_3}=0.506\ 7$，$K_y=41.14$

5-8(A) $NH_4Cl(s)$的分解反应为：$NH_4Cl(s) \rightleftharpoons NH_3(g)+HCl(g)$。在 520 K 下，向体积为 42.7 dm^3 的真空密封容器中放入足够量的 $NH_4Cl(s)$，分解达平衡时测得容器的平衡压力为 5.066 kPa，然后将容器变成真空，再放 0.02 mol $NH_4Cl(s)$及 0.02 mol 的 $NH_3(g)$。计算在 520 K 下反应达平衡时，容器中各物质的量及容器的总压力 p。

答：$n_{HCl}=0.016\ 9$ mol，$n_{NH_4Cl}=0.003\ 06$ mol，$n_{NH_3}=0.036\ 9$ mol，$p=5.455$ kPa

5-9(A) 在 17 ℃下，将 $COCl_2(g)$引入密封真空容器中，直到压力达 9.466×10^4 Pa，在此温度下 $COCl_2(g)$不发生解离。当将气体加热至 500 ℃时，则 $COCl_2(g)$发生解离，其解离反应如下：

$$COCl_2(g) \rightleftharpoons CO(g)+Cl_2(g)$$

反应达平衡后容器的压力为 2.6×10^5 Pa。

(a)求在 500 ℃下 $COCl_2(g)$的解离度。

(b)求该温度下 $CO(g)+Cl_2(g) \rightleftharpoons COCl_2$ 反应的 $\Delta_r G_m^{\ominus}$。

答：(a) $\alpha(COCl_2)=0.030\ 77$；(b) $\Delta_r G_m^{\ominus}=-24.965\ \text{kJ}\cdot\text{mol}^{-1}$

5-10(B) 体积相等的 A、B 两个玻璃球用活塞连接并抽成真空，然后关闭活塞使两球不通。在 324 K 下，A 球充入 NO(g)至压力为 52.61 kPa，B 球充入 $Br_2(g)$至压力为 22.48 kPa。实验时，将活塞打开，于是两气体发生如下反应：

$$2NO(g)+Br_2(g) \rightleftharpoons 2NOBr(g)$$

测得在 324 K 下，反应达平衡时系统中三种气体的总压力为 30.82 kPa。求反应的 $K^{\ominus}$及 $\Delta_r G_m^{\ominus}$。

答：$K^{\ominus}=24.246$，$\Delta_r G_m^{\ominus}=-8\ 588\ \text{J}\cdot\text{mol}^{-1}$

5-11(B) 已知 25 ℃下 $\Delta_f G_m^{\ominus}(Fe_2O_3,s)=-742.2\ \text{kJ}\cdot\text{mol}^{-1}$，$\Delta_f G_m^{\ominus}(Fe_3O_4,s)=-1\ 015\ \text{kJ}\cdot\text{mol}^{-1}$。试问在 25 ℃的空气中($O_2$ 占 0.21)$Fe_3O_4(s)$与 $Fe_2O_3(s)$何者更稳定？

答：$Fe_2O_3(s)$稳定

5-12(A) 已知在 25 ℃下 $\Delta_f G_m^{\ominus}(H_2O,g)=-228.57\ \text{kJ}\cdot\text{mol}^{-1}$，$\Delta_f G_m^{\ominus}(H_2O,l)=-237.13\ \text{kJ}\cdot\text{mol}^{-1}$。试求 25 ℃时

(a)水蒸发过程的标准摩尔吉布斯函数变 $\Delta_{vap} G_m^{\ominus}$。

(b)水的饱和蒸气压 $p^*(H_2O)$。

答：(a) $\Delta_{vap} G_m^{\ominus}=8.56\ \text{kJ}\cdot\text{mol}^{-1}$；(b) $p^*(H_2O)=3.164\ 2$ kPa

5-13(A) 已知反应 $H_2(g)+Br_2(g) \rightleftharpoons 2HBr(g)$ 在 25 ℃下的 $K^\ominus$ 为 1.7×10^{19}；而且在 25 ℃下，$Br_2(g)$ 的 $\Delta_f H_m^\ominus=30.91\ kJ\cdot mol^{-1}$，$S_m^\ominus(Br_2,g)=245.46\ J\cdot K^{-1}\cdot mol^{-1}$，HBr(g) 的 $S_m^\ominus(HBr,g)=198.70\ J\cdot K^{-1}\cdot mol^{-1}$，$S_m^\ominus(H_2,g)=130.68\ J\cdot K^{-1}\cdot mol^{-1}$。求 25 ℃下 HBr(g) 的 $\Delta_f H_m^\ominus$。

答：$\Delta_f H_m^\ominus(HBr,g)=-36.26\ kJ\cdot mol^{-1}$

5-14(A) 某反应在 327 ℃与 347 ℃时的标准平衡常数 $K_1^\ominus$ 与 $K_2^\ominus$ 分别为 1×10^{-12} 和 5×10^{-12}。计算在此温度范围内反应的 $\Delta_r H_m^\ominus$ 与 $\Delta_r S_m^\ominus$。设反应的 $\Delta_r C_{p,m}=0$。

答：$\Delta_r H_m^\ominus=249.01\ kJ\cdot mol^{-1}$，$\Delta_r S_m^\ominus=185.2\ J\cdot K^{-1}\cdot mol^{-1}$

5-15(A) 理想气体反应如下：$3A(g) \rightleftharpoons B(g)$，在压力为 101.325 kPa、300.15 K 下测得平衡时 40% A(g) 转化掉。在压力不变时，将温度提高 10 K，则 A(g) 有 41% 转化。求上述反应的 $\Delta_r H_m^\ominus$ 及 $\Delta_r S_m^\ominus$。设 $\Delta_r C_{p,m}=0$。

答：$\Delta_r H_m^\ominus=4.399\ kJ\cdot mol^{-1}$，$\Delta_r S_m^\ominus=5.269\ J\cdot K^{-1}\cdot mol^{-1}$

5-16(A) 在 1 500 K 下，金属 Ni 上存在总压为 101.325 kPa 的 CO(g) 和 $CO_2(g)$ 混合气体，可能进行的反应为：$Ni(s)+CO_2(g) \rightleftharpoons NiO(s)+CO(g)$。为了不使 Ni(s) 被氧化，在上述混合气体中 CO_2 的压力 p_{CO_2} 不得大于多大的压力？已知下列反应的 $\Delta_r H_m^\ominus$ 与 T 的函数关系为

$2Ni(s)+O_2(g) \rightleftharpoons 2NiO(s)$ (1)　$\Delta_r G_m^\ominus(1)=-489.1+0.197\ 1\ T/K$

2C(石墨)$+O_2(g) \rightleftharpoons 2CO(g)$(2)　$\Delta_r G_m^\ominus(2)=-223.0-0.175\ 3\ T/K$

C(石墨)$+O_2(g) \rightleftharpoons CO_2(g)$ (3)　$\Delta_r G_m^\ominus(3)=-394.0-0.840\times10^{-3}\ T/K$

$\Delta_r G_m^\ominus$ 的单位为 $kJ\cdot mol^{-1}$。

答：$p_{CO_2}<99.72\ kPa$

5-17(A) 已知理想气体反应 $B_2(g) \rightleftharpoons 2B(g)$ 的 $\Delta_r G_m^\ominus$ 与 T 的关系式如下：

$$\Delta_r G_m^\ominus=-640RK-8RT\ln(T/K)+46.5RT$$

(a)求在 300 K、202.65 kPa 下，$B_2(g)$ 的平衡转化率 $\alpha(B_2)$。

(b)在 300 K 时上述反应的 $\Delta_r S_m^\ominus$ 与 $\Delta_r H_m^\ominus$。

(c)上述反应的 $\Delta_r C_{p,m}$。

答：(a) $\alpha(B_2)=0.551$；(b) $\Delta_r S_m^\ominus=59.28\ J\cdot K^{-1}\cdot mol^{-1}$，$\Delta_r H_m^\ominus=14.63\ kJ\cdot mol^{-1}$；(c) $\Delta_r C_{p,m}=8R$

5-18(A) 在 101.325 kPa 下，有反应如下：

$$UO_3(S)+2HF(g) \rightleftharpoons UO_2F_2(s)+H_2O(g)$$

此反应的标准平衡常数 $K^\ominus$ 与温度 T 的关系式为 $\lg K^\ominus=\dfrac{6\ 550}{T/K}-6.11$。

(a)求上述反应的标准摩尔反应焓 $\Delta_r H_m^\ominus$（$\Delta_r H_m^\ominus$ 与 T 无关）。

(b)若要求 HF(g) 的平衡组成 $y_{HF}=0.01$，则反应的温度应为多少？

答：$\Delta_r H_m^\ominus=-125.4\ kJ\cdot mol^{-1}$，$T=648.5\ K$

5-19(A) 尿素的生成反应为

$$\text{C(石墨)}+\frac{1}{2}O_2(g)+N_2(g)+2H_2(g) \rightleftharpoons CO(NH_2)_2(s)$$

已知 25 ℃，上述反应的标准摩尔反应熵 $\Delta_r S_m^\ominus=-456.295\ J\cdot K^{-1}\cdot mol^{-1}$，标准摩尔反应焓 $\Delta_r H_m^\ominus=-333.5\ kJ\cdot mol^{-1}$，以及下列各物质的标准摩尔生成吉布斯函数：

物质	$NH_3(g)$	$CO_2(g)$	$H_2O(g)$
$\Delta_f G_m^\ominus/kJ\cdot mol^{-1}$	−16.5	−394.36	−228.57

(a)求 25 ℃时，$CO(NH_2)_2$ 的标准摩尔生成吉布斯函数 $\Delta_f G_m^\ominus$。

(b)求 25 ℃时，下列反应的平衡常数 $K^\ominus$

$CO_2(g)+2NH_3(g) \rightleftharpoons H_2O(g)+CO(NH_2)_2(s)$

答：(a) $\Delta_f G_m^\ominus\{(CO(NH_2)_2(s)\} = -197.45\ kJ \cdot mol$；(b) $K^\ominus = 0.585$

5-20(A) 已知反应 $N_2(g)+O_2(g) \rightleftharpoons 2NO(g)$ 的 $\Delta_r H_m^\ominus$ 及 $\Delta_r S_m^\ominus$ 分别为 180.50 $kJ \cdot mol^{-1}$ 与 24.81 $J \cdot K^{-1} \cdot mol^{-1}$。设反应的 $\Delta_r C_{p,m}=0$。

(a)计算当反应的 $\Delta_r G_m^\ominus$ 为 125.52 $kJ \cdot mol^{-1}$ 时反应的温度是多少？

(b)反应在(a)的温度下，等摩尔比的 $N_2(g)$ 与 $O_2(g)$ 开始进行反应，求反应达平衡时 N_2 的平衡转化率是多少？

(c)求上述反应在 1 000 K 下的 $K^\ominus$。

答：$T = 2\ 218.7$ K，$\alpha = 0.016\ 4$，$K^\ominus_{(1\ 000\ K)} = 7.364 \times 10^{-9}$

5-21(B) 已知 25 ℃下，反应 $I_2(s) \rightleftharpoons I_2(g)$ 的 $\Delta_r G_m^\ominus = 19.33\ kJ \cdot mol^{-1}$，$\Delta_r H_m^\ominus = 62.438\ kJ \cdot mol^{-1}$，而且 $\Delta_r C_{p,m}=0$。

(a)计算 $I_2(s)$ 在 25 ℃下的饱和蒸气压。

(b)若要使 $I_2(s)$ 的饱和蒸气压 $p^*(I_2) = 100$ kPa，温度应为多少度？

答：(a) $p^*(I_2) = 41.05$ kPa；(b) $T = 431.84$ K

5-22(B) 实验测得 $CO_2(g)+C(s) \rightleftharpoons 2CO(g)$ 反应的数据：

T/K	平衡总压 p/kPa	平衡混合气中的 y_{CO_2}
1 073	260.41	0.264 5
1 173	233.05	0.002 2

已知反应 $2CO_2(g) \rightleftharpoons 2CO(g)+O_2(g)$ 在 1 173 K 时的 $K^\ominus = 1.266 \times 10^{-11}$，$CO_2(g)$ 的 $\Delta_f H_m^\ominus = -392.2\ kJ \cdot mol^{-1}$。求反应 $2CO(g)+O_2(g) \rightleftharpoons 2CO_2(g)$ 在 1 173 K 下的 $\Delta_r H_m^\ominus$ 与 $\Delta_r S_m^\ominus$。

答：$\Delta_r H_m^\ominus = -623.21\ kJ \cdot mol^{-1}$，$\Delta_r S_m^\ominus = -322.68\ J \cdot K^{-1} \cdot mol^{-1}$

5-23(B) 反应 $Fe(s)+H_2O(g) \rightleftharpoons FeO(s)+H_2(g)$ 在 101.325 kPa、1 173 K 条件下，$H_2(g)$ 的平衡分压力为 59.995 kPa，当压力不变而温度上升为 1 298 K 时，$H_2(g)$ 的平衡分压力为 56.928 kPa。已知 1 000 K、101.325 kPa 下，纯水蒸气解离为 $H_2(g)$ 和 $O_2(g)$ 的解离度为 $6.46 \times 10^{-5}\%$。求：(a) 1 173 ~ 1 298 K 范围内，上述反应的 $\Delta_r H_m^\ominus$；(b)在 1 000 K 下，FeO(s)分解为 Fe(s)和 $O_2(g)$ 时的分解压力。

答：(a) $\Delta_r H_m^\ominus = -12.563\ kJ \cdot mol^{-1}$；(b) $p_{O_2} = 4.149 \times 10^{-18}$ kPa

5-24(A) 在 500 ℃及催化剂作用下，反应 $CO(g)+2H_2(g) \rightleftharpoons CH_3OH(g)$ 迅速达平衡。若反应开始时放入 1 mol CO(g)和 2 mol $H_2(g)$，试计算反应达平衡后要求 $CH_3OH(g)$ 的物质的量达 0.1 mol，则该反应需在多大压力下进行。设参加反应的气体均为理想气体，反应的 $\Delta_r C_{p,m}=0$；并知参加反应各物质的热力学数据如下(25 ℃)：

物　质	$H_2(g)$	$CO(g)$	$CH_3OH(g)$
$\Delta_f H_m^\ominus/kJ \cdot mol^{-1}$	0	-110.52	-200.7
$S_m^\ominus/J \cdot K^{-1} \cdot mol^{-1}$	130.68	197.67	239.8

答：$p = 24\ 790$ kPa

5-25(A) 工业上用乙苯脱氢制苯乙烯的反应为

$$C_6H_5C_2H_5(g) \rightleftharpoons C_6H_5C_2H_3(g)+H_2(g)$$

若反应在 900 K 下进行，其 $K^\ominus = 1.51$。试分别计算在下述情况下乙苯的平衡转化率。

(a)反应压力为 100 kPa；

(b)反应压力为 10 kPa；

(c)反应压力为 100 kPa，并加入水蒸气使原料气中水蒸气与乙苯蒸气的物质的量之比为 10∶1。

答：(a)77.7%；(b)96.9%；(c)94.7%

5-26(A) 在 454～475 K 温度范围内，反应

$$2C_2H_5OH(g) \rightleftharpoons CH_3COOC_2H_5(g) + 2H_2(g)$$

的标准平衡常数 $K^\ominus$ 与 T 的关系式如下：

$$\lg K^\ominus = (-2\ 100\text{K}/T) + 4.67$$

已知 473 K 时，乙醇的 $\Delta_f H_m^\ominus = -235.34\ \text{kJ/mol}^{-1}$，求该温度下的乙酸乙酯的 $\Delta_f H_m^\ominus$。

答：$-430.48\ \text{kJ·mol}^{-1}$

5-27(A) 由原料气环己烷开始，在 230 ℃、101.325 kPa 下进行如下脱氢反应：

$$C_6H_{12}(g) \rightleftharpoons C_6H_6(g) + 3H_2(g)$$

测得平衡混合气中含 $H_2(g)$ 72%，又知 327 ℃时 $\Delta_f G_m^\ominus(C_6H_{12},g) = 200.25\ \text{kJ·mol}^{-1}$，$\Delta_f G_m^\ominus(C_6H_6,g) = 129.7\ \text{kJ·mol}^{-1}$。求：

(a)230 ℃时反应的标准平衡常数 $K^\ominus$；

(b)在 230 ℃下，要使反应平衡混合气中的 $H_2(g)$ 含量为 66%时，需多大的压力？

(c)若 $\Delta_r C_{p,m} = 0$，求上述反应的 $\Delta_r H_m^\ominus$。

答：(a) $K^\ominus = 2.329\ 7$；(b) $p = 164.11\ \text{kPa}$；
(c) $\Delta_r H_m^\ominus = 344.07\ \text{kJ·mol}^{-1}$

第 6 章　相平衡

在环境工程中，处理污染的大气、工业废水以及有用物质的回收等，常需采用各种分离方法，如结晶、精馏、吸收和萃取等单元操作，而这些单元操作的理论基础就是本章所介绍的相平衡原理。所以研究多组分多相系统的相平衡有重要的实际意义。相平衡原理是应用热力学原理和方法，来研究多组分多相系统的状态与平衡相的组成、温度和压力间的函数关系。但有时这种函数关系因系统复杂而难以表达，所以常用图形来表达多组分多相系统的状态与平衡相的组成、温度和压力间的关系，这种图形称为相图。相平衡原理中最基本的定律就是吉布斯相律，相律是系统中的组成、相数、温度和压力等相互依存与变化的规律。为了指导相平衡研究，需要首先介绍相律。

§6-1　相律

相律是吉布斯根据热力学原理而导出的相平衡基本定律，是多组分多相平衡系统都遵循的规律，它主要用来确定相平衡系统的状态时，需要几个能独立改变的变量数，即自由度数 F。

1. 自由度数

相平衡系统发生变化时，系统的 T、p 及各相的组成这些变量均可发生变化。将保持系统原有的相及相数不变下，在一定范围内可以独立改变的变量，称为自由度。系统的自由度个数称为自由度数，用 F 表示。

例如，将水注入到真空的密闭容器中，当气、液两相平衡时，温度、压力虽为变量，但由于二者之间存在一定的函数关系，故只有一个为独立变量。例如，在 100 ℃、101.325 kPa 下，水与其蒸气成平衡，若压力不变而将系统温度降至 90 ℃时，则平衡被破坏，此时水蒸气压力高于水在 90 ℃的饱和蒸气压，故蒸气全部变成水，系统原有的相数减少，即气相消失，就是说，要保持水与蒸气两相共存必须将系统压力降至水在 90 ℃时的饱和蒸气压(70.12 kPa)，亦即压力不是独立变量，是随温度而变。因此，水的气、液两相平衡系统的自由度数 $F=1$。但是对于一个由多种物质形成的多相平衡系统，单凭经验确定其自由度数的多少就很困难。为确定平衡系统的自由度数，需导出一个计算自由度数的数学式。

2. 相律的推导

由代数定理可知，N 个独立的方程式能限制 N 个变量，因此，确定系统状态总的变量数与关联这些变量之间关系的独定方程式的个数之差就是独立变量数，也就是自由度数 F，即

自由度数 = 总变量数 - 独立的方程式数

设平衡系统中有 S 种化学物质(称为物种数)分布在 P 个相，并用阿拉伯数字 1、2、3……表示在每一个相中各个不同的物种；用罗马字母 Ⅰ、Ⅱ、Ⅲ……分别代表各个不同的平衡相。设任一物质在各相中具有相同的分子形式。当各相的组成用摩尔分数(或质量分数)表示时，则每个相中都存在这一关系式，即 $x_1+x_2+x_3+\cdots+x_S=1$，故每个相中有$(S-1)$个浓度变

量。在 P 个相中共有 $P(S-1)$ 个浓度变量,平衡系统各相应具有相同的温度和压力。因此要确定系统状态,则需要知道系统的温度、压力及 $P(S-1)$ 个浓度变量,故总的变量数应为 $\{P(S-1)+2\}$。式中的 2 表示温度和压力两个变量。

但是系统处在相平衡时,每种物质在各个相中的化学势相等,即

$$\mu_1(\text{I})=\mu_1(\text{II})=\cdots=\mu_1(P)$$
$$\vdots$$
$$\mu_S(\text{I})=\mu_S(\text{II})=\cdots=\mu_S(P)$$

在一定 T、p 下,化学势是组成的函数,故同一种物质在各个相中的组成要受化学势相等的关系式限制。一种物质有 $P-1$ 个化学势相等的关系式,S 种物质则有 $S(P-1)$ 个化学势等式,也就是 $P(S-1)$ 个浓度变量中,有 $S(P-1)$ 个浓度变量是不独立的。此外,若系统中还存在 R 个独立的化学反应式时,根据化学反应平衡条件 $\sum\nu_B\mu_B=0$,可知每个独立的化学反应式就有一个关联参加该反应的各组分浓度的关系式存在。所以系统若有 R 个独立化学反应,浓度之间就存在着 R 个关系式。除了上述的关系式外,系统中的浓度之间还有 R' 个独立的浓度关系式。于是,系统因存在着 $S(P-1)+R+R'$ 个浓度关系式,所以,在系统的 $P(S-1)$ 个浓度变量中,有 $S(P-1)+R+R'$ 个是不独立的,故描述系统状态所需的独立变量数,即自由度数应为

$$F=\{P(S-1)+2\}-\{S(P-1)+R+R'\}=S-R-R'-P+2$$

令 $$C=S-R-R'$$

$$F=C-P+2 \tag{6-1-1}$$

式(6-1-1)就是著名的吉布斯相律。式中的 C 称为组分数,它等于物种数减去独立化学反应式数,再减去独立浓度关系式数。

在应用相律时需要注意几点。①相律只适用于热力学平衡系统。②$F=C-P+2$ 式中的"2"表示整个系统的温度、压力应相同,不符合此条件的系统则不适用,如渗透系统中膜的两侧的平衡压力不同,此时相律 $F=C-P+2$ 要改为 $F=C-P+3$;此外,当影响系统状态的因素不仅有温度和压力,而且还有其他因素(如电场、磁场、重力场……)时,则 $F=C-P+2$ 一式要相应改变为 $F=C-P+n$,n 为所有影响系统状态的外界因素(包括温度、压力、电场、磁场、重力场……)。③不论 S 种物质是否能同时存在各平衡相中,都不影响相律的形式。这是因为若某相中不含某种物质,则在这一相中就少了一个该物质的浓度,同时,该物质在各相化学势相等的关系式也相应地减少一个。也就是说,总变数减少一个的同时,限制条件也相应地减少一个,故 $F=C-P+2$ 仍然成立。④相律是用来计算确定平衡系统状态需要多少个独立变量,即自由度数 F,所以 F 只能等于或大于零。⑤自由度数是平衡系统的独立变量数,当独立变量选定之后,相律告诉我们系统的其他变量(即系统的其他物质)与独立变量之间必然存在一定的函数关系,但是不能确知函数关系式的具体形式。

例 6.1.1 在一个真空密封容器中,放有过量的固态 NH_4I,并进行下列分解反应:

$$NH_4I(s) \rightleftharpoons NH_3(g)+HI(g)$$

当系统达平衡时,求此系统的自由度数 F。

解:应用相律求此系统的自由度数 F 时,关键在于正确求取组分数 C。因 $C=S-R-R'$,所以能否正确求得 C 的值,就在于能否正确确定 R 和 R'。例如本题有一个化学反应,所以 $R=1$。问题是 R' 是否为零?根

据实验情况，反应刚开始时容器中只有 $NH_4I(s)$，反应达平衡后容器中有 $NH_4I(s)$、$NH_3(g)$和 $HI(g)$，$NH_3(g)$和 HI 均是由 $NH_4I(s)$分解而来的，所以 y_{NH_3} 和 y_{HI}之比为 1:1，即 $y_{NH_3} = y_{HI}$，说明 y_{NH_3} 和 y_{HI} 中只有一个是独立的，另一个是不独立的。$C = S - R - R' = 3 - 1 - 1 = 1$。达平衡时，容器中有气相（由 $NH_3(g)$、$HI(g)$构成）与固相，即相数 $P = 2$，于是

$$F = C - P + 2 = 1 - 2 + 2 = 1$$

自由度数 $F = 1$，就是说系统温度 T 与气相中的 y_{NH_3} 和 y_{HI}这三个变量中，只有一个是独立的，其余两个则是不独立的。

例 6.1.2 在一个真空密封容器中，放有过量的固态 $CaCO_3$，并进行下列分解反应

$$CaCO_3(s) \rightleftharpoons CaO(s) + CO_2(g)$$

当系统达平衡时，求此系统的自由度数 F。

解：从题目的内容看，似乎与例 6.1.1 相同，但实际上两题是有区别的，区别就在于 R'。表面上看，$CaO(s)$与 $CO_2(g)$也是由 $CaCO_3(s)$分解而来，与 $NH_3(g)$和 $HI(g)$均是由 $NH_4I(s)$分解而来是一样的，似乎 R'也应为 1，可是 $CaO(s)$与 $CO_2(g)$是分属于不同的相，是纯物质，根本就无浓度变量存在，所以也就无浓度关系式的问题，即 $R' = 0$。而 $NH_3(g)$和 $HI(g)$均是同属一个相中，这就关系到 $NH_3(g)$的浓度和 $HI(g)$的浓度之间有无比例存在，如有，则 $R' = 1$，如无，则 $R' = 0$。由此可见，要确定有无独立的浓度关系式 R'存在或R'为多少，主要是从同一个相中去寻找。

本题由于 $R' = 0$，$R = 1$ 故 $C = S - R - R' = 3 - 1 - 0 = 2$，因而 $F = C - P + 2 = 2 - 3 + 2 = 1$。$F = 1$ 的含义是描述该平衡系统的温度与压力两个变量中，只有一个是独立的。因系统中的三个相均为纯物质，无浓度变量的问题，所以描述系统的变量只有 T 和 p。

§6-2　单组分系统相平衡

对于单组分（即 $C = 1$）系统，根据相律可得

$$F = 3 - P$$

由于自由度数 F 最小只能为零，所以单组分系统最多只可能有三个相平衡共存。对于单组分两相平衡系统，根据相律，$F = 1$，就是说 T、p 两个变量中只有一个是独立变量，即 T、p 两个变量之间存在着某种函数关系。这一关系可由热力学证明。

1. 克拉佩龙方程与克劳修斯—克拉佩龙方程

1）克拉佩龙方程

在一定温度和压力下，某一纯物质的任意两相平衡可以表示为

$$\text{物质 } B^*(\alpha\text{ 相}, T, p) \rightleftharpoons \text{物质 } B^*(\beta\text{ 相}, T, p)$$

$$G^*_{m,B}(\alpha, T, p) \qquad\qquad G^*_{m,B}(\beta, T, p)$$

当两相达平衡时，$G = G_{m,B}(\beta) - G_{m,B}(\alpha) = 0$，即

$$G^*_{m,B}(\alpha, T, p) = G^*_{m,B}(\beta, T, p)$$

当温度发生微变 dT，系统的压力相应改变 dp，在新的条件下两相又达到平衡，此过程两相的吉布斯函数变必然相等，即

$$\text{物质 } B^*(\alpha\text{ 相}, T + dT, p + dp) \rightleftharpoons \text{物质 } B^*(\beta\text{ 相}, T + dT, p + dp)$$

$$G^*_{m,B}(\alpha, T, p) + dG^*_{m,B}(\alpha) \qquad G^*_{m,B}(\beta, T, p) + dG^*_{m,B}(\beta)$$

重新达平衡时　$G_{m,B}^*(\alpha,T,p)+dG_{m,B}^*(\alpha)=G_{m,B}^*(\beta,T,p)+dG_{m,B}^*(\beta)$

得　$dG_{m,B}^*(\alpha)=dG_{m,B}^*(\beta)$

根据热力学基本方程由式 $dG=Vdp-SdT$,上式可写改如下:

$$V_{m,B}^*(\alpha)dp-S_{m,B}^*(\alpha)dT=V_{m,B}^*(\beta)dp-S_{m,B}^*(\beta)dT$$

整理,得　$\dfrac{dp}{dT}=\dfrac{S_{m,B}^*(\beta)-S_{m,B}^*(\alpha)}{V_{m,B}^*(\beta)-V_{m,B}^*(\alpha)}$

或　$dp/dT=\dfrac{\Delta_\alpha^\beta S_{m,B}^*}{\Delta_\alpha^\beta V_{m,B}^*}$

由于相变为可逆相变,故

$$\Delta_\alpha^\beta S_{m,B}^*=\Delta_\alpha^\beta H_{m,B}^*/T$$

并将此式代入上式中,可得

$$dp/dT=\Delta_\alpha^\beta H_{m,B}^*/(T\Delta_\alpha^\beta V_{m,B}^*) \tag{6-2-1}$$

上式称为克拉佩龙(Clapeyron)方程。此式表示纯物质任意两相平衡时,平衡压力随平衡温度变化的变化率。此式可适用于纯物质任意两相平衡系统。

例 6.2.1　已知 0 ℃时,冰的摩尔熔化焓 $\Delta_{fus}H_m^*=6\ 008\ J\cdot mol^{-1}$,摩尔体积 $V_m^*(s)=19.652\times10^{-6}\ m^3\cdot mol^{-1}$;水的摩尔体积 $V_m^*(l)=18.018\times10^{-6}\ m^3\cdot mol^{-1}$。在 p(环)$=101.325$ kPa 时冰的熔点为 0 ℃。试计算 0 ℃时,水的凝固点每降低 1 ℃所需的平衡外压变化 Δp 应为若干?

解:　$\Delta_{fus}V_m^*=V_m^*(l)-V_m^*(s)$

$$=(18.018-19.652)\times10^{-6}\ m^3\cdot mol^{-1}=-1.634\times10^{-6}\ m^3\cdot mol^{-1}$$

$\Delta_{fus}H_m^*=6\ 008\ J\cdot mol^{-1}$,因 $dT/dp<0$,即对水而言,外压升高冰点降低。

$$\Delta p=\frac{\Delta_{fus}H_m^*\ln(T_2/T_1)}{\Delta_{fus}V_m^*}$$

$$=\frac{6\ 008\times\ln(272.15/273.15)}{-1.634\times10^{-6}}\ Pa=13.49\times10^6\ Pa$$

所以要使冰点降低 1 ℃,需增加压力 13.49 MPa。

2)克劳修斯—克拉佩龙方程

将克拉佩龙方程应用于有蒸气相的两相(液、气或固、气)平衡系统。设液体的摩尔体积可忽略不计,即 $\Delta_\alpha^\beta V_{m,B}^*=V_m^*(g)-V_m^*(l)\approx V_m^*(g)$,蒸气视为理想气体。

可将克拉佩龙方程改写为

$$dp/dT=\Delta_{Vap}H_m^*/TV_m^*(g)=\Delta_{Vap}H_m^*/T(RT/p)$$

$$dp/p=\Delta_{Vap}H_m^*\,dT/RT^2$$

或　$$d\ln p/dT=\Delta_{Vap}H_m^*/RT^2 \tag{6-2-2}$$

式(6-2-2)即是克劳修斯—克拉佩龙方程,此式可适用于气、液两相平衡。若将上式积分,并设 $\Delta_{Vap}H_m^*$ 为定值,则得

不定积分时　$$\ln(p^*/[p])=-\Delta_{Vap}H_m^*/RT+C\text{(积分常数)} \tag{6-2-3}$$

定积分时　$$\ln(p_2^*/p_1^*)=-\Delta_{Vap}H_m^*/R\{(1/T_2)-(1/T_1)\} \tag{6-2-4}$$

上面两积分式常用于计算不同温度 T 下所对应的饱和蒸气压 $p^*(T)$或 $\Delta_{vap}H_m^*$。若将式(6-2-2)、(6-2-3)和(6-2-4)用于固气平衡系统,则需将 $\Delta_{vap}H_m^*$ 换成 $\Delta_{sub}H_m^*$ 后才能使用。

2.水的相图

水在一般温度和压力下,可以三种相态存在:气相(水蒸气)、液相(水)与固相(冰)。由于水是单组分系统,根据相律 $F=P-3$,其自由度数 F 最大为 2,所以可用压力和温度分别为纵坐标和横坐标作图,来描述水的相平衡状态。下面图 6-2-1 为实验测定的水的相图。图中 OC 线,称为水的饱和蒸气压曲线或蒸发曲线,表示水和水蒸气两相平衡。若在恒温下对此两相平衡系统加压,气相消失,减压则液相消失,故 OC 线以上为水的相区,OC 线以下为水蒸气的相区。OC 线的上端止于水的临界点 C(373.91 ℃,22 050 kPa)。

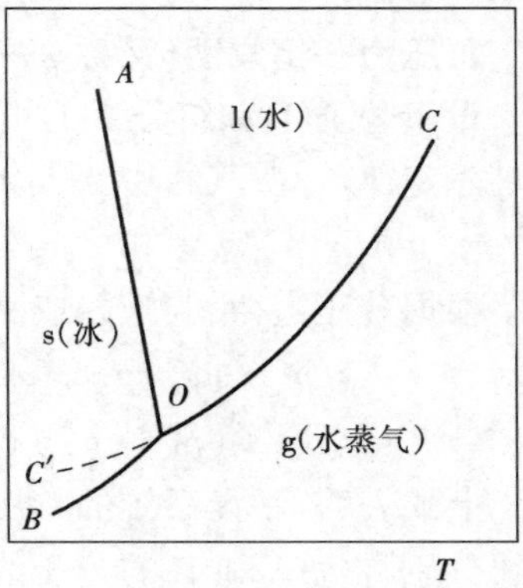

图 6-2-1　水的相图示意图

图中 OB 线称为冰的饱和蒸气压曲线,或冰的升华曲线。此曲线上任何一点均表示冰与水蒸气处在两相平衡。在恒温下,若对冰与水蒸气的两相平衡系统加压,则水蒸气消失,减压则固体全部变为水蒸气。故 OB 线以上的区为冰的相区,OB 线以下的区为气相区。此曲线的下端点 B 原则上应趋近于 0 K。

图中的 OA 线称为冰的熔点曲线。此线上的任一点皆表示冰和水两相平衡。在恒定外压下对冰和水两相平衡系统加热时,则冰熔化,冷却时则水结冰。故 OA 线之左区为冰的相区,OA 线之右区为水的相区。由于 V_m^*(水) $<$ V_m^*(冰),根据克拉佩龙方程可知,$dp/dT=\Delta_{fus}H_m^*$(冰)$/T\{V_m^*$(水)$-V_m^*$(冰)$\}<0$,故 OA 线的斜率为负值,说明冰的熔点随着外压的增大而下降。OA 线的 A 点可延伸至 -27 ℃,对应的平衡压力为 207.0 MPa。

图中 OA、OB、OC 三条线将图划分为三个不同的单相区,即气相、液相和固相三个区。在每个区内 T、p 均能独立改变而不改变系统原有的相与相数。图中 O 点称为三相点,表示系统内冰、水、水蒸气三相处于平衡。由相律可知,三相平衡时自由度数 $F=0$,即温度、压力均不是变数,就是说,单组分系统只有在某一特定的温度和压力下,三相才能共存。如冰、水、水蒸气三相共存的温度为 273.16 K,压力为 0.610 48 kPa。三相点与平常所说的水之冰点是不同的,水的三相点是指水在其饱和蒸气压力下的凝固点,而冰点则是在 101.325 kPa 的大气压力下,被空气饱和了的水之凝固点。OC' 虚线是 CO 线的延长线,表明水与水蒸气的平衡系统的温度降至 0.01 ℃以下仍不结冰,这种现象称为过冷现象,这种状态下的水称为过冷水。OC' 虚线称为过冷水的饱和蒸气压曲线。从热力学角度,过冷水是不稳定的,被称为亚稳态,可以自发地转变成冰。

§6-3　二组分理想液态混合物的气、液平衡相图

对于两组分系统,相律

$$F=2-P+2=4-P$$

由上式可知,当系统的平衡共存相数最多,即 $P=4$ 时 $F=0$,说明两组分系统只有 T、p 及各相的组成均为某确定值时,四相才能共存。而系统中只有一个相即 $P=1$ 时,自由度数最多 $F=$

3，就是说，要确定该系统的状态需要三个变量，这三个变量为 T、p 及组成（浓度）。若用图形表示时，需要三维的空间立体图。但立体图绘制和应用都不方便。所以，对于相数为 1、2、3 的平衡系统可以指定系统的温度，而作压力—组成图；也可指定系统的压力，而作温度—组成图。在温度或压力为定值的条件下，相律的数学表达式则变为

$$F = C - P + 1$$

对于两组分理想液态混合物的平衡系统，因其液相中任一组分皆服从拉乌尔定律，故这类系统的气—液平衡相图的形状最简单，亦最具有规律性，是研究其他两组分真实系统的气—液平衡的基础。下面分别介绍该系统的压力—组成图和温度—组成图。

1. 压力—组成图（又称 p—x 图）

设组分 A(l)和组分 B(l)可形成理想液态混合物，在温度恒定下，气、液两相达平衡时，由拉乌尔定律可知，气相中 A 与 B 的分压力 A 和 B 与液相组成 x 的关系分别为

$$p_A = p_A^* x_A \quad 和 \quad p_B = p_B^* x_B$$

根据分压定律，与液相成平衡的气相的总压力 p 为组分 A、B 在气相中的分压力之和，即

$$p = p_A + p_B = p_A^* x_A + p_B^* x_B$$

或
$$p = p_A^* + (p_B^* - p_A^*)x_B \tag{6-3-1}$$

上式表明，平衡系统的总压 p 与液相组成 x_B 成直线关系，如图 6-3-1 所示。图中 p_A线及 p_B线分别称为 A 和 B 的分压线。总压线 p 又称液相线，是表示系统总压 p 与液相组成的关系。从液相线上可以找出指定组成液相所对应的蒸气总压或指定总压下的液相组成。由图可知，在 $0 < x_B < 1$ 的浓度范围内，理想液态混合物蒸气的总压力总是介于两纯液体的饱和蒸气压之间，即 $p_A^* < p < p_B^*$。

在一定温度下，二组分气、液平衡系统的自由度 $F = 2 - 2 + 1 = 1$。若选定液相组成 x_B 为独立变量，不论是系统的总压力 p 或气相的组成 y_B 皆应是 x_B 的函数。以 y_A 和 y_B 表示气相中 A 和 B 的摩尔分数，并假设蒸气为理想气体，根据分压定律，则存在

$$y_A = p_A/p = p_A^* x_A/p = p_A^*(1 - x_B)/p \tag{6-3-2a}$$

$$y_B = p_B/p = p_B^* x_B/p \tag{6-3-2b}$$

因 $p_A^* < p < p_B^*$，即$(p_B^*/p) > 1$，$(p_A^*/p) < 1$

于是，得 $y_B > x_B$ 及 $y_A < x_A$

在两组分理想液态混合物的气、液平衡系统中，两相的组成并不相同，而且易挥发组分在气相中的浓度大于它在液相中的浓度。相反，难挥发组分在液相中的浓度大于它在气相中的浓度。以上结论就是液态混合物为什么可以通过蒸馏分离为纯液体的理论基础。

利用式(6-3-1)就能算出在一定温度下，每一个液相组成 x_B所对应一个系统总压的数值，再将该总压 p 的数值代入式(6-3-2b)中，求出所对应的气相组成 y_B。然后把与每一个蒸气总压 p 对应蒸气组成 y_B数据点画在 p—x 图上所得到的曲线，称为气相线。图 6-3-2 就是理想液态混合物的 p—x 图，图中上方的直线为液相线，下方的曲线为气相线。由此看出，气相线是靠近易挥发组分的，这是因为在同一压力下，$y_B > x_B$，故 y_B相对于 x_B要更靠近纯 B。液相线以上的区域为液相区，气相线以下的区为气相区，而两个单相区之区间则为气、液两相的共存区。由相律可知，在温度恒定下，单相区的自由度数 $F = 2 - 1 + 1 = 2$，就是说单相区内的压力

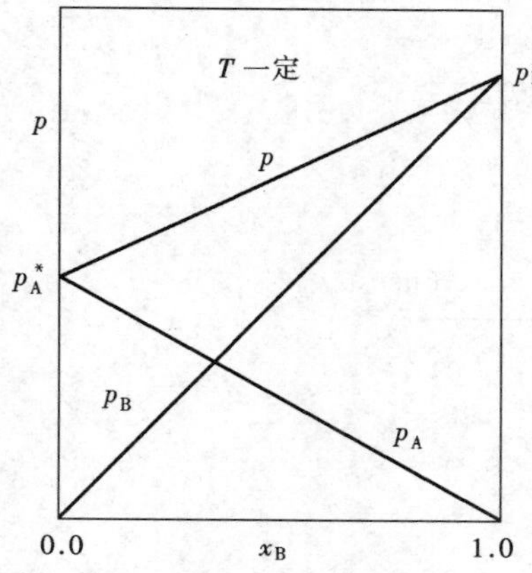

图 6-3-1　理想液态混合物的蒸气压与液相组成的关系

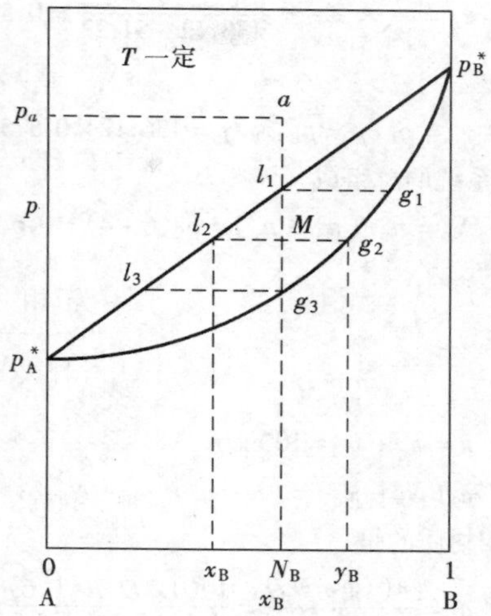

图 6-3-2　理想液态混合物的 $p—x_B$ 图

和组成均可独立改变而不引起原有的相和相数发生改变。在两相平衡区内，$F=2-2+1=1$，压力、气相组成和液相组成这三个变量中只有一个能独立改变。

2.杠杆规则

若要求取平衡两相的量，则可以用杠杆规则。以上述系统为例，当系统点为图 6-3-2 中的 M 点时，系统组成为 N_B，气相的组成为 y_B，液相的组成为 x_B，以 n_g 和 n_l 分别代表气相和液相的物质的量。系统中的组分 B 的物质的量，等于该组分在气、液两相中物质的量之和，即

$$n_B = n_g y_B + n_l x_B = (n_g + n_l) N_B$$

整理上式可得

$$n_l(N_B - x_B) = n_g(y_B - N_B)$$

或

$$n_l / n_g = (y_B - N_B)/(N_B - x_B) = \overline{Mg_2}/\overline{l_2 M} \tag{6-3-3}$$

式(6-3-3)称为杠杆规则。当组成以摩尔分数表示时，两相的物质的量与系统点到两个相点的线段的长度成反比。由图可知，图中线段 $l_2 g_2$ 可看作以系统点 M 为支点，两个相点为力点的杠杆。当杠杆达到平衡时，则存在式(6-3-3)的关系。

若上图中的横坐标用质量分数表示时，即系统及两相的组成都变成质量分数，则杠杆规则中两相的量必须换为质量，否则杠杆规则不成立。应指出，杠杆规则是根据物质守恒原理导出的，所以无论两相是否处在平衡，只要已知系统的组成和量以及所分成两部分的组成为已知，就可以用杠杆规则计算两部分的量。

例 6.3.1　已知 90 ℃时，甲苯(A)和苯(B)的饱和蒸气压分别为 54.22 kPa 和 136.12 kPa，二者可形成理想液态混合物。

(a)求在 90 ℃和 101.325 kPa 下，甲苯和苯所形成的气、液平衡系统中两相的摩尔分数各为若干？

(b)由 6 mol 苯和 4 mol 甲苯构成上述条件下的气、液平衡系统，两相物质的量各为若干？

解：(a)$p_A^* = 54.22$ kPa，$p_B^* = 136.12$ kPa，由总压 $p = p_A^* + (p_B^* - p_A^*)x_B$，可知液相组成

$$x_B = \frac{p - p_A^*}{p_B^* - p_A^*} = \frac{101.325 - 54.22}{136.12 - 54.22} = 0.575\ 2$$

气相组成

$$y_B = p_B/p = p_B^* x_B/p = 136.12 \times 0.575\ 2/101.325 = 0.772\ 7$$

(b)系统的总组成

$$N_B = n_B/(n_A + n_B) = 6/(6+4) = 0.6$$

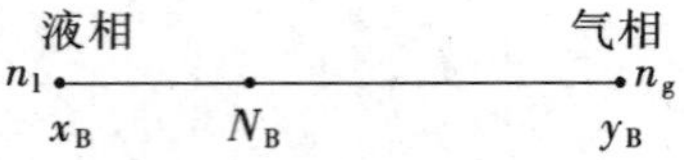

$$n = n_g + n_l = 10\ \text{mol}$$

$$n_l(N_B - x_B) = (n - n_l)(y_B - N_B)$$

所以液相物质的量

$$n_l = \frac{n(y_B - N_B)}{y_B - x_B} = \frac{10(0.772\ 7 - 0.6)}{0.772\ 7 - 0.575\ 2}\text{mol} = 8.744\ \text{mol}$$

气相物质的量

$$n_g = n - n_l = (10 - 8.744)\text{mol} = 1.256\ \text{mol}$$

3.温度—组成图

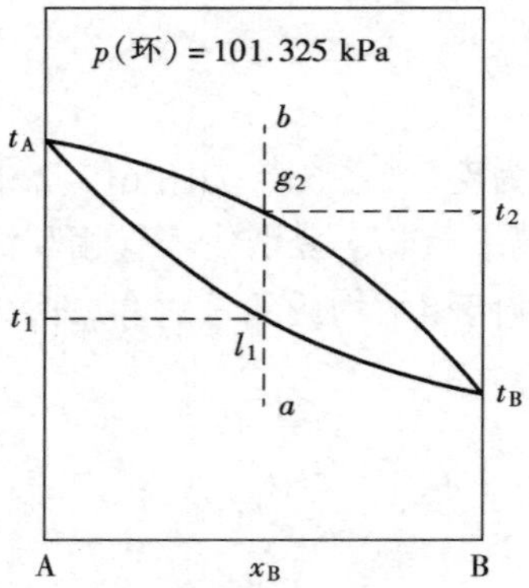

图 6-3-3　理想液态混合物的温度—组成图

对理想液态混合物来说,在恒定外压下,若知两个纯液体在不同温度 T 下的饱和蒸气压,通过计算便可求出在不同温度下气、液两平衡相的组成,从而得到表示二组分系统气、液两相平衡时两相组成与温度关系的相图,称为温度—组成图,又称为沸点—组成图,如图 6-3-3 所示。

当液态加热时,当加热到该液体的饱和蒸气压 = p(环)时,液体便沸腾,此时的温度称为该液体的沸点。图中 t_A 和 t_B 分别为纯 A(1)相纯 B(1)的沸点。若在同一温度下,$p_A^* < p_B^*$,则 $t_A > t_B$。图中上边的曲线为气相组成与沸点关系曲线,即气相线,此曲线以上的区为气相区;而下边的曲线为液相组成与沸点关系曲线,即液相线,此线以下的区为液相区;气、液两区所夹着的区则是气、液两相共存区。若将状态为 a 的液体恒压升温到液相线的 l_1 点时,液相开始起泡沸腾,l_1 点对应的温度 t_1 称为该液体的泡点。液相线表示液相组成与泡点的关系,故液相线也叫泡点线。若将状态点为 b 的气体恒压降温到气相线的 g_2 点时,气体开始凝结成露珠似的液滴,g_2 点对应的温度 t_2 称为该气体的露点。气相线表示气相组成与露点的关系,故气相线也叫露点线。

§6-4　二组分真实液态混合物的气、液平衡相图

真实液态混合物是指不能在全部浓度范围内皆符合拉乌尔定律的液态混合物,绝大多数的二组分液态混合物属于这种液态混合物。这种液态混合物气、液平衡系统中,某一组分的蒸

气分压与按拉乌尔定律所计算的数值不符，若某一组分的蒸气分压大于按拉乌尔定律的计算值，则称为正偏差，反之，称为负偏差。由实验得知，出现偏差的情况是各式各样的。如一个组分在某一浓度范围出现正偏差，而在另一范围内则可能产生负偏差。在本书仅介绍两个组分均产生正偏差，或两组分均产生负偏差的系统。

1.压力—组成图

根据蒸气总压对理想情况产生偏差的程度分为如下两类。

(1)具有一般正偏差或负偏差的系统：如丙酮—苯、四氯化碳—苯、水—甲醇等系统产生一般正偏差。而氯仿—乙醚系统则产生负偏差。上述这些系统，它们的蒸气总压偏离按拉乌尔定律所计算的值，即对理想情况产生偏差。但是，在一定温度下，系统的蒸气总压始终介于 p_A^* 与 p_B^* 之间，即 $p_A^* < p < p_B^*$，如图 6-4-1(a)(b)所示。

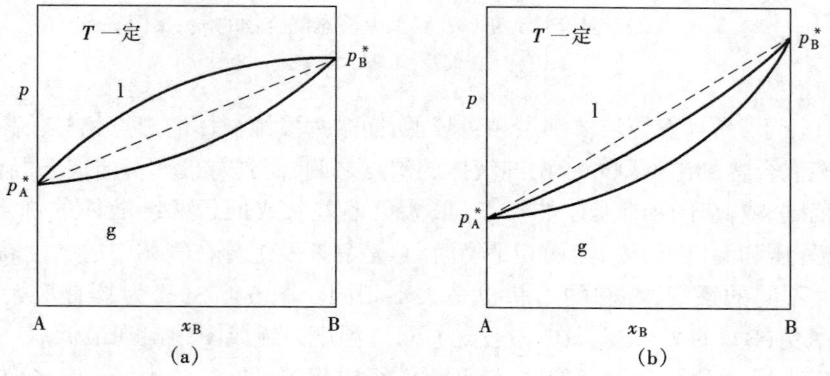

图 6-4-1　具有一般偏差的真实液态混合物的 $p—x$ 图

(a)正偏差；(b)负偏差

(2)具有最大正偏差或最大负偏差系统：如甲醇(A)—氯仿(B)系统具有最大正偏差，而氯仿(A)—丙酮(B)则产生最大负偏差。具有最大正偏差的这类系统，它们在一定温度下，蒸气总压不仅偏离理想情况产生正偏差，而且在某一浓度范围内，蒸气总压 p 大于同温度下的易挥发组分的饱和蒸气压，即 $p_A^* < p > p_B^*$，在总压线上出现最大值。如图 6-4-2(a)所示，在 c 点处总压出现最大值，而且气相线与液相线在 c 点相切，故在 c 点处 $y_B = x_B$，即气、液两相的组成相等。图 6-4-2(b)为两组分具有最大负偏差的气、液平衡相图，该图上出现最低点，说明系统的蒸气总压 p 小于同温度下难挥发组分的饱和蒸气压，即 $p_A^* > p < p_B^*$。同样，在最低点处气、液两相的组成相等。

由此可见，无论是具有最大正偏差还是具有最大负偏差的系统，它们相图共同特点就是图中一定出现最高点(正偏差)或最低点(负偏差)，而且在最高点或最低点处气相线与液相线相切，说明在此点处气、液两相的组成相等。

2.温度—组成图

温度—组成图($t—x$ 图)是指在一定外压下，液态混合物的沸腾温度与平衡气、液相的组成之关系曲线图，又称沸点—组成图。与压力—组成图类似，亦分为一般偏差和最大偏差两类。

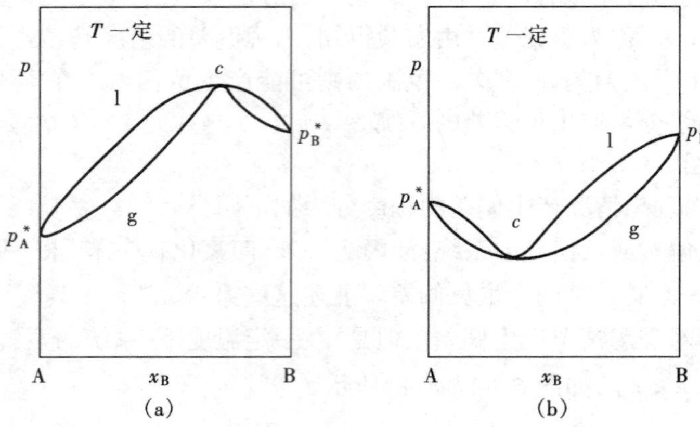

图 6-4-2 具有最大正(或负)偏差液态混合物的 $p—x$ 图

(a)最大正偏差;(b)最大负偏差

在一定外压下,易挥发纯液体沸点相对较低,而难挥发纯液体的沸点相对较高。对于具有一般偏差液态混合物的沸点则介于两纯液体的沸点之间;而具有最大偏差液态混合物之沸点,在一定浓度范围,或高于两纯液体的沸点(最大负偏差),或低于两纯液体的沸点(最大正偏差)。在一定外压和温度下,气、液两相平衡时,总是易挥发组分在气相中的浓度高于其在平衡液相中浓度。不同的系统,相图的形状也是大不相同。图 6-4-3(a)为具有最大正偏差系统(甲醇(A)—氯仿(B))的 $t—x$ 图,在一定压力下,该温度—组成图中出现最低点。在最低点处气相线与液相线相切于点 c,此点的气、液两相的组成相等,即 $y_B = x_B$,若在一定外压下,将组成为恒沸组成的液体加热至沸腾时,沸腾温度始终不变,故将此点所对应的温度称为最低恒沸点,恒沸点处所对应的系统称为恒沸混合物。

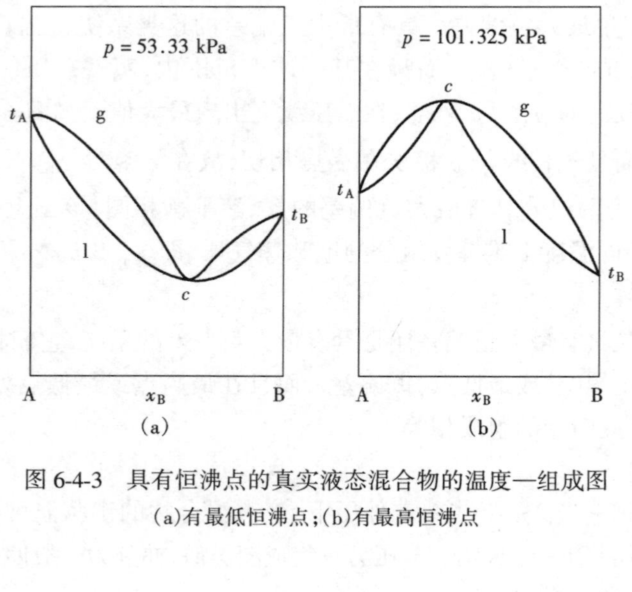

图 6-4-3 具有恒沸点的真实液态混合物的温度—组成图

(a)有最低恒沸点;(b)有最高恒沸点

具有最大负偏差的系统(如氯仿(A)—丙酮(B)),在一定压力下,其温度—组成图中出现最高点。在最高点处其气相线与液相线相切于 c 点,即 $y_B = x_B$,该点所对应的温度称为最高恒沸点,而所对应的组成称为恒沸组成,如图 6-4-3(a)所示。

但应注意,恒沸点处气、液两相组成虽然相同,但它仍是混合物,而不是化合物。对于指定系统,其恒沸组成是与外压有关的,当外压改变时,恒沸组成不仅改变,甚至会消失。这就证明恒沸物是混合物,而不是化合物。还有,在理想系统或具有一般偏差的两组分气、液平衡系统中,曾得到易挥发组分在气相中的浓度总是大于该组分在平衡液相中的浓度。但是在具有恒沸点的二组分气、液平衡系统,如图 6-4-3(a)所示的相图中,在 c 点的左侧,在气相中组分 B 在气相中的浓度大于它在液相中的浓度,即 $y_B > x_B$,反之,在 c 点的右侧,两相平衡时 $y_B < x_B$。在(b)图所示的系统中,情况与以上类似。

§6-5　二组分液态部分互溶系统的液、液平衡相图

当两种液体性质相差较大时,它们只能相互部分溶解,如水—苯酚系统。当在一定外压及温度 t_1 时,将苯酚逐渐加入水中,开始时全部溶解,达到饱和时再加入苯酚就会分为两个液层。上一层 l_1(相点)是苯酚溶在水中的饱和溶液,简称水层,其组成为 l_1 点(相点);下一层是水溶在苯酚中的饱和溶液,简称酚层,其组成为 l_2 点(相点)。将这两个平衡共存的液层,称为共轭溶液,而 l_1 和 l_2 点称为共轭相点。若测定不同温度下每组共轭溶液的组成,则可绘出如图6-5-1所示的水—苯酚系统的相互溶解度图(即液、液平衡相图)。图中 MC 线为苯酚在水中的饱和溶解度曲线,NC 线为水在苯酚中的饱和溶解度曲线,MCN 曲线所包围的区为液、液两相平衡区,而曲线以外水—苯酚的区则为单相区。随着温度的升高,共轭溶液之间连线逐渐缩短,就是说,两液层的组成逐渐接近,达到 C 点时,两液层的组成变为完全相同,液层之间的相界面消失而变为一个均匀的液相。相互溶解度曲线的最高点 C 称为高会溶点或临界高会溶点。C 点对应的温度,称为临界会溶温度。对于具有临界高会溶温度的两液相系统,临界高会溶温度越低,说明该两液体的互溶性越好。因此可根据临界高会溶温度来选择萃取剂。当温度高于此临界会溶温度时,两液体(水与苯酚)就完全互溶。

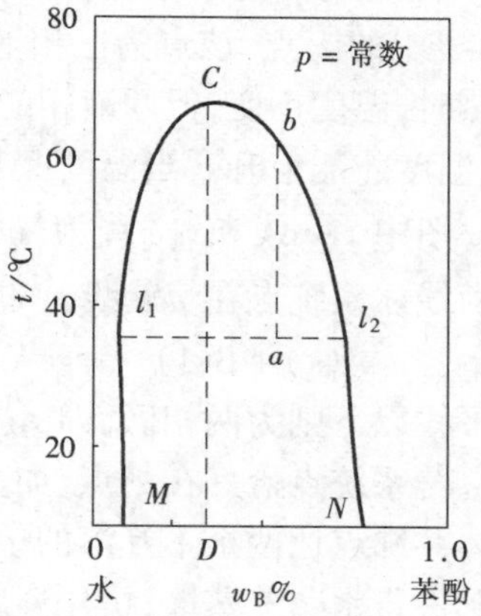

图 6-5-1　水—苯酚系统的相互溶解度图

水—苯胺、水—正丁醇等系统也具有最高会溶点。水—三乙基胺系统在 18 ℃以上部分互溶,在 18 ℃以下能完全互溶,这样的系统则具有最低会溶点。水—烟碱系统在 60.8 ℃ ~ 208 ℃的范围内部分互溶,在此范围之外能完全互溶,这样的系统则具有最低和最高两个会溶点。

§ 6-6　液相完全不互溶系统的气、液平衡相图

当两种液体的性质相差极大时，两者间的相互溶解度非常之小，达到可以忽略的程度，则称这两种液体的共存系统为完全不互溶系统。水相与许多有机液体组成的系统就属于此类。在一定外压下，将两个不互溶液体的共存系统加热，当温度上升到系统的蒸气总压 $p = p_A^* + p_B^*$ 时，首先在两液体间的界面层处发生沸腾，然后两液体同时沸腾，此沸腾温度称为在该外压下两液体的共沸点。这时三相共存，即

$$A(l) + B(l) \Longleftrightarrow g(A、B\text{混合蒸气})$$

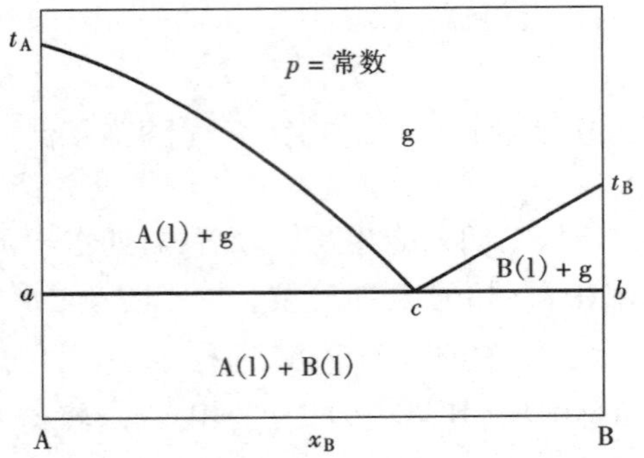

图 6-6-1　完全不互溶系统的温度—组成图

根据相律，此时系统自由度数为零，不论系统组成如何，混合蒸气的组成是一定的，如图 6-6-1 中的 c 点，该点为三相平衡时的气相点，对应的组成称为共沸物。在三相平衡时，继续加热时，温度不变，但两液相的量因不断蒸发而减少，气相的量则不断增多，直至有一个液相消失，温度才能上升。当温度上升到 $t_A c$ 线或 $t_B c$ 线所对应的温度时，余下的另一液相也全部气化。图中 $t_A c$ 线和 $t_B c$ 线为气相组成线，此两曲线以上的区域为气相区。水平线 acb 称为三相平衡线。系统点在 acb 线上的任一点处，皆处在三相平衡，其平衡关系为

$$A(l) + B(l) \Longleftrightarrow g(A、B\text{混合蒸气})$$

水平线以下则为两相区，即 A(l)与 B(l)两互不相溶的液层。

若系统点恰好在 c 点，加热时两液体则刚好同时蒸发为气相，然后温度开始上升。利用两液体共沸点比两个不互溶的单一液体之沸点都低的原理，就能把不溶于水的高沸点液体与水一起进行水蒸气蒸馏，操作温度比水的沸点要低，这样既可保证高沸点的液体不因温度过高而分解，同时由于两者不互溶，很容易从馏出物中将两者分开，达到分离、提纯的目的。

§ 6-7　凝聚系统相图

两组分固、液系统又称为两组分凝聚系统。这类系统在高温时为液相，在低温时则为固相。属于这类相图有：水—盐系统、合金系统以及有机物系统相图等。因压力对凝聚系统相平衡的影响甚小，当压力变化不大时，则不必考虑压力变化对凝聚系统相平衡的影响。因此，对

凝聚系统相律可表示为 $F = C - P + 1$。

1.两组分固态不互溶凝聚系统相图

凝聚系统相图绘制的原理是：首先是将组成恒定的系统加热至全部(溶解或熔化)变成液态，然后令其缓慢而均匀地冷却，记录下冷却过程中系统在不同时刻的温度，再以温度为纵坐标，时间为横坐标，绘出温度—时间曲线，称为冷却曲线(或称步冷曲线)。根据冷却曲线的形状来判断系统中是否发生了相变化。测出若干个组成不同的系统的冷却曲线，就可绘制出相图。对于水—盐系统，则通过盐的溶解度来绘制相图。下面以系统 H_2O—$(NH_4)_2SO_4$系统为例来说明。若冷却一个很稀的$(NH_4)_2SO_4$盐水溶液，当冰在低于 0 ℃的温度下析出时，因固体析出而放热，由此开始，冷却曲线的斜率变小，在开始析出冰处出现一转折点，随着溶液中盐的浓度增大，冰析出的温度将降得更低。实验测得，对于 H_2O—$NH_{42}SO_4$系统，当温度降至 - 19.05 ℃时，溶液中盐的浓度达到其饱和浓度，此时盐($(NH_4)_2SO_4$)的晶体与冰一同析出。与盐的晶体和冰这两个固体成平衡的溶液，其组成为 38.48 g$(NH_4)_2SO_4$/100 g。根据相律，凝聚系统三相共存时，$F = C - P + 1 = 2 - 3 + 1 = 0$，即温度以及各相的组成均不变，直到液相消失为止，在冷却曲线上出现一水平线段。然后系统又变为两相共存，$F = 1$，即温度以及各相的组成这些变量中，又有一个是可以独立改变，即温度又可继续下降。

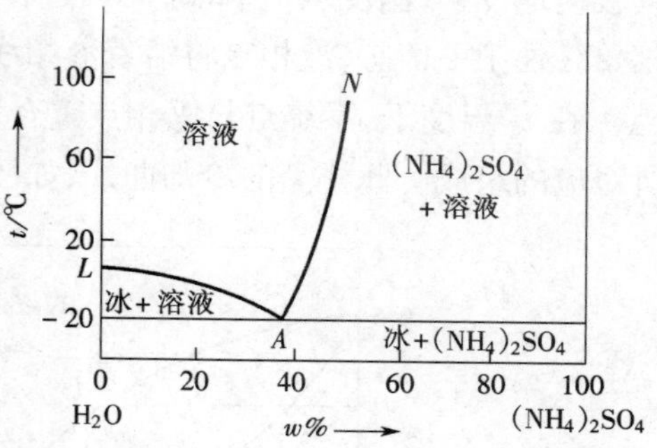

图 6-7-1　H_2O—$(NH_{42})_2SO_4$ 系统相图

据实验的结果作出 H_2O—$(NH_4)_2SO_4$系统的相图，见图 6-7-1。图中 *LA* 线是水的冰点降低曲线，*NA* 线是$(NH_4)_2SO_4$的溶解度曲线。*A* 点所代表的溶液与冰和$(NH_4)_2SO_4$晶体成三相平衡。*A* 点对应的温度称为最低共熔点，在这一点析出的固体称为低共熔混合物。图中已注明了各相区的稳定相。

水—盐相图可应用于结晶法分离盐类。例如，欲自 30% $(NH_4)_2SO_4$溶液中获$(NH_4)_2SO_4$的纯晶体，由图可知，仅凭冷却是不可能的，因为在冷却过程中首先析出的是冰，而当冷却到 - 19.05 ℃时冰与$(NH_4)_2SO_4$的晶体同时析出。故应先将溶液加热蒸发，进行浓缩使系统点移到 *A* 点以右，然后再将浓缩后的溶液冷却，并将温度控制在略高于 - 19.05 ℃，便可获得纯$(NH_4)_2SO_4$晶体。

2.二组分固态互溶系统的相图

二组分液态混合物凝固时，若能形成以分子、原子或离子大小相互均匀混合的一种固相，则将此固相称为固态混合物或固态溶液，简称为固溶体。

当两种物质具有相同的晶形，分子、原子或离子大小相近，一种物质晶格上的这些物质粒子，可以被另一种物质的粒子以任意比例取代时，这样的系统称为固态完全互溶系统。

1)二组分固态完全互溶系统

金和银两个组分在液态和固态皆能以任意比例完全互溶，其液、固平衡相图如图 6-7-2 所示。

图中 1 065 ℃及 960.5 ℃分别为纯 Au 和纯 Ag 在常压下的熔点。上面的一条曲线，表示 Au 和 Ag 液态混合物的凝固点与其组成的关系，称为液相线或凝固点曲线；下面的一条曲线，表示 Au 和 Ag 固溶体的熔点与其组成的关系，称为固相线或熔点曲线。液相线以上的区域为液相区；固相线以下的区域为固相区；两条曲线之间的区域为固、液两相平衡共存区。

将状态点为 a 的液态混合物冷却降温到液相线上 l_1 时，开始有固溶体析出，其相点为 s_1。继续缓慢地冷却，温度从 t_1 降到 t_2 的过程中不断有固溶体析出。若实验条件确能保证固、液两相始终处于平衡态，液相点将沿着液相线从 l_1 变至 l_2，固相点相应地沿固相线由 s_1 点变到 s_2 点。在 t_2 温度下，系统点与固相点重合为 s_2，系统完全凝固，最后消失的一滴液相组成为 l_2 点所对应的组成。此样品的冷却曲线，如图 6-7-2(b)所示。

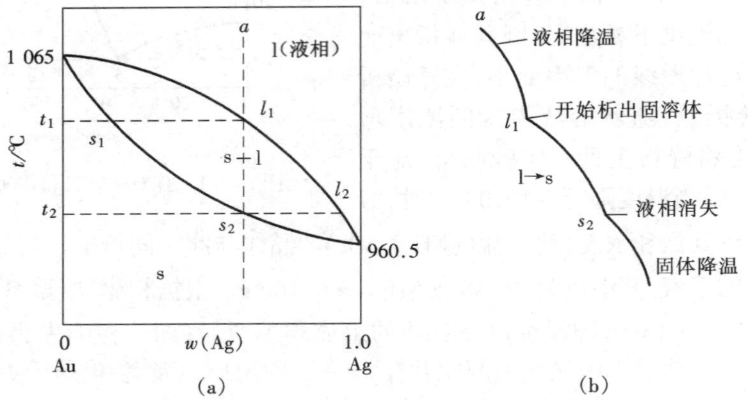

图 6-7-2　Au—Ag 系统相图及冷却曲线

2)两组分固态部分互溶系统

若 A 和 B 两种物质液态时完全互溶，冷凝成固态时可同时形成 A 和 B 相互溶解度不等的两个固溶体，一相是 A 为溶剂 B 为溶质，另一相则相反，这样的系统称为固态部分互溶系统。溶质的粒子若是填入到溶剂晶体结构的空隙中，则形成填隙型的固溶体；若是取代溶剂晶体中相应的粒子，则形成取代型固溶体。

这类相图有两类：低共溶型与转溶型。图 6-7-3 所示的为低共溶型两组分固态部分互溶系统之相图及冷却曲线。该相图有六个相区，每个相区的平衡相已注明于图中，其中 α(s)代表 B 溶于 A 中的固态溶液(固溶体)，β(s)为 A 溶于 B 中的另一种固溶体。P 及 G 点分别为纯 A 及纯 B 的熔点。PL 及 GL 线为液相组成线，也可分别称为 α(s)固溶体和 β(s)固溶体的溶解度曲线。PS_1M 曲线及 MS_2N 曲线分别为 α(s)固溶体和 β(s)固溶体的固相组成线。水平线 S_1S_2 为三相共存线，在此线上的三相平衡关系为

$$1(L) \rightleftharpoons \alpha(S_1) + \beta(S_2)$$

S_1S_2 线对应的温度称为低共熔点。L 点对应的组成称为低共熔组成。

状态点为 c 的液相冷却降温到 L 点时，α 相及 β 相皆达到饱和状态，再冷却，相点为 S_1 的 α 相和相点为 S_2 的 β 相将按相图中所示的比例同时析出，在液相消失之前，同时析出的两固溶体的质量比 $m(\alpha)/m(\beta) = \overline{LS_2}/\overline{S_1L}$。此时

$$l(L) \longrightarrow \alpha(S_1) + \beta(S_2)$$

此时为三相共存，根据相律，$F = C - P + 1 = 2 - 3 + 1 = 0$，即温度、液相及 α(s)固溶体和β(s)固溶体的组成均为定值，直到液相全部转为 α(s)和 β(s)后，温度才能开始往下降。此时，α(s)和β(s)两固溶体的组成则分别沿着 S_1M 和 S_2N 曲线变化，两相的质量也随之而变。状态点为 d 及 m 样品的冷却曲线的形状及冷却过程的相变情况，已在图 6-7-3 中标明。

属于低共溶型的这类系统有 Sn—Pb、KNO_3—$NaNO_3$、AgCl—$CuCl_2$、Ag—Cu 等系统。

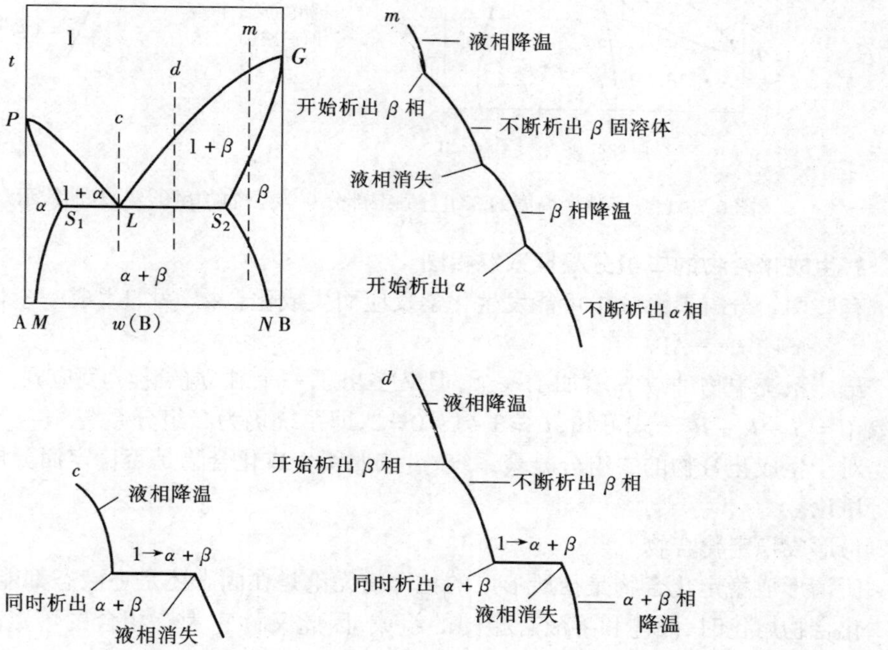

图 6-7-3　具有低共熔点的二组分固态部分互溶系统的相图及冷却曲线

转溶型的两组分固态部分互溶系统的相图及其冷却曲线已表示在图 6-7-4 上。此图相当于将图 6-7-3 中的 P 点(纯 A 熔点)一直往下移到三相线以下，同时三相线上的 S_1点往 S_2点靠近而得到的。图中有三个单相区，三个两相区，各相区的稳定相皆标于图中。此相图与图 6-7-3 不同的是在三相线上，组成为 L 的液相中 A 的质量分数高于 α 固溶体或β 固溶体中 A 的质量分数。

将状态点为 m 的液相冷却到 m_1 点时，开始析出 β 固溶体。若继续降温则从液相中不断析出 β 固溶体。当温度降到比三相平衡线略高时，此时能得到质量最多的 β 固溶体。而当温度降至三相平衡线上时，则发生液相和 β 固溶体一起转变为α 固溶体，即

$$l(L) + \beta(S_2) \longrightarrow \alpha(S_1)$$

因 α(s)是由 β(s)转变而来，故三相线所对应的温度称为两个固溶体之间的转变温度。这时三相共存，$F = 0$，在冷却曲线上出现水平线段，直至液相消失后，温度才能下降。此后，则是 α 固溶体和β 固溶体冷却之同时，两固溶体的组成及质量也随着降温过程相应地改变。

Hg—Cd、AgCl—LiCl、$AgNO_3$—$NaNO_3$等系统的相图都具有上述特征。

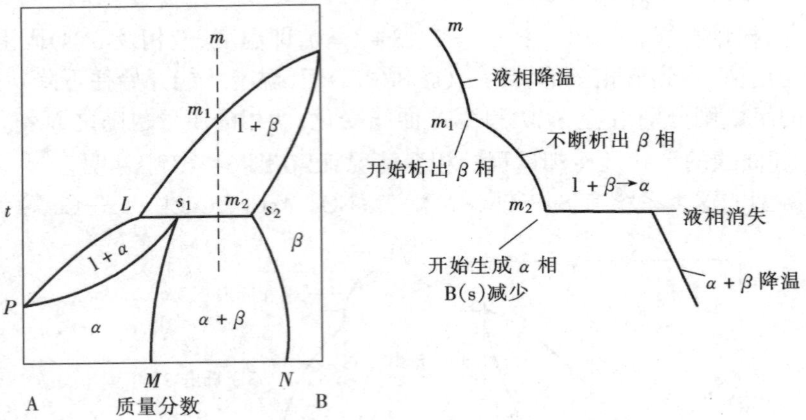

图 6-7-4　具有转变温度的二组分固态部分互溶系统的相图及冷却曲线示意图

3.生成化合物的二组分凝聚系统相图

有些两组分凝聚系统中可能发生化学反应而生成化合物，例如生成一个化合物，即

$$A + B \Longrightarrow AB$$

虽然系统中物种数 S 增加了一个，但又多出了一个独立的化学反应式，即 $R = 1$，根据组分数 $C = S - R - R'$ 一式可知，$C = 3 - 1 - 0 = 2$，即系统仍为二组分系统。

对于生成化合物的二组分凝聚系统，可按照所生成化合物是否稳定而分成两类，下面分别进行讨论。

1)形成稳定化合物

所谓形成稳定化合物是指所形成的化合物无论是在固态还是在液态都能稳定存在。

化合物熔化时，固体和溶液有相同的组成，因此又称它为有相合的熔点。例如，苯酚(A)和苯胺(B)生成分子比为 1:1 的化合物 $C_6H_5OH \cdot C_6H_5NH_2$(C)，化合物 C 有稳定的熔点，为 31 ℃。此系统的固、液平衡相图如图 6-7-5 所示。图 6-7-5 可看成是由两个简单低共溶混合物相图组合而成。一个是 A—C 系统的相图，另一个是 C—B 系统的相图。图中注明了各相区中的稳定相。图中 R 点与纯物质完全一样，系统点与相点重合，说明在此点 C(l)与 C(s)处于平衡时两个组分能生成多个化合物，如水和硫酸生成三个化合物，见图 6-7-6。图中三个最高点是三个化合物的熔点。此图可看成由四个简单低共熔混合物相图组合而成。由图可以看出，图中若出现垂直于横坐标的垂直线时，说明图中有化合物生成。当垂直线的顶端处呈现伞状时，则该化合物为稳定化合物。

2)形成不稳定化合物

若两个组分 A 与 B 所生成的化合物 D 能在固态中存在，而不能在液态中存在，当将这种化合物加热到其熔点前的某一温度时，固体化合物就会分解为另一固体和溶液，如图 6-7-7 中的小图所示，这种化合物称为不稳定化合物。此化合物所分解出的溶液之组成不同于原来固体化合物的组成。将此化合物 D(s)加热，系统点沿 D 垂直向上移动，达到相应于 c 点的温度时，化合物分解为固体 B 和组成为 d 的溶液(相点)。不稳定化合物的分解反应的平衡关系为

$$D(s) \Longrightarrow B(s) + 溶液(d)$$

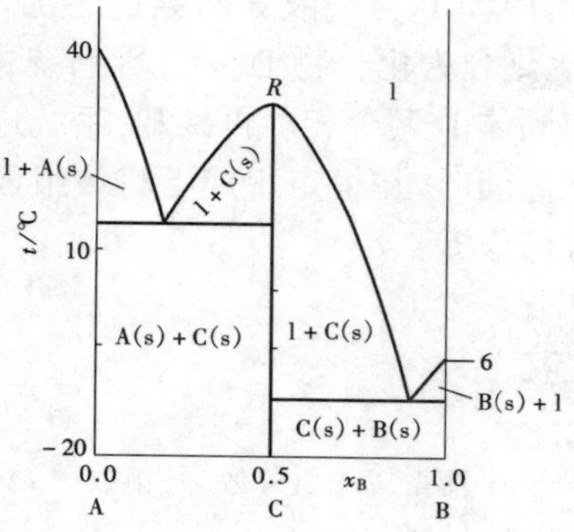

图 6-7-5　苯酚(A)—苯胺(B)系统的相图

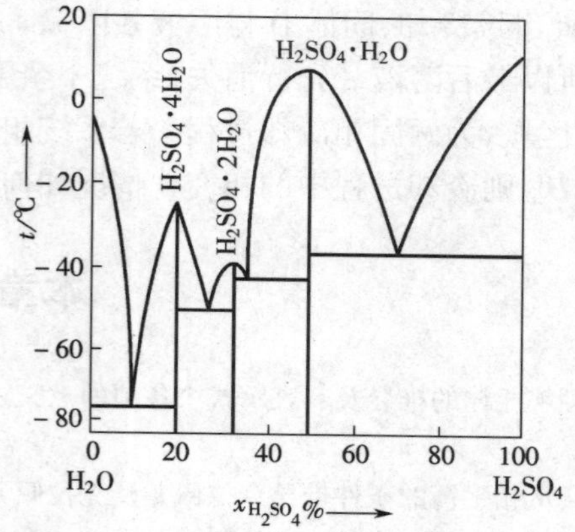

图 6-7-6　H_2O—H_2SO_4 系统相图

水平线 df 所对应的温度称为转熔温度。在此温度时有三相平衡，根据相律，自由度数 F 为零，系统温度和各相组成都不改变。若继续加热到化合物全部分解为固体 B 和溶液 d 时，根据杠杆规则，固体 B 和溶液 d 的数量之比为

固体 B 的量∶溶液 d 的量 = $dc : cf$

之后温度开始上升，固体 B 随之不断溶于溶液中，使溶液中 B 的含量增多，故液相点沿 db 线改变。当系统点达 L' 点时，固体 B 全部溶于溶液而消失，系统中只余下液相，此液相的组成与原来化合物 D 的组成相同。继续加热则只是溶液的温度升高，如至 P 点。

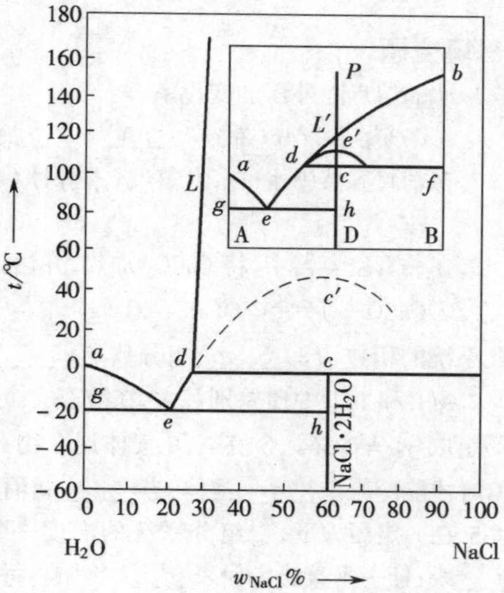

图 6-7-7　H_2O—NaCl 系统相图

若将系统点为 P 的溶液在总组成不变的情况下冷却，系统点沿 PD 线向下移，到达 L' 点时，自溶液中开始析出固体 B。继续冷却，固体 B 不断析出，与固体 B 平衡共存的溶液的相点(组成点)沿 db 线变化。当温度刚刚降至转熔温度时，溶液的相点为 d，此时，固体 B 与溶液 d 的数量之比为 $dc : cf$，继续冷却则固体 B 与溶液 d 以 $dc : cf$ 的数量比化合为化合物 D(固)，即

$$B(s) + 溶液\ d \longrightarrow D(s)$$

dcf 为 B(s)、溶液 d 与 D(s)三相平衡的平衡线，自由度数 F 为零，温度及各相组成不变。随着冷却过程的进行，固体化合物 D 的数量不断增加而固体 B 和溶液 d 的数量不断减少，但温度仍保持不变。最后，固体 B 与溶液 d 全部化合成固体化合物 D(s)，系统中只剩下一个固相 D(s)继续冷却，温度下降，系统点沿 cD 线下移，为固体化合物 D(s)的单纯冷却过程。

在总组成不变的情况下，若将组成在 cf 之间的溶液进行冷却时，当系统点进入 $dbfcd$ 两相区后，由于固体 B 随着温度降低而不断析出，溶液的相点则因固体 B 不断析出而沿 bd 线向 d

点移动。温度刚降至转溶温度时，溶液的相点为 d 点，固体 B 与溶液 d 的数量之比大于 $dc:cf$。因此继续冷却，固体 D 与溶液 d 以 $dc:cf$ 的数量比化合为化合物 D(s)。因系统中固体 B 过量，所以最后溶液 d 先行消失，系统中余下固体 B 与固体 D 两个相。再冷却，系统进入两个固相的区域，为两固相冷却过程。若系统组成处于 dc 之间时，在恒定组成下将该组成的溶液进行冷却，则冷却过程中的相变化情况如何，请读者自行分析。

本章基本要求

1. 理解相律的推导及其表示式中各项的意义。能说出任一相平衡系统的组分数 C、相数 P 以及自由度数 F。

2. 会从相平衡的条件推导克拉佩龙及克拉佩龙—克劳修斯方程，并能运用这些方程进行有关计算。

3. 掌握单组分系统及二组分系统各典型相图的特点和应用，能运用相律分析相图，能应用杠杆规则进行物料衡算。

4. 对凝聚系统，除了 3 的要求外，要求能画出任一组成系统在冷却过程中的冷却曲线，并能说明冷却过程中的相变化情况。

概　念　题

填空题

1. 冰的熔点随外压的变化率

dT(熔点)$/dp$(外) = ______ < ______。

2. 在密封容器中水(l)、水蒸气(g)和冰(s)三相呈平衡时，此系统的组分数 C = ______，自由度数 F = ______。

3. 在一真空容器中，将 $CaCO_3$ 加热，并达到下列平衡：

$$CaCO_3(s) \rightleftharpoons CaO(s) + CO_2(g)$$

则此系统的相数 P = ______；组分数 C = ______；自由度数 F = ______。

4. A(l)和 B(l)性质差别甚大，在液态完全不互溶，在一定外压下沸点 $T_{b,B} > T_{b,A}$，其共沸点为 92℃，共沸物的组成 $y_B = 0.56$。今有 A、B 气体混合物 $y_B = 0.35$，恒压降温时，首先冷凝出的是______液体，当降温至 92℃时才能冷凝出______液体，当______相消失后温度才能下降。

5. 在一定压力下，二组分系统的温度—组成相图中，任一条曲线皆为______平衡线；任一水平线皆为______线；任一垂直线皆代表______物质。每两个两相区之间不是______必为______；每两单相区之间必为______区。

选择填空题

1. 在一定压力下，由 A、B 二组分形成的温度—组成图(即 T—x 图)中最高(或最低)恒沸点处的组分数 C = ______，自由度数 F = ______。

选择填入：1，2，3，0

恒沸点处的气、液二相组成的关系为 y_B ______ x_B。

选择填入：(a) >　(b) =　(c) <　(d)二者无确定的关系

2. 水蒸气通过灼热的 C(石墨)发生下列反应：

$$H_2O(g) + C(石墨) \rightleftharpoons CO(g) + H_2(g)$$

此平衡系统的相数 $P=$______;组分数 $C=$______;自由度数 $F=$______。

选择填入:0,1,2,3

3. 在一个抽空的容器中放入过量的 $NH_4I(s)$和 $NH_4Cl(s)$并发生下列反应:

$$NH_4I(s) \rightleftharpoons NH_3(g) + HI(g)$$

$$NH_4Cl(s) \rightleftharpoons NH_3(g) + HCl(g)$$

此平衡系统的相数 $P=$______;组分数 $C=$______;自由度数 $F=$______。

选择填入:0,1,2,3,4,5

4. 在一抽空的容器中放入过量的 $NH_4I(s)$并发生下列反应:

$$NH_4I(s) \rightleftharpoons NH_3(g) + HI(g)$$

$$2HI(g) \rightleftharpoons H_2(g) + I_2(g)$$

此平衡系统的相数 $P=$______;组分数 $C=$______;自由度数 $F=$______。

选择填入:0,1,2,3,4,5

5. 在一抽空的容器中,放入过量的 $NH_4HCO_3(s)$并发生下列反应:

$$NH_4HCO_3(s) \rightleftharpoons NH_3(g) + CO_2(g) + H_2O(g)$$

此平衡系统的相数 $P=$______;组分数 $C=$______;自由度数 $F=$______。

选择填入:0,1,2,3,4

6. 在反应器中通入 $n(NH_3):n(HCl)=1:1.2$ 的混合气体发生下列反应并达平衡:

$$NH_3(g) + HCl(g) \rightleftharpoons NH_4Cl(s)$$

此系统的组分数 $C=$______;自由度数 $F=$______。

选择填入:0,1,2,3,4

7. 在一个抽空的容器中放有适量的 $H_2O(l)$,$I_2(g)$和 $CCl_4(l)$。水与四氯化碳在液态完全不互溶,I_2 可分别溶于水和 $CCl_4(l)$中,上部的气体中三者皆存在,达平衡后此系统的自由度数 $F=$______。

选择填入:0,1,2,3,4

8. 在一定 T 下的 A,B 二组分真实气、液平衡系统,在某一浓度范围内 A(g)对拉乌尔定律产生正偏差,在另一浓度范围内 A(g)______。在同一个浓度范围内,若 A(g)产生正偏差,B(g)______。

选择填空:(a)也必然产生正偏差　(b)必然产生负偏差

(c)产生何种偏差无法确定　(d)将符合亨利定律

9. 在一定温度下,气相为理想气体的理想液态混合物中,任一组分 B 的

$[\partial\ln(p_B/\mathrm{kPa})/\partial\ln x_B]_T$ ______。

选择填入:(a) = 0　(b) < 1　(c) > 1　(d) = 1

10. 在一定 T 下,由溶剂 A 与溶质 B 形成的理想稀溶液,与其平衡的气体为理想气体。

$$\left\{\frac{\partial\ln(p_A/\mathrm{Pa})}{\partial\ln x_A}\right\}_T \text{______} \left\{\frac{\partial\ln(p_B/\mathrm{Pa})}{\partial\ln x_B}\right\}_T$$

选择填入:(a) >　(b) =　(c) <　(d)无法确定

习　题

6-1(A)　指出下列各平衡系统中的组分数 C、相数 P 及自由度数 F。

(a)冰与 $H_2O(l)$成平衡;

(b)在一个抽空的容器中,$CaCO_3(s)$与其分解产物 $CaO(s)$和 $CO_2(g)$成平衡;

(c)于 300 K 温度下，在一抽空的容器中，$NH_4HS(s)$与其分解产物 $NH_3(g)$和 $H_2S(g)$成平衡；

(d)取任意量的 $NH_3(g)$、$HI(g)$与 $NH_4I(s)$成平衡；

(e)$I_2(g)$溶于互不相溶的水与 $CCl_4(l)$中，并达到平衡。

答：(a)1、2、1；(b)2、3、1；(c)1、2、0；(d)2、2、2；(e)3、3、2

6-2(B) 在一个抽空的容器中放入过量的 $NH_4I(s)$，发生下列反应并达到平衡：

$$NH_4I(g) \longrightarrow NH_3(g) + HI(g)$$

$$2HI(g) \longrightarrow H_2(g) + I_2(g)$$

此反应系统的自由度 F 为若干？

答：$F = 1$

6-3(A) 已知水在 77 ℃时的饱和蒸气压为 41.847 kPa，试求：

(a)表示蒸气压 p 与温度 T 关系的方程中 A 和 B。

$$\ln(p/\mathrm{kPa}) = -A/T + B$$

(b)水的 $\Delta_{vap}H_m$；

(c)在多大压力下水的沸点是 101 ℃。

答：(a)$A = 5\,023.61$ K, $B = 18.081\,04$；(b)$\Delta_{vap}H_m = 41.77\ \mathrm{kJ \cdot mol^{-1}}$；(c)105.037 kPa

6-4(B) 在 101.325 kPa、846.15 K 时，α-石英变为β-石英过程的摩尔相变焓 $\Delta_{trs}H_m(\alpha \to \beta) = -447.92\ \mathrm{J \cdot mol^{-1}}$，相应的摩尔体积变化为 $\Delta V_m(SiO_2) = -2.0 \times 10^{-7}\ \mathrm{m^3 \cdot mol^{-1}}$。在温度变化范围不大的条件下，$\alpha$-石英$\longrightarrow$$\beta$-石英过程的 $\Delta_{trs}H_m$ 和 ΔV_m 皆可视为常数。若温度上升到 846.50 K，要维持 α 和 β 两相平衡，必须对系统施加多大的外压？

答：p(外) = 1 027.52 kPa

6-5(B) 已知水在 77 ℃ ~ 100 ℃的范围内，饱和蒸气压与温度 T 的关系可表示为

$$\ln(p^*/\mathrm{kPa}) = -5\,024.61\ \mathrm{K}/T + 18.081\,04$$

试求在 80℃时 $H_2O(l) \longrightarrow H_2O(g)$蒸发过程的 $\Delta_{vap}H_m^\ominus$、$\Delta_{vap}S_m^\ominus$ 及 $\Delta_{vap}G_m^\ominus$ 各为若干？

答：$\Delta_{vap}H_m^\ominus = 41.766\ \mathrm{kJ \cdot mol^{-1}}$，$\Delta_{vap}S_m^\ominus = 112.04\ \mathrm{J \cdot mol^{-1} \cdot K^{-1}}$，$\Delta_{vap}G_m^\ominus = 2.200\ \mathrm{kJ \cdot mol^{-1}}$

6-6(B) 25℃丙醇(A)—水(B)系统气、液两相平衡时，两组分蒸气分压与液相组成的关系如下：

x_B	0	0.1	0.2	0.4	0.6	0.8	0.95	0.98	1
p_A/kPa	2.90	2.59	2.37	2.07	1.89	1.81	1.44	0.67	0
p_B/kPa	0	1.08	1.79	2.65	2.89	2.91	3.09	3.13	3.17

(a)画出完整的压力—组成图(包括蒸气分压及总压，液相线及气相线)；

(b)组成为 $x_B = 0.3$ 的系统在平衡压力 $p = 4.16$ kPa 下气、液两相平衡，求平衡时气相组成 y_B 及液相组成 x_B；

(c)上述系统 5 mol，在 $p = 4.16$ kPa 下达到平衡时，气相、液相的量各为多少摩尔？气相中含丙酮和水各多少摩尔？

(d)上述系统 10 kg，在 $p = 4.16$ kPa 下达到平衡时，气相、液相的量各为多少千克？

答：(a)略；(b)$x_B = 0.20$, $y_B = 0.430$；(c)$n(g) = 2.17$ mol, $n(l) = 2.83$ mol, $n_A(g) = 1.24$ mol, $n_B(g) = 0.935$ mol；(d)$m(g) = 3.85$ kg, $m(l) = 6.15$ kg

6-7(A) 101.325 kPa 下水(A)—醋酸(B)系统的气、液平衡数据如下：

$t/℃$	100	102.1	104.4	107.5	113.8	118.1
x_B	0	0.30	0.500	0.700	0.900	1.000
y_B	0	0.185	0.374	0.575	0.833	1.000

(a)画出气、液平衡的温度—组成图；

(b)从图上找出组成 $x_B = 0.800$ 时液相的泡点；

(c)从图上找出组成为 $y_B = 0.800$ 时气相的露点；

(d)105.0 ℃时气、液平衡两相的组成各是多少？

答：(a)略；(b)110.2 ℃；(c)112.8 ℃；(d)$x_B = 0.544$，$y_B = 0.417$

6-8(A)　在 101.325 kPa 下，9.0 kg 的水与 30.0 kg 的醋酸形成的液态混合物加热到 105 ℃时，达到气、液两相平衡。气相组成 y(醋酸) = 0.417，液相中 x(醋酸) = 0.544。试求气、液两相的质量各为多少千克？

答：$m(g) = 12.3$ kg，$m(l) = 26.7$ kg

6-9(A)　水与异丁醇液相部分互溶，在 101.325 kPa 下，系统的共沸点为 89.7 ℃，这时两个液相与气相中各含异丁醇的质量分数对应如下：

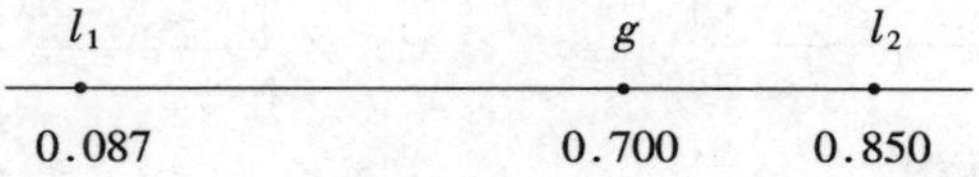

今由 350 g 水和 150 g 异丁醇形成的共轭溶液在 101.325 kPa 下加热，问：

(a)温度刚要达到共沸点时，系统中存在哪些平衡相？其质量各为若干？

(b)温度由共沸点刚有上升的趋势时，这时系统又存在哪些平衡相？其质量各为多少？

答：(a)$m(l_1) = 360.4$ g，$m(l_2) = 139.6$ g；

(b)$m(g) = 0.173\ 7$ kg，$m(l_1) = 0.326\ 3$ kg

6-10(A)　为了将含非挥发性杂质的甲苯提纯，在 86.02 kPa 的压力下用水蒸气蒸馏。已知在此压力下该系统的共沸点为 80 ℃，80 ℃时水的饱和蒸气压为 47.32 kPa。试求：

(a)气相中含甲苯的摩尔分数；

(b)欲蒸出 100 kg 甲苯，需要消耗水蒸气多少千克？　答：(a)y(甲苯) = 0.449 9；(b)$m(H_2O, g) = 23.91$ kg

6-11(A)　A、B 二组分液态部分互溶的液、固平衡相图如附图，试指出各相区的相平衡关系，每条曲线所代表的意义，以及各三相线所代表的相平衡关系。

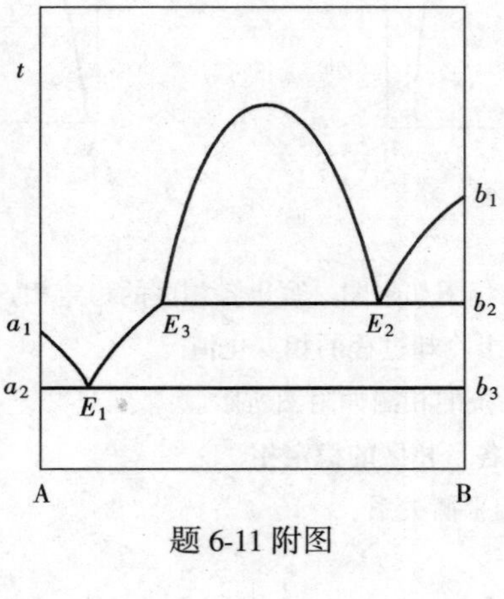

题 6-11 附图

6-12(B) 利用下列数据,粗略地描绘出 Mg—Cu 二组分凝聚系统相图,并标出各区的稳定相。

Mg 与 Cu 的熔点分别为 648 ℃、1 085 ℃。两者可形成两种稳定化合物 Mg_2Cu、$MgCu_2$,其熔点依次为 580 ℃、800 ℃。两种金属与两种化合物四者之间形成三种低共熔混合物。低共熔混合物的组成(含 Cu 的质量分数)及对应的低共熔点 Cu:0.35,380 ℃;Cu:0.66,560 ℃;Cu:0.906,680 ℃。

6-13(A) 绘出生成不稳定化合物系统液、固平衡相图(见附图)中状态点分别为 a、b、c、d、e、f、g 的样品的冷却曲线。

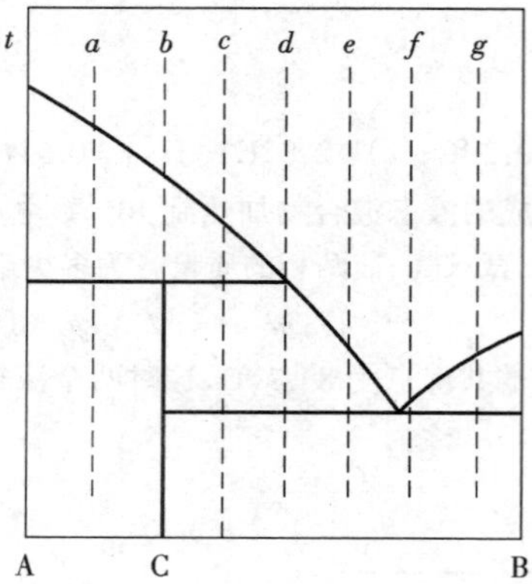

题 6-13 附图

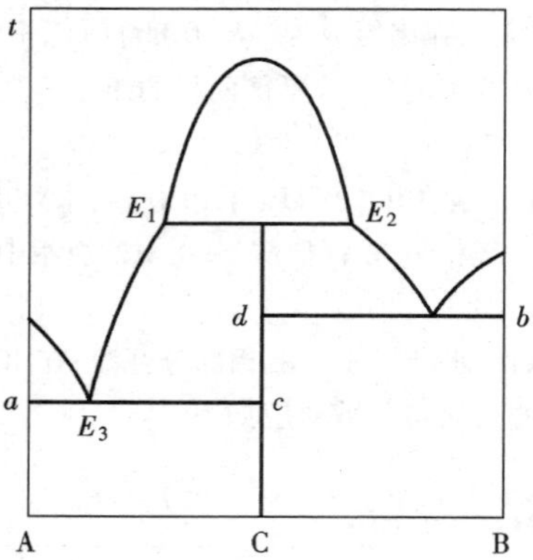

题 6-14 附图

6-14(A) 高温时液态部分互溶,且生成不稳定化合物 C 的 A、B 二组分凝聚系统相图如附图。试写出各相区稳定的平衡相及各三相线上的相平衡关系。

6-15(B) A、B 二组分凝聚系统相图如附图。指出图中各相区的稳定相,各三相线上的相平衡关系,绘出图中 a 点的冷却曲线的形状并简要标明冷却过程的相变化情况。

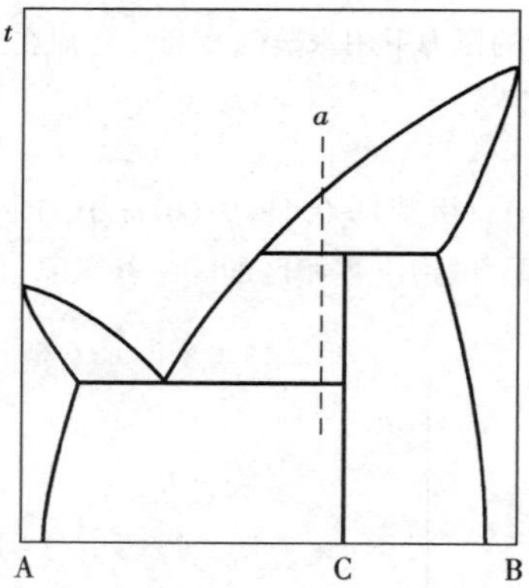

题 6-15 附图

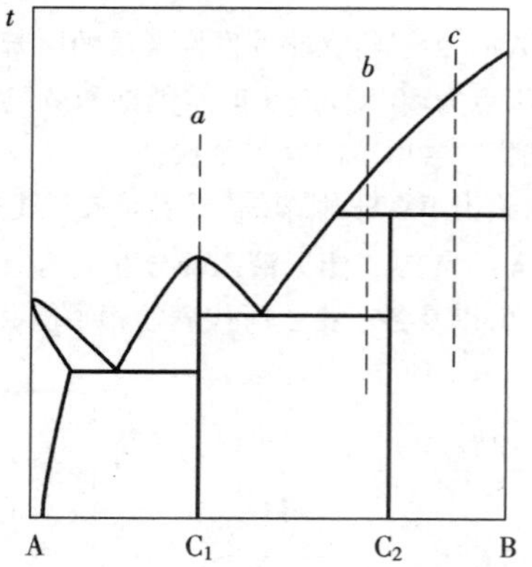

题 6-16 附图

6-16(B) A、B 二组分凝聚系统相图如附图。写出各相区的稳定相,各三相线上的相平衡关系,画出图中 a、b、c 各点的步冷曲线的形状并标出冷却过程的相变化情况。

6-17(A) A 和 B 二组分凝聚系统的相图如附图所示。

(1)试写出图中 1、2、3、4、5、6、7 各个相区的稳定相;

(2)试写出图中各三相线上的相平衡关系;

(3)试绘出过状态点 a,b 两个样品冷却曲线的形状,并写明冷却过程相变化的情况。

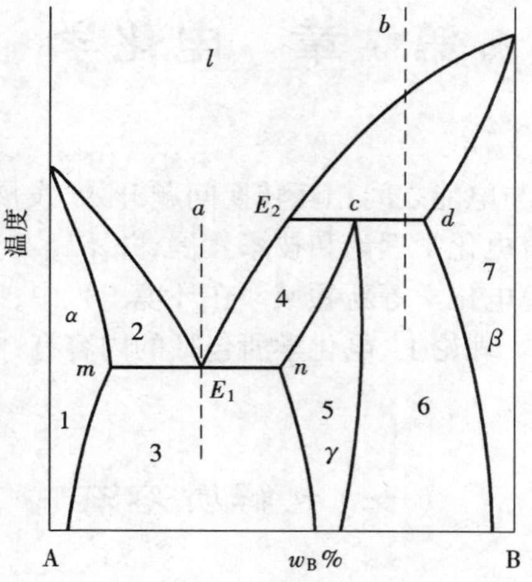

题 6-17 附图

6-18(A)　A、B 二组分凝聚系统相图如附图所示。

(1)试写出 1、2、3、4、5 各相区的稳定相;

(2)试写出各三相线上的相平衡关系;

(3)绘出通过图中 x,y 两个系统点的冷却曲线形状,并注明冷却过程的相变化情况。

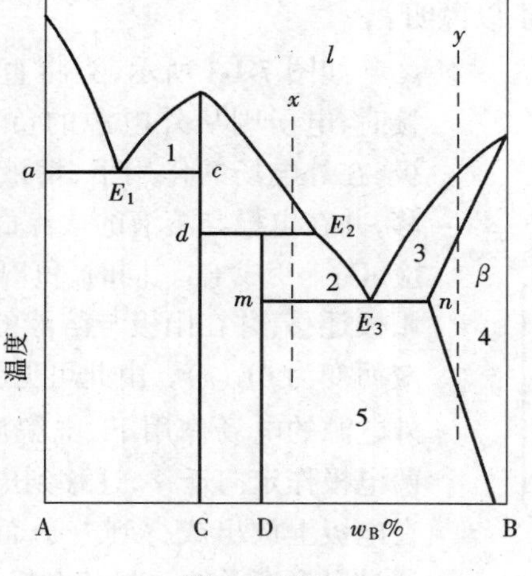

题 6-18 附图

第 7 章　电化学

电化学是从研究化学能与电能之间相互转换问题开始，发展为研究化学现象与电现象之间关系的科学。近年来，随着电化学理论和技术发展，并不断与其他学科相互渗透，出现了生物电化学、土壤电化学及环境电化学等新领域。在环境工程中，许多分析方法和污染物的处理都是利用电化学原理和技术。理论上，电化学所包括的内容有：电解质溶液、原电池、电解和极化三个部分。

(一)电解质溶液

§7-1　电解质溶液的导电机理与法拉第定律

1. 电解质溶液的导电机理

凡能导电的物质称导体，而导体一般可分为两类：一类为电子导体，像金属、石墨或某些金属化合物等，因这些物质本身存在着自由电子，在外加电压下，依靠自由电子的定向流动而导电。另一类导体则为离子导体，如电解质溶液和熔融状态的电解质等。离子导体是如何导电的？下面通过 $CuCl_2$ 的电解予以说明。

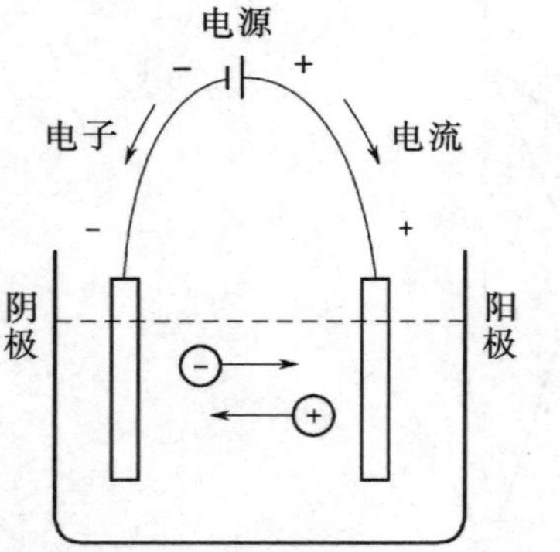

图 7-1-1　电解池示意图

如图 7-1-1 所示，当将直流电源与电解池的两电极连接时，电子则从外电源的负极经外电路流向电解池的阴极，在外电场的作用下，溶液中的正离子(Cu^{2+})向阴极迁移，并在电极与溶液的接界面上与电子相结合发生还原反应，Cu^{2+} 变成 Cu。同时，负离子(Cl^-)则在外电场作用下向阳极迁移，并在阳极与溶液的界面上放出电子发生氧化反应而变为 $Cl_2(g)$。由此可见，电解质溶液的导电机理是：在外电源的电场作用下，电解质溶液中的正、负离子分别向两电极作定向迁移，迁移到电极与溶液界面上的离子分别在电极上放出或得到电子而发生氧化或还原反应。正是通过以上离子的迁移和电极反应，从而使电流不断在电解质溶液中流过。

2. 电解池与原电池

因为电化学主要是研究化学能与电能之间相互转化规律的科学，所以，实现化学能与电能相互转换的装置也有两种。一种是通过外加电能引起系统发生化学反应，而将电能转变成化学能的装置，称为电解池。另一种是利用电极的电极反应产生电流，而将化学能转变为电能的装置，称原电池。

无论是电解池还是原电池,都规定将发生氧化反应(放出电子)的电极称为阳极,发生还原反应(得到电子)的电极称为阴极。有时,又需将电极分为正极与负极,规定电势较低的电极称负极,而电势较高的电极称正极。例如,在原电池的阳极上,因发生给出电子的氧化反应,使得阳极上因电子过剩而电势较低,故原电池的阳极便为负极。反之,原电池的阴极上,因发生正离子获取电子的还原反应,使得阴极上电子缺乏而电势较高,故原电池的阴极便为正极。

3.法拉第定律

在电解池的闭合电路中通过一定的电量时,正、负离子在电极上便得到或放出电子变成中性物质析出。在电极上析出物质的物质的量与通过电路的电量有何关系呢?法拉第定律指出:电解过程中,在阴、阳两极上所析出物质的物质的量与通过电路的电量成正比;若将一定的电量通入几个串连的电解池时,在各个电解池的电极上所析出物质的物质的量均相等。将法拉第定律用一公式来表达,其式推导如下。

设电解质溶液中含有 B^{z+} 离子,若该离子在电极上得到电子还原为 1 mol 金属 B,其电极反应为

$$B^{z+} + ze^- \longrightarrow B$$

由电极反应可知,电极上析出 1 mol 物质 B 需 z mol 电子的电量,则

$$Q' = z\text{mol 电子的电量} = zeL$$

式中 e 为每个电子的所带电量的绝对值,其值为 $1.602\,177\,33 \times 10^{-19}$ C(库仑)。L 为阿伏加德罗常数,其值为 $6.022\,136\,7 \times 10^{23}\ \text{mol}^{-1}$,$z$ 为电极反应的电子计量系数。因此,还原 1 mol B^{z+} 所需的电量

$$\begin{aligned} Q' &= z \times 1.602\,177\,33 \times 10^{-19}\,\text{C} \times 6.022\,136\,7 \times 10^{23}\ \text{mol}^{-1} \\ &= z \times 964\,853\,09\ \text{C}\cdot\text{mol}^{-1} = zF \end{aligned}$$

式中 F 称为法拉第常数,其值为 1 mol 电子的所带电量的绝对值,即

$$\begin{aligned} F = eL &= 1.602\,177\,33 \times 10^{-19}\,\text{C} \times 6.022\,136\,7 \times 10^{23}\ \text{mol}^{-1} \\ &= 96\,485.309\ \text{C}\cdot\text{mol}^{-1} \end{aligned}$$

若有 Q 电量通过电解池时,则在电极上析出物质 B 的物质的量 n 为

$$n = Q\ /\ zF \qquad \text{或}\ Q = nzF$$

因 $n = m(\text{B})/M(\text{B})$,$m(\text{B})$为电极上析出的 B 之质量,故

$$m(\text{B}) = Q\text{M}(\text{B})\ /\ zF \tag{7-1-1}$$

§7-2 离子的迁移数与电迁移率

1.离子的迁移数

在电化学中,常将离子在电场作用下引起的定向运动称为电迁移。如前所述,当电流通过电解质溶液时,在溶液中相应地发生离子的电迁移现象,即在外电场的作用下,正离子向阴极迁移,负离子向阳极迁移,由正、负离子共同完成导电的任务。但是,正、负离子所完成的导电量 Q^+ 与 Q^- 是否相同,用什么指标衡量呢?

设想在两个惰性电极(在通电过程中电极材料本身不发生化学变化的电极)之间有两个假想的平面,将所讨论的电解质溶液划分为阴极区、中间区和阳极区三个部分,每个部分含有6 mol电解质,如图7-2-1所示。

图中每个"+"或"-"的符号分别表示1 mol正离子或1 mol负离子。当直流电源与这两个惰性电极相连接并通入4法拉第电量时,由法拉第定律可知:应当有4 mol正离子在阴极取得电子,生成的产物在阴极上析出;同时有4 mol负离子在阳极放出电子,生成的产物在阳极上析出。此时溶液内部发生离子的定向迁移。负离子向阳极迁移与正离子向阴极迁移的效果相当,都表示将正电荷在溶液内部由阳极输送到阴极。在溶液的任一截面上通过的电量都是4法拉第。设正离子速度 v_+ 等于负离子速度 v_- 的三倍,即 $v_+ = 3\ v_-$。通电时,当1 mol负离子(1法拉第电量)由左往右向阳极迁移的同时就有3 mol正离子(3法拉第电量)由右往左向阴极迁移。如图7-2-2(b)所示。显然,通过溶液的总电量为正、负离子迁移电量之和。通过溶液总电量的法拉第数等于溶液中分别向两极迁移的正、负离子的摩尔数之总和。且

$$\frac{\text{正离子迁移的电量 } Q_+}{\text{负离子迁移的电量 } Q_-} = \frac{\text{正离子速率 } v_+}{\text{负离子速率 } v_-} = \frac{\text{正离子迁移出阳极区的物质的量}}{\text{负离子迁移出阴极区的物质的量}} \tag{7-2-1}$$

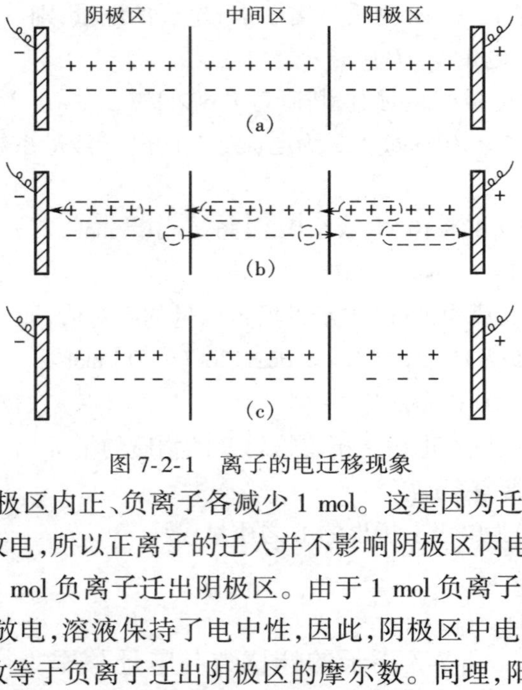

图7-2-1　离子的电迁移现象

这样,总的结果是阴极区内正、负离子各减少1 mol。这是因为迁入阴极区的3 mol正离子可以认为全部在电极上放电,所以正离子的迁入并不影响阴极区内电解质的浓度。而在正离子迁入阴极区的同时有1 mol负离子迁出阴极区。由于1 mol负离子的迁出,在阴极区多出来1 mol正离子也在阴极上放电,溶液保持了电中性,因此,阴极区中电解质减少1 mol。即阴极区内电解质减少的摩尔数等于负离子迁出阴极区的摩尔数。同理,阳极区内电解质减少的摩尔数,等于正离子迁出阳极区的摩尔数。阳极区内正、负离子各减少3 mol,中间区内正离子或负离子迁出迁入数量相同,故电解质的数量不变,如图7-2-1(c)所示。

将某种离子迁移的电量与通过溶液的总电量之比定义为该离子的迁移数,以符号 t 表示。若溶液中只有一种正离子和一种负离子,则可将正离子迁移数 t_+ 和负离子迁移数 t_- 分别表示如下:

$$t_+ = Q_+ / (Q_+ + Q_-) \qquad t_- = Q_- / (Q_+ + Q_-) \tag{7-2-2}$$

将上式与式(7-2-1)结合,得

$$t_+ = \frac{v_+}{v_+ + v_-} \qquad t_- = \frac{v_-}{v_+ + v_-} \tag{7-2-3}$$

由式可知,离子的迁移数是分数,且 $t_+ + t_- = 1$。离子的迁移数与溶液中正、负离子的迁移速率有关。凡影响离子迁移速率的因素,就有可能影响离子的迁移数。例如温度、电解质的浓度发生变化时,都会影响离子的迁移数。

2.离子的电迁移率

离子在电场中的运动速度,除了与离子本性、溶剂性质、溶液浓度及温度等因素有关以外,还与电势梯度 $\Delta\varphi/l$ 有关。φ 为电势,l 表示电场中两极的距离,即

$$v_+ = U_+ \Delta\varphi/l$$

$$v_- = U_- \Delta\varphi/l$$

当电势梯度 $\Delta\varphi/l = 1\ \mathrm{V \cdot m^{-1}}$ 时,离子的迁移速率称为离子的电迁移率,用符号 U 表示。其单位为 $\mathrm{m^2 \cdot s^{-1} \cdot V^{-1}}$。于是,正离子的迁移数 t_+ 和负离子的迁移数 t_- 又可分别表示为

$$t_+ = \frac{Q_+}{Q_+ + Q_-} = \frac{v_+}{v_+ + v_-} = \frac{U_+}{U_+ + U_-} \tag{7-2-4}$$

$$t_- = \frac{Q_-}{Q_+ + Q_-} = \frac{v_-}{v_+ + v_-} = \frac{U_-}{U_+ + U_-} \tag{7-2-5}$$

表 7-2-1 给出 25 ℃时无限稀释水溶液中某些离子的电迁移率。

表 7-2-1　25 ℃无限稀释溶液中离子的电迁移率

正离子	$10^8 U_+^\infty/(\mathrm{m^2 \cdot s^{-1} \cdot V^{-1}})$	负离子	$10^8 U_-^\infty/(\mathrm{m^2 \cdot s^{-1} \cdot V^{-1}})$
H^+	36.30	OH^-	20.52
K^+	7.62	SO_4^{2-}	8.27
Ba^{2+}	6.59	Cl^-	7.91
Na^+	5.19	NO_3^-	7.40
Li^+	4.01	HCO_3^-	4.61

§7-3 电导率和摩尔电导率

1.电导、电导率与摩尔电导率

1)电导

电解质溶液中正、负离子导电的能力大小可用迁移数来表示,而电解质溶液的导电能力用什么物理量来表示?在物理化学中,电解质溶液导电能力是用电阻的倒数来表示,称为电导,符号为 G,即 $G = 1/R$,电导单位为西门子,简称西,符号为 S。电解质溶液的电导 G 是与浸入电解质溶液内的电极面积 A_s、电极距离 l 有关。其关系为

$$G = \kappa A_s / l \qquad (7\text{-}3\text{-}1)$$

2)电导率

式(7-3-1)中的比例系数 κ 称为电导率。对电解质溶液,电导率的定义为:在相距为 1 m、面积为 1 m^2的两平行电极之间,充满电解质溶液时的电导,称为电导率,其单位为 $S \cdot m^{-1}$。即

$$\kappa = G\, l\, / A_s$$

电解质溶液的电导率大小不仅与电解质的种类有关,而且还与溶液的浓度有关。这是因为,即使同一种电解质溶液,当浓度不同时,1 m^3的电解质溶液中所含电解质的量是不同的,也就是导电的离子数目不同,所以电导率不同。

3)摩尔电导率

由于电解质溶液的电导率与浓度有关,难以用它来比较不同电解质溶液的导电能力。为了在相同数量的电解质条件下比较不同电解质溶液的导电能力,引进摩尔电导率的概念。摩尔电导率的定义为:在相距为 1 m 的两平行电极之间,放入含有物质的量为 1 mol 某电解质的溶液时的电导,称为该电解质溶液的摩尔电导率,用符号 Λ_m表示。摩尔电导率单位为 $S \cdot m^2 \cdot mol^{-1}$。因为电解质溶液中电解质的物质的量规定为 1 mol,所以,放入到两电极之间的电解质溶液的体积一般不是 1 m^3,而且体积大小与电解质的浓度有关,因此,摩尔电导率 Λ_m与电导率 κ 及电解质溶液的浓度 c 之间的关系为

$$\Lambda_m = \kappa\, /\, c \qquad (7\text{-}3\text{-}2)$$

应注意:计算 Λ_m时浓度的单位应该用 $mol \cdot m^3$;在表示电解质溶液的 Λ_m时,应标明基本单元。例如,在一定条件下

$$\Lambda_m(MgCl_2) = 258 \times 10^{-4}\ S \cdot m^2 \cdot mol^{-1}$$

$$\Lambda_m(MgCl_2/2) = 129.4 \times 10^{-4}\ S \cdot m^2 \cdot mol^{-1}$$

显然 $$2\Lambda_m\left(\frac{1}{2}MgCl_2\right) = \Lambda_m(MgCl_2)$$

一般是将带有 z 个电荷的离子 B^{z+} 之$\frac{1}{z}B^{z+}$ 作为基本单元,如 Ag^+、Cu^{2+}、Au^{3+} 的基本单元分别为 Ag^+、$\frac{1}{2}Cu^{2+}$、$\frac{1}{3}Au^{3+}$,相应的摩尔电导率为 $\Lambda_m(Ag^+)$、$\Lambda_m\left(\frac{1}{2}Cu^{2+}\right)$、$\Lambda_m\left(\frac{1}{3}Au^{3+}\right)$。之所以这样选取基本单元是因为 1 mol 基本单元的离子都是带有 1 mol 电子,更有利于比较不同电解质的导电能力。

2.通过电导的测定计算电导率和摩尔电导率

摩尔电导率是三者中最能反映电解质导电能力大小的物理量,所以应用最广。摩尔电导率可由式(7-3-2)求取,即

$$\Lambda_m = \kappa / c$$

由上式可知,计算 Λ_m除了须知电解质溶液浓度 c 之外,还需要有该电解质溶液电导率 κ 的数值。目前 κ 可用仪器直接测定,如无该仪器,则 κ 数值可通过下面方法求取:

$$\kappa = G\, l / A_s$$

就是说，要计算 κ 需测定电导 G、电极面积 A_s 和电极距离 l。因电导是电阻的倒数，因此，测定待测电解质溶液的电导 G_x，实际上就是测量其电阻。只要测出电阻 R_x，电导也就可知，因

$$G_x = 1/R_x$$

有了电导 G_x，则待测溶液的电导率便可由式(7-3-1)求取，即

$$\kappa_x = G_x l/A_s = (1/R_x)l/A_s = (1/R_x)K_{cell} \tag{7-3-3}$$

$$K_{cell} = \kappa/(1/R_x) = \kappa R_x \tag{7-3-4}$$

对于一个指定的电导池，l 和 A_s 皆为定值，故 K_{cell} 亦为常数，称为电导池常数，用符号 K_{cell} 表示，其单位为 m^{-1}。

欲测定某一待测电解质溶液在一定温度下的电导率 κ，应先测定所用电导池在相同温度下的电导池常数 K_{cell}。方法是将一定浓度的 KCl 水溶液注入电导池中，在同一温度下 KCl 水溶液电导率是已知的，再测出其电阻，即可按式(7-3-4)计算 K_{cell} 的数值。不同浓度 KCl 水溶液电导率的资料列于表 7-3-1 中。

表 7-3-1　25 ℃ KCl 水溶液的电导率

浓度	$c/(mol \cdot m^{-3})$	10^3	10^2	10	1.0	0.1
电导率	$\kappa/(S \cdot m^{-1})$	11.19	1.289	0.141 3	0.014 69	0.001 489

例 7.3.1　25 ℃时，在同一电导池中，先装入 c 为 0.02 $mol \cdot dm^{-3}$ 的 KCl 水溶液，测得其电阻为 82.4 Ω。将电导池洗净，干燥后再装入 c 为 0.002 5 $mol \cdot dm^{-3}$ 的 K_2SO_4 水溶液，测得其电阻为 326.0 Ω。已知 25 ℃时 0.02 $mol \cdot dm^{-3}$ KCl 溶液的电导率为 0.276 8 $S \cdot m^{-1}$。试求 25 ℃时：

(a)电导池的电导池常数 K_{cell}；

(b)0.002 5 $mol \cdot dm^{-3}$ 的 K_2SO_4 溶液的电导率和摩尔电导率。

解：(a)由式(7-3-4)可知电导池常数

$$K_{cell} = \kappa(KCl)R(KCl)$$
$$= 0.276\,8\ S \cdot m^{-1} \times 82.4\ \Omega = 22.81\ m^{-1}$$

(b)0.002 5 $mol \cdot dm^{-3}$ K_2SO_4 溶液的 $\kappa(K_2SO_4)$ 和 $\Lambda_m(K_2SO_4)$ 的计算

$$\kappa(K_2SO_4) = K_{cell}/R(K_2SO_4)$$
$$= 22.81\ m^{-1}/326.0\ \Omega = 0.069\,97\ S \cdot m^{-1}$$
$$\Lambda_m(K_2SO_4) = \kappa(K_2SO_4)/c(K_2SO_4)$$
$$= 0.069\,97\ S \cdot m^{-1}/2.5\ mol \cdot m^{-3} = 0.027\,99\ S \cdot m^2 \cdot mol^{-1}$$

3.摩尔电导率与浓度的关系

科尔劳施(Kohlrausch)根据实验得出结论：在很稀的溶液中，强电解质的摩尔电导率与其物质的量浓度的平方根成直线关系。若用公式表示，则为

$$\Lambda_m = \Lambda_m^\infty - A\sqrt{c} \tag{7-3-5}$$

对于在一定温度下的指定电解质而言，上式中的 Λ_m^∞ 及 A 皆为常数。

图 7-3-1 列举了几种电解质的摩尔电导率 Λ_m 与其物质的量浓度平方根 $\sqrt{c}$ 关系。由图可见，无论强电解质或弱电解质，其摩尔电导率均随溶液的稀释而增大。对强电解质而言，随着

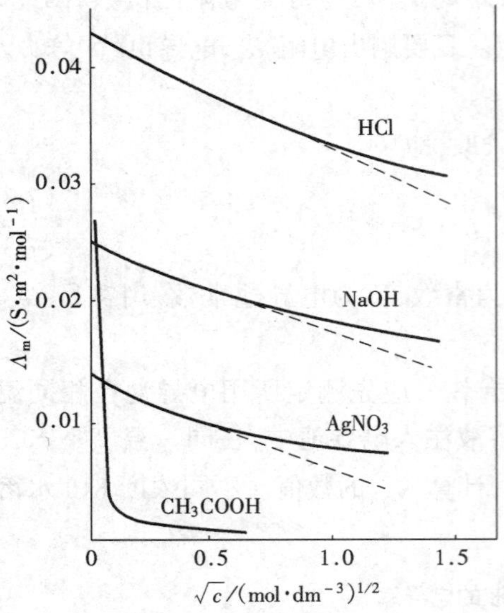

图 7-3-1　几种电解质的 Λ_m—$\sqrt{c}$图

其物质的量浓度的降低，离子间的引力变小，离子运动速率增大，故摩尔电导率增大。在低浓度范围内，Λ_m与$\sqrt{c}$呈直线关系。将直线外推至纵轴 $c=0$ 处，所得的截距即为电解质浓度为无限稀释时的摩尔电导率 Λ_m^∞，此值亦称为电解质无限稀释时的摩尔电导率。

弱电解质的摩尔电导率也随其物质的量浓度的降低而增加，在极稀溶液范围内，物质的量浓度略微的降低，但其摩尔电导率却急剧增大。这是因为弱电解质的电离度随溶液的稀释而增大，亦即弱电解质浓度越低，解离出的离子数越多，摩尔电导率也越大。由图 7-3-1 可看出，弱电解质的 Λ_m^∞ 无法由外推法求得，故式(7-3-5)只适用于强电解质。至于弱电解质的 Λ_m^∞ 如何求取，科尔劳施离子独立运动定律解决了这一问题。

§7-4　离子独立运动定律和离子的摩尔电导率

科尔劳施通过大量的实验，测得众多数据。25 ℃时，一些电解质在无限稀释时的摩尔电导率的实验数据如下：

$$\Lambda_m^\infty(KCl)=0.014\ 99\ S\cdot m^2\cdot mol^{-1}$$

$$\Lambda_m^\infty(LiCl)=0.011\ 50\ S\cdot m^2\cdot mol^{-1}$$

$$\Lambda_m^\infty(KNO_3)=0.145\ 0\ S\cdot m^2\cdot mol^{-1}$$

$$\Lambda_m^\infty(LiNO_3)=0.110\ 1\ S\cdot m^2\cdot mol^{-1}$$

从以上数据可以看出如下的一些规律性的结果。

(1)具有相同负离子的钾盐和锂盐的 Λ_m^∞ 之差为一常数，与负离子的性质无关，即

$$\Lambda_m^\infty(KCl)-\Lambda_m^\infty(LiCl)=\Lambda_m^\infty(KNO_3)-\Lambda_m^\infty(LiNO_3)=0.003\ 49\ S\cdot m^2\cdot mol^{-1}$$

(2)具有相同正离子的氯化物和硝盐酸的 Λ_m^∞ 之差也为一常数，与正离子的性质无关，即

$$\Lambda_m^\infty(KCl)-\Lambda_m^\infty(KNO_3)=\Lambda_m^\infty(LiCl)-\Lambda_m^\infty(LiNO_3)=0.004\ 9\ S\cdot m^2\cdot mol^{-1}$$

其他电解质也有同样的规律。根据这些事实，柯尔劳施认为：在无限稀释时，每种离子是独立运动的，不受其他离子的影响。即在无限稀释时每种离子的导电能力不受其他离子的影响，所以每种电解质的摩尔电导率在溶剂、温度一定的条件下，只取决于其正、负离子的摩尔电导率。在一定温度下，不论是强电解质、弱电解质或者是金属难溶盐类，在无限稀释的水溶液中，皆可视为全部电离，而且可表示为

$$A_{\nu_+}B_{\nu_-}\longrightarrow \nu_+A^{z+}+\nu_-B^{z-}$$

$$\Lambda_m^\infty=\nu_+\Lambda_{m,+}^\infty+\nu_-\Lambda_{m,-}^\infty \tag{7-4-1}$$

此式称为**柯尔劳施离子独立运动定律的数学表示式**。式中 ν_+ 及 ν_- 分别为正、负离子的

个数，$\Lambda_{m,+}^{\infty}$ 及 $\Lambda_{m,-}^{\infty}$ 分别为在无限稀释时正离子 A^{z+} 及负离子 B^{z-} 的摩尔电导率。表 6-4-1 列出一些离子无限稀释时的摩尔电导率。

表 7-4-1　25 ℃时无限稀释水溶液中的摩尔电导率

正离子	$10^{-11}\Lambda_m^{\infty}/(S\cdot m^2\cdot mol^{-1})$	负离子	$10^{-11}\Lambda_m^{\infty}/(S\cdot m^2\cdot mol^{-1})$
H^+	349.82	OH^-	198.0
Li^+	38.69	Cl^-	76.34
Na^+	50.11	Br^-	78.4
K^+	73.52	I^-	76.8
NH_4^+	73.4	NO_3^-	71.44
Ag^+	61.92	CH_3COO^-	50.9
$\frac{1}{2}Ca^{2+}$	59.50	ClO_4^-	68.0
$\frac{1}{2}Ba^{2+}$	63.64	$\frac{1}{2}SO_4^{2-}$	79.8
$\frac{1}{2}Sr^{2+}$	59.46	HCO_3^-	44.5
$\frac{1}{2}Mg^{2+}$	53.06	$\frac{1}{2}CO_3^{2-}$	69.3
$\frac{1}{3}La^{3+}$	69.6	$C_2H_5COO^-$	35.8

根据离子独立运动定律，可以应用无限稀释强电解质的摩尔电导率或离子的摩尔电导率来计算弱电解质的摩尔电导率。

例如在 25 ℃的水溶液中：

$$\begin{aligned}\Lambda_m^{\infty}(CH_3COOH) &= \Lambda_m^{\infty}(CH_3COONa) + \Lambda_m^{\infty}(HCl) - \Lambda_m^{\infty}(NaCl)\\ &= \Lambda_m^{\infty}(CH_3COO^-) + \Lambda_m^{\infty}(H^+)\\ &= (40.9 + 349.82)\times 10^{-4}\ S\cdot m^2\cdot mol^{-1}\\ &= 390.72\times 10^{-4}\ S\cdot m^2\cdot mol^{-1}\end{aligned}$$

§7-5　电导测定的应用

1. 计算弱电解质的解离度和解离常数

1)弱电解质的解离度 α

弱电解质的解离度 α 是指每摩尔弱电解质达到电离平衡时解离的物质的量。即

$$\alpha = n(离)/n(总)$$

对于一定浓度弱电解质溶液的摩尔电导率 Λ_m数值小于该弱电解质无限稀释溶液的摩尔电导率 Λ_m^{∞} 的数值，原因在于一定浓度的弱电解质溶液中弱电解质只有部分解离，而在无限稀释溶液中弱电解质是全部解离，因此，Λ_m数值越大反映出弱电解质解离成离子的数越多，故

$$\alpha = \Lambda_m/\Lambda_m^{\infty} \tag{7-5-1}$$

2)解离常数 $K_c^{\ominus}$ 的求取

在一般浓度下,弱电解质在水中仅部分解离,离子和未解离分子之间存在着平衡关系。例如,1-1 型弱电解质醋酸溶于水中时,发生部分解离,其解离反应如下:

$$CH_3COOH \rightleftharpoons H^+ + CH_3COO^-$$

原始浓度	c	0	0
平衡时	$c(1-\alpha)$	αc	αc

解离常数:

$$K_c^{\ominus} = \frac{(\alpha c/c^{\ominus})^2}{(1-\alpha)c/c^{\ominus}} = \frac{\alpha^2}{1-\alpha^2}(c/c^{\ominus}) \qquad (7\text{-}5\text{-}2)$$

式中 $c^{\ominus} = 1\ mol \cdot dm^{-3}$,称为标准量浓度,$c$ 为弱电解质的总量浓度。

要求取浓度已知的 1-1 型弱电解质之 $K_c^{\ominus}$,首先需求出该浓度下 1-1 型弱电解质之解离度 α。若利用式(7-5-1)计算解离度 α 又需求出该浓度下弱电解质溶液的摩尔电导率 Λ_m 和 Λ_m^{∞}。Λ_m^{∞} 可由式(7-4-1)求取,而 Λ_m 的计算则要利用 $\Lambda_m = \kappa/c$ 一式,也就是需要 κ 的数据。

2.计算难溶盐的溶解度

用测定电导的方法可以计算出难溶盐(如 AgCl、$BaSO_4$ 等)在水中的溶解度。举例说明如下。

例 7.5.1 25 ℃时实验测得饱和 AgCl 水溶液的电导率 κ(溶液) $= 3.41 \times 10^{-4}\ S \cdot m^{-1}$,在相同温度下配制此溶液所用水的电导率 κ(水) $= 1.60 \times 10^{-4}\ S \cdot m^{-1}$,试计算 25 ℃时氯化银的溶解度。

解:由于 AgCl 在水中的溶解度极微,必须考虑水的电离及水中其他离子的存在对电导率的贡献,即

$$\kappa(\text{溶液}) = \kappa(AgCl) + \kappa(\text{水})$$

故

$$\kappa(AgCl) = \kappa(\text{溶液}) - \kappa(\text{水}) = (3.41 - 1.60) \times 10^{-4}\ S \cdot m^{-1} = 1.81 \times 10^{-4}\ S \cdot m^{-1}$$

由于饱和 AgCl 水溶液中离子的浓度很小,可视为无限稀溶液,故其 Λ_m 可近似地等于 Λ_m^{∞},即

$$\Lambda_m(AgCl) = \Lambda_m^{\infty}(AgCl) = \Lambda_m^{\infty}(Ag^+) + \Lambda_m^{\infty}(Cl^-) = (61.92 + 76.34) \times 10^{-4}\ S \cdot m^2 \cdot mol^{-1} = 138.26 \times 10^{-4}\ S \cdot m^2 \cdot mol^{-1}$$

25 ℃时 AgCl 在水中的溶解度:

$$c = \frac{\kappa(AgCl)}{\Lambda_m(AgCl)} = \frac{1.81 \times 10^{-4}\ S \cdot m^{-1}}{138.26 \times 10^{-4}\ S \cdot m^2 \cdot mol^{-1}} = 1.309 \times 10^{-2}\ mol \cdot m^{-3} = 1.309 \times 10^{-5}\ mol \cdot dm^{-3}$$

3.电导滴定

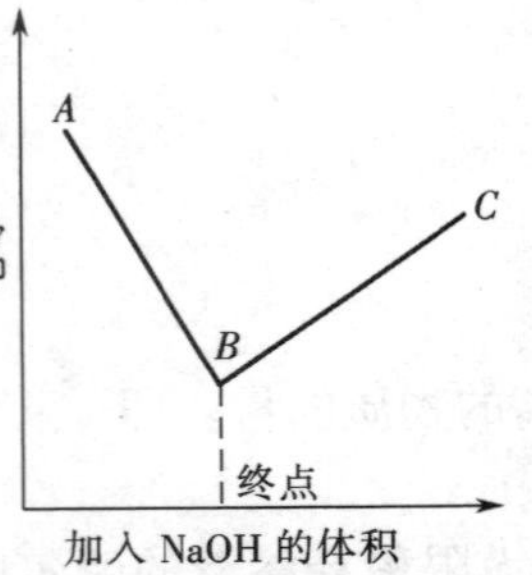

图 7-5-1 中和反应的电导滴定

利用滴定过程中系统的电导变化来确定滴定终点的方法称为电导滴定。电导滴定常被用来测定溶液中电解质的浓度。当溶液混浊或者是有颜色而不能用指示剂来指示滴定终点时,此法就更显得有用。但是此法只有在滴定过程中溶液的电导率能发生明显的变化,才能使用。

例如用 NaOH 滴定 HCl 水溶液时,溶液中摩尔电导率很大的 H^+ 被摩尔电导率较小的 Na^+ 所取代,因此,溶液的电导将随着 NaOH的滴入而明显地降低。当 HCl 被中和后,再继续滴入 NaOH,则等于单纯增加溶液中 Na^+ 及 OH^-,由于 OH^- 的摩尔电导率也很大,所以,在滴定的终点之后,溶液的电导会骤增。图 7-5-1 所示 AB 和 BC 两条直线的交点就是滴定的终点。

除上述中和反应外,沉淀反应也常用电导滴定。

§7-6 电解质离子的平均活度与平均活度系数

1. 电解质离子的平均活度与平均活度系数

在无限稀释时，电解质溶液中的离子之间无相互作用，但随着浓度的增大，离子之间静电作用力影响越强，即非理想性加大，在热力学计算中，如化学势的表达式就不能使用浓度而应当使用活度。设有强电解质为 $C_{\nu_+}A_{\nu_-}$，在水溶液中该电解质全部电离：

$$C_{\nu_+}A_{\nu_-} \longrightarrow \nu_+ C^{z+} + \nu_- A^{z-}$$

以质量摩尔浓度 b 表示电解质的浓度，则正、负离子的浓度：

$$b_+ = \nu_+ b \qquad b_- = \nu_- b$$

若电解质 $C_{\nu_+}A_{\nu_-}$ 不解离时，其化学势表达式为

$$\mu(C_{\nu_+}A_{\nu_-}) = \mu^{\ominus}(C_{\nu_+}A_{\nu_-}) + RT\ln a \tag{7-6-1}$$

式中 a 为电解质 $C_{\nu_+}A_{\nu_-}$ 的活度，其与电解质的浓度关系为 $a = \gamma b$。

但是电解质是全部电离的，所以正、负离子的化学势分别为

$$\mu_+ = \mu_+^{\ominus} + RT\ln a_+ \qquad \mu_- = \mu_-^{\ominus} + RT\ln a_- \tag{7-6-2}$$

由于电解质 $C_{\nu_+}A_{\nu_-}$ 的化学势应是正、负离子的化学势之代数和，即

$$\mu(C_{\nu_+}A_{\nu_-}) = \nu_+\mu_+ + \nu_-\mu_- \tag{7-6-3}$$

将式(7-6-1)与式(7-6-2)代入式(7-6-3)中，得

$$\mu^{\ominus}(C_{\nu_+}A_{\nu_-}) + RT\ln a = \nu_+(\mu_+^{\ominus} + RT\ln a_+) + \nu_-(\mu_-^{\ominus} + RT\ln a_-)$$

根据对应项相等的原则，得

$$\mu^{\ominus}(C_{\nu_+}A_{\nu_-}) = \nu_+\mu_+^{\ominus} + \nu_-\mu_-^{\ominus}$$

$$RT\ln a = \nu_+ RT\ln a_+ + \nu_- RT\ln a_-$$

$$a = a_+^{\nu+} a_-^{\nu-} \tag{7-6-4}$$

式(7-6-4)为电解质活度与其正、负离子活度的关系式。而离子的活度与其浓度关系为

$$a_+ = \gamma_+(b_+/b^{\ominus}), \quad a_- = \gamma_-(b_-/b^{\ominus})$$

由于电解质溶液中，正、负离子总是同时存在，所以无法由实验测定正、负离子的活度或活度系数，而只能测定正、负离子的平均活度 $a_\pm$ 或正、负离子的平均活度系数 $\gamma_\pm$，因此，采用离子的平均活度 $a_\pm$ 代替正负离子的活度 a_+、a_-，其定义式为

正、负离子的平均活度 $\quad a_\pm = (a_+^{\nu_+} a_-^{\nu_-})^{1/\nu} \tag{7-6-5}$

式中 $\quad \nu = \nu_+ + \nu_-$

正、负离子的平均活度系数 $\quad \gamma_\pm = (\gamma_+^{\nu_+} \gamma_-^{\nu_-})^{1/\nu} \tag{7-6-6}$

正、负离子的平均质量摩尔浓度 $\quad b_\pm = (b_+^{\nu_+} b_-^{\nu_-})^{1/\nu} \tag{7-6-7}$

由上述关系式可以导出强电解质的整体活度 a，正、负离子的活度 a_+、a_-，正、负离子的平均活度 $a_\pm$，正负离子的平均活度系数 $\gamma_\pm$ 与电解质的质量摩尔浓度 b 之间的定量关系式：

$$a = a_+^{\nu_+} a_-^{\nu_-} = a_\pm^{\nu} = \nu_+^{\nu_+} \nu_-^{\nu_-} \gamma_\pm^{\nu} (b/b^{\ominus})^{\nu}$$

上式中的 $b^{\ominus} = 1\ \text{mol} \cdot \text{kg}^{-1}$。

当溶液中电解质的浓度 b 趋于零时，正、负离子的平均活度系数 $\gamma_{\pm} \to 0$。

例 7.6.1 计算 25 ℃时，浓度 $b = 0.1\ \text{mol} \cdot \text{kg}^{-1}$ 的 H_2SO_4 水溶液中整体电解质的活度及离子的平均活度各为若干？已知 $\gamma_{\pm}(H_2SO_4) = 0.265$。

解：对于 H_2SO_4，$\nu_+ = 2, \nu_- = 1, \nu = \nu_+ + \nu_- = 2 + 1 = 3$

因 $a(H_2SO_4) = a_{\pm}^{\nu}(H_2SO_4)$，故必须先求 $a_{\pm}^{\nu}(H_2SO_4)$。

而 $a_{\pm}^{\nu}(H_2SO_4) = \nu_+ \nu_- \gamma_{\pm}^{\nu}(b/b^{\ominus})^{\nu}$

式中 ν_+、ν_-、$\gamma_{\pm}{}^{\nu}$ 和 b 的资料均已知，将这些资料代入上式中便可求出 $a_{\pm}^{\nu}(H_2SO_4)$。

即
$$\begin{aligned} a(H_2SO_4) &= a_{\pm}^{\nu}(H_2SO_4) = \nu_+ \nu_- \gamma_{\pm}^{\nu}(b/b^{\ominus})^{\nu} \\ &= \nu_+ \nu_- \gamma_{\pm}^{\nu}(b/b^{\ominus})^{\nu} \\ &= 2 \times 1 \times 0.265^3 \times (0.1\ \text{mol} \cdot \text{kg}^{-1}/1\ \text{mol} \cdot \text{kg}^{-1})^3 \\ &= 7.444 \times 10^{-5} \end{aligned}$$

于是 $a_{\pm} = a(H_2SO_4)^{1/\nu} = (7.444 \times 10^{-5})^{1/3} = 0.042\ 07$

2. 离子强度与德拜—许克尔的极限公式

实验证明：电解质离子平均活度系数 $\gamma_{\pm}$ 与溶液的浓度有关。在稀溶液范围内，$\gamma_{\pm}$ 数值随浓度降低而增大；在稀溶液范围内，对相同价型的电解质而言，当浓度相同时，其 $\gamma_{\pm}$ 数值大体相等。而不同价型的电解质，虽浓度相同，其 $\gamma_{\pm}$ 数值并不相同，高价型电解质的 $\gamma_{\pm}$ 数值较小。

路易斯根据实验结果总结出电解质离子平均活度系数 $\gamma_{\pm}$ 与离子强度 I 之间的经验关系式：

$$\lg\gamma_{\pm} = -常数\sqrt{I}$$

式中 I 称为离子强度，为溶液中每种离子的浓度 b_B 乘以该离子电荷数 z_B 的平方之乘积总和的一半。其定义式为

$$I = \frac{1}{2}\Sigma b_B z_B^2 \tag{7-6-8}$$

1923 年，德拜(Debye)和许克尔(Hicket)提出了解释有关强电解质稀溶液中的离子相互吸引理论，导出了定量计算离子平均活度系数的德拜—许克尔极限公式，即

$$\lg\gamma_{\pm} = -Az_+ |z_-| \sqrt{I} \tag{7-6-9}$$

式中 $A = \dfrac{(2\pi L\rho_A^*)^{1/2} e^3}{2.303(4\pi\varepsilon_0 \varepsilon_r kT)^{1.5}}$

其中 π 为圆周率，L 为阿伏加德罗常数(mol^{-1})，ρ_A^* 为温度 T 时纯溶剂 A 的密度($\text{kg} \cdot \text{m}^{-3}$)，$e$ 为电子电量(C)，ε_0 为真空电容率($C^2/(J \cdot m)$)，ε_r 为溶剂的相对电容率(即介电常数)，k 为玻尔兹曼常数($J \cdot K^{-1}$)，z_+ 及 z_- 分别为电解质正、负离子的电荷数，I 为离子强度($\text{mol} \cdot \text{kg}^{-1}$)。25 ℃时的水溶液中

$$A = 0.509(\text{kg/mol})^{1/2}$$

式(7-6-9)与路易斯的经验式相符合，此式适用于强电解质稀溶液，当离子强度 $I < 0.01\ \text{mol} \cdot \text{kg}^{-1}$ 时才比较准确。

（二）原电池

§7-7 可逆原电池

1. 可逆原电池

原电池是利用两极的电极反应以产生电流的装置。原电池的电流系由两极的化学反应所产生。原电池阳极上的反应是氧化反应，放出电子；阴极上的反应是还原反应，获得电子。原电池放电时，电子由阳极经外电路流向阴极，亦即电流由正极经外电路流向负极。

原电池有可逆与不可逆之分。根据热力学的可逆条件，一个可逆原电池必须具备以下两个条件。

(1)原电池中的两个电极的电极反应必须是可逆的。如图 7-7-1 所示的 Cu—Zn 电池，该 Cu—Zn 电池左边为锌电极，为原电池的阳极；右边的铜电极则为阴极。当电池对外可逆放电时，其电极和电池反应为

阳极（负极）　　$Zn(s) \longrightarrow Zn^{2+} + 2e^-$

阴极（正级）　　$Cu^{2+} + 2e^- \longrightarrow Cu(s)$

电池反应　　$Zn(s) + Cu^{2+} \longrightarrow Zn^{2+} + Cu(s)$

若上述原电池进行可逆充电时，此时的电极反应和电池反应为

阳极（正极）　　$Cu(s) \longrightarrow Cu^{2+} + 2e^-$

阴极（负极）　　$Zn^{2+} + 2e^- \longrightarrow Zn(s)$

电池反应　　$Zn^{2+} + Cu(s) \longrightarrow Zn\ (s) + Cn^{2+}$

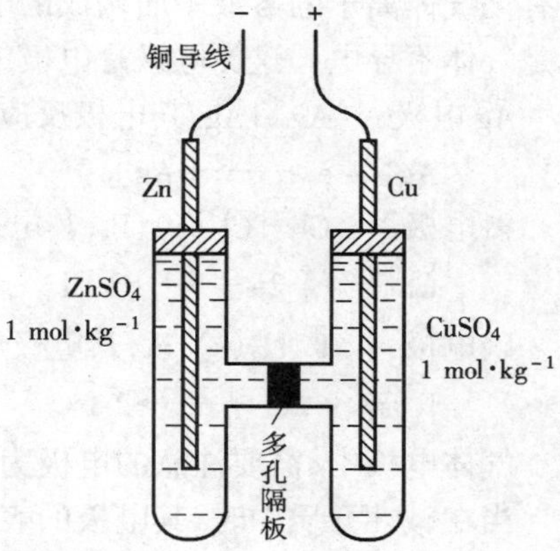

图 7-7-1　铜—锌电池

可见，如电池为可逆电池时，则该电池在充、放电时，所进行的电极反应必须互为可逆反应。若电池在充、放电时所进行的电极反应不互为可逆反应，则该电池必为不可逆电池。

(2)电池在充、放电的过程中，能量的转换必须是可逆的。要满足此条件，必须是电池在充、放电过程中所通过的电流为无限小。就是说，电池在充、放电的过程中，电池是无限接近平衡的。

凡是可逆电池都必须满足上述两个条件，否则就不是可逆电池。

2. 如何书写原电池

如果所有电池都像图 7-7-1 那样来表示，则非常不方便。为了方便，人们采用一种原电池图式来表示，该图式的规定如下：

(1)将发生氧化反应的阳极（负极）写在左边，将发生还原反应的阴极（正极）写在右边。

(2)组成原电池的物质用化学式表示。按实际顺序用化学式从左到右依次排列出各个相的组成及相态（气、液、固）。气体要标明压力（或分压力）和导电用的惰性电极。溶液则应注明所用电解质的活度或浓度。

(3)用实垂线“|”表示相与相之间的接界，用虚垂线“¦”表示可混液相之间的接界，用双虚

垂线"┆"表示加入盐桥后液体之间的接界。两电极各连接一段同一种金属的导线(如铜),一般此"导线"常可略去不写。

例如,上述的铜—锌电池就能用下列图式表示:

$Zn|ZnSO_4(1\ mol\cdot kg^{-1})\ ┆\ CuSO_4(1\ mol\cdot kg^{-1})|Cu$

§7-8 电极的种类

虽然所有电极进行的反应均为氧化或还原反应,但按照氧化态、还原态物质状态的不同,一般可将电极分为三类。

1.第一类电极

将某一金属插入含有该金属离子的溶液,或者是吸附了某种气体的惰性金属(如 Pt)插入含有该气体离子的溶液中而构成的电极,称为第一类电极。气体电极中一定要有惰性电极,原因是气体不导电。这类电极是电极中数量最多的。如以下列电极(作为还原电极)为例:

Ag 电极: $Ag^+|Ag$,其电极反应为

$Ag^+ + e^- \longrightarrow Ag$

氯电极: $Cl^-|Cl_2(g)|Pt$,其电极反应为

$Cl_2(g) + 2e^- \longrightarrow 2\ Cl^-$

碘电极: $I^-|I_2(s)|Pt$,其电极反应为

$I_2(s) + 2e^- \longrightarrow 2\ I^-$

气体电极中,需要注意的电极为氧电极。

当在碱性介质中时,其电极的表示为 $OH^-, H_2O|O_2(g)|Pt$

电极反应为 $O_2(g) + 2H_2O + 4e^- \longrightarrow 4OH^-$

而在酸性介质中时,其电极的表示为 $H^+, H_2O|O_2(g)|Pt$

电极反应为 $O_2(g) + 4H^+ + 4e^- \longrightarrow 2\ H_2O$

2.第二类电极

主要介绍金属—金属难溶盐电极。电极的结构为,在金属表面上覆盖一层该金属难溶盐,再将其插入含有与该金属难溶盐具有相同阴离子的溶液中而构成。最常用的是甘汞电极与氯化银电极。

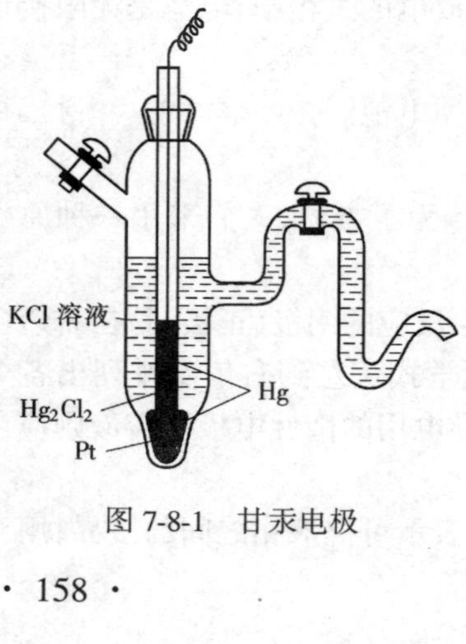

图 7-8-1 甘汞电极

(1) 甘汞电极:装置如图 7-8-1 所示。在仪器的底部装入少量汞,然后装入汞、甘汞(Hg_2Cl_2)和氯化钾溶液制成的膏状物,再注入 KCl 溶液。导线为铂丝,装入玻璃管中,插到仪器底部。甘汞电极可表示为

$Cl^{-1}|Hg_2Cl_2(s)|Hg$

作为还原电极的电极反应(阴极)为

$Hg_2Cl_2(s) + 2e^- \longrightarrow 2\ Hg + 2Cl^-$

甘汞电极容易制备,电极电势稳定。在电化学测量中,常用甘汞电极作为参比电极。

(2) 氯化银电极:作为还原电极的电极构成为

$Cl^- \mid AgCl(s) \mid Ag(s)$

作为还原电极的电极反应(阴极)为

$$AgCl(s) + e^- \longrightarrow Ag(s) + Cl^-$$

金属—金属难溶盐电极除了上述两种典型电极之外,常见还有 AgBr、AgI、Ag_2SO_4和 $PbSO_4$等。在领会金属—金属难溶盐电极时,最易与第一类电极混淆。如常易将氯化银电极作为银电极来计算。区分这两类电极的关键,是要弄清它们电极构成的区别,氯化银电极结构为 $Cl^- \mid AgCl(s) \mid Ag(s)$,而银电极的结构为 $Ag^+ \mid Ag(s)$,将它们对照一下就能分辨。还有,金属—金属难溶盐电极在作还原电极时,一定是难溶盐得到电子。

3.第三类电极(氧化还原电极)

所谓氧化还原电极是专指进行氧化—还原反应的物质均处在同一溶液中,电极的极板(如Pt)只起传导电子的作用。例如 $Fe^{3+}(a_1)$,$Fe^{2+}(a_2)$和 $Cu^{2+}(a_1)$,$Cu^+(a_2)$等。这类电极需借助盐桥才能与其他电极构成原电池。

这类电极(作为还原电极)的构成为

$Cu^{2+}(a_1), Cu^+(a_2) \mid Pt(s)$

作为还原电极的电极反应(阴极)为

$$Cu^{2+}(a_1) + e^- \longrightarrow Cu^+(a_2)$$

§7-9 原电池电动势的计算

电池是将化学能转变为电能的装置,当其对外作电功时,所作功之大小与电池两极的电势差有关。对于可逆原电池,因流过原电池的电流无限小,故将原电池两电极的电势差称为原电池的电动势,用符号 E 表示。下面介绍原电池电动势 E 的大小与什么因素有关及如何计算。

1.计算电动势的基本方程——能斯特方程

对于任一化学反应

$$cC + dD \Longrightarrow mM + nN$$

参加反应各组分的活度 a_C a_D a_M a_N

在温度 T 下,反应进行 1 mol 反应进度,反应的吉布斯函数变 $\Delta_r G_m$与活度的关系为

$$\Delta_r G_m = RT\ln(a_M^m a_N^n / a_C^c a_D^d) + \Delta_r G_m^{\ominus} \tag{7-9-1}$$

根据热力学第二定律的知识可知,系统与环境有非体积功交换时,有如下关系式

$$\Delta_r G_m = W' = -zFE \quad 及 \quad \Delta_r G_m^{\ominus} = -zFE^{\ominus}$$

将上两式代入式(7-9-1)中,得

$$E = E^{\ominus} - (RT/zF)\ln(a_M^m\ a_N^n / a_C^c\ a_D^d) \tag{7-9-2a}$$

$$E = E^{\ominus} - (RT/zF)\ln\prod_B (a_B)^{\nu_B} \tag{7-9-2b}$$

上式为原电池的基本方程,它表示在一定温度下,可逆电池的电动势与参加电池反应各物质的活度或分压力之间的定量关系,称为能斯特方程。该式为计算原电池电动势 E 的基本公式。若反应为有理想气体参加的物质多相反应时,上式连乘项中的气相物质的活度用(p_B/

$p^{\ominus}$)替代,凝聚相物质则仍用活度 $a_B^{\nu_B}$。纯液态或纯固态物质的活度 $a=1$。在电化学中选取 $b_B=b_B^{\ominus}=1\ \mathrm{mol\cdot kg^{-1}}$为标准态,稀溶液中溶剂的活度近似地取值为 1。

2. 由电极电势计算电池电动势

原电池的电动势 E 是通过电池的电流趋于零的情况下两极间的电势差,它等于构成电池各相之间的分界面上所产生的电势差之代数和。以图 7-7-1 中所示的 Cu—Zn 电池为例予以说明:

$$E=E_1+E_2+E_3+E_4$$

式中:E_1表示金属铜与硫酸铜溶液之间的电势差,简称阴极的电势差;E_2表示硫酸铜溶液与硫酸锌溶液之间的电势差,称为液体接界电势;E_3表示硫酸锌溶液与金属锌之间的电势差,简称阳极的电势差;E_4表示锌电极与铜导线之间的电势差,称为接触电位。

上述各个相界面的电势差皆无法由实验测定,但能测定电池的电动势,即能测得两个电极的电势差、液体接界电势和接触电势的代数和。就是说,虽然不能实测得每个电极的电势差的绝对值,但在实际应用中,可以在一定温度下选择某一电极(如氢电极)作为基准,然后将指定电极与基准电极组成原电池,测定该原电池的电动势,并将这一电动势称为指定电极的电极电势,这样就能计算出任意两个电极在指定条件下所组成电池的电动势。按现有的规定,选用标准氢电极作为基准电极,并规定氢电极在所组成的原电池中作为阳极,所指定电极作为阴极。

1) 标准氢电极

标准氢电极是这样构成的:把镀有铂黑的铂片浸入含有氢离子的溶液中,不断通入纯的氢气,氢气则不断冲击在铂片上,令氢气泡包围着铂片后才逸出,同时溶液被氢气所饱和,如图 7-9-1 所示。

氢气的压力为 $p^{\ominus}$,溶液中氢离子的活度 $a(H^+)=1$ 时的氢电极,称为标准氢电极。若氢电极为阳极,其构成为

$$\mathrm{Pt(s)\,|\,H_2(g,100\ kPa)\,|\,H^+\,\{a(H^+)=1\}}$$

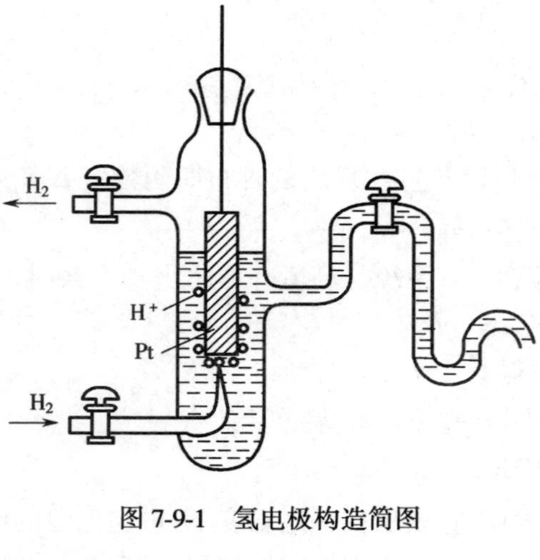

图 7-9-1　氢电极构造简图

2)电极电势的定义

以标准氢电极为阳极,给定电极为阴极,组成下列电池:

$$\mathrm{Pt}|\mathrm{H_2}(\mathrm{g},100\ \mathrm{kPa})|\mathrm{H^+}\{a(\mathrm{H^+})=1\} \vdots\vdots \text{给定电极}$$

将此电池的电动势定为该给定电极的电极电势,以 E(电极)表示。当给定电极中各反应组分均处在各自的标准态时.电池的标准电动势称为给定电极的标准电极电势,以 $E^{\ominus}$(电极)表示。按此规定,任意温度下,氢电极的标准电极电势规定为零。即

$$E^{\ominus}(\mathrm{H^+}|\mathrm{H_2(g)}|\mathrm{Pt})=0$$

下面以铜电极作为给定电极讨论以上的规定:

将铜电极 $Cu^{2+}\{a(Cu^{2+})\}|Cu$ 作为阴极,标准氢电极作为阳极,构成如下原电池:

$$\mathrm{Pt}|\mathrm{H_2}(\mathrm{g},100\ \mathrm{kPa})|\mathrm{H^+}\{a(\mathrm{H^+})=1\} \vdots\vdots \mathrm{Cu^{2+}}\{a(\mathrm{Cu^{2+}})\}|\mathrm{Cu(s)}$$

铜电极发生还原反应:

$$\mathrm{Cu^{2+}}\{a(\mathrm{Cu^{2+}})\}+2\mathrm{e^-}\longrightarrow \mathrm{Cu(s)}$$

氢电极发生氧化反应:

$$\mathrm{H_2}(\mathrm{g},100\ \mathrm{kPa})\longrightarrow 2\mathrm{H^+}\{a(\mathrm{H^+})=1\}+2\mathrm{e^-}$$

整个电池反应为两电极反应之和,即

$$\mathrm{Cu^{2+}}\{a(\mathrm{Cu^{2+}})\}+\mathrm{H_2}(\mathrm{g},100\ \mathrm{kPa})\longrightarrow \mathrm{Cu(s)}+2\mathrm{H^+}\{a(\mathrm{H^+})=1\}$$

根据能斯特方程可知,电池电动势 E 与各反应组分的活度、分压力之关系为

$$E=E^{\ominus}-(RT/2\mathrm{F})\ln[a\{\mathrm{Cu(s)}\}a^2(\mathrm{H^+})\ /\ \{a(\mathrm{Cu^{2+}})p(\mathrm{H_2})/\ p^{\ominus}\}]$$

因标准氢电极中 $a(\mathrm{H^+})=1$, $p(\mathrm{H_2})=p^{\ominus}=100\ \mathrm{kPa}$,故上式可改写为

$$E=E^{\ominus}-(RT/2F)\ln\{a(\mathrm{Cu})/a(\mathrm{Cu^{2+}})\}$$

按照规定,上述电池的电动势即是铜电极的电极电势,以符号 $E(\mathrm{Cu^{2+}}|\mathrm{Cu})$表示。上述电池的标准电动势即为铜电极的标准电极电势,以符号 $E^{\ominus}(\mathrm{Cu^{2+}}|\mathrm{Cu})$表示。

将铜电极所得的结果推广到任一电极时,其反应通式为

$$\text{氧化态}+z\,e^-\longrightarrow\text{还原态}$$

该电极的电极电势可表示为

$$E=E^{\ominus}-(RT/zF)\ln\{a(\text{还原态})/a(\text{氧化态})\} \qquad (7\text{-}9\text{-}3)$$

式中:a(还原态)表示电极反应通式中还原态一边各物质的活度或气体物质的 $p/p^{\ominus}$ 的连乘积,其方次为各物质在电极反应式中的计量系数;a(氧化态)则表示电极反应通式中氧化态一边各物质的活度或气体物质的 $p/p^{\ominus}$ 的连乘积,其方次为各物质在电极反应式中计量系数的绝对值。

表 7-9-1 中列出 25 ℃时水溶液中一些电极的标准电极电势,因这些电极均为还原电极,所以用符号"离子|电极"表示。表中的 $E^{\ominus}$ 为标准还原电极电势。

表 7-9-1　25 ℃时在水溶液中一些电极的标准电极电势

(标准态压力 $p^{\ominus}=100\ \mathrm{kPa}$)

电　　极	电极反应	$E^{\ominus}$/V
	第一类电极	
Li^+ | Li	$Li^+ + e^- \rightleftharpoons Li$	−3.045

续表

电　极	电极反应	$E^{\ominus}$/V
$K^+\mid K$	$K^+ + e^- \rightleftharpoons K$	−2.924
$Ba^{2+}\mid Ba$	$Ba^{2+} + 2e^- \rightleftharpoons Ba$	−2.90
$Ca^{2+}\mid Ca$	$Ca^{2+} + 2e^- \rightleftharpoons Ca$	−2.76
$Na^+\mid Na$	$Na^+ + e^- \rightleftharpoons Na$	−2.711 1
$Mg^{2+}\mid Mg$	$Mg^{2+} + 2e^- \rightleftharpoons Mg$	−2.375
$OH^-, H_2O\mid H_2(g)\mid Pt$	$2H_2O + 2e^- \rightleftharpoons H_2(g) + 2OH^-$	−0.827 7
$Zn^{2+}\mid Zn$	$Zn^{2+} + 2e^- \rightleftharpoons Zn$	−0.763 0
$Cr^{3+}\mid Cr$	$Cr^{3+} + 3e^- \rightleftharpoons Cr$	−0.74
$Cd^{2+}\mid Cd$	$Cd^{2+} + 2e^- \rightleftharpoons Cd$	−0.402 8
$Co^{2+}\mid Co$	$Co^{2+} + 2e^- \rightleftharpoons Co$	−0.28
$Ni^{2+}\mid Ni$	$Ni^{2+} + 2e^- \rightleftharpoons Ni$	−0.23
$Sn^{2+}\mid Sn$	$Sn^{2+} + 2e^- \rightleftharpoons Sn$	−0.136 6
$Pb^{2+}\mid Pb$	$Pb^{2+} + 2e^- \rightleftharpoons Pb$	−0.126 5
$Fe^{3+}\mid Fe$	$Fe^{3+} + 3e^- \rightleftharpoons Fe$	−0.036
$H^+\mid H_2(g)\mid Pt$	$2H^+ + 2e^- \rightleftharpoons H_2(g)$	0.000 0
$Cu^{2+}\mid Cu$	$Cu^{2+} + 2e^- \rightleftharpoons Cu$	+0.340 0
$OH^-, H_2O\mid O_2(g)\mid Pt$	$O_2(g) + 2H_2O + 4e^- \rightleftharpoons 4OH^-$	+0.401
$Cu^+\mid Cu$	$Cu^+ - e^- \rightleftharpoons Cu$	+0.522
$I^-\mid I_2(s)\mid Pt$	$I_2(s) + 2e^- \rightleftharpoons 2I^-$	+0.535
$Hg_2^{2+}\mid Hg$	$Hg_2^{2+} + 2e^- \rightleftharpoons 2Hg$	+0.795 9
$Ag^+\mid Ag$	$Ag^+ + e^- \rightleftharpoons Ag$	+0.799 4
$Hg^{2+}\mid Hg$	$Hg^{2+} + 2e^- \rightleftharpoons Hg$	+0.851
$Br^-\mid Br_2(l)\mid Pt$	$Br_2(l) + 2e^- \rightleftharpoons 2Br^-$	+1.065
$H^+, H_2O\mid O_2(g)\mid Pt$	$O_2(g) + 4H^+ + 4e^- \rightleftharpoons 2H_2O$	+1.229
$Cl^-\mid Cl_2(g)\mid Pt$	$Cl_2(g) + 2e^- \rightleftharpoons 2Cl^-$	+1.358 0
$Au^+\mid Au$	$Au^+ + e^- \rightleftharpoons Au$	+1.68
$F^-\mid F_2(g)\mid Pt$	$F_2(g) + 2e^- \rightleftharpoons 2F^-$	+2.87
	第二类电极	
$SO_4^{2-}\mid PbSO_4(s)\mid Pb$	$PbSO_4(s) + 2e^- \rightleftharpoons Pb + SO_4^{2-}$	−0.356
$I^-\mid AgI(s)\mid Ag$	$AgI(s) + e^- \rightleftharpoons Ag + I^-$	−0.152 1
$Br^-\mid AgBr(s)\mid Ag$	$AgBr(s) + e^- \rightleftharpoons Ag + Br^-$	+0.071 1
$Cl^-\mid AgCl(s)\mid Ag$	$AgCl(s) + e^- \rightleftharpoons Ag + Cl^-$	+0.222 1
	氧化还原电极	
$Cr^{3+}, Cr^{2+}\mid Pt$	$Cr^{3+} + e^- \rightleftharpoons Cr^{2+}$	−0.41
$Sn^{4+}, Sn^{2+}\mid Pt$	$Sn^{4+} + 2e^- \rightleftharpoons Sn^{2+}$	+0.15
$Cu^{2+}, Cu^+\mid Pt$	$Cu^{2+} + e^- \rightleftharpoons Cu^+$	+0.158

续表

电　　极	电极反应	$E^{\ominus}$/V
H^+,醌,氢醌|Pt	$C_6H_4O_2 + 2H^+ + 2e^- \rightleftharpoons C_6H_4(OH)_2$	+0.699 3
Fe^{3+},Fe^{2+}|Pt	$Fe^{3+} + e^- \rightleftharpoons Fe^{2+}$	+0.770
Tl^{3+},Tl^+|Pt	$Tl^{3+} + 2e^- \rightleftharpoons Tl^+$	+1.247
Ce^{4+},Ce^{3+}|Pt	$Ce^{4+} + e^- \rightleftharpoons Ce^{3+}$	+1.61
Co^{3+},Co^{2+}|Pt	$Co^{3+} + e^- \rightleftharpoons Co^{2+}$	+1.808

由表7-9-1可以看出:表中的数据由上往下的顺序是表示该电极氧化态物质结合电子的能力越强;反之,表中的数据由下往上的顺序,则表明该电极还原态物质失去电子的能力越强。还有,在氢电极以上的电极,其标准电极电势数据均为负值,说明在25 ℃、标准状态下,该电极与氢电极组成原电池时,电极上实际进行的不是还原反应,而是氧化反应。

由于氢电极不易制备,所以在电化学测量中,常用甘汞电极作为参比电极,故在此介绍甘汞电极电极电势,根据电极电势计算通式可知,甘汞电极电极电势的计算式为

$$E\{Cl^- \mid Hg_2Cl_2(s) \mid Hg\} = E^{\ominus}\{Cl^- \mid Hg_2Cl_2(s) \mid Hg\} - \{(RT/F)\ln a(Cl^-)\}$$

由上式可知,在一定温度下,甘汞电极的电极电势只与溶液中氯离子活度的大小有关。表7-9-2给出三种不同浓度KCl溶液的甘汞电极之电极电势与浓度的关系式。

表7-9-2　不同浓度甘汞电极的电极电势

KCl溶液浓度	E/V	E/V(25 ℃)
$0.1\ mol\cdot dm^{-3}$	$0.333\,5 - 7\times10^{-5}(t/℃ - 25)$	0.333 5
$1\ mol\cdot dm^{-3}$	$0.279\,9 - 2.4\times10^{-4}(t/℃ - 25)$	0.279 9
饱和溶液	$0.241\,0 - 7.6\times10^{-4}(t/℃ - 25)$	0.241 0

3)由电极电势计算原电池的电动势

设有一原电池是由任意两个电极1、2所组成的,如何利用表7-9-1的数据和式(7-9-3)来计算上述电池的电动势呢?其方法如下:首先利用表7-9-1查出任意电极1、2的标准电极电势;不论电极1、2在所求原电池中是氧化电极(阳极)还是还原电极(阴极),一律作为还原电极,并用式(7-9-3)计算出电极1、2的还原电极的电极电势;最后按照下式算出该电池的电动势E。即

$$E = E(\text{阴极}) - E(\text{阳极}) \tag{7-9-4}$$

同理,电池的标准电动势$E^{\ominus}$的计算式为

$$E^{\ominus} = E^{\ominus}(\text{阴极}) - E^{\ominus}(\text{阳极}) \tag{7-9-5}$$

式(7-9-4)及式(7-9-5)中电极电势皆为还原电极电势。这样算得的电池电动势$E>0$,表示在该条件下电池反应能自动进行;若$E<0$,则表示实际发生的电池反应与所写电池的电池反应方向相反,应将所写电池正、负极的位置对调才符合实际情况。

例7.9.1　试计算25 ℃时下列电池的电动势:

$$Zn(s) \mid ZnSO_4(b = 0.001\ mol\cdot kg^{-1}) \| CuSO_4(b = 1.0\ mol\cdot kg^{-1}) \mid Cu(s)$$

已知：$b=0.001\ \text{mol·kg}^{-1}$ $ZnSO_4$水溶液的 $\gamma_{\pm}=0.734$；

$b=1.0\ \text{mol·kg}^{-1}$ $CuSO_4$水溶液的 $\gamma=0.047$。

解：(1)根据题给的原电池写出其电极反应和电池反应为

阳极：$Zn(s) \longrightarrow Zn^{2+}(b=0.001\ \text{mol·kg}^{-1})+2e^-$

阴极：$Cu^{2+}(b=1.0\ \text{mol·kg}^{-1})+2e^- \longrightarrow Cu(s)$

电池反应：

$$Zn(s)+Cu^{2+}(b=1.0\ \text{mol·kg}^{-1}) \longrightarrow Cu(s)+Zn^{2+}(b=0.001\ \text{mol·kg}^{-1})$$

(2)由表 7-9-1 查得锌电极和铜电极的标准电极电势为

$$E^{\ominus}(Zn^{2+}|Zn)=-0.763\ 0\ \text{V},\quad E^{\ominus}(Cu^{2+}|Cu)=0.340\ 0\ \text{V}$$

(3)根据(1)中的电极反应可知，电极反应的电子得失数 $z=2$，利用式(7-9-3)计算阴、阳两电极的电极电势如下：

$$\begin{aligned} E(Zn^{2+}|Zn) &= E^{\ominus}(Zn^{2+}|Zn)-(RT/zF)\ln\{a(Zn)/a(Zn^{2+})\} \\ &= -0.763\ 0\ \text{V}-\{(8.314\ \text{J·K}^{-1}\cdot\text{mol}^{-1}\times 298.15\ \text{K})/(2\times 96\ 485\ \text{C})\}\ln(1/0.734\times 0.001) \\ &= -0.855\ 7\ \text{V} \end{aligned}$$

$$\begin{aligned} E(Cu^{2+}|Cu) &= E^{\ominus}(Cu^{2+}|Cu)-(RT/zF)\ln\{a(Cu)/a(Cu^{2+})\} \\ &= 0.340\ 0\ \text{V}-\{(8.314\ \text{J·K}^{-1}\cdot\text{mol}^{-1}\times 298.15\ \text{K})/(2\times 96\ 485\ \text{C})\}\ln(1/0.047\times 1.0) \\ &= 0.300\ 7 \end{aligned}$$

因此 $\quad E(\text{电池})=E(Cu^{2+}|Cu)-E(Zn^{2+}|Zn)$

$$=0.300\ 7\ \text{V}-(-0.855\ 7\ \text{V})=1.156\ 4\ \text{V}$$

3.液体接界电势及其消除

在两种不同溶液的界面上存在的电势差称为液体接界电势。液体接界电势的产生是由于溶液中离子扩散速度不同而引起。例如，两种浓度不同的 HCl 溶液的界面上，HCl 从浓溶液向稀溶液扩散。在扩散过程中 H^+ 离子的运动速度比 Cl^- 离子的快，所以在稀溶液的一侧出现过剩的 H^+ 而使稀溶液带正电荷，而在浓溶液的一侧则由于留下过剩的 Cl^- 离子而带负电荷。这样，在两溶液的接界处便形成了电势差。电势差的产生，一方面使 H^+ 离子速度降低，另一方面使 Cl^- 离子速度增大，最后达到稳定状态时，两种离子均以相同的速度通过界面，在两溶液的接界处的电势差保持恒定，这就是液体接界电势。其值一般不超过 0.03 V。

两液体之间若用盐桥连接，能将液体的接界电势降低到可以被忽略的程度。将加有琼脂的正、负离子迁移数非常接近的高浓度强电解质(如 KCl、NH_4NO_3等)溶液，灌入 U 型管中，冻结后便成盐桥。将 U 型管的两管分别插入电极的电解质溶液中，因盐桥电解质浓度很高，故扩散作用主要出自盐桥，因盐桥中正、负离子有差不多相同的迁移数，在盐桥的两个端面上所产生的扩散电势大小近似相等，但正负号相反，其代数和则极小，几乎可忽略。

§7-10 原电池热力学

原电池的放电过程，实质上为反应系统在恒温、恒压下，发生化学反应而对环境作非体积功(电功)的过程。反应系统在此过程中，其热力学状态函数变化值为多少？与原电池对环境所作的电功有何关系？

原电池的电动势 E，是指通过原电池的电流趋于零时，电池两电极之间的电势差，其单位为 V(伏特)。电动势 E 是原电池热力学的一个重要的物理量。通过实验测出某电池在不同温度下的电动势,即可求得该电池反应的热力学函数的变化值、非体积功(这里指电功)以及过程的热。

1.由可逆电动势计算电池反应的摩尔吉布斯函数变

根据热力学第二定律可知,在恒温、恒压下,可逆电池的电池反应进行了 1 mol 反应进度时,电池对环境所作的可逆电功 W' 应等于系统的摩尔吉布斯函数变 $\Delta_r G_m$,即

$$\Delta_r G_m = W' \tag{7-10-1}$$

该可逆电功 W' 为电池的电动势 E 与通过回路的电量 Q 之乘积,而电量 Q 又等于电池反应了 1 mol 反应进度时,电极反应电子得失数 z 与法拉第常数 F 的乘积,即

$$W' = -zFE$$

将此式代入式(7-10-1)中,得

$$\Delta_r G_m = -zFE \tag{7-10-2}$$

因电池是对外作功,其值应为负,即 $W' < 0$,故式中添加一负号。

对同一原电池,其电动势 E 的数值与电池反应方程式中各物质的计量系数无关,或者说与方程式的写法无关。但电池反应的吉布斯函数变 $\Delta_r G_m$则与 z 值有关,因此与反应计量方程的写法有关。

2.由电动势的温度系数计算电池反应的熵差

电池反应的吉布斯函数变 $\Delta_r G_m$随温度的变化率,根据吉—赫方程应有如下的关系式

$$(\partial \Delta_r G_m / \partial T)_p = -\Delta_r S_m$$

而将式(7-10-2)对 T 微分,则得

$$(\partial \Delta_r G_m / \partial T)_p = -zF(\partial E / \partial T)_p$$

因而

$$\Delta_r S_m = zF(\partial E / \partial T)_p \tag{7-10-3}$$

式中:$\Delta_r S_m$为电池反应进行 1 mol 反应进度时的熵差;$(\partial E/\partial T)_p$称为电池电动势的温度系数。如知某电池的电动势与温度的函数关系式,即 $E = f(T)$,然后将此函数关系式对温度求导,得一新的函数关系式,将温度值代入该式中就能算出$(\partial E/\partial T)_p$,也就能算出在任一温度和压力下,给定电池反应的 $\Delta_r S_m$。

3.电池反应的摩尔反应焓计算

对于恒温反应过程,有如下的关系式

$$\Delta_r G_m = \Delta_r H_m - T\Delta_r S_m \qquad 或 \qquad \Delta_r H_m = \Delta_r G_m + T\Delta_r S_m$$

将式(7-10-2)和式(7-10-3)代入上式,整理得

$$\Delta_r H_m = -zFE + zFT(\partial E / \partial T)_p \tag{7-10-4}$$

由式(7-10-4)可知,测得任一温度 T 下的电动势和该电动势的温度系数$(\partial E/\partial T)_p$,即可由上式求得在指定温度 T 时的电池反应的摩尔反应焓 $\Delta_r H_m$。它也是该反应在恒温、恒压及 $W' = 0$ 的条件下,进行 1 mol 反应进度时的摩尔反应热。

4.原电池可逆放电反应过程的可逆热

原电池在恒温可逆放电过程中,与环境之间有反应热的交换,是反应系统与环境之间有可逆非体积功交换下的化学反应过程的摩尔反应热 $Q_{r,m}$,它为可逆热。故

$$Q_{r,m} = T\Delta_r S_m = zFT(\partial E / \partial T)_p \tag{7-10-5}$$

由上式可知，电池在恒温、恒压下可逆放电时，若$(\partial E/\partial T)_p > 0$，则 $Q_{r,m} > 0$，电池反应过程将从环境吸热；若$(\partial E/\partial T)_p < 0$，$Q_{r,m} < 0$，电池反应过程将向环境放热；若$(\partial E/\partial T)_p = 0$，则 $Q_{r,m} = 0$，电池反应过程与环境无热交换。

例 7.10.1 25℃时电池

$$Ag|AgCl(s)|HCl(b)|Cl_2(g,100\ kPa)|Pt$$

的电动势 $E = 1.136\ V$，电动势的温度系数$(\partial E/\partial T)_p = -5.95\times10^{-4}\ V\cdot K^{-1}$。电池反应为

$$Ag + \frac{1}{2}Cl_2(g,100\ kPa) \xlongequal{} AgCl(s)$$

试计算该反应过程的 $\Delta_r G_m$、$\Delta_r S_m$、$\Delta_r H_m$ 及电池恒温可逆放电时过程的可逆热 $Q_{r,m}$。

解：电池反应 $Ag + \frac{1}{2}Cl_2(g,100\ kPa) \xlongequal{} AgCl(s)$在两电极上得失电子数 $z = 1$。

$$\Delta_r G_m(T,p) = -zFE = -1\times 96\,484.6\ C\cdot mol^{-1}\times 1.136\ V$$
$$= -109.6\ kJ\cdot mol^{-1}$$

$$\Delta_r S_m = zF(\partial E/\partial T)_p = 1\times 96\,484.6\ C\cdot mol^{-1}\times(-5.95\times10^{-4})V\cdot K^{-1}$$
$$= -57.4\ J\cdot K^{-1}\cdot mol^{-1}$$

恒温下 $\Delta_r G_m = \Delta_r H_m - T\Delta_r S_m$，故

$$\Delta_r H_m = \Delta_r G_m + T\Delta_r S_m$$
$$= -109.6\ kJ\cdot mol^{-1} + 298.15\ K\times(-57.4\times10^{-3}\ kJ\cdot K^{-1}\cdot mol^{-1})$$
$$= -126.7\ kJ/mol^{-1}$$

$$Q_{r,m} = T\Delta_r S_m$$
$$= 298.15\ K\times(-57.4\times10^{-3}\ kJ\cdot K^{-1}\cdot mol^{-1}) = -17.11\ kJ\cdot mol^{-1}$$

5.原电池电池反应的标准平衡常数 $K^{\ominus}$之计算

若参加反应的各组分皆处于各自的标准状态，即 $\gamma_B = 1$，$b_B = b_B^{\ominus} = 1\ mol\cdot kg^{-1}$，$a_B = 1$ 的状态时，原电池的电动势称为该原电池的标准电动势，用符号 $E^{\ominus}$表示。将 $E^{\ominus}$代入式(7-10-2)，得

$$\Delta_r G_m^{\ominus} = -zFE^{\ominus} \tag{7-10-6}$$

式中，$\Delta_r G_m^{\ominus}$ 称为电池反应的标准吉布斯函数变。有了 $\Delta_r G_m^{\ominus}$ 数值便可利用下式计算电池反应在温度 T 时 的标准平衡常数$K^{\ominus}$，即

$$\Delta_r G_m^{\ominus} = -RT\ln K^{\ominus}$$
$$\ln K^{\ominus} = -\Delta_r G_m^{\ominus}/\ RT \tag{7-10-7}$$

例 7.10.2 已知电池

$$Zn(s)|Zn^{2+}\{a(Zn^{2+})=1\}\ \vdots\vdots\ Cu^{2+}\{a(Cu^{2+})=1\}|Cu(s)$$

在 25 ℃时的电动势 $E_1 = 1.103\,0\ V$，40 ℃时的电动势 $E_2 = 1.096\,1\ V$，设该电池在 25 ~ 40 ℃之间的$(\partial E/\partial T)_p$为一常数。试求该电池反应在 25 ℃时的 $\Delta_r G_m^{\ominus}$、$\Delta_r H_m^{\ominus}$、$\Delta_r S_m^{\ominus}$ 和标准平衡常数 $K^{\ominus}$各为若干？

解：因参加电池反应各物质的活度皆为 1，即皆处于标准状态，故此电池的电动势为该电池的标准电动势，即 $E = E^{\ominus}$，所以

$$\left(\frac{\partial E}{\partial T}\right)_p = \left(\frac{\partial E^{\ominus}}{\partial T}\right)_p = \frac{E_2^{\ominus} - E_1^{\ominus}}{T_2 - T_1} = \frac{-0.006\,9\ V}{15\ K} = -4.6\times10^{-4}\ V\cdot K^{-1}$$

电池反应：$Zn(s) + Cu^{2+} \longrightarrow Zn^{2+} + Cu(s)$，$z = 2$

在 25 ℃时 $\Delta_r G_m^{\ominus} = -zFE_1^{\ominus} = -2\times 96\,484.6\ C\cdot mol^{-1}\times 1.103\,0\ V$

$$= -212.845\ \mathrm{kJ \cdot mol^{-1}}$$

$$\Delta_r S_m = zF(\partial E^{\ominus}/\partial T)_p$$

$$= 2 \times 96\,484.6\ \mathrm{C \cdot mol^{-1}} \times (-4.6 \times 10^{-4}\ \mathrm{V \cdot K^{-1}})$$

$$= -88.766\ \mathrm{J \cdot K^{-1} \cdot mol^{-1}}$$

$$\Delta_r H_m^{\ominus} = \Delta_r G_m^{\ominus} + T\Delta_r S_m^{\ominus}$$

$$= -(212.845 + 298.15 \times 88.766 \times 10^{-3})\mathrm{kJ \cdot mol^{-1}}$$

$$= -239.31\ \mathrm{kJ \cdot mol^{-1}}$$

$$\ln K^{\ominus} = \frac{zFE^{\ominus}}{RT_1} = \frac{2 \times 96\,484.6 \times 1.103\,0}{8.314 \times 298.15} = 85.865\,5$$

所以　　$K^{\ominus} = 1.954 \times 10^{37}$

例 7.10.3　利用表 7-9-1 的数据，计算难溶盐 AgCl(s)的溶度积 K_{sp}。

解：求难溶盐的溶度积实质是求难溶盐溶解反应达平衡时的标准平衡常数。AgCl(s)的溶解反应为

$$\mathrm{AgCl(s)} \rightleftharpoons \mathrm{Ag^+} + \mathrm{Cl^-}$$

根据　　$\Delta_r G_m^{\ominus} = -RT\ln K_{sp}$

将溶解反应视为电池反应时，则　$\Delta_r G_m^{\ominus} = -zFE^{\ominus}$

故　　$-RT\ln K_{sp} = -zFE^{\ominus}$

得　　$\ln K_{sp} = zFE^{\ominus}/RT$

根据上述电池反应式可以看出，式中有难溶盐 AgCl(s)，说明原电池有一电极必为第二类电极(AgCl 电极)。再有，难溶盐在电池反应中为反应物，表明这 AgCl 电极为阴极，其电极反应为

$$\mathrm{AgCl(s)} + e^- \longrightarrow \mathrm{Ag(s)} + \mathrm{Cl^-} \quad (1) \qquad E^{\ominus}(1)$$

$$\Delta_r G_m^{\ominus}(1) = -zFE^{\ominus}(1)$$

与电池反应相比较，可看出多了 Ag(s)而少了 Ag^+，说明阳极为银电极，其电极反应为

$$\mathrm{Ag(s)} \longrightarrow \mathrm{Ag} + e^- \quad (2) \qquad E^{\ominus}(2)$$

$$\Delta_r G_m^{\ominus}(2) = -zFE^{\ominus}(2)$$

式(1)+式(2)得　　$\mathrm{AgCl(s)} \rightleftharpoons \mathrm{Ag^+} + \mathrm{Cl^-} \qquad (3)$

$$\Delta_r G_m^{\ominus}(3) = -RT\ln K_{sp}$$

于是得　$\Delta_r G_m^{\ominus}(1) + \Delta_r G_m^{\ominus}(2) = \Delta_r G_m^{\ominus}(3)$

或　　$-zFE^{\ominus}(1) - zFE^{\ominus}(2) = -RT\ln K_{sp}$

整理，得

$$K_{sp} = \exp\{zFE^{\ominus}(1) + zFE^{\ominus}(2)\}/RT \tag{1}$$

查表得　$E^{\ominus}\{\mathrm{Cl^-} \mid \mathrm{AgCl(s)} \mid \mathrm{Ag(s)}\} = 0.222\,1\ \mathrm{V}$，$E^{\ominus}\{\mathrm{Ag^+} \mid \mathrm{Ag(s)}\} = 0.799\,4\ \mathrm{V}$

因　　$E^{\ominus}(2) = -E^{\ominus}\{\mathrm{Ag^+} \mid \mathrm{Ag(s)}\}$

将查表所得数据代入式(1)中，得

$$K_{sp} = \exp\{zFE^{\ominus}(1) + zFE^{\ominus}(2)\}/RT$$

$$= \exp(1 \times 96\,485 \times 0.222\,1 - 1 \times 96\,485 \times 0.799\,4)/8.314 \times 298.15$$

$$= 1.75 \times 10^{-10}$$

由上述计算可知，要求取 K_{sp} 需知道银电极的标准电极电势 $E^{\ominus}\{\mathrm{Ag^+} \mid \mathrm{Ag(s)}\}$ 和氯化银的标准电极电势 $E^{\ominus}\{\mathrm{Cl^-} \mid \mathrm{AgCl(s)} \mid \mathrm{Ag(s)}\}$ 两数值。由式(7-10-8)还可知，若知难溶盐的溶度积 K_{sp} 亦可算出难溶盐电极的标准电极电势，如 $E^{\ominus}\{\mathrm{Cl^-} \mid \mathrm{AgCl(s)} \mid \mathrm{Ag(s)}\}$。

（三）极化作用

前面所讨论的电极过程都是在无限接近平衡条件下进行的，即流过电极的电流为无限小，但实际上，进行的电化学过程不论是原电池放电或电解，都有数值一定的电流流过电极，此时电极过程为不可逆的，电极电势就会偏离平衡电极电势，这种现象称为极化。下面将扼要讨论电解时的极化作用。

§7-11 分解电压

在浓度为 0.5 $mol\cdot dm^{-3}$ 的 H_2SO_4 溶液中放入两个铂电极，按照图 7-11-1 的装置与电源连接。图中 G 为安培计、V 为伏特计、*R* 为可变电阻。实验时外加电压由零开始逐渐地增大。当外加电压很小时，几乎没有电流通过电路；电流随外加电压的增加而缓慢地上升，直至两电极上出现气泡时，电流随外加电压呈直线上升。上述过程电流 *I* 与外加电压 *V* 的关系如图 7-11-2 所示。图中 *D* 点所对应的电压，是使该电解质溶液发生明显电解作用时所需的最小外加电压，称为该电解质溶液的分解电压，并用 *E*(分解)表示。

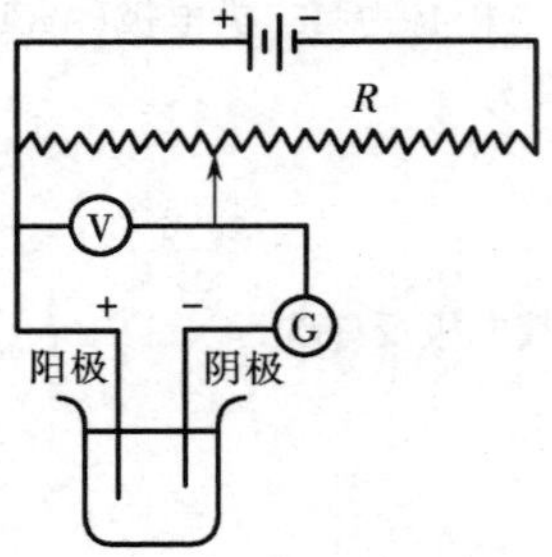

图 7-11-1　测定分解电压的装置

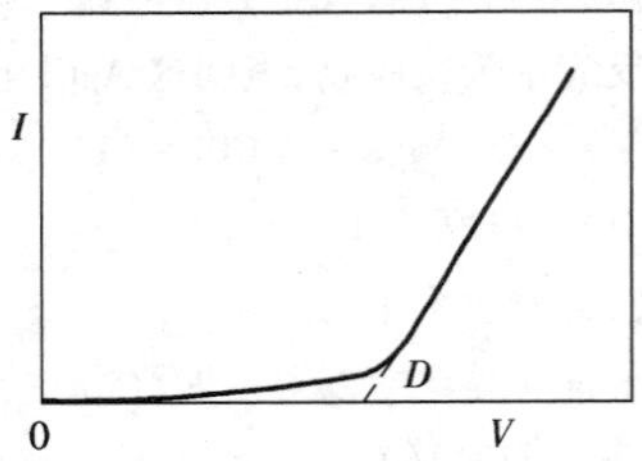

图 7-11-2　测定分解电压的电流—电压曲线

在外加电压的作用下，溶液中的正、负离子分别向电解池的阴、阳两极迁移，并发生下列电极反应。

阴极：$2H^+ + 2e^- \longrightarrow H_2(g)$　(1)

阳极：$H_2O(l) \longrightarrow 2H^+ + (1/2)O_2(g) + 2e^-$（酸性溶液）　(2)

总的电解反应为上述反应(1)和(2)的代数和，即

$$H_2O(l) \longrightarrow H_2(g) + (1/2)O_2(g)$$

电解产物 $H_2(g)$、$O_2(g)$与电解质形成下列原电池

$$Pt|H_2(g)|H_2SO_4(0.5\ mol\cdot dm^{-3})|O_2(g)|Pt$$

此电池的反应

$$H_2(g) + (1/2)O_2(g) \longrightarrow H_2O(l)$$

原电池的电池反应正是电解反应的逆过程，电池电动势与外加电压的方向刚好相反，其最大值称为理论分解电压，用 *E*(理论)表示。

25 ℃,当 $p(H_2)=p(O_2)=p(\text{大气})=101.325\ \text{kPa}$ 时

$$E(\text{理论})=\left(1.229-\frac{0.025\ 69}{2}\ln\frac{a(H_2O)}{\{p(H_2)/p^\ominus\}\{p(O_2)/p^\ominus\}^{0.5}}\right)\text{V}$$

$$=1.229\ 3\ \text{V}$$

表 7-11-1 列出一些电解质溶液的分解电压。表中数据表明,在一定温度下,用光滑的铂电极电解 HNO_3、H_2SO_4、NaOH 或 KOH 溶液时,其分解电压都很接近。这是因为,这些电解质溶液的电解反应相同,都是将水电解为 $H_2(g)$和 $O_2(g)$。

表 7-11-1 几种电解质溶液的分解电压(25 ℃,光滑铂电极)

电解质	浓度 $c/(\text{mol}\cdot\text{dm}^{-3})$	电解产物	E(分解)/V	E(理论)/V
HNO_3	1	H_2 和 O_2	1.69	1.23
H_2SO_4	0.5	H_2 和 O_2	1.67	1.23
NaOH	1	H_2 和 O_2	1.69	1.23
KOH	1	H_2 和 O_2	1.67	1.23
$CdSO_4$	0.5	Cd 和 O_2	2.03	1.26
$NiCl_2$	0.5	Ni 和 Cl_2	1.85	1.64

§7-12 极化作用

1.电极的极化

实际的电极过程都是在不可逆的情况下进行的,都有一定的电流通过电极。随着电极上电流密度(单位面积电极流过电流的大小)的增加,电极电势偏离其平衡电极电势的数值愈大,电极过程的不可逆程度也愈大。为此将电流通过电极时,电极电势偏离平衡电极电势的现象称为电极的极化。为了表示不可逆程度的大小,通常把在某一电流密度下的电极电势与其平衡电极电势之差的绝对值,称为该电极的超电势或过电势,用 η 表示。

电解时的 E(分解)一般都大于 E(理论),这可能是由于电解质溶液、导线及其接触点等都具有一定的电阻 R,必须外加电压克服之。IR 称为欧姆电势差,可以通过加粗导线、增加电解质的浓度,使 IR 降低到可以忽略不计的程度。此时,若 E(分解)仍大于 E(理论),则电极的极化是产生上述偏差的主要原因。电极的极化可简单地分为如下两类。

1)浓差极化

以锌电极上 $Zn^{2+}+2e^-\longrightarrow Zn(s)$为例说明。若电极上流过一定的电流时,在外加电压的作用下,需要有一定数量的 Zn^{2+} 在电解池的阴极上获得电子而沉积到阴极上,于是首先在电极表面附近的溶液中 Zn^{2+} 的浓度就要降低。若 Zn^{2+} 从本体溶液(离电极较远、浓度均匀的部分)向阴极表面进行电迁移的速率小于电极反应所消耗 Zn^{2+} 的速度,这样随着电解的进行,阴极表面液层中 Zn^{2+} 的浓度将迅速降低,阴极电势变得更负。这种由于浓度的差异而产生的极化称为浓差极化。由浓差极化所产生的超电势,称为浓差超电势。这种超电势可通过加强搅拌来降低影响,但由于电极表面滞流层的存在,不可能将其完全消除。

2)电化学极化

电极反应过程通常是按若干个具体步骤来完成的,其中最慢的一步将对整个反应过程起

到控制作用。在电流密度一定下，如果 Zn^{2+} 获得电子的速率较慢，不能及时消耗掉外电源输送来的电子，结果阴极上积累了多于平衡态时的电子，相当于使阴极电势变得更负。相反，对于阳极，则 Zn 变为 Zn^{2+} 速率较慢，使阳极上正电荷多于平衡态时的正电荷。这种由于电化学反应本身的迟缓性而引起的极化，称为电化学极化。这种由电化学极化产生的超电势称为电化学超电势或活化超电势。

2.超电势与电流密度的关系

由上所述可知，当流过电极的电流密度不趋于零，则电极的电极电势就要偏离该电极平衡电极电势，偏离的程度与电流密度有关，即电极电势 E 的大小与电流密度 J 有关，在不同电流密度 J 下测定电极电势 E 与电流密度 J 的关系曲线，称为极化曲线。

1)电解池的极化

图 7-12-1(a)为电解池的极化曲线示意图。图中 E(阳,平)和 E(阴,平)分别为电解池阳极和阴极的平衡电极电势，E(平)为电解池的理论分解电压，即电解时所形成原电池的电动势。

$$E(\text{平}) = E(\text{阳,平}) - E(\text{阴,平})$$

η_+ 和 η_- 分别为电解池阳极和阴极在一定电流密度下的超电势。在一定电流密度下

$$\eta_+ = E(\text{阳}) - E(\text{阳,平}) \tag{7-12-1a}$$

$$\eta_- = E(\text{阴,平}) - E(\text{阴}) \tag{7-12-1b}$$

在一定电流密度下，若不考虑欧姆电势降和浓差极化的影响，电解池的外加电压为

$$E(\text{外}) = E(\text{阳}) - E(\text{阴}) = E(\text{平}) + \eta_+ + \eta_- \tag{7-12-2}$$

注意，超电势的数值取正值。影响超电势因素很多，如电极材料、电极表面状态、电流密度、温度、电解质溶液的性质和浓度，以及溶液中的杂质等。故超电压的测定常不能得到完全一致的结果。1905 年，塔费尔(Tafel)根据实验总结出氢气的超电势 η 与电流密度的关系式

$$\eta = a + b\lg(J/[J]) \tag{7-12-3}$$

式中，a 和 b 为经验常数，$[J]$为电流密度的单位。

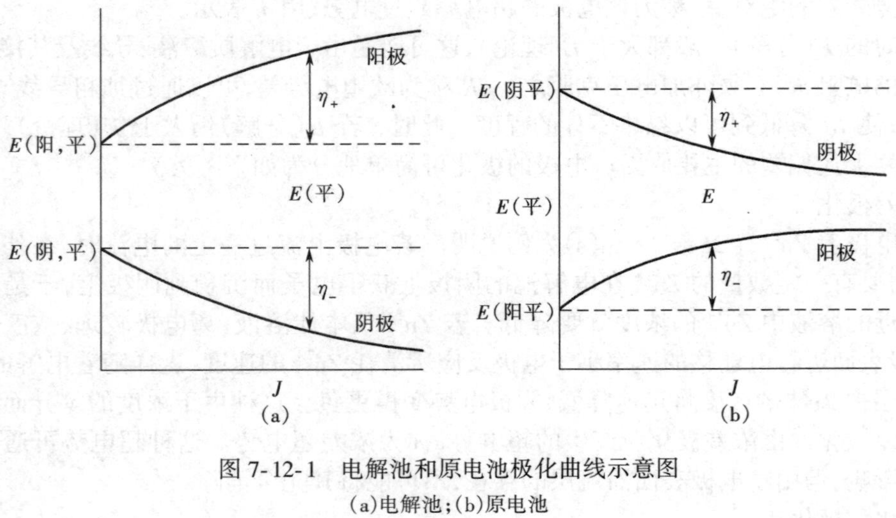

图 7-12-1 电解池和原电池极化曲线示意图

(a)电解池;(b)原电池

2)原电池的极化

原电池放电时,阴极为正极,阳极为负极。阴极电势大于阳极电势,故在电极电势—电流密度图中(图 7-12-1(b)),阴极的极化曲线在阳极的极化曲线之上。极化的结果:阴极电势变得更负,即阴极电势降低;阳极电势变得更正,即阳极电势变大。总的结果则表现为:原电池放电时随着电流密度的增大,原电池的工作电压(即两极之间的电势差)将明显降低。

在电解质水溶液中,不仅存在电解质的离子,还有 H^+ 和 OH^- 存在。在电解池的阴极(或阳极)上,哪种物质首先进行电极反应?当外加电压逐渐增大时,各种正离子在阴极上析出的顺序如何?这些都是电解时应当解决的问题。

当外加电压缓慢地增加时,在电解池的阴极上,极化电极电势最大的还原反应优先进行;在阳极上,极化电极电势最小的氧化反应优先进行。

若不考虑浓差极化,阳极和阴极的极化电极电势分别为

$$E(阳) = E(阳,平) + \eta(阳)$$

$$E(阴) = E(阴,平) - \eta(阴)$$

配制适当浓度的电解质溶液,使几种金属离子还原反应的极化电极电势近似相等,这几种金属离子可以同时沉积在阴极上,得到均匀的固溶体,这就是合金电镀的基本原理。如果溶液中一些正离子还原反应的极化电极电势有明显的差别,随着外电压缓慢地变大,电极反应将依次进行,即极化电极电势较大的反应完了之后,极化电极电势较小的反应才可发生。当然,如果外电压突然变得很大,也可使几个电极反应同时发生。

§7-13 膜电势与离子选择电极

1.膜电势

许多人造膜与天然膜对离子具有高度的选择性,即只允许一种或数种离子透过该膜。例如,生物化学研究表明,细胞膜就是 K^+ 离子的半透膜,所以细胞膜内外的 K^+ 离子浓度相差很大。若将细胞内外液体组成原电池,则该原电池构成如下:

$$Ag(s)|AgCl(s)|KCl(a_1)|\underset{\beta相}{内液}|细胞膜|\underset{\alpha相}{外液}|KCl(a_2)|AgCl(s)|Ag(s)$$

因细胞内液 β 相中的 K^+ 离子浓度远高于细胞外液中的 K^+ 离子浓度,因此,K^+ 离子将自发从 β 相透过细胞膜进入到 α 相(细胞外液),于是 α 相一侧带有多余的正电荷,相应在 β 相一侧便带有多余的负电荷。这样,在膜的两侧形成一电势差,该电势差阻碍了 K^+ 离子进一步由 β 相进入到 α 相,最后达到动态平衡。结果 α 相的电势高于 β 相的电势,这一电势差称为膜电势。在生物化学中膜电势的计算式为

$$E = E(内) - E(外) = (RT/F)\ln\{a(K^+,外)/a(K^+,内)\} \tag{7-13-1}$$

膜电势目前在工业生产、医药科学以及生命科学等方面应用甚多。

2.离子选择电极

离子选择电极是某一种离子的指示电极。该电极上有一离子感应膜,当电极插入该离子溶液中时,溶液中的离子与电极膜上相同离子进行交换,使得两相界面上的电荷分布发生改变,在界面上形成电势差,即为膜电势。将离子选择电极插入待测溶液中,并与参考电极(常用

甘汞电极)组成原电池,测定该原电池的电动势,再据式(7-13-1)就能算出离子的活度。

例如,氟离子选择电极的构成为以银—氯化银电极为内参考电极,LaF_3单晶片为感应膜,膜内装有 0.1 $mol\cdot kg^{-1}$的 KF 和 0.1 $mol\cdot kg^{-1}$的 NaCl,其结构如下:

$$Ag|AgCl(s)|\ KF(0.1\ mol\cdot kg^{-1}),\ NaCl(0.1\ mol\cdot kg^{-1})\ |含\ F^-的待测溶液$$

氟离子选择电极的电极电势计算式为

$$E = E^{\ominus} - (RT/F)\ln\{a(F^-)\}_{未知}$$

上式对于一价阴离子选择电极也适用,只需将 $a(F^-)$换成该阴离子的活度即可。对于一价阳离子(M^+)选择电极,其电极电势计算式为

$$E = E^{\ominus} - (RT/F)\ln\{1/a(M^+)\}_{未知}$$

离子选择电极是近年来发展很快的分析手段,不仅可分析金属阳离子和无机阴离子,还可分析季胺离子等有机离子及离子型表面活性剂。特别是生物传感器的发展很快,如酶电极、细菌电极与微生物电极等可用以测定脲和各种氨基酸。

本章基本要求

1.了解法拉第定律,并会进行有关的计算。

2.理解电解质溶液的导电机理、迁移数和离子电迁移率的定义。

3.掌握电导、电导率和摩尔电导率的概念及其相互关系,并能进行有关计算。

4.理解极限摩尔电导率的概念及离子独立运动定律。

5.懂得通过电导测定求取弱电解质的解离度、解离平衡常数以及难溶盐的溶度积。

6. 明了电解质的整体活度、正负离子的平均活度、平均活度系数以及正负离子的平均摩尔质量浓度之间的关系及相关计算。

7.掌握电解池和原电池关于阴、阳极和正、负极的规定。

8.能熟练地写出电极反应、电池反应及原电池的公式。

9.能熟练地应用能斯特方程进行电极电势和电池电动势的计算。

10.理解还原电极电势的定义,会运用标准还原电板电势表计算 25 ℃时任一原电池的标准电动势,以及由电极电势计算任一原电池的电动势。

11.熟练地掌握原电池的电动势、电动势的温度系数与电池反应的$\Delta_r G_m$、$\Delta_r S_m$、$\Delta_r H_m$、$K^{\ominus}$(包括 K_{sp})和可逆电池反应热 Q_r 的计算之关系。

12.了解分解电压、极化作用产生的原因和超电势与电流密度的关系。

13.了解膜电势和离子选择性电极。

概　念　题

填空题

1.在电化学中,凡进行氧化反应的电极,皆称为______极;凡进行还原反应的电极,皆称为______极。电势高的为______极;电势低的为______极。

电解池的阳极为______极,阴极则为______极。

原电池的阳极为______极,阴极则为______极。

2. 在A和B两个串联的电解池中，分别放有 $c = 1\ mol \cdot dm^{-3}$ 的 $AgNO_3$ 和 $CuSO_4$ 水溶液，两电解池的阴极皆为Pt电极，阳极则分别为Ag(s)电极和Cu(s)电极。通电一定时间后，实验测出在A电解池的Pt电极上有0.02 mol的Ag(s)析出，在B电解池的Pt上必有______ mol的Cu(s)析出。

3. 在一定温度下，当KCl溶液中KCl的物质的量浓度 $c =$ ______时，该溶液的电导率与其摩尔电导率在数值上才能相等。

4. 已知25 ℃无限稀释的溶液中，$\Lambda_m^\infty(KCl) = 194.86 \times 10^{-4}\ S \cdot m^2 \cdot mol^{-1}$，$\Lambda_m^\infty(NaCl) = 126.45 \times 10^{-4}\ S \cdot m^2 \cdot mol^{-1}$。25 ℃的水溶液中：

$\Lambda_m^\infty(K^+) - \Lambda_m^\infty(Na^+) =$ ______。

5. 25 ℃无限稀释的溶液，H^+ 和 OH^- 的电迁移率分别为：$U^\infty(H^+) = 36.3 \times 10^{-8}\ m^2 \cdot S^{-1} \cdot V^{-1}$；$U^\infty(OH^-) = 20.52 \times 10^{-8}\ m^2 \cdot S^{-1} \cdot V^{-1}$。在同样条件下：$\Lambda_m^\infty(H^+) =$ ______ $S \cdot m^2 \cdot mol^{-1}$；$\Lambda_m^\infty(OH^-) =$ ______ $S \cdot m^2 \cdot mol^{-1}$。

6. 在25 ℃无限稀释的 $LaCl_3$ 水溶液中：$\Lambda_m^\infty\left(\frac{1}{3}La^{3+}\right) = 69.6 \times 10^{-4}\ S \cdot m^2 \cdot mol^{-1}$，$\Lambda_m^\infty(Cl^-) = 76.34 \times 10^{-4}\ S \cdot m^2 \cdot mol^{-1}$，则

$\Lambda_m^\infty(LaCl_3) =$ ______；$\Lambda_m^\infty\left(\frac{1}{3}LaCl_3\right) =$ ______；$U^\infty(La^{3+}) =$ ______。

迁移数：$t^\infty(La^{3+}) =$ ______；$t^\infty(Cl^-) =$ ______。

7. 在25 ℃的高纯度的水中，其他的正、负离子的物质的量浓度 c_B 与其中 H^+（或 OH^-）的浓度 $c(H^+)$ 相比较可忽略不计。已知：$c^\ominus = 1\ mol \cdot dm^{-3}$ 时水的离子积 $K_W = 1.008 \times 10^{-14}$，$\Lambda_m^\infty(H^+) = 349.82 \times 10^{-4}\ S \cdot m^2 \cdot mol^{-1}$，$\Lambda_m^\infty(OH^-) = 198.0 \times 10^{-4}\ S \cdot m^2 \cdot mol^{-1}$。25℃时纯水的电导率：$\kappa =$ ______。

8. 质量摩尔浓度为 b 的 KCl、K_2SO_4、$CuSO_4$ 及 $LaCl_3$ 的水溶液的离子强度分别为 $I(KCl) =$ ______；$I(K_2SO_4) =$ ______；$I(CuSO_4) =$ ______；$I(LaCl_3) =$ ______。

9. 在一定温度下，$ZnSO_4$ 水溶液的质量摩尔浓度为 b，正、负离子的平均活度因子为 $\gamma_\pm$，则此溶液中 $a(ZnSO_4)$、$a_\pm$、$a(SO_4^{2-})$、$a(Zn^{2+})$ 与 b 及 $\gamma_\pm$ 的关系为

$a(ZnSO_4) =$ ______；$a_\pm =$ ______；$a(Zn^{2+}) =$ ______；$a(SO_4^{2-}) =$ ______。

10. 25 ℃时，$a(Cl^{-1}) = 1$ 的 $E^\ominus\{Cl^{-1}|AgCl(s)|Ag\} = 0.2221\ V$；$E^\ominus\{Cl^{-1}|Cl_2(g)|Pt\} = 1.358\ V$。

若由标准Ag—AgCl(s)电极和标准 $Cl^-|Cl_2(g)$ 电极构成电池时，此电池的表示式为______；电池的阳极为______；电池的电动势 $E =$ ______。

11. 已知25 ℃时，$E^\ominus\{Br^-|AgBr(s)|Ag\} = 0.071\ 1\ V$，$E^\ominus(Ag^+|Ag) = 0.799\ 4\ V$。

25 ℃时，AgBr的溶度积 $K_{sp} =$ ______。

12. 已知25 ℃时，$E^\ominus\{SO_4^{2-}|PbSO_4(s)|Pb\} = -0.356\ V$，$E^\ominus(Pb^{2+}|Pb) = -0.126\ 5\ V$。25 ℃时，$PbSO_4$ 的溶度积 $K_{sp} =$ ______。

13. 已知25 ℃时：电极反应 $Cu^{2+} + 2e \longrightarrow Cu(s)$ 的标准电极电势 $E_1^\ominus = 0.340\ V$；$Cu^+ + e^- \longrightarrow Cu(s)$ 的 $E_2^\ominus = 0.522\ V$；$Cu^{2+} + e \longrightarrow Cu^+$ 的 $E_3^\ominus =$ ______ V。

14. 在温度 T，若电池反应 $Cu(s) + Cl_2(g) \longrightarrow Cu^{2+} + 2Cl^-$ 的标准电动势为 $E_1^\ominus$，反应 $0.5Cu(s) + 0.5Cl_2(g) \longrightarrow 0.5Cu^{2+} + Cl^-$ 的标准电动势为 $E_2^\ominus$，则 $E_1^\ominus$ 与 $E_2^\ominus$ 的关系为 $E_1^\ominus =$ ______。

选择填空题（从每题所附答案中择一正确的填入横线上）

1. 在一定温度下，强电解质AB的水溶液中，其他离子与 A^+ 和 B^- 的浓度相比皆可忽略不计。已知 A^+ 与 B^- 的运动速率在数值上存在 $v_+ = 1.5v_-$ 的关系，则 B^- 的迁移数 $t_- =$ ______。

选择填入：(a)0.4　(b)0.5　(c)0.6　(d)0.7

2. 在一定温度下，某强电解质的水溶液，在稀溶液范围内，其电导率随电解质浓度的增加而______，摩尔电导率则随着电解质浓度的增加而______。

选择填入:(a)变大　(b)变小　(c)不变　(d)无一定变化的规律

3. 在 25 ℃,在无限稀释的水溶液中,摩尔电导率最大的正离子为______。

选择填入:(a)Na^+　(b)$\frac{1}{2}Cu^{2+}$　(c)$\frac{1}{3}La^{3+}$　(d)H^+

4. 在 25 ℃,无限稀释的水溶液中,摩尔电导率最大的负离子为______。

选择填入:(a)I^-　(b)$\frac{1}{2}SO_4^{2-}$　(c)CH_3COO^-　(d)OH^-

5. 25 ℃时的水溶液中,$b(NaOH)=0.010\ mol\cdot kg^{-1}$时,其 $\gamma_\pm=0.899$,则 NaOH 的整体活度:$a(NaOH)=$______;正、负离子的平均活度 $a_\pm=$______。

选择填入:(a)0.899　(b)0.008 99　(c)8.082×10^{-5}　(d)0.01

6. 在 25 ℃时,$b(CaCl_2)=0.10\ mol\cdot kg^{-1}$的水溶液,其正、负离子的平均活度因子 $\gamma_\pm=0.518$,则正、负离子的平均活度 $a_\pm=$______。

选择填入:(a)0.051 8　(b)8.223×10^{-3}　(c)0.013 06　(d)8.223×10^{-2}

7. 25 ℃时电极反应:

$$Cr(s)\longrightarrow Cr^{3+}+3e^-$$

由电极电势表查得 $E^\ominus(Cr^{3+}|Cr)=-0.74$ V,题给电极反应的 $\Delta_r G_m^\ominus=$______$kJ\cdot mol^{-1}$。

选择填入:(a)−142.8　(b)142.8　(c)−214.2　(d)214.2

8. 已知 25 ℃时下列电极反应的标准电极电势:

(1)$Fe^{2+}+2e^-\longrightarrow Fe(s)$,$E_1^\ominus=-0.439$ V

(2)$Fe^{3+}+e^-\longrightarrow Fe^{2+}$,$E_2^\ominus=0.770$ V

(3)$Fe^{3+}+3e^-\longrightarrow Fe(s)$所对应的标准电极电势 $E_3^\ominus=$______ V。

选择填入:(a)0.331　(b)−0.036　(c)0.036　(d)−0.331

9. 在一定温度下,为使电池

$Pb(a_1)$-Hg 齐|$PbSO_4$ 溶液|$Pb(a_2)$-Hg 齐

的电动势 E 为正值,则必须使 Pb-Hg 齐中 Pb 的活度 a_1 ______ a_2。

选择填入:(a)大于　(b)=　(c)小于　(d)a_1 及 a_2 皆可任意取值

10. 电池在恒温、恒压和可逆情况下放电,则其与环境交换的热______。

选择填入:(a)一定为零　(b)为 ΔH　(c)为 $T\Delta S$　(d)无法确定

11. 下列各电池中,只有______电池可用来测定 AgCl(s)的溶度积 K_{sp}。

(a)Zn|$ZnCl_2$(aq)|AgCl(s)|Ag

(b)Pt|$H_2(p^\ominus)$|HCl(aq)|AgCl(s)|Ag

(c)Ag|Ag^+,$a(Ag^+)=1$ ┆┆ Cl^-,$a(Cl^-)=1$|AgCl(s)|Ag

(d)Ag|AgCl(s)|KCl(aq)|$Cl_2(p^\ominus)$|Pt

12. 已知 25 ℃,下列电极反应的标准电极电势

(1)$Cu^{2+}+2e^-\longrightarrow Cu(s)$,$E_1^\ominus=0.340$ V

(2)$Cu^++e^-\longrightarrow Cu(s)$,$E_2^\ominus=0.522$ V

则反应 $Cu^{2+}+e^-\longrightarrow Cu^+$ 的 $E^\ominus=$______ V。

选择填入:(a)−0.182　(b)0.862　(c)0.158　(d)0.704

13. 25 ℃时,电池

Pt|$H_2(p)$|H_2SO_4(aq)|Ag_2SO_4(s)|Ag 的标准电动势 $E^\ominus=0.627$ V,电极 $E^\ominus(Ag^+|Ag)=0.799\ 4$ V,则 Ag_2SO_4 的溶度(活度)积 $K_{sp}=$______。

选择填入：(a)67.4×10^4 (b)1.2×10^{-3} (c)1.48×10^{-6} (d)820

14. 不论是电解池或者是原电池，极化的结果都将使阳极电势______，阴极电势______。

选择填入：(a)变大 (b)变小 (c)不发生变化 (d)变化无常

15. 在电解池的阴极上，首先发生还原反应是______。

选择填入：(a)标准电极电势最大的反应 (b)标准电极电势最小的反应

(c)极化电极电势最大的反应 (d)极化电极电势最小的反应

习 题

7-1(A) 用铂电极电解 $CuCl_2$ 水溶液，通过的电流为 20 A，通电 15 min。问理论上：(a)在阴极上析出 Cu 的质量为若干？

(b)在阳极上析出的 $Cl_2(g)$ 在 300 K、100 kPa 下的体积为若干？

答：(a)5.928 g；(b)2.327 dm^3

7-2(A) 电解 NaCl 水溶液的电解反应为

$$2NaCl + 2H_2O \longrightarrow 2NaOH + H_2(g) + Cl_2(g)$$

电解槽所通过的电流为 10 kA。试计算连续生产时，理论上每天(24 h)能生产出 $H_2(g)$、$Cl_2(g)$ 及 NaOH 各若干千克？

答：8.962 kg，317.5 kg，358.2 kg

7-3(B) 试证明电解质溶液中若含有一种正离子和一种负离子，任一种离子的迁移数只取决于正、负离子运动的速率 v_+、v_-。

7-4(A) 某电解质溶液在一定温度和外加电压下，负离子运动速率是正离子运动速率的 5 倍，即 $v_- = 5v_+$。正、负离子的迁移数各为若干？

答：$t_+ = 0.166\,7$，$t_- = 0.833\,3$

7-5(A) 已知 25 ℃时，0.02 $mol\cdot dm^{-3}$ KCl 溶液的电导率为 0.2768 $S\cdot m^{-1}$。25℃时，将上述 KCl 溶液放入某电导池中，测得其电阻为 453 Ω，其电导池系数(l/A_s)为若干？同一电导池中若装入同样体积的 1 dm^3 中含有 0.555 g 的 $CaCl_2$ 溶液，测得其电阻为 1 050 Ω。试计算该溶液的电导率及摩尔电导率各为若干？

答：125.4 m^{-1}，0.119 4 $S\cdot m^{-1}$，0.023 88 $S\cdot m^2\cdot mol^{-1}$

7-6(B) 在电导池常数 $l/A_s = 68.244\ m^{-1}$ 的电导池中，放入浓度分别为 0.000 5、0.001 0、0.002 0 和 0.005 0 $mol\cdot dm^{-3}$ 的 NaCl 溶液。25℃时，测得其电阻分别为 10 910、5 494、2 772 和 1 128.9 Ω。试用外推法求 25 ℃、无限稀释时 NaCl 溶液的极限摩尔电导率 $\Lambda_m^\infty(NaCl)$ 为若干？

答：0.01 27 $S\cdot m^2\cdot mol^{-1}$

7-7(A) 25 ℃时，0.10 $mol\cdot dm^{-3}$ KCl 溶液的电导率 $\kappa = 1.289\ S\cdot m^{-1}$。将上述 KCl 溶液放入某电导池中，25 ℃时测得其电阻为 24.36 Ω。在同一电导池中放入 0.01 $mol\cdot dm^{-3}$ 的醋酸溶液，25℃时测得其电阻为 1 982 Ω，试计算题给醋酸溶液的摩尔电导率为若干？

答：$1.584\times10^{-3}\ S\cdot m^2\cdot mol^{-1}$

7-8(B) 已知在 t 时间内，某强电解质稀溶液中正、负离子的导电量为

$$Q = A_s(E/l)Ft(\nu_+ z_+ U_+ + \nu_- |z_-| U_-)C$$

式中 A_s 为电导池的截面积，l 为两电极间的距离，U_+ 和 U_- 分别为正、负离子的电迁移率，E 为两电极间的电势差。又知式 $\Lambda_m = \kappa/c$，$1/R = \kappa A_s/l$。证明：在无限稀释的水溶液中，任一种正离子的 $\Lambda_{m,+}^\infty = z_+ FU_+^\infty$，任一种负离子 $\Lambda_{m,-}^\infty = |z_-| FU_-^\infty$。

7-9(B) 已知 25 ℃时,无限稀释的 NH_4Cl 水溶液中 $\Lambda_m^\infty(NH_4Cl) = 0.014974\ S\cdot m^2\cdot mol^{-1}$,$NH_4^+$ 的迁移数 $t^\infty(NH_4^+) = 0.490\ 2$,试计算 $\Lambda_m^\infty(NH_4^+)$及 $\Lambda_m^\infty(Cl^-)$。

答:$\Lambda_m^\infty(NH_4^+) = 73.40\times10^{-4}\ S\cdot m^2\cdot mol^{-1}$,$\Lambda_m^\infty(Cl^-) = 76.34\times10^{-4}\ S\cdot m^2\cdot mol^{-1}$

7-10(A) 已知 25 ℃时,$0.05\ mol\cdot dm^{-3}\ CH_3COOH$ 溶液的电导率为 $3.68\times10^{-2}\ S\cdot m^{-1}$,$\Lambda_m^\infty(CHCOO^-) = 40.9\times10^{-4}\ S\cdot m^2\cdot mol^{-1}$,$\Lambda_m^\infty(H^+) = 349.82\times10^{-4}\ S\cdot m^2\cdot mol^{-1}$。试求 CH_3COOH 的解离度 α 及解离常数 $K^\ominus$。

答:$\alpha = 0.018\ 84$,$K^\ominus = 1.808\times10^{-5}$

7-11 25 ℃时将电导率为 $0.141\ S\cdot m^{-1}$的 KCl 装入一电导池中,测得其电阻为 525 Ω。在同一电导池中装入 $0.1\ mol\cdot dm^{-3}$ 的 NH_4OH 溶液,测得电阻为 2 030 Ω。已知 25℃ $\Lambda_m^\infty(NH_4OH) = 0.027\ 14\ S\cdot m^2\cdot mol^{-1}$,求 NH_4OH 的解离度及解离常数。

答:$\alpha = 0.013\ 44$,$K^\ominus = 1.830\times10^{-5}$

7-12(A) 已知 25 ℃时水的离子积 $K_W = 1.008\times10^{-14}$,纯水的 $\Lambda_m^\infty = 547.82\times10^{-4}\ S\cdot m^2\cdot mol^{-1}$。试求 25 ℃时纯水的电导率。

答:$5.500\times10^{-6}\ S\cdot m^{-1}$

7-13(B) 只有 H^+ 和 OH^- 存在的水称为绝对纯的水或无离子水。25℃时此水的电导率 κ(水) $= 5.500\times10^{-6}\ S\cdot m^{-1}$,由此水配制的饱和 AgBr 溶液的电导率$\kappa$(溶液) $= 1.664\times10^{-5}\ S\cdot m^{-1}$,此溶液的 $\Lambda_m = \Lambda_m^\infty = 140.32\times10^{-4} S\cdot m^2\cdot mol^{-1}$。试求 25℃时 AgBr 的溶度积 K_{sp}。

答:6.30×10^{-13}

7-14(A) 试计算质量摩尔浓度皆为 $0.025\ mol\cdot kg^{-1}$ 的下列各电解质水溶液的离子强度:(a) NaCl;(b) $ZnSO_4$;(c) $LaCl_3$。

答:(a)0.025;(b)$0.1\ mol\cdot kg^{-1}$;(c)$0.15\ mol\cdot kg^{-1}$

7-15(A) 试应用德拜—休克尔极限公式,计算 25 ℃时下列各溶液中正、负离子的平均活度系数 $\gamma_\pm$。(a)$0.005\ mol\cdot kg^{-1}$的 KI;(b)$0.001\ mol\cdot kg^{-1}$的 $CuSO_4$。

答:(a)0.920 5;(b)0.743 4

7-16(B) 已知 25 ℃时,$0.1\ mol\cdot kg^{-1}\ K_2SO_4$ 溶液的 $\gamma_\pm = 0.43$,试求 $a(K_2SO_4)$及该溶液 $a_\pm$ 各为若干?

答:3.180×10^{-4},0.068 26

7-17(A) 写出下列各电池的电极反应、电池反应,并写出用活度表示的电动势计算公式。

(1)$Pt|H_2\{p(H_2)\}|HCl\{a(HCl)\}|AgCl(s)|Ag(s)$

(2)$Cu(s)|Cu^{2+}\{a_1(Cu^{2+})\}\ \vdots\vdots\ Cu^{2+}\{a_2(Cu^{2+})\},Cu^+\{a(Cu^+)\}|Pt$

7-18(A) 写出下列电池的电极反应、电池反应:

$Cd(s)|Cd^{2+}\{a(Cd^{2+}) = 0.01\}\ \vdots\vdots\ Cl^-\{a(Cl^-) = 0.5\}|Cl_2(g,100\ kPa)|Pt$

应用表 7-10-1 中的数据,计算 25 ℃时此电池的标准电动势 $E^\ominus$、电动势 E、电池反应的标准平衡常数 $K^\ominus$ 及 $\Delta_r G_m$。

答:$E^\ominus = 1.760\ 8\ V$,$E = 1.837\ 8\ V$,$z = 2$,$K^\ominus = 3.39\times10^{59}$,
$\Delta_r G_m = -354.6\ kJ\cdot mol^{-1}$

7-19 已知电池

$$Ag(s)|AgCl(s)|HCl(a_\pm = 0.8)|Hg_2Cl_2(s)|Hg(l)$$

25 ℃时,$E = 0.045\ 9\ V$,$(\partial E/\partial T)_p = 3.38\times10^{-4}\ V\cdot K^{-1}$。(a)试写出电极反应和电池反应;(b)计算 25℃、$z = 2$ 时,电池反应的 $\Delta_r G_m$、$\Delta_r H_m$、$\Delta_r S_m$ 和可逆电池反应热 $Q_{m,r}$ 各为若干?

答:(a)略;(b)$-8.857\ kJ\cdot mol^{-1}$,$10.59\ kJ\cdot mol^{-1}$,$65.22\ J\cdot K^{-1}\cdot mol^{-1}$,$19.45\ kJ\cdot mol^{-1}$

7-20(B) 已知 25 ℃时,银电极的标准电极电势 $E^\ominus(Ag^+|Ag) = E_1^\ominus = 0.799\ 4\ V$,银—溴化银电极的

$E^{\ominus}\{Br^- | AgBr(s) | Ag\} = E_2^{\ominus} = 0.071\ 1$ V。计算 25℃ AgBr(s)在纯水中的溶度积 K_{sp} 为若干？

答：$K_{sp} = 4.88 \times 10^{-13}$

7-21(B) 已知 25 ℃时，$Ag_2O(s)$的标准摩尔生成焓 $\Delta_f H_m^{\ominus} = -31.0\ kJ \cdot mol^{-1}$，标准电极电势 $E^{\ominus}\{OH^- | Ag_2O(s) | Ag\} = 0.343$ V，$E^{\ominus}\{OH^-、H_2O(l) | O_2(g) | Pt\} = 0.401$ V。在空气中将 $Ag_2O(s)$加热至什么温度才能发生下列分解反应：

$$Ag_2O(s) \rightleftharpoons 2Ag(s) + 0.5O_2(g)$$

假设此反应的 $\Delta_r C_{p,m} = 0$，空气中 $p(O_2) = 21.278$ kPa。

答：$T > 425.4$ K

7-22(B) 已知 25 ℃纯水的摩尔体积 $V_m^*(l) = 18.53 \times 10^{-6}\ m^3 \cdot mol^{-1}$，饱和蒸气压 $p^*(H_2O) = 3.164\ 2$ kPa，反应

$$2H_2O(l) \rightleftharpoons 2H_2(g) + O_2(g)$$

的标准平衡常数 $K^{\ominus} = 8.092\ 5 \times 10^{-81}$。试求下列电池

$$Pt | H_2(100\ kPa) | H_2SO_4(b = 0.02\ mol \cdot kg^{-1}) | O_2(100\ kPa) | Pt$$

在 25℃的电动势为若干？

答：$E = E^{\ominus} = 1.229$ V

7-23(B) 铅酸蓄电池(在 25 ℃，$E^{\ominus} = 2.041$ V)

$$Pb | PbSO_4(s) | H_2SO_4(b = 1\ mol \cdot kg^{-1}) | PbSO_4(s) | PbO(s) | Pb$$

在 0 ℃～60 ℃的范围内电池的电动势与温度 t 的关系为

$$E/V = = 1.917\ 37 + 5.61 \times 10^{-5}\ t/℃ + 1.08 \times 10^{-8}(t/℃)^2$$

写出 $z = 2$ 时的电极及电池反应。计算 25℃时的 $\Delta_r S_m$、$\Delta_r H_m$，H_2SO_4 的活度及正负离子的平均活度因子 $\gamma_{\pm}$ 各为若干？

答：$\Delta_r S_m = 10.93\ J \cdot mol^{-1} \cdot K^{-1}$，$\Delta_r H_m = -367.0\ kJ \cdot mol^{-1}$；
$a(H_2SO_4) = 8.586 \times 10^{-3}$，$\gamma_{\pm} = 0.129$

7-24(A) 25 ℃时电池

$$Sb | Sb_2O_3(s) | pH_1 = 3.98 \text{ 的缓冲溶液} | \text{饱和甘汞电极}$$

测得其电动势 $E_1 = 0.228$ V。若将 $pH_1 = 3.98$ 的缓冲溶液换为待测 pH_2 的溶液，此时测得电动势 $E_2 = 0.345\ 1$ V，试求此溶液的 pH 值。

答：$pH_2 = 5.959$

7-25(B) 为了确定亚汞离子在水溶液中是以 Hg^+ 还是以 Hg_2^{2+} 的形式存在，设计如下电池

$$Hg \left| \begin{matrix} HNO_3\ 0.1\ mol \cdot dm^{-3} \\ \text{硝酸亚汞}\ 0.263\ g \cdot dm^{-3} \end{matrix} \right\vdots\vdots \begin{matrix} HNO_3\ 0.1\ mol \cdot dm^{-3} \\ \text{硝酸亚汞}\ 2.63\ g \cdot dm^{-3} \end{matrix} \right| Hg$$

测得在 18 ℃时的电动势 $E = 29$ mV，求亚汞离子的形式。

7-26(B) 已知 25 ℃时，$\Delta_f H_m^{\ominus}(H_2O,l) = -285.83\ kJ \cdot mol^{-1}$，$\Delta_f G_m^{\ominus}(H_2O,l) = -237.13\ kJ \cdot mol^{-1}$。电池：

(1) $Pt | H_2(100\ kPa) | HCl$ 水溶液 $| O_2(100\ kPa) | Pt$

(2) $Pt | H_2(100\ kPa) | NaOH$ 水溶液 $| O_2(100\ kPa) | Pt$

试写出上述两电池的电极及电池反应，求 25℃时的电动势及电动势的温度系数。

答：$E = E^{\ominus} = 1.229$ V，$(\partial E/\partial T)_p = -8.46 \times 10^{-4}\ V \cdot K^{-1}$

7-27(B) 电池 $Pt | H_2(101.325\ kPa) | HCl(0.1\ mol \cdot kg^{-1}) | Hg_2Cl_2(s) | Hg$ 的电动势 E 与温度 T 的关系为

$$E/V = 0.069\ 4 + 1.881 \times 10^{-3}\ T/K - 2.9 \times 10^{-6}(T/K)^2$$

(a)写出电池反应；(b)计算 25 ℃该反应的吉布斯函数变 $\Delta_r G_m$、熵变 $\Delta_r S_m$、焓变 $\Delta_r H_m$ 以及电池恒温可逆放电

时该反应过程的热 $Q_{r,m}$。

答：(a)略；(b)$z=2$ 时：$\Delta_r G_m = -71.87\ kJ\cdot mol^{-1}$，$\Delta_r S_m = 29.28\ J\cdot K^{-1}\cdot mol^{-1}$，$\Delta_r H_m = -63.14\ kJ\cdot mol^{-1}$，$Q_{r,m} = 8.73\ kJ\cdot mol^{-1}$

7-28(A) 电池 Ag|AgCl(s)|KCl 溶液|Hg_2Cl_2(s)|Hg 的电池反应为

$$Ag + \frac{1}{2}Hg_2Cl_2(s) \rightleftharpoons AgCl(s) + Hg$$

已知 25 ℃时此反应的标准反应焓 $\Delta_r H_m^{\ominus} = 5\ 435\ J\cdot mol^{-1}$，标准反应熵变 $\Delta_r S_m^{\ominus} = 33.15\ J\cdot K^{-1}\cdot mol^{-1}$。试求 25 ℃时此电池的电动势 E，电动势的温度系数 $(\partial E/\partial T)_p$ 和标准平衡常数 $K_a^{\ominus}$ 各为若干？

答：$E = 0.046\ 11\ V$，$(\partial E/\partial T)_p = 3.436\times10^{-4}\ V\cdot K^{-1}$，$K_a^{\ominus} = 6.018$

7-29(A) 已知 25 ℃时电极电势

$$E\{1\ mol\cdot dm^{-3}\ KCl|Hg_2Cl_2(s)|Hg(l)\} = 0.279\ 9\ V$$

电池

Pt|H_2(g,100 kPa)|待测 pH 的溶液 ¦¦ KCl($1\ mol\cdot dm^{-3}$)|Hg_2Cl_2(s)|Hg(l)

25℃时测得其电势 $E = 0.664$ V，阳极电势 E(阳) $= -(0.059\ 16\ pH)$V，试求待测溶液的 pH 值。

答：pH = 6.493

7-30(A) 将下列反应先拆分为电极反应，再设计成原电池，并应用表 7-10-1 中的数据计算 25 ℃时各反应的平衡常数 $K_a^{\ominus}$。

(1) $2Ag^+ + H_2(g) \rightleftharpoons 2Ag(s) + 2H^+$

(2) $Cd(s) + Cu^{2+} \rightleftharpoons Cd^{2+} + Cu(s)$

(3) $Sn^{2+} + Pb^{2+} \rightleftharpoons Sn^{4+} + Pb(s)$

答：1.063×10^{27}；1.298×10^{25}；4.486×10^{-10}

7-31(A) 将下列过程先拆分为电极反应，再设计成原电池并计算出各原电池 25 ℃时的电动势。

(1) H_2(g,100 kPa) + Cl_2(g,100 kPa) $\longrightarrow$ 2HCl($a = 0.5$)

(2) H_2(200 kPa,g) $\longrightarrow$ H_2(100 kPa,g)

(3) 2Ag(s) + Hg_2Cl_2(s) $\longrightarrow$ 2AgCl(s) + 2Hg(l)

已知 25 ℃时，$E^{\ominus}$(甘汞电极) = 0.268 V，其他所需数据查表 7-10-1。

答：1.375 8 V；8.904×10^{-3} V；0.045 9 V

7-32(B) 25 ℃时，用铂电极电解含 Ni^{2+} 和 Cu^{2+} 活度皆为 1 的电解质溶液。当外加电压逐渐加大时，若不考虑 Cu 或 Ni 在 Pt 上析出及在 Ni 上析出 Cu 或在 Cu 上析出 Ni 的超电势。问在阴极上哪一种离子先析出？外电压加大到第二种离子析出时，第一种离子在溶液中的活度为若干？

答：Cu 先析出，$a(Cu^{2+}) = 5.359\times10^{-20}$

7-33(A) 25 ℃用铂电极电解 $1\ mol\cdot dm^{-3}$ 的 H_2SO_4。

(a)计算理论分解电压；

(b)若两电极面积均为 1 cm^2，电解液电阻为 100 Ω，H_2(g)和 O_2(g)的超电势 η 与电流密度 J 的关系分别为

$$\eta\{H_2(g)\}/V = 0.472 + 0.118\lg(J/A\cdot cm^{-2})$$

$$\eta\{O_2(g)/V = 1.062 + 0.118\lg(J/A\cdot cm^{-2})$$

问当通过的电流为 1 mA 时，外加电压为若干？

答：(a)1.229 V；(b)2.155 V

第 8 章　界面现象

在相界面上所发生的物理化学的现象，称为界面现象。界面现象是自然界中普遍存在的基本现象。例如水滴、汞滴会自动呈球形；固体表面能自动吸附其他物质；微小的晶体比大块晶体易溶于液体和微小液滴容易蒸发等皆属界面现象。

产生界面现象主要原因是，任何一个相，处在其表面层上的分子和处在相内部的分子所具有的能量是不相同的。如图 8-0-1 所示的某纯液体与其蒸气相接触的情况。在液体内部的任意一个分子，在其周围均有同类分子包围着，统计地看，周围分子对其的引力是球形对称的，各个方向的力彼此互相抵消，合力为零，所以液体内部的分子可以任意移动，而无需消耗功。处在表面的分子则不相同，内部分子对它的吸引力大于外部分子对它的吸引力，所受的合力就不等于零。表面层的分子受到指向液体内部的拉力，所以液体表面都有自动缩小的趋势，这就是水滴、汞滴会自动呈球形的原因。

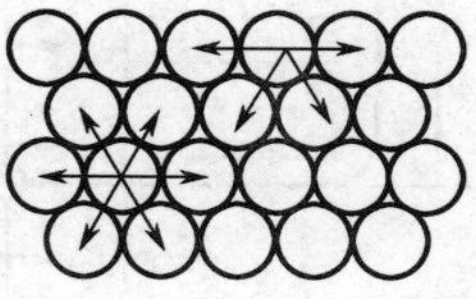

图 8-0-1　气液两相上液体表面分子受力示意图

当一物体高度分散时，系统就具有巨大的表面积，处在表面上的分子数目很多，因此界面现象非常显著。通常用比表面积来衡量物体的分散程度，定义为：每单位质量的物质所具有的表面积。即

$$a_s = A_s / m \tag{8-0-1}$$

式中：a_s代表比表面积；A_s为质量为 m 的物质所具有的表面积。

应当指出：表面这一概念，确切地说，是指物体对真空或与本身的蒸气相接触的面。而物体的表面与非本物体的另一个相的表面接触应称为界面，即两相的交界面。本章涉及的主要内容是界面上的现象，故称为界面现象。随着表面物理与表面化学研究的深入，表面现象所涉及的内容，在科学实验和生产实践中将越来越起着重要的作用。

§8-1　比表面吉布斯函数和表面张力

1. 比表面吉布斯函数

如图 8-0-1 所示，处在液体内部的分子因受到四周同类分子的作用力是对称而又方向相反的，故其合力为零。但是，处在气、液分界面处的液体表面的分子，一方面受到液体内部分子的拉力作用，同时又受到性质不同的另一相（气相）分子的作用。由于两相分子的作用力及分子密度不同，于是在气、液界面上的分子受到一个指向液面内部的合力作用。由于表面层的分子受到指向内部的拉力，所以液体分子从液体内部要转移到表面层，环境必须克服指向液体内部的引力而对系统作功。在恒温、恒压和组成一定的情况下，可逆地增加系统的表面积 dA_s须对系统作非体积功 W'，称为表面功。该表面功应等于系统的吉布斯函数的变化值，即

$$dG = \delta W' = \sigma dA_s \tag{8-1-1}$$

式中，σ 称为比表面吉布斯函数，为在恒温、恒压和组成一定条件下，系统增加单位表面积而引起系统的吉布斯函数变化值，其单位为 $J\cdot m^{-2}$，即

$$\sigma = (\partial G/\partial A_s)_{T,p,N} \tag{8-1-2}$$

式中，下标 T、p、N 表示系统为恒温、恒压和组成一定的状态。对于高度分散的系统，必须考虑系统表面积对热力学函数的影响。

2.表面张力

在观察气、液界面的一些现象时，可以明显地觉察到在表面上处处存在着使液面收缩的力。如图8-1-1所示，在一定条件下，将肥皂液蘸在金属框上，然后再缓慢地(即可逆地)将金属框在力 F 的作用下移动距离 Δx，使肥皂膜的表面积增加 A_s，因为涂在金属框的肥皂膜具有两个表面，所以共增大表面积为

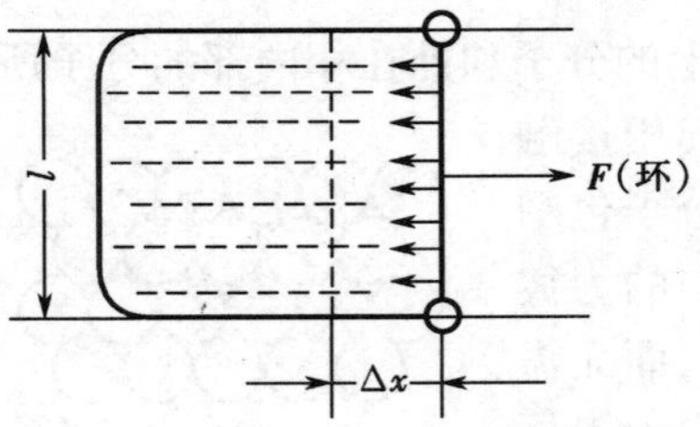

图 8-1-1　作表面功的示意图

$$A_s = 2l\Delta x$$

在此过程中因液膜表面积增大而环境所消耗的表面功为

$$W' = F\Delta x$$

由于过程是在恒温、恒压、可逆条件下进行，故该表面功转变为表面吉布斯函数，即

$$W' = F\Delta x = \sigma A_s = \sigma 2l\Delta x$$

故

$$F\Delta x = \sigma 2l\Delta x$$

$$\sigma = F/2l\Delta x = \text{力}/\text{总长度} \tag{8-1-3}$$

由式(8-1-3)可知，在液体表面上，有一与液体的表面相切并垂直作用于表面边界单位长度线段上的表面收缩力，此力称为表面张力。表面张力在数值上与比表面吉布斯函数值相等。对于平液面来说，表面张力的方向与液面平行；对于曲面来说，表面张力的方向应与界面切线方向一致。表面张力的单位为牛顿/米($N\cdot m^{-1}$)，故从量纲上看，比表面吉布斯函数和表面张力二者是一致的，即

$$N\cdot m^{-1} = N\cdot m/m^2 = J\cdot m^{-2}$$

3.影响表面张力的因素

表面张力与物质的本性有关，不同的物质，分子间相互作用力越大相应的表面张力也越大。纯液体的表面张力，通常是指该液体与其饱和蒸气或空气接触这一状态而言。应该说，凡能影响液态物质物理化学性质的各种因素，对表面张力皆有影响。

(1)表面张力与物质的本性有关。不同种类的物质分子间的作用力往往差别很大，而表面张力的存在是分子间相互作用的必然结果，故分子间作用力愈大，表面张力也愈大。一般说来，极性液体，例如水，有较大的表面张力，而非极性液体的表面张力则较小，高温下熔融状态的金属或金属氧化物均具有较高的表面张力。

表 8-1-1　某些液态物质的表面张力

物　质	t/℃	$10^3\sigma/(N\cdot m^{-1})$
Cl_2	−30	25.56
$(C_2H_5)_2O$	25	26.43

续表

物　质	t/℃	$10^3\sigma$/(N·m^{-1})
H_2O	20	72.88
NaCl	803	113.8
FeO	1 427	582
Ag	1 100	878.5
Cu	1 083	1 300
Pt	1 773.5	1 800

(2)同一种物质的表面张力随温度不同而不同。原因是当温度升高时大多数物质的体积会发生膨胀,使分子间的距离增大,分子间相互吸引力减弱。所以当温度升高时大多数物质的表面张力都是逐渐减小的,其值可见表 8-1-2。在相当大的温度范围内,二者呈线性关系。当达到临界温度时,气、液界面消失,表面张力为零。但也有少数物质,如 Cd、Fe、Cu 与其合金以及某些硅酸盐的表面张力却是随着温度的上升而加大。这种"反常"现象目前还没有一致的解释。

表 8-1-2　不同温度下液体表面张力 $\sigma\times10^3$/(N·m^{-1})

液　体	0℃	20℃	40℃	60℃	80℃	100℃
水	75.64	72.75	69.56	66.18	62.61	58.85
乙醇	24.05	22.27	20.60	19.01	—	—
甲醇	24.5	22.6	20.9	—	—	15.7
四氯化碳	—	26.8	24.3	21.9	—	—
丙酮	26.2	23.7	21.2	18.6	16.2	—
甲苯	30.74	28.43	26.13	23.81	21.53	19.39
苯	31.6	28.9	26.3	23.7	21.3	—

(3)压力的影响。在高压时,压力对表面张力的影响便不能忽略。压力对表面张力的影响有两方面:一是高压下气体密度大,使液体表面层中的分子受力不均衡程度降低,液体表面张力变小;二是高压下气体在液体中的溶解度加大,改变了液体的组成。压力的影响则是两者综合的结果。一般情况下,压力增大液体表面张力大多随压力增大而下降。

上面主要介绍了气、液界面的表面张力的定义和影响因素。实际上在所有相界面上均存在着表面张力或界面张力,如固气表面张力和液液、液固与固固界面张力。

§8-2　润湿现象

润湿是指固体(液体)表面上一种流体被另一种流体所替代的现象。狭义地说,当液体与固体接触时,原来的气、固界面被液、固界面所代替的过程叫润湿。润湿是一种常见的自然现象,它与人们日常生活和工作关系非常密切。

1.润湿与杨氏方程

如果把液体滴在不同的固体平面上,可以看到如图 8-2-1 所示的现象。有时像将水滴在干净的玻璃表面上,液滴在固体表面上呈凸透镜形,如图 8-2-l(a),这种现象表明液体能润湿固体表面;但有时又像将水滴在涂油玻璃表面上,如图 8-2-l(b),液滴收缩成扁球形,这种现象表明液体不能润湿固体表面。

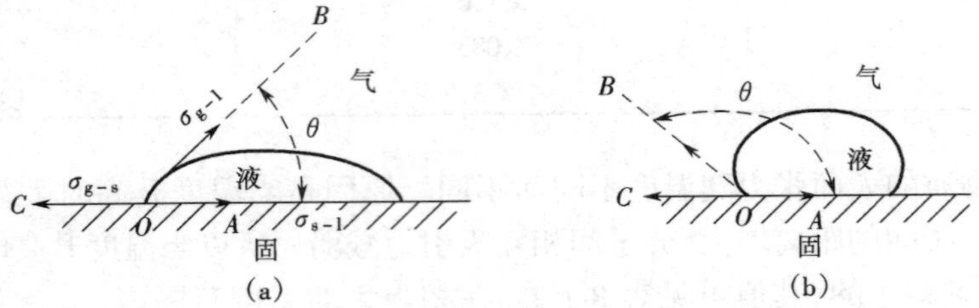

图 8-2-1　接触角与各界面张力的关系

(a)润湿;(b)不润湿

液体对固体的润湿程度通常可以用液、固相之间形成的接触角的大小来衡量。接触角是指液、固间的界面张力与液、气表面张力两切线之间所夹的角,用 θ 表示。液体对固体表面能否润湿取决于几个界(表)面张力的相对大小。在图 8-2-1 中 O 点为三个相界面投影的交点,在该点处,三种表(界)面张力相互作用,固、气表面张力 σ_{s-g}是力图使液体沿 OC 方向伸展,即令 O 点往左移,力求减小更多的气、固表面。液、气表面张力则力图把 O 点处的液体分子拉向液面的切线方向,以缩小气、液界面。而固、液界面张力则力图把 O 点处的液体分子拉向右方,以缩小固、液界面。在光滑的固体水平表面上,当上述三种力处于平衡状态时三者合力为零,液滴保持一定形状,并存在下列关系:

$$\sigma_{g-s} = \sigma_{l-s} + \sigma_{g-l}\cos\theta$$

$$\cos\theta = (\sigma_{g-s} - \sigma_{l-s})/\sigma_{g-l} \tag{8-2-1}$$

式(8-2-1)即为表示界面张力与接触角关系的杨氏(Young)方程,是研究润湿过程的基本方程,因此又称润湿方程。此关系式适用于光滑而理想的固、液界面且无其他作用的平衡系统。由式 (8-2-1)可看出,只要知道了三个界(表)面张力的数据,就可以由该式计算出接触角。

在应用接触角表示液体的润湿能力时,通常将接触角 $\theta = 90°$作为划分液体能否润湿固体表面的界限。

(1)当$(\sigma_{g-s} - \sigma_{l-s}) < 0$,则 $\cos\theta < 0$,即 $\theta > 90°$,为不润湿。因为在恒温、恒压下的过程总是向着总表面吉布斯函数减小的方向进行,现在 $\sigma_{g-s} < \sigma_{l-s}$,所以液体尽可能缩小与固体表面接触,而固、气表面相应增大。所以,当 σ_{g-l}一定时,若 σ_{g-s}越小于 σ_{l-s},则液体越不易覆盖 (润湿)固体表面,故液体就要缩得更圆一些,也就是更不润湿。当 $\theta = 180°$时,液滴为一球形,称完全不润湿。

(2)当$(\sigma_{g-s} - \sigma_{l-s}) > 0$,则 $\cos 0 > 0$,即 $0 < 90°$,液体能润湿固体表面。就是说与 σ_{l-s}相比若 σ_{g-s}越大,则液体越趋向于多润湿固、气表面,即增大固、液界面,同时缩小固、气表面,这样

就能使系统的表面吉布斯函数降得更低。当液体在固体表面铺展成一层薄膜,这时称完全润湿或理想润湿。液体对固体的润湿能力不仅与液体本身的性质有关,而且还与固体的表面性质有关,如苯与石蜡的接触角 $\theta=0°$,而苯与石墨却形成60°的接触角。对一定的液体来说 $\theta>90°$的固体叫做憎液固体,$\theta<90°$的固体叫做亲液固体。常见的液体是水,因此极性固体都是亲水性的,而非极性固体大多数为憎水性的。常见的亲水性固体有石英、硫酸盐等。

2.铺展

铺展是液、固界面取代气、固界面(或液、液界面取代气、液界面),同时又使气、液界面扩大的过程。也就是说,一种液体完全平铺在固体表面上,或者是一种液体完全平铺在另一种互不相溶的液体表面上,皆称为铺展。下面以液体在固体表面上的铺展为例进行讨论。

由式(8-2-1)可知,当 $\theta=0°$时,$\cos\theta=1$,式(8-2-1)可变为

$$\sigma_{s-g}=\sigma_{s-l}+\sigma_{g-l}$$

设 $\varphi=\sigma_{s-g}-\sigma_{s-l}-\sigma_{g-l}$

上式中 φ 称为铺展系数。

从热力学的观点来看,铺展系数的物理意义为:在恒温恒压下,当液体在固体表面上发生铺展时,此过程系统的比表面吉布斯函数变化值为负值。

$$\Delta G(\text{比表面})=-\varphi=\sigma_{l-s}+\sigma_{g-l}-\sigma_{g-s} \tag{8-2-3}$$

在恒温、恒压下 ΔG(比表面) <0 时,$\varphi>0$,说明 $\varphi>0$ 铺展过程能自动地进行,液体将以单个分子高度地分散在固体表面上。

润湿与铺展在实践中得到了广泛的应用。例如棉布易被水润湿,不能防雨,经过憎水剂处理,可使水在布面上的 $\theta>90°$,这时水滴在布上呈圆球形而易脱落。处理后的棉布可制成轻便、透气的雨衣。若在农药中加入适量的表面活性剂,药液在植物的叶茎上或虫体上能发生铺展,这将会大大提高农药的杀虫效果。

§8-3　弯曲液面的附加压力与毛细现象

1.弯曲液面附加压力的产生

在大气压力 p_0下,平面液体所受的压力就等于该大气的压力 p_0。而弯曲液面下的液体,不仅受到大气的压力 p_0的作用,而且还受到弯曲液面所产生的附加压力 Δp 的作用。弯曲液面为什么会产生附加压力呢?如图 8-3-1 中(a)(b)所示,弯曲液面皆为球形的弯曲液面,p_0和p_1分别为大气压和弯曲液面内液体所承受的压力。若在凸液面上任取一个 ABC 小截面,该截面周界线以外的液体对周界线有表面张力的作用,见图 8-3-1 中(a),表面张力的作用点在周界线上,其方向垂直于周界线并与液滴的表面相切。周界线上表面张力的合力在截面垂直方向的分量并不为零,其方向指向液体内部,使表面内的液体承受大于表面外的压力,液体表面内外的压力差值 Δp 称作附加压力,即

$$\Delta p=p_{内}-p_{外}=p_1-p_0 \tag{8-3-1}$$

式中:$p_{内}$为曲液面内液体所受到的压力;$p_{外}$为曲液面上的环境压力。不管是凸液面还是凹液面附加压力 Δp 皆可由上式计算,而且附加压力 Δp 的方向均指向曲率半径的中心,见图 8-3-1

的(a)、(b)。

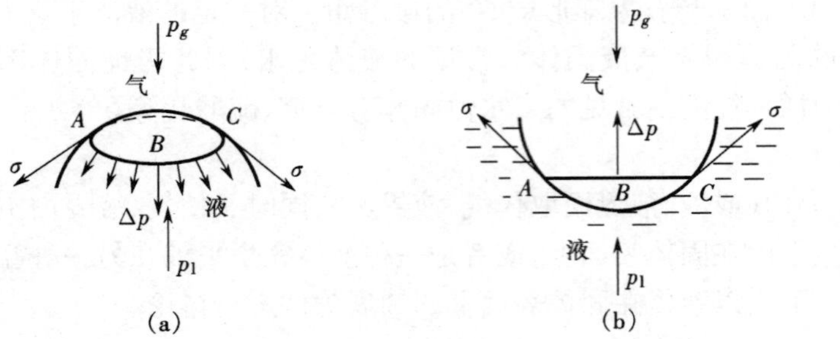

图 8-3-1　弯曲液面的附加压力

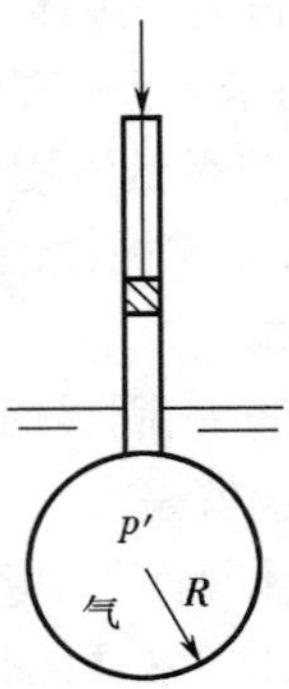

图 8-3-2　球形液滴的附加压力

2.拉普拉斯(Laplace)方程

附加压力的大小与什么因素有关？现以一个凸形液面的例子以证明。设有一毛细管，管内预先灌满液体，在管的下端有一半径为 r 的球形液滴，如图 8-3-2 所示。若设想用一个活塞以保持液滴的平衡压力为 p'。在忽略液体静压力的情况下，液滴处于平衡时，液滴内液体的压力 p'应该等于液滴外压力 p 加上附加压力 Δp，即

$$p' = p + \Delta p$$

$$\Delta p = p' - p$$

在恒温和可逆的情况下，推动活塞向下移动，使液滴的体积增加 $\mathrm{d}V$，其表面积相应地增加 $\mathrm{d}A_s$，此过程中如将液滴及包围液滴的表面层作为系统，则环境(活塞)对系统所作的功为

$$\delta W_1 = -p'\mathrm{d}V_1 = -(p + \Delta p)\ \mathrm{d}V_1$$

液滴体积膨胀对环境所作的体积功为

$$\delta W_2 = -p\mathrm{d}V_2$$

系统所得的净功为

$$\delta W = \delta W_1 + \delta W_2 = -(p + \Delta p)\ \mathrm{d}V_1 + (-p\mathrm{d}V_2)$$

$$-\mathrm{d}V_1 = \mathrm{d}V_2 = \mathrm{d}V$$

$$\delta W = (p + \Delta p - p)\ \mathrm{d}V_2 = \Delta p\ \mathrm{d}V_2$$

上式表明，在整个过程中，系统得到的净功在数值上等于反抗附加压力所消耗的功。此功用于克服表面张力的作用，使液滴的表面积增大 $\mathrm{d}A_s$，即用于增加系统的表面吉布斯函数 $\mathrm{d}G_s$，而 $\mathrm{d}G_s = \sigma\mathrm{d}A_s$，故存在下列关系，即

$$\Delta p\ \mathrm{d}V = \sigma\mathrm{d}A_s \tag{8-3-2}$$

对于半径为 r 的球形液滴，其体积 $V = 4\pi r^3/3$，面积 $A_s = 4\pi r^2$，所以

$$\mathrm{d}V = 4\pi r^2\mathrm{d}r \qquad \mathrm{d}A_s = 8\pi r\ \mathrm{d}r$$

将上两式代入式(8-3-2)中，整理得

$$\Delta p = 2\sigma / r \tag{8-3-3}$$

上式在不考虑液体静压力的情况下导出，称为拉普拉斯方程。上式只适用于曲率半径为定值的球形弯曲液面附加压力的计算。可以看出：在一定温度下，弯曲液面的附加压力与其表面张力成正比，与液面的曲率半径成反比。对于凸液面，曲率半径取正值，则附加压力 Δp 为正值；对于凹液面，曲率半径取负值，则附加压力 Δp 为负值，附加压力的方向指向曲率半径的中心；对于平液面，因 $r=\infty$，故平液面的附加压力为零。

3.毛细管现象

把一支半径为 r 的毛细管垂直地插入到液体中，该液体若能润湿管壁，管中的液面将呈凹形，即润湿角 $\theta<90°$，如图 8-3-3 所示。由于附加压力 Δp 指向大气，而使凹液面下的液体所承受的压力小于管外水平液面下的液体所承受的压力。在这种情况下，液体将被压入管内，直至上升的液柱高度所产生的静压力 ρgh 与附加压力 Δp 在数值上相等时，才能达到力的平衡，即

$$\Delta p = 2\sigma / r_1 = \rho gh$$

可以看出，图中 $\cos\theta = r / r_1$，将此式代入上式中，整理得

$$h = 2\sigma\cos\theta / (r\rho g) \tag{8-3-4}$$

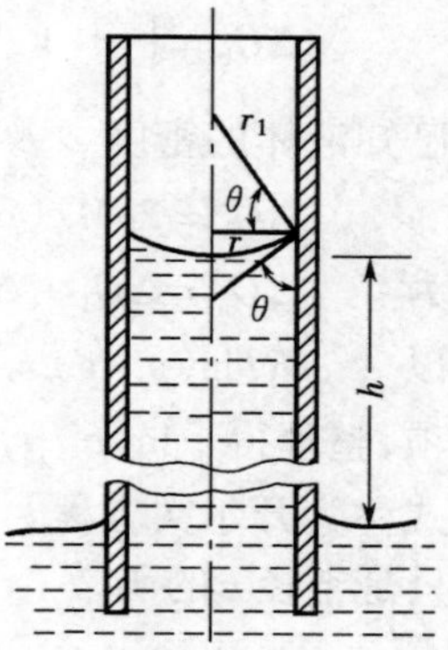

图 8-3-3 毛细管现象

式中：σ 为液体的表面张力；ρ 为液体的密度；g 为重力加速度；r 为毛细管的半径；θ 则为液体对毛细管内壁的润湿角。

当液体不能润湿管内壁时，管内液面呈凸液面，$\theta>90°$，$\cos\theta<0$，则 h 为负值，表示管内凸液面下降的深度。

§8-4 弯曲表面的饱和蒸气压与亚稳状态

1.弯曲表面的饱和蒸气压——开尔文公式

在一定温度和外压下，各种平液面纯液态物质都有一定的饱和蒸气压。实验表明，对于高度分散的微小液滴（弯曲液面）的饱和蒸气压，不仅与液态物质的本性、温度及外压有关，而且还与微小液滴的半径大小有关，其定量关系推导如下。

恒温下将 1 mol 平面液体分散为半径为 r 的小液滴，可按下列两条途径进行：

$$\begin{array}{ccc}
1\text{ mol 饱和蒸气}(p) & \xrightarrow[(2)]{\Delta G_2} & \text{饱和蒸气}(p_r) \\
\Delta G_1 \uparrow (1) & \overset{\text{a}}{T\text{一定}} & \Delta G_3 \downarrow (3) \\
1\text{ mol 液体(平面},p) & \xrightarrow[\text{b}]{\Delta G_\text{b}} & \text{小液滴}(r, p+\Delta p)
\end{array}$$

途径 a 分为三步：

(1)1 mol 平面液体恒温恒压下可逆蒸发为饱和蒸气，p 为平面液体的饱和蒸气压，此步的摩尔吉布斯函数变 $\Delta G_1=0$。

(2)可视为理想气体恒温变压过程，此步的摩尔吉布斯函数变为

$$\Delta G_2 = \int_p^{p_r} V_\text{m}(\text{g})\,\text{d}p = RT\ln(p_r/p)$$

(3)为恒温恒压可逆相变过程,压力为 p_r 的饱和蒸气变为 1 mol 半径为 r 的小液滴,此过程的 $\Delta G_3 = 0$。

途径 b 是由 l mol 压力为 p 的平面液体,直接分散成 1 mol 压力为 p_r、半径为 r 的小液滴,此分散过程为恒温变压过程。即小液滴内的液体所承受的压力为 $p_r = (p + \Delta p)$,Δp 为附加压力,若忽略压力对液体摩尔体积 V_m的影响,途径 b 的摩尔吉布斯函数变为

$$\Delta G_b = \int_p^{p+\Delta p} V_m(1)\,dp = V_m(1)\Delta p = 2\sigma V_m(1)/r$$

若已知液体的密度 ρ 及摩尔质量 M,将 $V_m(1) = M/\rho$ 代入上式,可得

$$\Delta G_b = 2\sigma M/(\rho r)$$

因为 $\Delta G_a = \Delta G_1 + \Delta G_2 + \Delta G_3 = \Delta G_b$

所以 $RT\ln(p_r/p) = 2\sigma M/(\rho r)$

移项,整理得 $\ln(p_r/p) = 2\sigma M/(\rho rRT)$

上式称为开尔文方程。由该方程可知,对于在一定温度下的半径为 r 之小液滴,其饱和蒸气压 p_r 只是半径 r 的函数。

对于凸液面:例如小液滴,因 $r>0$,$\ln(p_r/p)>0$,即小液滴的饱和蒸气压大于同温度下平液面的饱和蒸气压。

对于凹液面:例如液体中的小气泡,因液面为凹液面,故 $r<0$,则 $\ln(p_r/p)<0$,即凹液面的饱和蒸气压小于同温度下平液面的饱和蒸气压。

25 ℃时,在不同半径下的小水滴或水中小气泡内水的饱和蒸气压与平液面水的饱和蒸气之比 p_r/p 的计算结果如表 8-4-1 所示。

表 8-4-1 25 ℃时,不同半径下小水滴、小气泡与平液面水的饱和蒸气压之比 p_r/p

r/m	10^{-5}	10^{-6}	10^{-7}	10^{-8}	10^{-9}
小水滴	1.000 1	1.001	1.011	1.114	2.937
小气泡	0.999 9	0.998 9	9.989 7	0.897 7	0.340 4

表中数据表明,在一定温度下,液滴的半径 r 越小,其饱和蒸气压越大;而气泡越小,则泡内液体的饱和蒸气压也就越小。

2.微小晶体的溶解度

开尔文公式也可用于晶体物质,即在一定温度下,微小粒子晶体的饱和蒸气压恒大于普通晶体的饱和蒸气压,晶体颗粒不一定是球形,但可将晶体颗粒折合成半径为 r 的球体来进行计算。晶体溶解度的大小与其饱和蒸气压有密切的关系,这用图 8-4-1 定性说明。图中 AO 及 BD 分别表示某物质的普通晶体和微小晶体的饱和蒸气压与温度关系的曲线,可见在同一温度下微小晶体有较大的饱和气压,故曲线 BD 的位置在 AO 之上。曲线 1、2、3、4 表示溶质在不同浓度下的蒸气压与温度关系。从曲线 1 至 4,溶液中溶质的浓度越来越高,所以在一定温度下,其饱和蒸气压也越来越大。在温度 t ℃时,曲线 BD 与曲线 3 相交,曲线 AO 与曲线 2 相交,这说明微小的晶体与较浓的溶液成

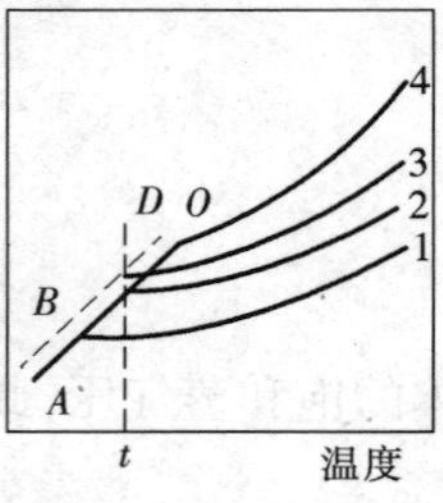

图 8-4-1 分散度对溶解度的影响

平衡，即在一定温度下，晶体的颗粒愈小，其溶解度愈大。

表 8-4-2 所列的实验数据，进一步说明这一结论的正确性。

表 8-4-2　一些物质的微小晶体在水中溶解度增加的百分数

物　质	t/℃	颗粒直径 d/μm	与普通晶体比较溶解度增加的分数 × 100
PbI_2	30	0.4	2
$CaSO_4 \cdot 2H_2O$	30	0.2 ~ 0.5	4.4 ~ 12
Ag_2CrO_4	26	0.3	10
PbF_2	25	0.3	9
$SrSO_4$	30	0.25	26
$BaSO_4$	25	0.1	80
CaF_2	30	0.3	18

3. 亚稳状态与新相生成

蒸气的冷凝、液体的凝固和溶液的结晶等这类过程，由于最初生成新相的颗粒是极其微小的，其比表面和表面吉布斯函数都很大，系统处于热力学不稳定状态。因此，在系统中要产生新相是比较困难的。由于新相难以生成，因而引起各种过饱和现象，例如蒸气的过饱和、液体的过冷或过热以及溶液的过饱和等现象。

1）过饱和蒸气

过饱和蒸气之所以可能存在，是因为新生成的极微小的液滴（新相）的蒸气压大于平液面上的蒸气压。如图 8-4-2 所示，曲线 OC 和 $O'C'$ 分别表示通常液体和微小液滴的饱和蒸气压曲线。若将压力为 p 的蒸气恒压降温至温度 t（A 点），蒸气对通常液体已达到饱和状态，但对微小液滴却未达到饱和状态，所以，蒸气在 A 点不可能凝结出微小的液滴。可以看出：若蒸气的过饱和程度不高，对微小液滴还未达到饱和状态时，微小液滴既不可能产生，也不可能存在。这种按照通常相平衡的条件应当凝结而未凝结的蒸气，称为过饱和蒸气。例如在 0 ℃附近，水蒸气有时要达到 5 倍于平衡蒸气压才开始自动凝结成液体。

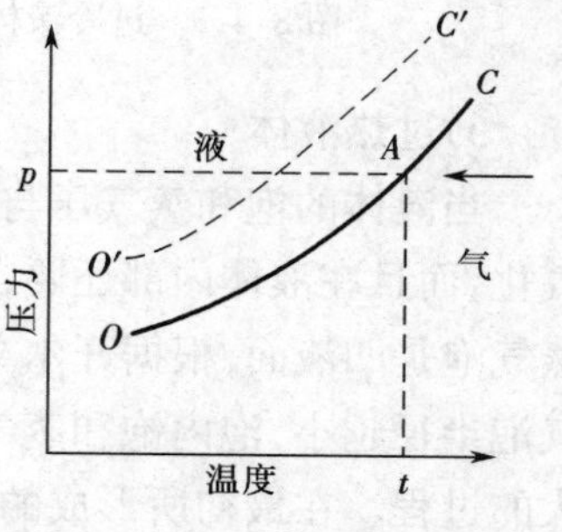

图 8-4-2　产生蒸气过饱和现象示意图

当蒸气中有灰尘存在或容器的内表面粗糙时，这些物质可以成为蒸气凝结的中心，使液滴核心易于生成及长大，在蒸气的过饱和程度较小的情况下，蒸气就能开始凝结。所谓人工降雨，就是当云层中的水蒸气达到饱和或过饱和的状态时，在云层中用飞机喷撒微小的 AgI 颗粒，此时 AgI 颗粒就成为水的凝结中心，使新相（水滴）生成时所需要的过饱和程度大大降低，于是云层中的水蒸气就容易凝结成水滴而落向大地。

2）过冷液体

在一定外压下，将液态物质冷却到其凝固点时，按照相平衡条件，理应有结晶颗粒（新相）产生，但因新生成的晶粒（新相种子）极微小，相应熔点较低，此时对微小结晶尚未达到饱和状态，所以不可能自动生成微小晶体，必须继续降温到正常凝固点以下，直至达到微小晶体的凝固点,才会有晶体不断析出,这可通过图 8-4-3 来说明。图中 AO 曲线为普通晶体的饱和蒸气压曲线,而微小晶体的饱和蒸气压恒大于普通晶体的饱和蒸气,故微小晶体的饱和蒸气压曲线 BD 一定在 AO 线的上边。O 点和 D 点对应的温度 $t_{熔}$ 和 t' 分别为一般晶体和微小晶体的熔点。当液体冷却时,其饱和蒸气压沿 CD 曲线下降到 O 点,这时与普通晶体的蒸气压相等,按照相平衡条件,应当有晶体析出,但由于新生成的晶粒(新相)极微小,其熔点较低,此时对微小晶体尚未达到饱和状态,所以不会有微小晶体析出。温度必须继续下降到正常熔点以下,如图中 D 点,液体才能达到微小晶体的饱和状态而开始凝固。这种按照相平衡条件应当凝固而未凝固的液体,称为过冷液体。例如纯水可缓慢地降温到 -40 ℃仍不结冰。在过冷的液体中,若投入小晶体作为新相种子,则能使液体迅速凝固成晶体。在过冷的液体中,若放入一些小晶体作新相种子,液体将迅速凝固。

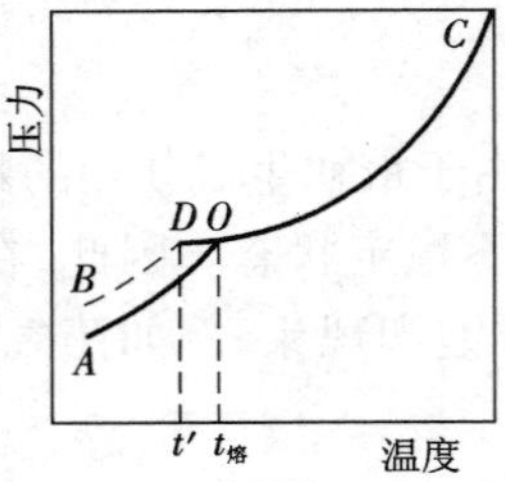

图 8-4-3　过冷液体产生示意图

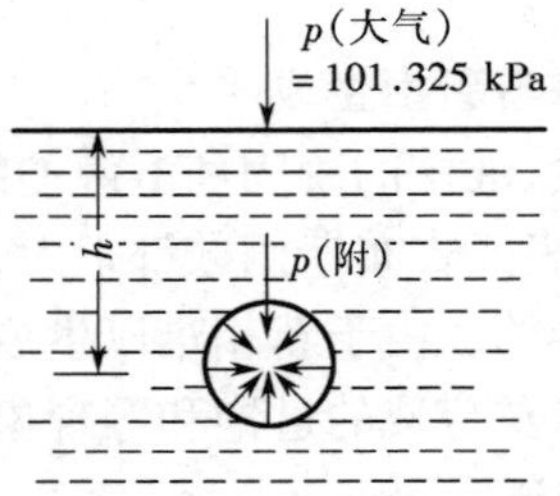

图 8-4-4　产生过热液体示意图

3)过热液体

当液体的饱和蒸气压与外压相等时,液体就沸腾。液体在沸腾时,不仅在液体表面上进行气化,而且在液体内部还要自动地生成蒸气泡(新相),如图 8-4-4 所示。由于在液体中形成的蒸气泡是凹液面,根据开尔文方程可知,蒸气泡中的蒸气压要小于平液面时的蒸气压,而且蒸气泡半径越小,泡内饱和蒸气压越低。但是,液体内所形成的气泡必须经过从无到有、从小到大的过程。在最初所形成的气泡半径极小,故在平液面的沸腾温度下小蒸气泡蒸气压远小于外压,于是在外界压力的压迫下小气泡难于形成,致使液体不易沸腾而成为过热。因此,将按照一般相平衡条件应当沸腾而不沸腾的液体,称为过热液体。为了防止液体的过热现象,常在液体中投入一些干燥的素烧瓷片或含空气的毛细管等物质,因为这些物质的孔中储存有空气,加热时这些物质会不断地放出小气泡,因而绕过产生新相种子(小气泡)的困难阶段,使液体的过热程度大大降低。

4)过饱和溶液

在一定外压下将溶液恒温蒸发,溶质的浓度逐渐变大,达到普通晶体溶质的饱和浓度时,由于微小晶体的溶质有较大的溶解度,故这时微小晶体的溶质仍未达到饱和状态,不可能有微小晶体析出,必须将溶液进一步蒸发,达到一定的过饱和程度,晶体才可以不断析出。这种按一般平衡条件应有结晶析出而无结晶析出的溶液,称为过饱和溶液。在结晶操作中,当溶液蒸发到一定的过饱和程度时,向结晶系统中投入适量的小晶体作为新相种子,可得到较大颗粒的晶体。

从热力学的观点来讲,上述各种过饱和系统都不是真正的热力学平衡系统,均是不稳定的状态,故常被称为亚稳(或介安)状态。但是这种系统往往能维持很长的时间而不发生相变。亚稳态所以能长期存在,是因为在指定条件下新相种子难以生成。如金属的淬火,就是将合金制品加热到一定温度,恒温一段时间后,将其在水、油类或其他介质中迅速冷却,在常温下仍能保持其在高温下的某种结构,从而改变金属制品的性能。

§8-5 固体表面的吸附作用

和液体一样,固体表面上的原子或分子的力场也是不均衡的,所以固体表面也有表面张力亦即具有比表面吉布斯函数。由于固体表面同样具有要降低其表面吉布斯函数的趋向,但因固体表面不能收缩,故只能通过减小其比表面吉布斯函数来降低其表面吉布斯函数。就是说,在温度、压力、固体的表面积 A_s 和各种物质的量一定时,系统的表面吉布斯函数变可表示为

$$dG_s = A_s \times d\sigma \tag{8-5-1}$$

要令 σ 变小,就必须使固体表面上的分子或原子受力不均匀程度降低,为此固体表面要从其周围的介质中吸附其他的物质粒子到其表面上,以降低固体的界(表)面张力,使系统的 $dG<0$,故吸附作用可以自动地进行。这种在一定条件下,一种物质的分子、原子或离子能自动地附着在某固体表面上的现象,或者某物质在界面层中浓度能自动发生变化的现象,皆称为吸附。把具有吸附能力的物质称为吸附剂或基质;被吸附的物质称为吸附质。吸附的逆过程,即被吸附的物质脱离吸附层返回到介质中的过程,称为解附作用。吸附作用可以发生在任意两相之间的界面上。

根据固体表面对气体分子的吸附作用力性质的不同,可将吸附区分为物理吸附与化学吸附。

1. 物理吸附

物理吸附的作用力是范德华力,它是一种较弱的、普遍存在于各分子间的相互作用力。因此,一种吸附剂往往可以吸附多种气体,使物理吸附不具有选择性;吸附层既可以是单分子层,也可是多分子层。在恒温、恒压下,某气体在固体表面上吸附过程的焓变除以被吸附气体的物质的量,称为该气体的摩尔吸附焓,或摩尔吸附热,并用 ΔH_m 表示。物理吸附类似于气体在固体表面上的冷凝,大多数气体物理吸附过程的 $\Delta H_m < 25\ kJ\cdot mol^{-1}$;此外,物理吸附的速率快,易达到吸附平衡,而且容易解附。上述这些都是物理吸附的特征。

2. 化学吸附

化学吸附的作用力是化学键力。化学吸附类似于化学反应,可以发生电子的转移、原子的重排、化学键的断裂及形成等微观过程,因此,化学吸附有明显的选择性;而且只能发生单分子层吸附;化学吸附焓约在 $40 \sim 400\ kJ\cdot mol^{-1}$ 的范围,典型值约为 $200\ kJ\cdot mol^{-1}$。一般说来,化学吸附解附难,吸附与解附的速率都较小,而且不易达到吸附平衡。这些都是化学吸附的特征。

化学吸附与物理吸附出现上述种种差别的主要原因是吸附作用力不同。一般在低温范围内物理吸附起主导作用,在高温下化学吸附起主导作用。一般情况下两种吸附可以相伴发生。

§ 8-6　等温吸附

对于一个指定的吸附系统，当吸附速率等于解附速率时所对应的状态称为吸附平衡。吸附达到平衡时所吸附的吸附质的数量，简称为平衡吸附量，用符号 Γ 表示。吸附量一般可用每单位质量吸附剂的表面上所吸附的气体的物质的量或气体在正常状况(273.15 K、101.325 kPa)下的体积(V)来表示。平衡吸附量 Γ 可表示为

$$\Gamma = n / m \qquad 或 \qquad \Gamma = V/m$$

式中：n 为吸附质的物质的量；V 为吸附质(气体)在正常状况下的体积；m 为吸附剂的质量。

气体在固体表面上的吸附量 Γ 与气体的平衡压力 p 及系统的温度 T 有关，即

$$\Gamma = f(p, T)$$

上式中有三个变量，常固定其中一个变量，测定其中任意两个变量之间的关系。如在一定温度下，吸附量与平衡压力之间的关系曲线称为吸附等温线，如图 8-6-1 所示。图中每条线皆为吸附等温线。

1. 吸附等温线

图 8-6-1 是在不同温度下，$NH_3(g)$在木炭上的吸附等温线。由图可以看出：

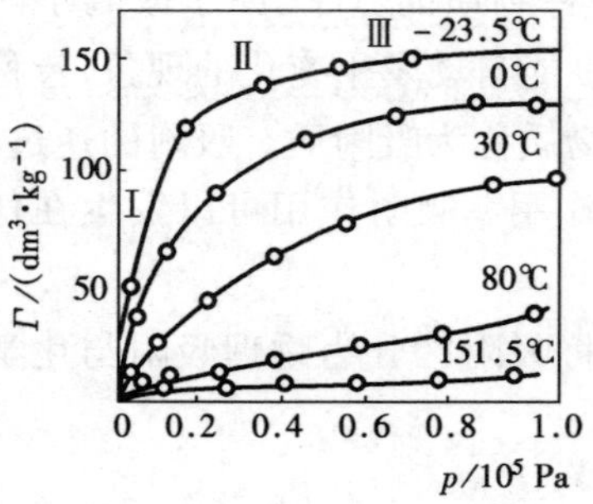

图 8-6-1　不同温度下 NH_3 在炭粒上的吸附等温线

(1)压力一定时，温度愈低，平衡吸附量愈大。

(2)温度一定时，一般说来，吸附量将随压力的升高而增加。图中 $t = -23.5$ ℃的等温线是一条典型的吸附等温线：在低压部分，压力的影响特别显著，吸附量与压力呈直线关系(线段Ⅰ)。当压力继续升高，吸附量的增加渐趋缓慢，Γ 与 p 呈曲线关系(线段Ⅱ)。当压力足够大时，吸附等温线几乎成为一条与横坐标平行的直线(线段Ⅲ)，它表明吸附量不再随压力的上升而增加，达到了吸附的饱和状态。该状态所对应的吸附量称为饱和吸附量，并用 Γ_∞ 表示。

通过大量的研究，目前总结出吸附等温线有五种类型，见图 8-6-2。

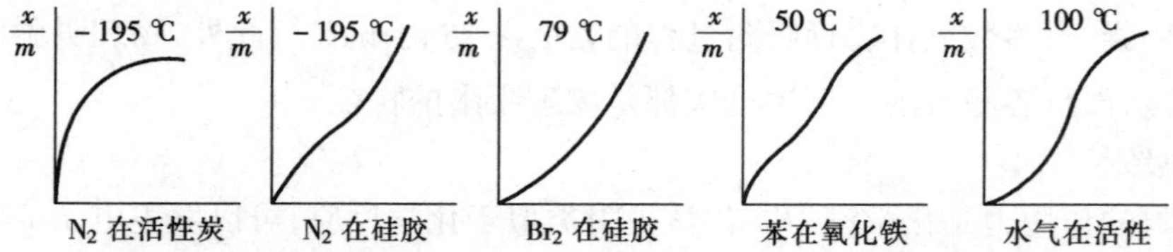

N_2 在活性炭上吸附 (a)　N_2 在硅胶上吸附 (b)　Br_2 在硅胶上吸附 (c)　苯在氧化铁凝胶上吸附 (d)　水气在活性炭上吸附 (e)

图 8-6-2　五种类型的吸附等温线

2. 等温吸附经验式

吸附量与平衡压力的关系，也可用方程式来描述。

$$\Gamma = k(p/[p])^n \tag{8-6-1}$$

式(8-6-1)称弗罗因德利希吸附等温式，为经验方程式。对于指定的吸附系统，式中 n 和 k 为两个只与温度有关的经验系数。k 可视为单位压力时的吸附量，其值随温度的升高而变小。n 是量纲为一的量，其数值一般在 0 与 1 之间，其大小则表示压力对 Γ 影响的强弱。

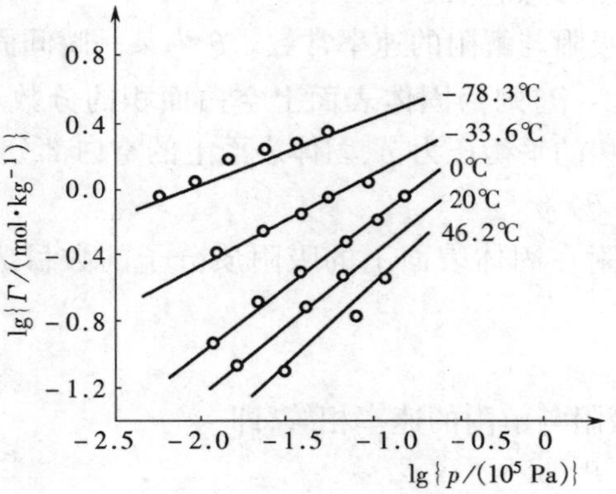

图 8-6-3 CO 在椰子壳炭上的吸附

对式(8-6-1)取对数，应写成

$$\lg(\Gamma/[\Gamma]) = \lg(k/[k]) + n\lg(p/[p])$$

若以 $\lg(\Gamma/[\Gamma])$ 对 $\lg(p/[p])$ 作图，应得一直线。从直线的斜率可求出 n，从截距求出 k。

图 8-6-3 所示的 CO(g)在椰子壳炭上的吸附，于不同温度下的实验压力范围内，可较好地符合弗罗因德利希方程式。但是也有许多实验数据不符合此方程式，尤其在压力很低或很高的情况下，常出现很大的偏差。所以，该经验方程式一般只适用于中压范围的吸附。

弗罗因德利希经验方程形式简单，计算方便，但方程式中 n 及 k 没有明确的物理意义，不能说明吸附过程的微观机理，也不能指导对吸附作用进行更深入地研究。最早从理论上研究固体表面对气体分子吸附的是朗缪尔，并且提出了单分子层吸附理论。

3. 朗缪尔单分子层吸附理论

1916 年朗缪尔(Langmuir)从动力学的观点出发，提出了固体表面对气体分子吸附的单分子层吸附理论，其基本假设如下。

(1)单分子层吸附：固体表面上的粒子所处的力场是不平衡的，即固体表面上存在剩余吸附力场，气体分子只有碰撞到固体的空白表面上才有可能被吸附，当固体表面上已覆盖一层气体分子后，剩余力场得到饱和，所以固体表面上只能发生单分子层吸附。

(2)固体表面均匀：该理论认为，固体表面任一位置上的吸附能力是相同的，无论气体分子碰撞在表面上任何位置，被吸附的可能性相同，而且吸附的牢固程度也完全相同，故所释出的热量均相同，即表面是均匀的。

(3)被吸附在固体表面上的分子相互之间无作用力：被吸附在固体表面各个位置上的气体分子是独立的，每个气体分子的吸附与解附的难易程度，与其周围是否存在被吸附的气体分子无关。

(4)吸附平衡是动态平衡：被吸附在固体空白表面上的气体分子，仍处于不停地运动状态。

若被吸附的气体分子所具有的能量足以克服固体表面对它的吸引力时,它可以重新返回气相空间,这种现象称为解附。当吸附速率大于解附速率时,吸附起主导作用,但随着吸附量的增加,固体表面上空白面积越来越少,气体分子碰撞到空白面积上的可能性就必然减少,吸附速率逐渐降低;与此相反,随着固体表面被覆盖程度的增加,解附速率逐渐变大,当吸附与解附的速率相等时吸附达到动平衡状态。

以 k_1 及 k_{-1} 分别代表吸附与解附的速率常数。θ 为某一瞬间固体总的表面积被吸附质覆盖的分数,称为覆盖率。$(1-\theta)$则为固体表面上空白面积的分数。根据以上基本假设可知,吸附速率应与吸附质在气相的平衡压力 p、固体表面上的空白部分 $(1-\theta)$成正比,即

$$v(\text{吸附}) = k_1(1-\theta)\ p$$

而解附速率应与被吸附在固体表面上的吸附质分子的数目成正比,即与覆盖率 θ 成正比,故

$$v(\text{解附}) = k_{-1}\theta$$

当吸附达到平衡时,吸附与解附的速率相等,即

$$k_1(1-\theta)\ p = k_{-1}\theta$$

整理上式可得

$$\theta = bp/(1+bp) \tag{8-6-2a}$$

式中 $b = k_1/k_{-1}$,称为吸附作用的平衡常数,也称为吸附系数。它与附剂及吸附质的本性及温度有关,b 的大小表示固体表面吸附气体的吸附能力的强弱。当 $\theta = 0.5$ 时,$b = 1/p$,故 b 的单位为$[p]^{-1}$。

若以 Γ 代表平衡压力为 p(覆盖度为 θ)时的吸附量 Γ,Γ_∞ 表示每克吸附剂的表面盖满单分子层($\theta = 1$)时的吸附量称为饱和吸附量,则

$$\theta = \Gamma/\Gamma_\infty$$

朗缪尔吸附等温式也可写成

$$\Gamma/\Gamma_\infty = bp/(1+bp) \tag{8-6-2b}$$

或

$$1/\Gamma = 1/\Gamma_\infty + 1/(b\Gamma_\infty p) \tag{8-6-2c}$$

由上式可知,由实验测出在一定温度下不同压力 p 所对应的 Γ,并以 $1/\Gamma$ 对 $1/p$ 作图,应得一直线。由直线的斜率求出吸附作用的平衡常数 b,再由直线的截距求出 Γ_∞。有了 Γ_∞ 通过下式便能计算吸附剂的比表面

$$A_{S,W} = \Gamma_\infty L A_{S,m} \tag{8-6-3}$$

式中:L 为阿伏加德罗常数;Γ_∞ 为 1 kg 吸附剂整个表面被吸附质单分子层覆盖时的吸附量($mol\cdot kg^{-1}$);$A_{S,m}$ 为每个吸附质分子的截面积(m^2),也可由上式求被吸分子的截面积。

朗缪尔吸附等温式只适用于单分子层吸附。根据朗缪尔单分子层吸附理论所描绘的吸附等温线在不同压力范围内的特征如下:

当压力很低或吸附较弱(b 很小)时,$bp \ll 1$,则式(8-6-2b) 可简化为

$$\Gamma = \Gamma_\infty bp$$

即吸附量与压力成正比。表明等温线在低压时几乎是直线。当压力足够高或吸附较强时,bp

$\gg 1$,则

$$\Gamma = \Gamma_\infty$$

这表明固体表面上具有吸附能力的位置已全被覆盖,吸附达到饱和状态,吸附量达到最大值。这与典型的吸附等温线在高压下是一条水平线的情况相符合。

当压力的大小或吸附作用力适中时,Γ 与 p 呈曲线关系。

上述这些关系都被大量的实验结果所证实,说明朗缪尔单分子吸附理论只与图 8-6-2 中的 Ⅰ型等温吸附线相符。也有许多实验结果是不符合朗缪尔吸附等温式的,说明实际情况远比基本假设复杂得多。朗缪尔假设固体表面是均匀的,各处的吸附能力相同,但实际情况并非如此。实验发现,许多吸附作用的吸附系数 b 不是常数,这就表明固体表面上是不均匀的。他又假设吸附是单分子层吸附以及被吸附的分子间无作用力,但实际上任意两个分子之间皆存在着相互作用力,在低温高压下吸附也可以是多分子层的,即在被吸附的分子之上仍具有吸附作用,在同一个吸附表面上可以出现各种不同层次的吸附。虽然有许多吸附现象不能用朗缪尔吸附理论解释,但该理论仍不失为吸附理论中一个重要的基本公式,对吸附理论的发展起到奠基的作用。

例 8.6.1 恒温 239.55 K 条件下,不同平衡压力下的 CO 气体在活性炭表面上的吸附量(已换算成标准状况下的体积)如下:

p/kPa	13.466	25.065	42.663	57.329	71.994	89.326
$V\times10^{-3}/(\mathrm{m^3\cdot kg^{-1}})$	8.54	13.1	18.2	21.0	23.8	26.3

根据朗缪尔吸附等温式,用图解法求 CO 的饱和吸附量 V_∞、吸附系数 b 及每公斤活性炭表面上所吸附 CO 的分子数。

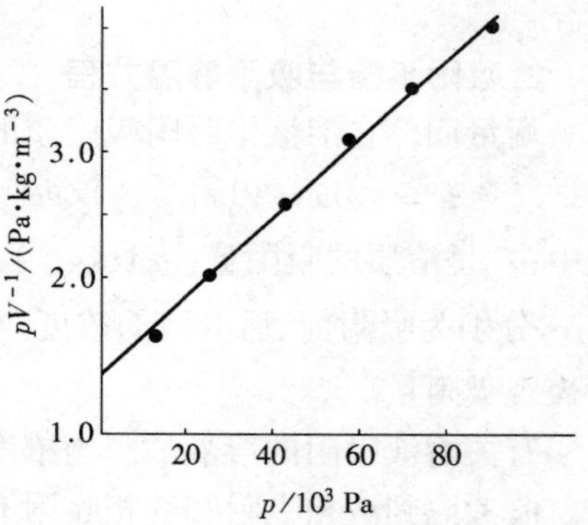

图 8-6-4 CO 在活性炭上的吸附

解:朗缪尔吸附等温式可写成下列形式:

$$\theta = V/V_\infty = bp/(1+bp)$$

或 $$p/V = 1/(bV_\infty) + p/V_\infty$$

由上式可知,$(p/[p])/(V/[V])$ 对 $p/[p]$ 作图应得一直线,由直线的斜率及截距即可求得 V_∞ 及 b。

以 p/V 对 p 作图,如图 8-6-4 所示。

$$\text{斜率} = 1/\ V_\infty/(\mathrm{m^3\cdot kg^{-1}})$$
$$= (3.025-1.913)(71.994-25.065)\times10^{-3}$$
$$= 23.70$$

CO 的吸附的饱和吸附量:

$$V_\infty = (1/23.70)\ \mathrm{m^3\cdot kg^{-1}} = 0.042\,2\ \mathrm{m^3\cdot kg^{-1}}$$

$$\text{直线的截距} = \mathrm{Pa^{-1}\cdot m^3\cdot kg^{-1}}/(bV_\infty) = 1.325$$

$$\text{吸附系数 } b = \mathrm{Pa^{-1}\cdot m^3\cdot kg^{-1}}/(1.325\times0.0422\ \mathrm{m^3\cdot kg^{-1}})$$
$$= 17.88\ \mathrm{Pa^{-1}}$$

每千克活性炭的表面吸附 CO 的分子数:

$$N = pV_\infty L/RT = 101\,325\ \mathrm{Pa}\times0.042\,2\ \mathrm{m^3\cdot kg^{-1}}\times6.022\times10^{23}\ \mathrm{mol^{-1}}/(8.314\mathrm{J\cdot K^{-1}\cdot mol^{-1}}\times273.15\ \mathrm{K})$$
$$= 1.134\times10^{24}\ \text{个分子/kg}$$

§8-7　固体在溶液中的吸附

固体自溶液中吸附吸附质是最常见的吸附现象之一。但由于溶液中不仅有溶质还有溶剂，因此固体在溶液中的吸附规律就比较复杂，相应的吸附理论也很不完善。溶液吸附的应用极为广泛，例如废水的吸附净化就是依据固体在溶液中吸附的原理。

1.固体在溶液中吸附的特点

从吸附速度看，溶液中的吸附速度一般比气体吸附速度要慢得多，这是因为在溶液中，固体表面总存在着一层液膜，吸附质分子必须通过这层膜才能被固体表面吸附，因此吸附质分子在溶液中的扩散速度要比在气体中慢。如固体为多孔时，则还需加上孔的因素，因此吸附速率就更慢了，这就是溶液吸附达平衡的时间往往很长的缘故。

在溶液中固体表面进行吸附时，至少存在着三种作用力，即固体界面与溶质之间的作用力、固体界面与溶剂之间的作用力以及溶质与溶剂之间的作用力。这与固体表面吸附气体时，只有固体表面与气体分子之间的作用力明显不同。所以，固体在溶液中的吸附就是溶质和溶剂的分子争夺固体表面的结果。若固体表面上吸附质的浓度大于该吸附质在溶液本体中的浓度时，则称为正吸附。

在溶液中固体表面进行吸附时，固体表面与吸附质之间的作用力，除了前面提到的范德华力与化学键力外，还有静电作用力。也就是说，在溶液中固体表面吸附除了物理吸附和化学吸附外，还有吸附质离子因静电作用力而被吸附在固体表面的带电位置上，这种吸附称为交换吸附。

2.吸附平衡与吸附等温方程

衡量固体在溶液中吸附吸附质的吸附能力大小，仍用吸附量来表示，其定义为

$$\Gamma = n/m = V(c_1 - c_2)/m \tag{8-7-1}$$

式中：Γ 是溶质的吸附量($mol \cdot kg^{-1}$)；V 是溶液的体积；m 是吸附剂的质量，即固体的质量；c_1 与 c_2 分别为吸附前、后溶液的浓度。由于上式并未考虑到溶剂的吸附，故计算出的吸附量称为表观吸附量。

有关溶液吸附的溶液的平衡浓度(c)和吸附量(Γ)之间的定量关系，目前尚不能自理论导出。但考虑到液相吸附和气相吸附有许多共同之处，因此在处理溶液的平衡浓度(c)和吸附量(Γ)之间的定量关系时，还得借助气相吸附的关系式，如费罗因德利希(Freundlich)、朗缪尔(Langmuir)等公式来处理液相吸附的结果。但是，将这些公式用于溶液吸附时，式中常数的物理意义不明，故只能算作经验公式。实际使用时只要把公式中的 p 改为 c，相对压力 p/p_0 改为相对浓度 c/c_0(此处 c_0 为饱和溶液的浓度)即可。

在稀溶液中，用费罗因德利希方程式，该式为

$$\Gamma = k(c/[c])^{1/n} \tag{8-7-2a}$$

将上式取对数，得

$$\lg\Gamma = (1/n)\lg(c/[c]) + \lg k \tag{8-7-2b}$$

式中 n、k 均为经验常数，常通过作图求取，$1/n$ 一般在 0.1～0.5 之间。k 与溶质和溶剂

均有关。

朗缪尔吸附等温式也可用于固体在溶液中吸附,用于溶液吸附时,其式为

$$\theta = bc/(1+bc) \tag{8-7-3a}$$

或 $$\Gamma = b\Gamma_{\infty} c/(1+bc) \tag{8-7-3b}$$

式中:Γ_{∞}为饱和吸附量;b 为吸附系数;c 吸附质的平衡浓度。

3.影响吸附过程的因素

(1)使固体界面吉布斯函数下降最多的吸附质最易被吸附。以活性炭对脂肪酸吸附为例来说明。如图 8-7-1 所示,引起固体界面吉布斯函数降低最多的是丁酸,吸附量也最大,易于被吸附;而甲酸是降低固体界面吉布斯函数最少的,故吸附量最小,难以被吸附。所以,对固体界面吉布斯函数的降低多少是衡量吸附质吸附难易的条件。

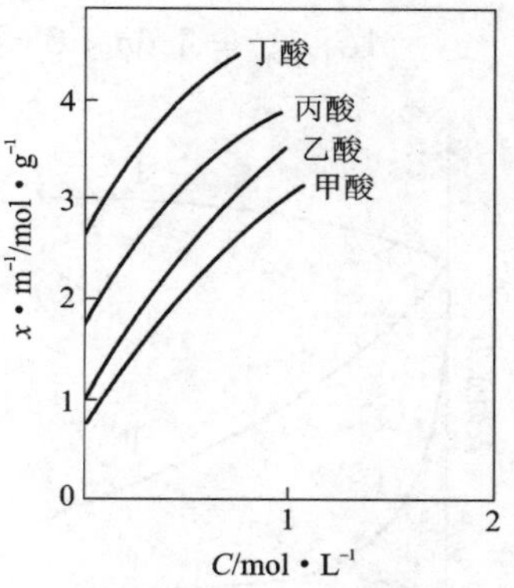

图 8-7-1　活性炭在脂肪酸水溶剂中吸附等温线

(2)溶解度越小的溶质越容易被吸附。因为一个溶质的溶解度越小,表明该溶质与溶剂之间的相互作用力相对地越弱,因而自溶液中逃离的倾向也越大,于是被吸附的倾向越大。例如脂肪酸的碳氢链越长,水中的溶解度越小,被活性炭吸附也就容易。反之,在四氯化碳溶剂中,脂肪酸的碳氢链越长,溶解度越大,其被活性炭吸附就越少。对于同一种溶质溶于不同溶剂中,溶解度越小者吸附量越大;在相同溶剂中溶有不同溶质时,溶解度小的溶质易于被吸附。应说明,溶解度只是影响吸附的一种重要因素,但不是唯一因素。

(3)吸附剂与吸附质的极性对应者易被吸附。极性吸附剂总是易自非极性溶剂中优先吸附极性组分,而非极性吸附剂总是易自极性溶剂中优先吸附非极性组分。例如,脂肪酸在甲苯溶液中被吸附到硅胶上,由于固体吸附剂硅胶是极性的,溶剂甲苯是非极性的,而溶质脂肪酸是极性的,所以脂肪酸被吸附到硅胶上较溶剂的吸附为强。而脂肪酸在极性水溶液中活性炭吸附时,由于活性炭为非极性物质,能够从极性很大的溶剂(H_2O)中吸附极性较小的脂肪酸。在上述两种情况下,按一般规则,脂肪酸在碳链增加时极性减弱,其极性顺序为:甲酸 > 乙酸 > 丙酸 > 丁酸。所以脂肪酸系列在一定浓度水溶液中为活性炭吸附量顺序为:丁酸 > 丙酸 > 乙酸 > 甲酸;而在甲苯溶液中硅胶吸附量的顺序则为:甲酸 > 乙酸 > 丙酸 > 丁酸。

(4)温度的影响是复杂的。吸附为放热过程,故温度升高吸附量降低,但温度升高却又引起溶解度增大,结果对吸附不利。但溶解度增大带来浓度升高,根据吸附平衡关系,这将引起吸附量增大。可见温度的影响是复杂的。到底影响如何,需具体情况具体分析。例如,固体对表面活性剂的吸附,由于表面活性剂结构不同,会出现完全相反的结果。对于离子表面活性剂,其溶解度随温度升高而增大,所以吸附量降低;与此相反,非离子表面活性剂在升温至一定数值时,出现析出现象,因此,吸附量随温度升高而增加。

另外,吸附剂制备工艺、吸附剂本身的表面性质及环境对吸附剂性质的影响,均会对吸附产生直接或间接的影响。可见固体自溶液中吸附是个复杂的过程。研究吸附过程或者选择吸附剂时,必须同时考虑组成系统各个部分及环境等各种因素的影响及其相互关系,才能作出正确的判断。

§8-8 溶液表面的吸附

由热力学可知,对于指定的溶液,当溶液的温度、压力、组成及表面积均一定时,降低溶液的表面张力是降低系统表面吉布斯函数的唯一途径,所以溶液的表面层对溶质也能产生吸附作用。即

$$dG_{T,p,A_s} = A_s d\sigma < 0$$

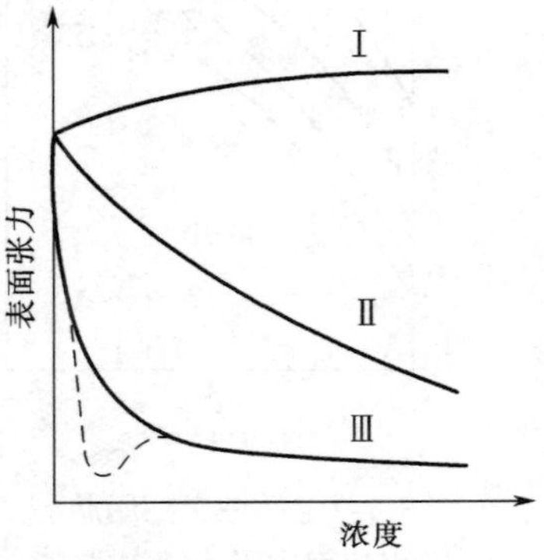

图 8-8-1 表面张力与浓度关系示意图

若在溶剂 A 中加入溶质 B 后会使溶液的表面张力降低,则 B 会自动地离开溶液的本体而进入溶液的表面层中,于是表面层中 B 的浓度越大,系统的吉布斯函数愈低。但是由于扩散作用又力求令溶液本体与表面层中 B 的浓度趋于均匀一致。当这两种相反的作用达到平衡时,B 在表面层中的平衡浓度大于溶液本体的浓度,这种吸附作用,称为正吸附。大部分的低脂肪酸、醇、醛等有机物质的水溶液产生一般的正吸附,如图 8-8-1 曲线Ⅱ所示。相反,像 NaCl、H_2SO_4、KOH 及蔗糖、甘油等加入到水中后将使溶液的表面张力降低,这些物质在溶液表面层的浓度要低于它们在本体中的浓度,这种吸附作用称为负吸附,如图 8-8-1 曲线Ⅰ所示。

通常,凡是能使溶液的表面张力升高的物质皆称为表面惰性物质(如水中加入的 NaCl)。凡是能使溶液表面张力降低的物质,皆可称为表面活性物质,但习惯上,只把那些溶入少量就能显著降低溶液表面张力的物质,称之为表面活性剂,如图 8-8-1 曲线Ⅲ所示。

溶液表面吸附时,溶质的吸附量大小与什么因素有关?吉布斯用热力学的方法推导出,在一定温度下单位面积表面层中溶质的吸附量 Γ 与溶液的表面张力及溶质在溶液本体中平衡浓度之间的关系,称为吉布斯吸附等温式。其式为

$$\Gamma = -(c/RT)(d\sigma/dc) \tag{8-8-1}$$

式中:Γ 的定义是:单位面积的表面层中所含溶质的物质的量和溶液本体内与单位表面层同量溶剂中所含溶质的物质的量之差值,单位是 $mol \cdot m^{-2}$;c 为溶质在溶液本体中平衡浓度($mol \cdot dm^{-3}$);σ 为溶液的表面张力($N \cdot m^{-1}$)。

由吉布斯吸附等温式可知:在一定温度下,当 $d\sigma/dc < 0$ 时,$\Gamma > 0$,表明增加溶质的浓度能使溶液的表面张力降低,必然产生正吸附作用;当 $d\sigma/dc > 0$ 时,$\Gamma < 0$,表明增加溶质的浓度能使溶液的表面张力变大,在溶液的表面层必然会出现负吸附现象;当 $d\sigma/dc = 0$,$\Gamma = 0$,则说明此时无吸附作用。

若用吉布斯吸附等温式计算某溶质的吸附量,需要知道 $d\sigma/dc$ 的数据。$d\sigma/dc$ 的数据则可由一定 T、p 下,由实验测出溶液的表面张力与溶质浓度关系的曲线得出,从而便能求出表面吸附量 Γ。

§8-9　表面活性物质的分类与结构

上节已经提到，有一类物质只要少量溶解在水中，就能显著地降低水的表面张力，这类物质，称为表面活性剂。由于表面活性剂的这一特性，使得它在工业、农业以及人们日常生活中获得了广泛应用。

1. 表面活性剂的结构和分类

表面活性剂为什么会具有很大的表面活性呢？这与它的结构特点有关。表面活性剂分子是由两种不同性质的原子基团组成：一种是亲水基团（—COOH、—$CONH_2$、—OH），它与水分子的作用力较强；另一种是亲油基团，又称疏水基团（如碳链或环），它与水分子之间存在着疏水作用，而与油有较强的作用力。习惯用“○”表示亲水基团，用“▭”表示疏水基团，如油酸的分子模型可用图 8-9-1 表示。

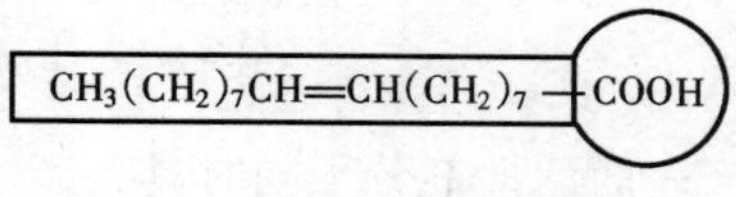

图 8-9-1　油酸分子模型示意图

表面活性剂的分类方法有多种，目前最常用的是按化学结构分类，一般分为离子型和非离子型两大类，见图 8-9-2。凡在水溶液中能离解为大小不等、电荷相反的两种离子的表面活性剂，称为离子型表面活性剂。离子型表面活性剂又可按其在水溶液中具有表面活性作用离子的带电符号，分为阳离子型表面活性剂和阴离子型表面活性剂，如硬脂酸钠（肥皂）、烷基磺酸钠（洗涤剂）等为阴离子型表面活性剂；胺盐（$C_{18}H_{37}NH_3^+Cl^-$）等为阳离子型表面活性剂。凡溶于水而不解离又明显具有表面活性作用的物质，则为非离子型表面活性剂。如聚乙二醇（$HOCH_2[CH_2OCH_2]_nCH_2OH$）属于非离子型表面活性剂。

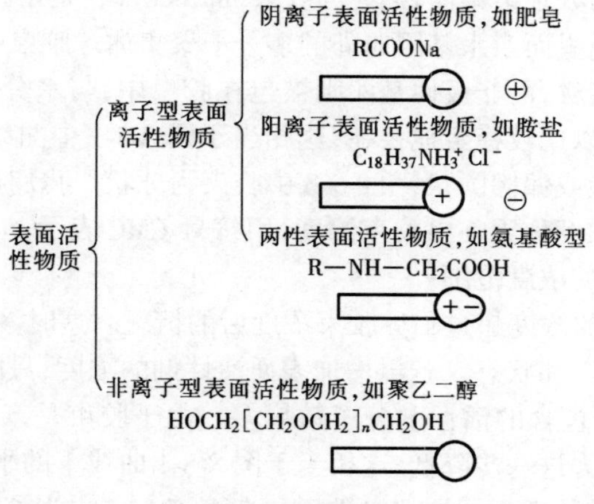

图 8-9-2　表面活性剂的分类

2. 表面活性剂的性质及其在界面层与体相的分布

前已介绍表面活性剂分子结构，以及在水中加入少量就能明显降低溶液界面张力的性质。许多表面活性剂的浓度与溶液表面张力的关系，都具有类似图 8-8-1 中曲线Ⅲ所示的特征。为什么会出现这种情况？可借助表面活性物质在溶液本体及表面层中分布的示意图（图 8-9-

3)进行解释。

(a) (b) (c)

图 8-9-3 表面活性物质的分子在溶液本体及界面层分布示意图

(a)稀溶液;(b)开始形成胶束的溶液;(c)大于临界胶束浓度的溶液

表面活性剂分子同时具有亲水基团和疏水基团的结构特点,它溶于水中时,亲水基团受到水分子的吸引,而疏水基团则受到水分子的排斥。为了克服这种不稳定状态,表面活性剂分子就只有逃逸到溶液的表面,疏水基团伸向气相或油相,亲水基团伸入水中,如图8-9-3中(a)所示。当表面活性物质的浓度很稀时,表面活性物质的分子因疏水作用而主要分布在溶液的表面层中。在这种情况下,若稍微增加表面活性物质的浓度,表面活性物质大部分分子将自动地聚集于表面层,于是溶液和空气的接触面减小,溶液表面上的分子受力不平衡的状况大为改善,表面张力便急剧降低。由于表面层中表面活性剂的分子数目较少,所以表面活性剂分子在表面层中不一定都是直立的,也可能东倒西歪而有非极性的基团翘出水面;另一部分则分散在溶液中,有的以单分子的形式存在,有的则三三两两相互接触,疏水基团靠拢在一起,形成简单的聚集体。这相当于图 8-8-1 中曲线Ⅲ急剧下降的部分。图(b)表示表面活性剂的浓度达到某一定数值时,液面层刚好挤满一层定向排列的表面活性剂的分子,形成单分子膜。在溶液本体则形成具有一定形状的分子聚集体,称之为胶束(micelle),它是由几十个或几百个表面活性剂分子排列成疏水基团向里而亲水基团向外的多分子聚集体。胶束中许多表面活性剂分子的亲水性基团与水分子相接触;而非极性基团则被包在胶束中,与水分子几乎完全脱离了接触。因此,胶束在水溶液中可以比较稳定地存在,这相当于图 8-8-1 中曲线Ⅲ的转折处。胶束的形状可以是球状、棒状、层状或偏椭圆状,图 8-9-3 中胶束为球状。我们把形成一定形状的胶束所需表面活性物质的最低浓度称为临界胶束浓度,用符号 CMC 表示。实验表明,CMC 不是一个确定的数值,为一个很窄的浓度范围。

图(c)是表面活性剂的浓度超过临界胶束浓度后的情况。这时液面上早已形成紧密、定向排列的单分子膜,即达到饱和状态。若再增加表面活性剂的浓度,只能使溶液中胶束的个数增多,或者是使每个胶束所包含的活性剂分子数增多。由于胶束是亲水的,它不再具有表面活性,不能使溶液的表面张力进一步降低,这相当于图 8-8-1 曲线Ⅰ的平缓部分。

表面活性剂分子在溶液表面层的定向排列和在溶液本体中形成胶束,是表面活性剂分子的两个重要的特征。在临界胶束浓度这个窄小的浓度范围内,溶液的许多物理化学性质,如表面张力、渗透压、去污能力、蒸气压、电导率等,均发生明显的变化,表面活性剂在生产、科研和日常生活中得到广泛的应用。

3.亲油—亲水平衡值(HLB)

表面活性剂的亲水基团的亲水性代表溶于水的能力,而疏水基团的亲油性则代表其溶于油的能力。表面活性物质这两个性能完全对立的基团共存于一身中。它们之间互相作用、互相联系又相互制约，势必对表面活性剂的表面活性有很大影响。因此，亲水基团的亲水性和疏水基团的疏水性两者之比，如果能用数字来表达，这就可近似用来估计表面活性物质的亲水性，即

$$\text{表面活性物质的亲水性}=\frac{\text{亲水基的亲水性}}{\text{憎水基的憎水性}}$$

通常，采用一个称为亲油—亲水平衡值的指标来衡量表面活性剂的亲水性，用符号 HLB 表示。HLB 数值越大的表面活性剂，其亲水性越强；相反，若表面活性剂的 HLB 值越小，则其亲油性越强。

对于非离子表面活性剂，如石蜡，完全没有亲水基，所以其 HLB = 0，而完全是亲水基的聚乙二醇的 HLB = 20，于是非离子表面活性剂的亲水性，即 HLB，就可以用 0 ~ 20 之间的数值来表示。对于阴离子和阳离子表面活性剂，因为这些物质亲水基团的单位质量亲水性比起非离子表面活性剂要大得多，而且随着种类不同而不同，因此必须借助其他方法来确定它们的 HLB。虽然 HLB 值对选择表面活性剂有一定的参考价值，但确定 HLB 值的方法还很粗糙，它把表面活性物质的化学结构与性质之间的关系简单处理，势必使计算结果与实际不符。所以单靠 HLB 值来选定最合适的表面活性剂还是不够的。

本章基本要求

1. 理解比表面吉布斯函数和表面张力的定义。

2. 理解杨氏方程、拉普拉斯方程及开尔文方程及方程的适用条件。

3. 懂得接触角（润湿角）、铺展系数的定义。了解亚稳状态和新相生成的关系。

4. 了解物理吸附与化学吸附的主要区别。

5. 熟练掌握朗缪尔单分子层吸附理论和吸附等温式。

6. 明了固体在溶液中吸附的特点及影响因素。

7. 了解溶液的表面吸附以及懂得吉布斯吸附等温式及其应用。

8. 了解表面活性物质的结构特征及其主要作用。

概　念　题

填空题

1. 已知 20 ℃时正辛醇的表面张力为 $21.8\times10^{-3}\ \mathrm{N\cdot m^{-1}}$，若在 20 ℃、100 kPa 下使正辛醇的表面积在可逆条件下增加 $4\times10^{-4}\ \mathrm{m^2}$，此过程系统的表面吉布斯函数变 ΔG(表) = ______。

2. 在一定 T、p 下，把半径 $r_1=10^{-2}$ m 的圆球分散成 $r_2=10^{-6}$ m 的小球，则小球的数目 = ______个，此过程表面积的增量 ΔA_S = ______ $\mathrm{m^2}$。

3. 液体表面上的分子恒受到指向______的拉力，表面张力的方向则是______。这两个力的方向是______的。

4. 在一定条件下，液体分子间的作用力越大，其表面张力______。

5. 在一定 T、p 下，将一小滴水滴在光滑的某固体表面上，水可迅速地平铺在固体表面上，此铺展过程的

ΔG 与水的表面张力 σ_1，固体的表面张力 σ_s，水、固的界面张力 $\sigma_{1,s}$ 及铺展的面积 A_S 之间的关系为 $\Delta G=$ ______；铺展系数 $\varphi=$ ______。

6. 弯曲液面的附加压力 Δp 指向______。

7. 空气中的小气泡，其内外气体的压力差在数值上等于______。

8. 物理吸附的作用力是______力；化学吸附的作用力则是______力。

9. 在一定 T、p 下，将一个边长为 1 dm 的正立方形固体物质，由悬于表面积为 2 m^2 的液面之上状态 a，变到有一半斜浸在液体中的状态 b，再变到只有上表面暴露于气相中的状态 c。a、b、c 所对应的状态如附图所示。固体、液体及固、液的界面张力分别用 σ_{s-g}、σ_{l-g} 及 σ_{s-l} 表示。ab 过程的 ΔG_1(表) = ______；bc 过程的 ΔG_2(表) = ______；ac 过程的 ΔG_3(表) = ______。

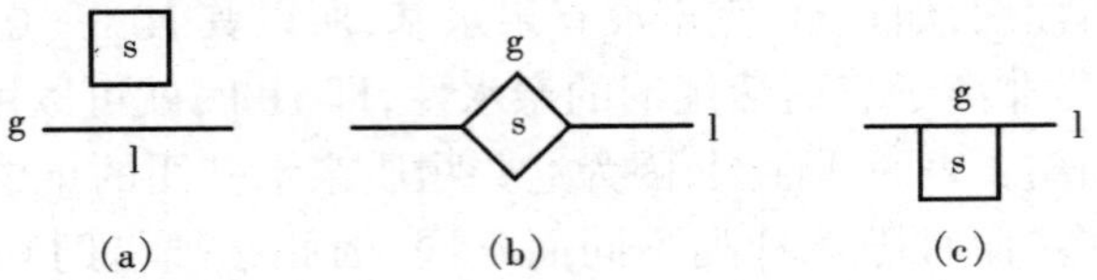

题 9 附图

10. 亚稳状态包括______等四种现象，产生这些现象的主要原因是______。消除亚稳状态最有效的方法是______。

选择填空题（从每题所附答案中择一正确的填入横线上）

1. 在一定 T、p 下，当润湿角 θ ______时，液体对固体表面不能润湿；当液体对固体表面的润湿角______时，液体对固体表面能完全润湿。

选择填入：(a) $<90°$ (b) $>90°$ (c)趋近于零 (d)趋近于 180°

2. 在相同温度下，同一种液体被分散成不同曲率半径的分散系统，以 p(平)、p(凹)及 p(凸)分别表示平面液体、凹面和凸面液体上的饱和蒸气压，则三者之关系为 p(凸)______ p(平)______ p(凹)。

选择填入：(a) > (b) < (c) = (d)二者无一定关系

3. 通常称为表面活性剂的物质，是指当其加入少量后就能______的物质。

选择填入：(a)增加溶液的表面张力 (b)改变溶液的导电能力 (c)显著降低溶液的表面张力 (d)使溶液表面发生负吸附

4. 当表面活性剂加入溶液中后，所产生的结果是______。

选择填入：(a) $(\partial\sigma/\partial c)_T>0$，负吸附 (b) $(\partial\sigma/\partial c)_T>0$，正吸附 (c) $(\partial\sigma/\partial c)_T<0$，正吸附 (d) $(\partial\sigma/\partial c)_T<0$，负吸附

5. 在一定温度下，液体在能被它完全润湿的毛细管中上升的高度反比于______。

选择填入：(a)大气的压力 (b)固、液的界面张力 (c)毛细管的半径 (d)液体的表面张力

6. 弗罗因德利希(Freundlich)的吸附等温式 $\Gamma=n/m=k(p/[p])^n$ 只适用于______气体的吸附。

选择填入：(a)低压下 (b)中压下 (c)高压下 (d)任意压力范围内

7. 朗缪尔(Langmuir)等温吸附理论中最重要的基本假设是______。

选择填入：(a)气体为理想气体 (b)多分子层吸附 (c)单分子层吸附 (d)固体表面各吸附位置上的吸附能力是不同的

8. 在室温、大气压力下，于肥皂水内吹入一个半径为 r 的空气泡，该空气泡的压力为 p_1。若用该肥皂水在空气中吹一半径同样为 r 的气泡，其泡内压力为 p_2，则两气泡内压力的关系为 p_2 ______ p_1。设肥皂水的静压力可忽略不计。

选择填入：(a) > (b) = (c) < (d)二者的大小无一定关系

9. 在一定 T、p 下，任何气体在固体表面上的物理吸附过程焓变 ΔH 必然是______，熵变必然是 ΔS ______。

选择填入：(a) >0 (b) $=0$ (c) <0 (d)其值大小无法判定

10. 在临界状态下任何物质的表面张力 σ 皆______。

选择填入：(a) >0 (b) $=0$ (c) <0 (d)趋于无限大

简答题

1. 在两支水平放置的毛细管中间皆放有一段液体，如附图所示，a 管内的液体对管内壁完全润湿，b 管中的液体对管内壁完全不润湿。若在两管之右端分别加热，管内液体会向哪一端流动？

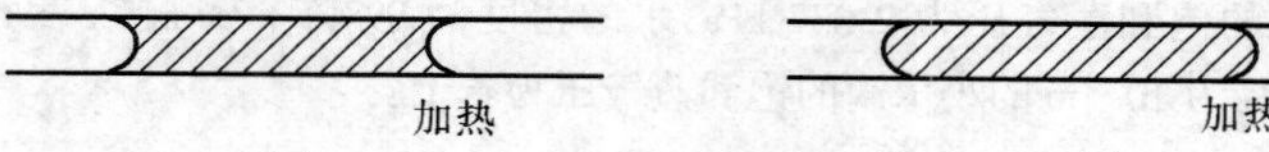

题 1 附图

2. 两块光滑的玻璃在干燥的条件下叠放在一起，很容易上下分开。在两者之间放些水，水能润湿玻璃，如附图所示，若使上下分开却很费劲，这是什么原因？

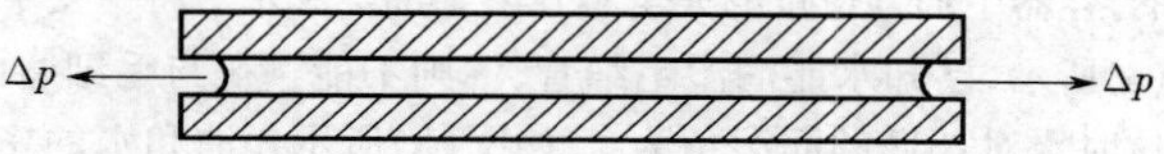

题 2 附图

3. 在一定的温度和大气压力下，半径均匀的毛细管下端有两个大小不等的圆球形气泡，如图所示。试问在活塞 C 关闭的情况下，将活塞 A、B 打开，两气泡内的气体相通之后，将会发生什么现象？

4. 在一个底部为光滑平面、抽成真空的玻璃容器中，放有大小不等的圆球形小汞滴，如附图所示。试问经长时间的恒温放置之后，将会出现什么现象？

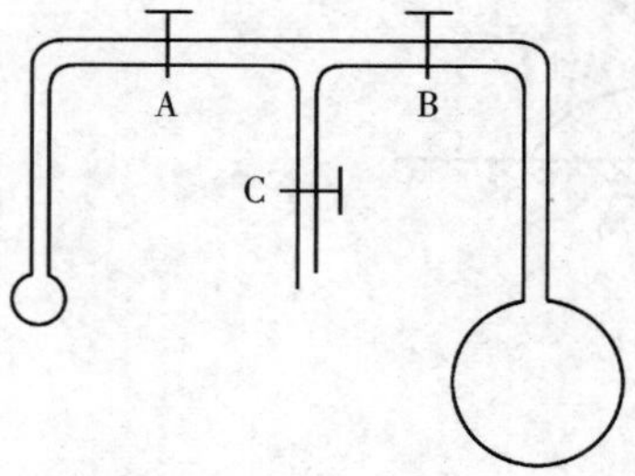

题 3 附图

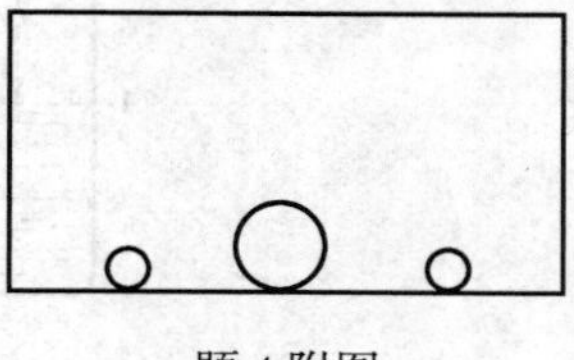

题 4 附图

5. 在大的容器中静止的液面为何都是水平面？

6. 试用杨氏方程说明表面活性剂为什么可提高溶液对固体表面的润湿程度？

7. 朗缪尔等温吸附理论的要点(基本假设)是什么？

8. 物理吸附及化学吸附有哪些区别？

9. 表面活性剂分子结构有何特征？它在溶液本体及表面层如何分布？

习 题

7-1(A) 在 20 ℃、101.325 kPa 下，将半径为 10^{-3} m 的汞滴分散成半径为 10^{-9} m 的小汞滴，试求此过程的

表面吉布斯函数变为若干？已知 20 ℃时汞的表面张力 $\sigma_{l-g}=0.470\ N\cdot m^{-1}$。

答:5.906 J

7-2(A) 已知 20 ℃时的水—乙醚、乙醚—汞及水—汞的界面张力分别为 0.0107、0.379 及 0.375 $N\cdot m^{-1}$。若在乙醚—汞的界面上滴一滴水，试计算在上述条件下，水对汞面的润湿角，并画出示意图。

答:$\theta=68.05°$

7-3(A) 已知 100 ℃时水的表面张力为 0.058 85 $N\cdot m^{-1}$。假设在 100 ℃的水中存在一个半径为 10^{-8} m 的小气泡和在 100 ℃的空气中存在一个半径为 10^{-8} m 的小水滴。试求它们所承受的附加压力各为若干？

答:11.770×10^3 kPa

7-4(A) 20 ℃时，水的饱和蒸气压为 2.337 kPa，水的密度为 998.3 $kPa\cdot m^{-3}$，表面张力为 72.75×10^{-3} $N\cdot m^{-1}$。试求 20 ℃时，半径为 10^{-9} m 的小水滴的饱和蒸气压为若干？

答:6.863 kPa

7-5(A) 用毛细管上升法可测定液体的表面张力。在一定温度下，某液体的密度 $\rho=0.790\ g\cdot cm^3$，在半径 $r=0.235\times10^{-3}$ m 的玻璃毛细管中上升的高度 $h=2.56\times10^{-2}$ m，假设该液体可完全润湿毛细管的内壁，求液体的表面张力。

答:23.3 $mN\cdot m^{-1}$

7-6(B) 在一定温度下，容器中加入适量的完全不互溶某油类和水。将一支半径为 r 的毛细管垂直固定在油、水界面之间，如附图(a)所示，已知水能润湿毛细管，油则不能。在与毛细管同样性质的玻璃板滴一滴水，再在水上覆盖一层油，这时水对玻璃的润湿角为 θ，如图(b)所示。油和水的密度分别为 $\rho_{油}$ 和 $\rho_{水}$，图中 $A—A$ 为油、水界面，油层的深度为 h'。试导出水在毛细管中上升的高度 h 与油、水界面张力 σ_{o-w}之间的定量关系式。

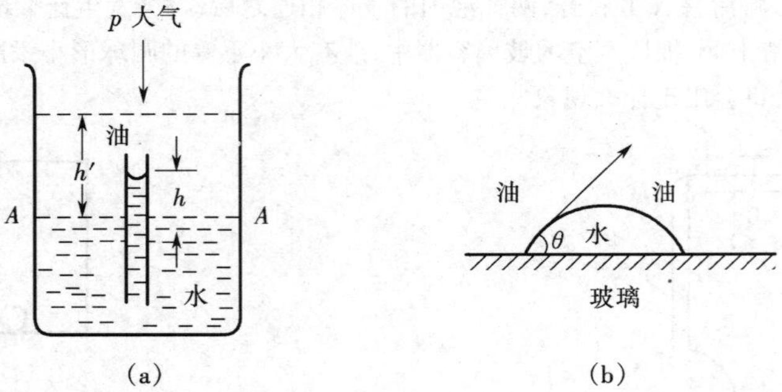

题 7-6 附图

7-7(A) 20 ℃时，水和汞的表面张力分别为 $72.8\times10^{-3}\ N\cdot m^{-1}$ 及 $483\times10^{-3}\ N\cdot m^{-1}$，而汞-水的界面张力为 $375\times10^{-3}\ N\cdot m^{-1}$。试问水能否在汞的表面上铺展？

7-8(B) 在一定温度下，各种饱和脂肪酸(如丙酸)水溶液的表面张力 σ_{l-g}与溶质 B 的浓度 c_B 之间的关系可表示为

$$\sigma_{l-g}=\sigma_0-a\ln(bc_B+1)$$

式中 σ_0 为同温度下纯水的表面张力，a 和 b 为与溶质、溶剂性质及温度有关的系数。试由上式求出该溶液中溶质 B 的表面吸附量 Γ_B 与 c_B 间的关系式及 B 的饱和吸附量 Γ_∞(B)的计算式。

7-9(B) 在一定温度下，若溶质 B 在其水溶液表面的吸附既服从与朗缪尔吸附等温式类似的经验式 $\Gamma_B=ac_B/(1+bc_B)$又服从吉布斯吸附公式 $\Gamma_B=-(c_B/RT)(\partial\sigma/\partial c_B)_T$，试证明：

(a)在一定温度下，此溶液的表面张力 σ 与 $\ln(1+bc_B)$呈直线关系；

(b)当溶液足够稀时，σ 与 c_B 呈直线关系。上式中 a、b 皆为与溶质、溶剂的性质及温度的高低有关的系数。

7-10(A) 在 20 ℃及大气压力下，将一滴水滴在面积 $A_S = 1\times10^{-3}\ m^2$ 的Hg(l)的表面上，能否铺展？若小水滴的表面积与 A_S 相比可忽略不计，此过程的表面吉布斯函数变为若干？已知 20 ℃时水—Hg(l)表面及 Hg—H_2O(l)界面的张力分别为 $72.25\times10^{-3}\ N\cdot m^{-1}$，$470\times10^{-3}\ N\cdot m^{-1}$及 $375\times10^{-3}\ N\cdot m^{-1}$。

答：$\Delta_{T,p}G(表) = -2.225\times10^{-5}$ J

7-11(B) 已知在 351.45 K，用焦炭吸附 NH_3 气时测得如下数据：

$p(NH_3)$/kPa	0.722 4	1.307	1.723	2.898	3.931	7.528	10.102
$\Gamma/(dm^3\cdot kg^{-1})$	10.2	14.7	17.3	23.7	28.4	41.9	50.1

不同压力下平衡吸附量的体积为标准状况下的体积。试用图解法求方程 $\Gamma = V/m = k(p/[p])^n$ 中常数项 n 及 k 各为若干？

答：$n = 0.603$，$k = 12.4\ dm^3\cdot kg^{-1}$

7-12(B) 恒温 291.15 K时，用血炭从含苯甲酸的苯溶液中吸附苯甲酸，实验测得每千克血炭吸附苯甲酸的物质的量 n/m 与苯甲酸平衡浓度 c 的数据如下表：

$c/(mol\cdot dm^{-3})$	2.82×10^{-3}	6.17×10^{-3}	2.57×10^{-2}	5.01×10^{-2}	0.121	0.282	0.742
$(n/m)/(mol\cdot kg^{-1})$	0.269	0.355	0.631	0.776	1.21	1.55	2.19

将弗罗因德利希吸附等温式改写成

$$\Gamma = n/m = k\{c/(mol\cdot dm^{-3})\}^n$$

上式可用于固体吸附剂从溶液中吸附溶质的计算。试求此方程式中的常数项 n 及 k 各为若干？

答：$n = 0.38$，$k = 2.51\ mol\cdot kg^{-1}$

7-13(B) 473.15 K 时，测定氧在某催化剂表面上的吸附作用。当平衡压力分别为 101.325 kPa 及 1 013.25 kPa时，每千克催化剂的表面吸附氧的体积分别为 $2.5\times10^{-3}\ m^3$ 及 $4.2\times10^{-3}\ m^3$（已换算为标准状况下的体积）。假设该吸附作用服从朗缪尔公式，试计算当氧的吸附量为饱和吸附量 Γ_∞ 的一半时，氧的平衡压力为若干？

答：82.81 kPa

7-14(A) 在 273.15 K 及 N_2 的不同平衡压力下，实验测得 1 kg 活性炭吸附 N_2 气的体积 V 数据（已换算成标准状况）如下：

p/kPa	0.524 0	1.730 5	3.058 4	4.534 3	7.496 7
V/dm^3	0.987	3.043	5.082	7.047	10.310

试用作图法求朗缪尔吸附等温式中的常数 k 及 Γ_∞。

答：$b = 0.054\ kPa^{-1}$，$\Gamma_\infty = 35.7\ dm^3\cdot kg^{-1}$

7-15(A) 在 291.15 K 的恒温条件下，用骨炭从醋酸的水溶液中吸附醋酸，在不同的平衡浓度下，每千克骨炭吸附醋酸的物质的量如下：

$10^3 c/(mol\cdot dm^{-3})$	2.02	2.46	3.05	4.10	5.81	12.8	100	200	500
$\Gamma/(mol\cdot kg^{-1})$	0.202	0.244	0.299	0.394	0.541	1.05	3.38	4.03	4.57

将朗缪尔吸附等温式改写成下式：

$$1/\Gamma = 1/\Gamma_\infty + 1/(b\Gamma_\infty c)$$

即可用于固态吸附剂从溶液中吸附溶质的吸附量的计算。式中 c 为溶质的浓度。试根据题给数据以 $1/\Gamma$ 对 $1/c$ 作图,求常数项 Γ_∞ 及 b 各为若干?

答:$\Gamma_\infty = 5.26\ \mathrm{mol \cdot kg^{-1}}$, $b = 19.8\ \mathrm{dm^3 \cdot mol^{-1}}$

7-16(B) 19 ℃时,丁酸溶液的表面张力 σ 与丁酸浓度 c 的函数关系可表示为 $\sigma = \sigma_0 - a\ln(1 + bc)$。式中 σ_0 为 19℃时水的表面张力,常数项:$a = 13.1 \times 10^{-3}\ \mathrm{N \cdot m^{-1}}$, $b = 19.62\ \mathrm{dm^3 \cdot mol^{-1}}$。由上式可知,19 ℃时

$$\mathrm{d}\sigma/\mathrm{d}c = -ab/(1 + bc)$$

试证当 c 足够大时, $bc \gg 1$,这时的表面吸附量 $\Gamma = \Gamma_\infty = a/RT$。假设丁酸在表面层呈单分子层吸附,试求 Γ_∞ 及每个丁酸分子的截面积各为若干?

答:$\Gamma_\infty = 5.393 \times 10^{-6}\ \mathrm{mol \cdot m^{-2}}$, $A_S = 30.79 \times 10^{-20}\ \mathrm{m^2}$

第 9 章　化学动力学

对于化学变化,关于其进行的方向、限度等问题,属于热力学的研究范围,而关于变化的速率和变化的机理,是属于动力学的研究范围。

化学动力学是研究化学反应的速度,了解各种因素如浓度、压力、温度和催化剂等是如何影响反应速率,为人们提供选择反应条件,令反应按希望的反应速率进行。化学动力学还研究化学反应进行时,要具体经历哪些具体步骤才能变为产物,即所谓反应的机理,因为若知一反应的反应机理,就有可能找出决定该反应的反应速率之关键步骤何在。通过化学动力学的研究,可以知道如何控制反应条件,以提高需要的反应之速度及如何抑制或减慢不需要的反应之速度。

由此可见,化学动力学的研究,不论是在理论上还是实践方面都具有重要的意义。对于化学反应的研究,动力学和热力学是相辅相成的。例如,某一化学反应,经热力学计算认为是能进行的,但具体进行时反应速率却很小,工业生产无法实现,则可以通过动力学研究,找出问题所在,采取相应的措施加快反应速率,实现工业生产。

为了研究方便,在动力学研究中,往往将化学反应分为单相反应与多相反应,或称为均相反应与非均相反应。反应物与产物处于同一相的,是均相反应,如气相反应,溶液中的反应都是均相反应。有若干个相参加的反应是多相反应。如煤的燃烧、气固相催化反应等。均相反应是化学动力学的基础。本章着重讨论均相反应动力学,后面也适当介绍多相反应。

化学动力学在环境工程上也很重要,污染环境的废气、废液和固体废弃物很多都来自化学反应,因此,实施绿色化学工业是解决环境污染的根本,这就要研究用绿色化学反应来替代目前对环境有害的化学反应,自然就要从化学热力学和化学动力学来研究新反应。目前处理三废常需借助化学反应,特别是需要知道这些反应的速率方程,以便能在实践的基础上处理这些反应。

§ 9-1　反应速率的定义及测定

1.反应速率的定义

任一反应的化学反应式可表示为

$$aA + dD = fF + gG$$

假设所研究的反应不存在中间产物,或虽有中间产物但其浓度极小,可忽略不计,则上述反应的反应快慢可用转化速率来表示,其式如下

$$\dot{\xi} = d\xi/dt \tag{9-1-1}$$

根据反应进度的定义 $d\xi = dn_B/\nu_B$,故式(9-1-1)可改写为

$$\dot{\xi} = d\xi/dt = (dn_B/\nu_B)/dt \tag{9-1-2}$$

IUPAC 推荐用单位体积中反应的反应进度随时间的变化率来表示反应的反应速率,即

$$v = \mathrm{d}\xi / V\mathrm{d}t = (\mathrm{d}n_B/\nu_B)/V\mathrm{d}t \tag{9-1-3}$$

当反应在系统体积 V 恒定的条件下进行时，上式可改写为

$$v = \mathrm{d}c_B/\nu_B\mathrm{d}t \tag{9-1-4}$$

式中，c_B表示参加反应任一物质的浓度。就是说，在恒容条件下，可用反应系统中任一反应物或任一产物的浓度随时间变化率便可表示反应的反应速率，如上述反应的反应速率便可表示如下：

$$v = -\mathrm{d}c_A/a\mathrm{d}t = -\mathrm{d}c_D/d\mathrm{d}t = \mathrm{d}c_G/g\mathrm{d}t = \mathrm{d}c_F/f\mathrm{d}t \tag{9-1-5}$$

由式(9-1-5)可知，对于反应已确定的系统，反应速率的数值与选用参加反应的何种物质无关，也与化学计量数无关，但与反应方程式的写法有关。

从实用方便出发，更常使用的是以参加反应任一物质的浓度随时间的变化率来表示反应速率。如上述反应若以反应物 A 的浓度随时间的变化率表示反应的反应速率时，称为该反应物的消耗速率，并可写为

$$v_A = -\mathrm{d}c_A/\mathrm{d}t$$

由于反应物 A 在反应过程中不断消耗，浓度不断降低，即 $\mathrm{d}c_A$为负值，为了保持反应速率为正值，故在 $\mathrm{d}c_A$前面加一负号。对上述反应，若用产物 F 的浓度随时间的变化率来表示反应的反应速率时，称为该产物 F 的生成速率，可写为

$$v_F = \mathrm{d}c_F/\mathrm{d}t$$

由于产物 F 在反应过程中不断生成，浓度不断增大，即 $\mathrm{d}c_F$为正值，所以不用加负号。如果参加反应各物质的化学计量数不同，则 v_A与 v_F的数值不同，应该用下脚标注明，避免混淆。

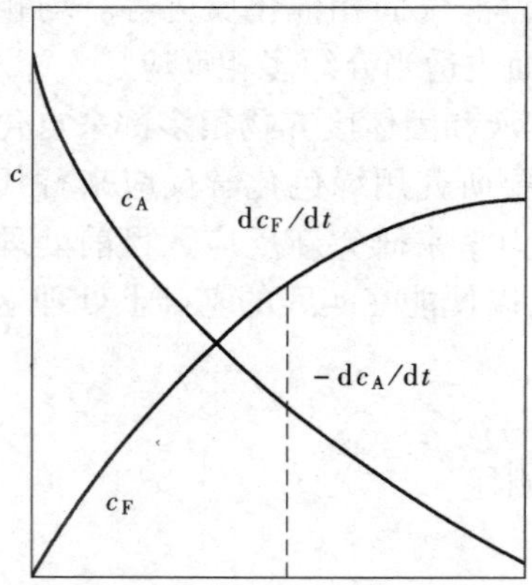

图 9-1-1　反应物或产物的 c—t 曲线

2. 反应速率的测定

对于在 T、V 恒定条件下的某均相反应，由实验测出在不同时刻 t 时所对应的反应物 A 的浓度 c_A，或产物 F 的浓度 c_F，则可绘出如图 9-1-1 所示的 c—t 曲线。某一时刻曲线的斜率 $-\mathrm{d}c_A/\mathrm{d}t$ 及 $\mathrm{d}c_F/\mathrm{d}t$ 分别为反应物 A 的消耗速率和产物 F 的生成速率。由此可见，测定化学反应的反应速率的问题，实质就是测定在各个不同时刻时，参加反应的任一反应组分的浓度的问题。浓度的测定有化学法和物理法之分。物理法要较化学法为佳，因为用物理法测定时，不必中止反应，可以在反应器内进行连续测定，测量方法快速方便，易实现自动记录，但此法必须找出所测定的物理量与反应物或产物浓度之间的关系。

§9-2　浓度对反应速率的影响

1. 化学反应的速率方程的一般形式及反应级数

对于任一反应

$$0=\Sigma\nu_B B$$

在恒温、恒容下，由实验数据得出的参加反应物质的浓度与反应速率的关系式，称为反应速率方程。大都可写成以下形式，即

$$v=kc_A{}^{\alpha}c_B{}^{\beta}c_C{}^{\gamma}\cdots \quad (9\text{-}2\text{-}1)$$

式中各浓度的方次数 α、β 和 γ 等，分别称为反应组分 A、B 和 C 的分级数。反应的总级数 n 为各反应组分分级数的代数和

$$n=\alpha+\beta+\gamma+\cdots \quad (9\text{-}2\text{-}2)$$

从式(9-2-1)这一速率方程可知，在一定温度下，影响反应速率的是参加反应组分的浓度和反应级数大小。而反应级数的大小表示浓度对反应速率影响的程度，级数越大，浓度对反应速率的影响越大。应指出：反应级数的大小只能由实验测定，其值可以是正整数、零、负数和分数。并不是所有反应都具有式(9-2-1)这样形式的速率方程，如溴化氢的生成反应

$$H_2+Br_2 = 2HBr$$

此反应的速率方程为

$$-\mathrm{d}c_{HBr}/\mathrm{d}t=(kc_{H_2}c_{Br_2}^{1/2})/\{1+k'c_{HBr}/c_{Br_2}\}$$

因此，无法指出 HBr 的生成反应为几级反应。

式(9-2-1)中比例常数 k，称为反应速率常数。对于在一定温度下的指定反应，速率常数 k 为一定值，与反应组分的浓度无关。由式(9-2-1)可以看出，速率常数 k 物理意义为参加反应各个组分的浓度均为单位浓度时的反应速度。对于不同级数的反应，k 具有不同的单位。在同一温度下，k 值越大的反应，反应速率也相对越快。

2.基元反应的速率方程和质量作用定律

1)基元反应与反应分子数

一般所写的化学反应方程，只是表示反应前后参加反应各组分的物质转化与守恒关系，并不表示反应真实进行的过程。例如，HBr 的合成反应的反应方程式

$$H_2+Br_2 = 2HBr$$

上式只表示反应了 1 mol H_2需消耗 1 mol Br_2和生成 2 mol HBr，而并不表示一个氢分子与一个溴分子同时碰撞直接生成两个溴化氢分子。这可从该反应的速率方程得到证明。目前认为 H_2与 Br_2反应生成 HBr 是经历了如下反应步骤：

$$Br_2 \longrightarrow 2Br\cdot \quad (1)$$

$$Br\cdot+H_2 \longrightarrow HBr+H\cdot \quad (2)$$

$$H\cdot+Br_2 \longrightarrow HBr+Br\cdot \quad (3)$$

$$2Br\cdot \longrightarrow Br_2 \quad (4)$$

上面的反应步骤中，式(1)表示 Br_2分子生成两个很活泼的溴自由基 Br·；式(2)是一个 Br·和一个 H_2分子两个粒子同时相碰在一起，生成一个 HBr 分子和一个 H·；式(3)为一个 H·与一个 Br_2分子直接相碰撞，生成一个 HBr 分子和一个 Br·；式(4)则是两个溴自由基 Br·直接生成 Br_2分子。上述每步骤中每个简单反应步骤，都是由反应物的粒子直接碰撞并一步生成为产物粒子的反应，这种反应称之为基元反应。而 $H_2+Br_2 = 2HBr$ 这一总反应，称为非基元反应，因为

这一总反应是由四个基元反应所组成。所以,将由两个或两个以上的基元反应所组成的反应,称为非基元反应。

基元反应的分类一般是按参加反应的反应物分子数的多少来划分,可分为单分子反应、双分子反应和三分子反应。

单分子反应是指经过碰撞而活化的单个分子所进行的热分解反应或异构化反应,为单分子反应,可表示为

$$A \longrightarrow \text{产物}$$

双分子反应为两个能量足够大的粒子相碰撞直接就能发生的反应,称为双分子反应。参加反应的两个分子,可以是同类分子,也可以是异类分子,可表示为

$$A + B \longrightarrow D + E$$

三分子反应则是三个动能足够大的粒子同时碰撞在一起才能发生的反应,称为三分子反应。三个分子既可以是同类分子,也可以是异类分子。三分子反应的数目很少,一般只出现在自由原子或自由基的复合反应中。目前还没有发现有四个分子的基元反应。

2)质量作用定律与基元反应的速率方程

在恒温下,当一反应确定为基元反应时,该反应的反应速率方程可按质量作用定律来书写。质量作用定律的内容为:对于基元反应,其反应速率与各反应物的浓度之幂乘积成正比,其中各反应物浓度的方次为反应方程式中相应组分的分子个数。要切实注意,质量作用定律只适用于基元反应。在一个反应未确定其为基元反应时,绝对不能用质量作用定律。例如:

设有一基元反应如下

$$A + B \longrightarrow D + E$$

根据质量作用定律,上述基元反应的速率方程为

$$-\mathrm{d}c_A/\mathrm{d}t = kc_A c_B$$

由此速率方程可知,该基元反应为二级反应,同时也是双分子反应。前已述及,基元反应的分子数是微观概念,目前只有 1、2、3 三个正整数。反应级数则是实验测定的速率方程中反应组分浓度的方次数,是宏观概念,其值可以是正的也可以是负的,可以是整数、分数或零。一般说来,对于基元反应,几分子反应就是几级反应,如单分子反应为一级反应,双分子反应为二级反应。但是,对于双分子以上的反应,如 $A + B \longrightarrow D + E$ 的基元反应,若反应物 B 与 A 相比,其浓度 c_B 远大于 A 的浓度 c_A,即 $c_B \gg c_A$,就是说,反应物 B 的浓度 c_B 在反应过程中可近似当作常数,于是

$$-\mathrm{d}c_A/\mathrm{d}t = kc_A c_B = k'c_A$$

其中 $k' = kc_B$。这样的二级反应可近似按一级反应处理,称其为准一级反应。

要注意,反应分子数的概念仅适用于基元反应,对于非基元反应,绝不能根据其化学反应方程式而断言其反应分子数为若干。例如,非基元反应;$H_2(g) + Cl_2(g) = 2HCl(g)$,若说其反应分子数为 2,那就错了。

对于非基元反应,各反应组分分级数的大小与其在反应式中相应的计量系数毫无关系。也就是说,对于某指定的化学反应,其反应级数不因化学反应方程式的写法不同而发生变化。

§9-3 简单级数的速率方程积分式及其特点

反应的速率方程皆为微分式,这种微分式能明显地表示出各反应组分浓度对反应速率影响的程度,也便于对反应进行理论分析。但是在实际应用中,需要计算如下一些问题:例如,在温度一定下,于指定的时间内反应的某一组分浓度将如何变化?或某反应物达到一定的转化率时,需要进行多长时间等等。要解决这类问题,需将速率方程的微分式变成积分式。本节只讨论具有简单级数的速率方程积分式。

1.零级反应

若某一反应的反应速率与反应物浓度的零次方成正比,则称该反应为零级反应。如反应

$$
\begin{array}{lll}
 & A \longrightarrow & 产物 \\
t=0 & c_{A,0} & 0 \\
t=t & c_A & c_{A,0}-c_A
\end{array}
$$

上述反应的速率方程为

$$-\mathrm{d}c_A/\mathrm{d}t = kc_A = k \tag{9-3-1}$$

即零级反应实际上就是反应速率与反应物浓度无关的反应。

式(9-3-1)可改写成 $-\mathrm{d}c_A = k\mathrm{d}t$,积分可得

$$c_{A,0} - c_A = k\,t \tag{9-3-2}$$

式中:$c_{A,0}$为反应开始($t=0$)时反应物 A 的浓度;c_A为反应至某一时刻($t=t$)时反应物 A 的浓度。式(9-3-2)表明,反应从开始到某一时刻时,反应物 A 的浓度由 $c_{A,0}$变到 c_A。由积分式可归纳出零级反应的如下特征。

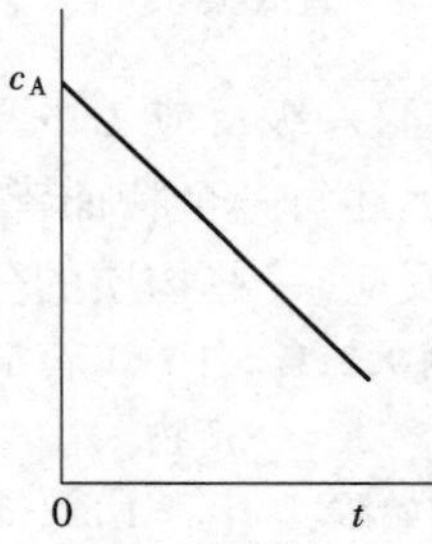

图 9-3-1 零级反应的直线关系

(1)反应物的浓度与反应时间成直线关系,如图 9-3-1 所示。

(2)反应物的起始浓度反应掉一半时所需的时间称为该反应的半衰期,用符号 $t_{1/2}$表示。对于零级反应,当 $c_A = c_{A,0}/2$ 时,由式(9-3-2)可知

$$k\,t_{1/2} = c_{A,0} - (c_{A,0}/2) = c_{A,0}/2$$

于是

$$t_{1/2} = c_{A,0}/2k \tag{9-3-3}$$

上式表明,零级反应的半衰期与反应物的起始浓度成正比。

(3)零级反应的速率常数的单位为浓度·时间$^{-1}$,一般可表示为 $\mathrm{mol\cdot dm^{-3}\cdot s^{-1}}$。

凡具有上述三个特点之一的反应,必为零级反应。一些光化学反应属于零级反应,因为光化学反应的反应速率只与光的强度有关,当光的强度一定时,其反应速率为定值,不随反应物浓度的变化有所变化,故为零级反应。

2.一级反应

若某反应的反应速率与反应物浓度的一次方成正比,称该反应为一级反应。如反应

$$A \longrightarrow B + C$$

上述反应如为一级反应,则其速率方程为

$$-\mathrm{d}c_A/\mathrm{d}t = kc_A \tag{9-3-4}$$

将式(9-3-4)进行积分,可得

$$kt = \ln(c_{A,0}/c_A) \tag{9-3-5}$$

上式也可写成

$$\ln(c_A/[c]) = -kt + \ln(c_{A,0}/[c]) \tag{9-3-6}$$

若将反应物 A 的转化率 x_A 作如下定义,即

$$x_A = (c_{A,0} - c_A)/c_{A,0}$$

将上式代入式(9-3-6)中移项,整理得

$$\ln\{1/(1-x_A)\} = kt \tag{9-3-7}$$

这是一级反应的积分式之另一形式。由上述的积分式,可归纳出一级反应如下特点。

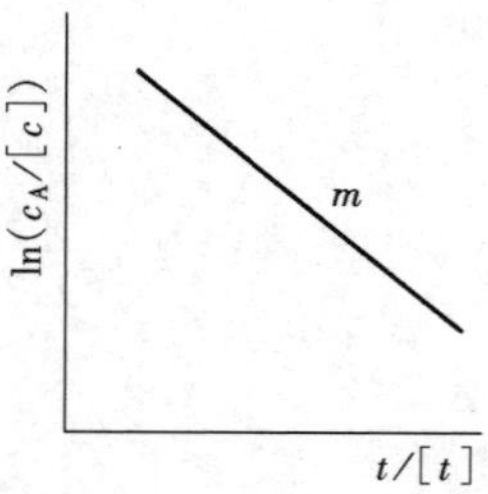

图 9-3-2　一级反应的直线关系

(1) 将 $\ln(c_A/[c])$对 t 作图为一直线,如图 9-3-2 所示。并可由直线的斜率 m,求出速率常数,即

$$(k/[k]) = m$$

(2)一级反应反应物 A 的半衰期与 A 的起始浓度 $c_{A,0}$的大小无关。由式(9-3-5)可知,当 $c_A = c_{A,0}/2$ 时所需的时间

$$t_{1/2} = (\ln 2)/k$$

(3)由式(9-3-7)可知,一级反应达到一定的转化率 x_A 所需的时间与 $c_{A,0}$的大小无关。也就是说,在相同的时间间隔内,一级反应反应物 A 反应掉的百分数为定值(即与 $c_{A,0}$的大小无关)。

(4)一级反应 k 的单位为时间$^{-1}$,如 $k = 1\ \mathrm{s}^{-1}$。

上述每一个特征皆可用来鉴别某一反应是否为一级反应。常见的一级反应有:单分子的基元反应、一些物质的分解反应、放射性元素的衰变反应、一些酶反应等等。

例 9.3.1　在 T、V 恒定的条件下,反应

$$\mathrm{A} \longrightarrow \text{产物}$$

A 的初始浓度 $c_{A,0} = 1\ \mathrm{mol \cdot dm^{-3}}$。$t=0$ 时反应的初速率 $v_{A,0} = 0.001\ \mathrm{mol \cdot dm^{-3} \cdot s^{-1}}$。假定该反应:(a)为零级;(b)为一级反应。试分别计算反应的速率系数 k、半衰期 $t_{1/2}$及反应到 $c_A = 0.1\ \mathrm{mol \cdot dm^{-3}}$时所需的时间各为若干?

解:(a)假设为零级反应

$t=0$ 时 $v_{A,0} = k_A = 0.001\ \mathrm{mol \cdot dm^{-3} \cdot s^{-1}}$

$$t_{1/2}(\mathrm{A}) = c_{A,0}/(2k_A) = 1\ \mathrm{mol \cdot dm^{-3}}/(2 \times 0.001\ \mathrm{mol \cdot dm^{-3} \cdot s^{-1}}) = 500\ \mathrm{s}$$

反应到 $c_A = 0.1\ \mathrm{mol \cdot dm^{-3}}$时所需的时间

$$t = \frac{c_{A,0} - c_A}{k_A} = \frac{(1-0.1)\ \mathrm{mol \cdot dm^{-3}}}{0.001\ \mathrm{mol \cdot dm^{-3} \cdot s^{-1}}} = 900\ \mathrm{s}$$

(b)假设为一级反应

$t=0$ 时,$v_{A,0} = k_A c_{A,0}$

$$k_A = v_{A,0}/c_{A,0} = 0.001\ \mathrm{mol \cdot dm^{-3} \cdot s^{-1}}/(1\ \mathrm{mol \cdot dm^{-3}}) = 0.001\ \mathrm{s^{-1}}$$

$$t_{1/2}(\mathrm{A}) = \ln 2/k = \ln 2/0.001\ \mathrm{s^{-1}} = 693.1\ \mathrm{s}$$

反应达到 $c_A = 0.1\ \mathrm{mol \cdot dm^{-3}}$所需的时间

$$t=\frac{1}{k_A}\ln\frac{c_{A,0}}{c_A}=\frac{1}{0.001\ s^{-1}}\ln\frac{1}{0.1}=2\ 303\ s$$

3.**二级反应**

反应速率与反应物浓度的平方(或两种反应物浓度的乘积)成正比的反应称为二级反应。下面只讨论两种最常遇到的二级反应。

1)只有一种反应物的二级反应

例如反应

$$aA \longrightarrow B + C$$

反应的速率方程为

$$-dc_A/dt=k_A c_A^2$$

将上式移项、积分得

$$\frac{1}{c_A}=k_A t+\frac{1}{c_{A,0}} \tag{9-3-8}$$

对于速率方程为 $-dc_A/dt=k_A c_A{}^2$ 的二级反应,由式(9-3-8)可归纳出以下特点。

(1)由式(9-3-8)可以看出,$1/c_A$对 t 作图为一直线,如图 9-3-3 所示,直线斜率等于速度常数,即

$$m=k/[k]$$

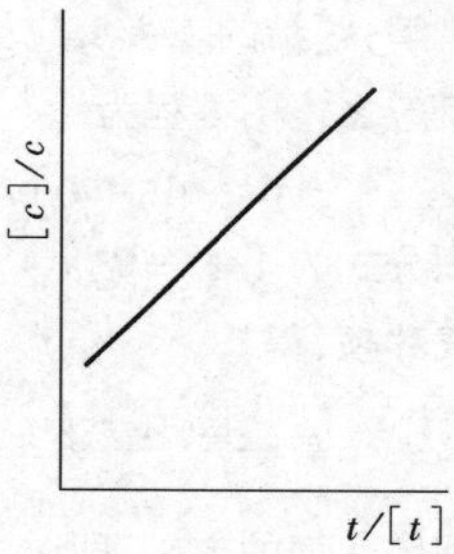

图 9-3-3　二级反应的直线关系

(2)若反应为完全进行到底的二级反应时,则反应的半衰期与初始浓度 $c_{A,0}$成反比,即

$$t_{1/2}=1/c_{A,0} \tag{9-3-9}$$

(3)二级反应 k 的单位,即$[k]=[$浓度×时间$]^{-1}$,一般可表示为 $mol^{-1}\cdot dm^3\cdot s^{-1}$。

以上三条为只有一个反应物的二级反应特点,常用来鉴别某反应是否为二级反应。

2) 有两种反应物的二级反应

例如,反应

$$aA + bB \longrightarrow dD + fF$$

反应的速率方程为

$$-dc_A/dt=k_A c_A c_B \tag{9-3-10}$$

将式(9-3-10)进行积分,又有下列三种情况。

(1)反应计量系数 $a=b$,且 $c_{A,0}=c_{B,0}$,则反应至任何时刻,两反应物的浓度始终相等,即 $c_A=c_B$。式(9-3-10)可改写为

$$-dc_A/dt=k_A c_A c_B=k_A c_A c_A=k_A c_A^2 \tag{9-3-11}$$

上面的式子与只有一个反应物的二级反应的速率方程相同,其积分式同样为

$$1/c_A=k_A t+1/c_{A,0}$$

(2)当 $a\neq b$,但两种反应物的起始浓度 $c_{A,0}$与 $c_{B,0}$存在着 $c_{A,0}/a=c_{B,0}/b$ 关系,则反应至任何时刻 t,两反应物的浓度 c_A与 c_B始终存在着 $c_A/a=c_B/b$。将此关系式 代入式(9-3-10)

中,可得

$$-dc_A/dt = k_A c_A c_B = k_A c_A (b c_A/a) = k_A' c_A^2$$

或

$$-dc_B/dt = k_B c_A c_B = k_B c_B (a c_B/b) = k_B' c_B^2$$

上面两式,从表面看似乎与式(9-3-11)相同。但要注意的是 k_A' 与 k_A 的区别,即 $k_A' = (b/a)k_A$。同理,$k_B' = (a/b)k_B$。

(3)当 $a = b$,但两种反应物的起始浓度 $c_{A,0}$ 与 $c_{B,0}$ 不等,即 $c_{A,0} \neq c_{B,0}$。反应的速率方程为式(9-3-11)。此速率方程的积分式较复杂,在此不予讨论。

例 9.3.2 由氯乙醇和碳酸氢钠制取乙二醇的反应

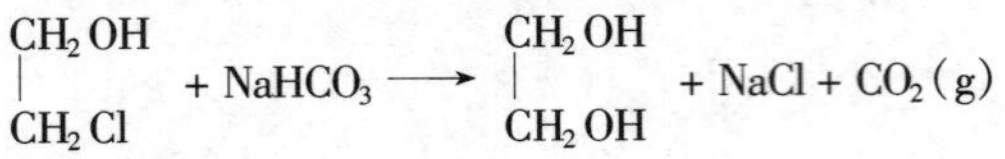

$$
\begin{matrix}
CH_2OH \\
| \\
CH_2Cl \\
\mathbf{A}
\end{matrix}
+ NaHCO_3 \longrightarrow
\begin{matrix}
CH_2OH \\
| \\
CH_2OH
\end{matrix}
+ NaCl + CO_2(g)
$$
$$\mathbf{B}$$

为二级反应。反应在温度恒定为 355 K 的条件下进行,反应物的起始浓度 $c_{A,0} = c_{B,0} = 1.20 \text{ mol·dm}^{-3}$,反应经过 1.60 h 取样分析,测得 $c(NaHCO_3) = 0.109 \text{ mol·dm}^{-3}$。试求此反应的速率系数 k 及氯乙醇的转化率 $x_A = 95.0\%$ 时所需的时间 t 为若干?

解:题给的二级反应虽然有两个反应物 A、B,但它们的计量系数 a 和 b 相等,而且 $c_{A,0} = c_{B,0}$,故题给的二级反应之速率方程为

$$-dc_A/dt = k_A c_A^2$$

其积分式为 $1/c_A = k_A t + (1/c_{A,0})$

上式移项,得

$$k = \frac{1}{t} \cdot \frac{c_0 - c}{c_0 c} = \frac{1.20 - 0.109}{1.60 \text{ h} \times 1.20 \times 0.109 \text{ mol·dm}^{-3}} = 5.21 \text{ mol}^{-1}\text{·dm}^3\text{·h}^{-1}$$

根据转化率的定义,即 $x_A (c_{A,0} - c_A)/c_{A,0}$ 代入 $-dc_A/dt = k_A c_A^2$ 积分,得

$$t = x_A / \{ k_A c_{A,0}(1 - x_A) \}$$

将 $x_A = 0.95$ 代入上式,得

$$t = \frac{x_A}{k_A c_{A,0}(1 - x_A)} = \frac{0.95}{5.21 \times 1.20(1 - 0.95)} \text{ h} = 3.04 \text{ h}$$

4. 用分压力表示的动力学方程

在恒温、恒容下,气相反应的反应速率也可以用反应组分 A 的分压力 p_A 随时间的变化率表示,对于在指定条件下的同一反应,用 $-dp_A/dt$ 来表示反应的反应速率时,反应的速率方程中的速率常数 k 与用 $-dc_A/dt$ 来表示反应速率时的速率常数 k_c 之间,存在着定量的关系。下面推导在指定条件下,同一反应的 kp 与 kc 之关系。假设反应物 A 为理想气体,则

$$p_A = n_A RT/V = c_A RT$$

在 T、V 恒定时上式对 t 微分,可得

$$-dp_A/dt = -RT dc_A/dt$$

因

$$-dc_A/dt = k_c c_A^n$$

联解上两式,得

$$-dp_A/dt = RT k_c (p_A/RT)^n = (RT)^{1-n} k_c p_A^n$$

将上式与 $-dp_A/dt = k_p p_A^n$ 相比较,可得

$$k_p = k_c (RT)^{1-n} \tag{9-3-12}$$

§9-4 速率方程的确定

通过上面速率方程的讨论及有关计算可知,对于不同的化学反应,可以有完全不同的速率方程。如想计算某一反应达到一定转化率所需的反应时间这样一个动力学问题时,首先遇到的困难就是如何来确定某一反应的速率方程。如上所述,速率方程一般可近似归纳为如式(9-2-1)的幂乘积形式,即

$$v = kc_A{}^{\alpha}c_B{}^{\beta}c_C{}^{\gamma}\cdots$$

基元反应因符合质量作用定律,所以其速度方程必然具有这种形式;对于非基元反应,在实际应用中,为了满足设计或计算的急需,有时也常在一定范围内近似地按式(9-2-1) 来回归动力学数据,以建立经验速率方程。因而,式(9-2-1)的速率方程的应用颇为广泛。

在这种速率方程中,动力学参数只有速率常数 k 和反应级数α、β、γ($n=\alpha+\beta+\gamma$),所以确定反应速率方程就是确定这两种参数。但是,k 和 n 对方程的积分式的影响不同,积分式的形式只决定于 n 而与 k 无关。由前面介绍的零、一、二级的积分式就能看出,n 不同则积分式相差很大(c—t 的函数关系式不同),k 只不过是式中的一个常数,所以确定速率方程的关键就是确定反应级数。确定反应级数,首先需要有原始动力学数据,即一定温度下的 c—t 数据,一般都将这些数据列成表格,表明反应多长时间则浓度相应变为多少。反应级数就是利用这些 c—t 数据来求得的。求级数的方法有多种,下面介绍几种常用的方法。

1.微分法

设某一反应的速率方程形式为

$$-\mathrm{d}c_A/\mathrm{d}t = kc_A^n$$

所谓微分法,就是利用 c—t 的数据,画出 c—t 的曲线或将 c—t 数据回归成方程,求取 $\mathrm{d}c_A/\mathrm{d}t$的数值,再利用上面的速率方程便可求出级数 n。求取的方法是先将速率方程两边取对数,得

$$\lg\left(\frac{-\mathrm{d}c_A/\mathrm{d}t}{[c/t]}\right) = \lg(k/[k]) + n\lg(c_A/[c]) \tag{9-4-1}$$

因为在温度恒定下 k、n 为常数,故 $\lg(-\mathrm{d}c_A/\mathrm{d}t)$与 $\lg c_A$之间的关系为直线关系,直线的斜率就是级数 n。由此可见,此法的关键是如何求出 $-\mathrm{d}c_A/\mathrm{d}t$ 的数值。下面介绍通过作图求 $-\mathrm{d}c_A/\mathrm{d}t$数值的方法。此法首先画出 c—t 曲线,如图 9-4-1(a)所示。求出 c—t 曲线上各个 c_A 处一系列切线的斜率$\mathrm{d}c_A/\mathrm{d}t$,然后以 $\lg\left(\frac{-\mathrm{d}c_A/\mathrm{d}t}{[c/t]}\right)$对 $\lg(c_A/[c])$作图。由式(9-4-1)可知,二者应呈直线关系,如图 9-4-1(b)所示。该直线的斜率 m 即为反应级数 n。这种求反应级数的方法称为微分法。

有些反应的产物对反应速率会有影响,为了排除产物的干扰,常采用初始浓度法。具体做法可参考化学动力学专门书刊的有关内容。

当反应物不止一种,且各反应物的配科比符合反应计量比,微分法求得的级数为反应的总级数;若除 A 取少量外其他反应物皆保持大量过剩,这样,在反应过程中除 A 的浓度有明显的变化外,其他反应物的浓度可视为不变,然后用微分法求取反应的级数,但所求得的级数为 A

的分级数。这种除一种反应物外,其他的反应物皆保持大量过剩,以求取某反应物分级数的方法又称为隔离法。

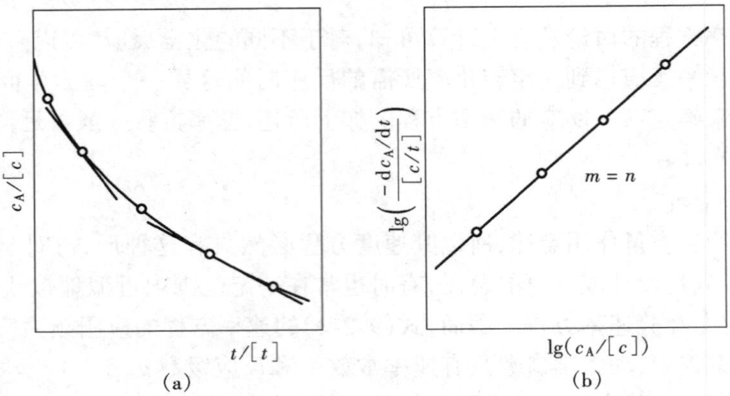

图 9-4-1　微分法求级数的示意图

2.尝试法

此法是将某一反应在不同时刻 t 及该时刻相应的反应物浓度 c_A 之数据,代入不同级数的速率方程的积分式中,看 c_A 与 t 的关系符合哪一级数的积分式,以此来确定级数的方法,称为积分法或尝试法。这一方法又分为代入公式法和作图法。

1)代入公式法

将一定温度下由实验测得的某反应的 $c—t$ 数据,分别代入各种不同级数的积分公式中求算速率系数 k,看用哪一个级数的公式算得的 k 为常数,则该积分式的级数即为所求反应的级数。例如将各组 $c—t$ 数据代入 $k = (1/t)\ln(c_0/c)$,算得的一系列 k 近似相等,该反应即为一级反应。

2)作图法

此法的实质与代入公式法是一样的。首先,将各组 $c—t$ 数据分别计算出 $c_{A,0} - c_A$、$\ln(c_A/[c])$ 和 $1/c_A$ 的数值,然后再分别对 t 作图,看哪一图形呈直线关系,则该图形所代表的级数即为所求反应的级数。如以 $\ln(c_A/[c])$ 对 t 作图为一直线,则所求反应的级数为一级。

此法的优点是,若能一下选准级数,得到直线关系较好,可直接求出 k 的值。缺点是,若一次选不准时,往往需多次作图,方法繁杂费时。所以尝试法只适用于基元反应或具有正整数级数的反应。

3.半衰期法

上面讨论零、一、二级反应的速率方程积分式的特点时,从各级反应的半衰期与初始浓度的关系式归纳出一个通式,即

$$t_{1/2} = B/c_{A,0}^{n-1} \tag{9-4-2}$$

式中,$B = (2^{n-1} - 1)/(n-1)k$。若知某一反应在 T 一定下,两个不同的初始浓度 $c_{A,0}$ 及 $c'_{A,0}$ 对应的半衰期分别为 $t_{1/2}$ 和 $t'_{1/2}$,由上式可知:

$$t_{1/2}/t'_{1/2} = (c'_{A,0}/c_{A,0})^{n-1}$$

两边取对数,可得

$$n = 1 + \frac{\ln\,(t_{1/2}/t'_{1/2})}{\ln\,(c'_{A,0}/c_{A,0})} \tag{9-4-3}$$

只要测出两组 $c_{A,0}$ 和 $t_{1/2}$ 的数值,并将其代入到式(9-4-3)中,便能计算出反应级数 n。

如测定一系列 $c_{A,0}$ 和 $t_{1/2}$ 的数值时,便能用作图方法求 n,此法首先将式(9-4-2)两边取对数,可得下式:

$$\ln\,(t_{1/2}/[t]) = (1-n)\ln\,(c_{A,0}/[c]) + \ln\,(B/[B])$$

以 $\ln\,(t_{1/2}/[t])$ 对 $\ln\,(c_{A,0}/[c])$ 作图,若得直线,则直线斜率 $m = 1-n$,即 $n = 1-m$。

例 9.4.1 气相恒容反应

$$2NO + 2H_2 \longrightarrow N_2 + 2H_2O(g)$$

的速率方程可表示为

$$v(NO) = -dp(NO)/dt = k(NO)p^{\alpha}(NO)p^{\beta}(H_2)$$

恒温 700 ℃时,实验测得在不同的 NO 和 H_2 的初始分压下,用 NO 的分压表示的反应初速率($t=0$ 时)列表如下:

实验次数	$p_0(NO)/kPa$	$p_0(H_2)/kPa$	$v(NO)/(Pa\cdot min^{-1})$
1	50.6	20.2	486
2	50.6	10.1	243
3	25.3	20.2	121.5

试求反应级数及 700 ℃时速率系数 k 各为若干?

解:在一定温度下,NO 及 H_2 的分级数 α 和 β、速率系数 k 皆为定值。由 1、2 组的数据比较可知,因 $p_{0,1}(NO) = p_{0,2}(NO)$,所以

$$\frac{v_1(NO)}{v_2(NO)} = \frac{k(NO)p^{\alpha}_{0,1}(NO)p^{\beta}_{0,1}(H_2)}{k(NO)p^{\alpha}_{0,2}(NO)p^{\beta}_{0,1}(H_2)} = \left\{\frac{p_{0,1}(H_2)}{p_{0,2}(H_2)}\right\}^{\beta}$$

将 1、2 组的数据代入上式,可得

$$486/243 = 2 = (20.2/10.1)^{\beta} = 2^{\beta}$$

所以 $\beta = 1$

同理,由 1、3 组数据相比较,因 $p_{0,1}(H_2) = p_{0,3}(H_2)$,所以

$$v_1(NO)/v_3(NO) = [p_{0,1}(NO)/p_{0,3}(NO)]^{\alpha}$$

将 1、3 组数据代入上式,可得

$$486/121.5 = 4 = (50.6/25.3)^{\alpha} = 2^{\alpha}$$

所以 $\alpha = 2$

题给反应为三级反应,其速率方程为

$$-dp(NO)/dt = k(NO)p^2(NO)p(H_2)$$

$$k(NO) = \frac{v_1}{p^2_{0,1}(NO)p_{0,1}(H_2)}$$

$$= \frac{486\times10^{-3}\ kPa\cdot min^{-1}}{(50.6\ kPa)^2(20.2\ kPa)} = 9.40\times10^{-6}(kPa)^{-2}\cdot min^{-1}$$

§9-5　温度对反应速率的影响

除了浓度对反应速率有影响外,温度对反应速率的影响也早被发现,温度的影响表现在速率常数 k 的数值上。本节将介绍 k 与 T 之间的函数关系。

1. k 的物理意义

前已指出,速率常数 k 是参加反应各物质的浓度为单位浓度时的反应速率。由于一个反应的反应速率既可用反应物的消耗速率表示,也可用产物的生成速率表示,当反应方程中参加反应各物质的计量系数不同时,则各物质的消耗速率或生成速率的数值是不同的。例如,反应

$$aA + bB \longrightarrow dD + fF$$

若上述反应的速率方程符合 $v = k\, c_A^\alpha c_B^\beta$ 的形式,则上述反应的速率方程有如下几种写法:

$$-dc_A/dt = k_A c_A^\alpha c_B^\beta \quad (1) \qquad -dc_B/dt = k_B\, c_A^\alpha c_B^\beta \quad (2)$$

$$dc_D/dt = k_D c_A^\alpha c_B^\beta \quad (3) \qquad dc_F/dt = k_F\, c_A^\alpha c_B^\beta \quad (4)$$

它们之间的关系为

$$-dc_A/(a dt) = -dc_B/(b dt) = dc_D/(d dt) = dc_F/(f dt)$$

将上面式(1)至式(4)代入上式中,得

$$k_A/a = k_B/b = k_D/d = k_F/f \tag{9-5-1}$$

需要注意:当 $a \neq b \neq d \neq f$ 时,k 的数值与选用何种物质的消耗速率或生成速率表示反应速率有关,即 $k_A = (a/b)k_B = (a/d)k_D = (a/f)k_F$;$k$ 的单位与反应级数有关,如零级反应 k 的单位为浓度·时间$^{-1}$,而一级反应则 k 的单位为时间$^{-1}$。

2. 阿伦尼乌斯方程

由于反应的复杂性,所以温度对反应速率的影响也是复杂的。根据目前的研究,温度对反应速率的影响大致有以下五种类型,如图 9-5-1 所示。

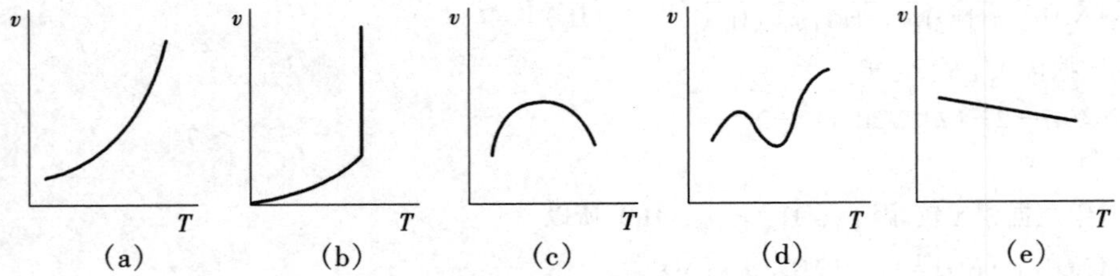

图 9-5-1　温度对速率影响的几种类型

(a)反应速率随温度升高呈指数上升,多数反应属于此种类型。本节所讨论的阿伦尼乌斯方程便是描述这一类型;

(b)表示爆炸反应,温度达到燃点时,反应速率突然增大;

(c)表示酶催化反应,温度太高太低都不利于生物酶的活性,某些受吸附速率控制的多相催化反应也有类似情况;

(d)表示有的反应(如碳的氧化)由于温度升高时副反应产生较大影响,而使反应复杂化;

(e)表示温度升高,反应速率反而下降,如 $2NO + O_2 \longrightarrow 2NO_2$ 就属于这种情况。

1889 年,阿伦尼乌斯(Arrhenius)提出了表示 k 与 T 关系较为准确的经验方程,该方程揭示出温度对反应速率影响的实质。该方程有几种形式。

$$k = A\mathrm{e}^{-E_a/RT} \tag{9-5-2}$$

式中:E_a称为活化能,单位为 $\mathrm{J\cdot mol^{-1}}$(或 $\mathrm{kJ\cdot mol^{-1}}$);$\mathrm{e}^{-E_a/RT}$为量纲一的量;$A$ 称指前因子或表观频率因子,与速率常数 k 具有相同的单位。

若将式(9-5-2)的两边取对数,则可得

$$\ln(k/[k]) = -E_a/RT + \ln(A/[k]) \tag{9-5-3}$$

$$\lg(k/[k]) = -E_a/2.303RT + \lg(A/[k]) \tag{9-5-4}$$

由上式可知:当 E_a 和 A 为常量时,$\ln(k/[k])$对 T^{-1}/K^{-1}作图得一直线,由直线的斜率和截距可分别求出 E_a 和 A。

若将式(9-5-3)对温度 T 微分,则可得

$$\mathrm{d}\ln(k/[k])/\mathrm{d}T = E_a/RT^2 \tag{9-5-5}$$

上式也称为阿伦尼乌斯方程的微分式。由此式可知,在同一温度下,活化能 E_a越大的反应,速率常数随温度的变化率就越大,即 E_a越大的反应其速率常数对温度越敏感。

将式(9-5-5)改写为 $\mathrm{d}\ln(k/[k]) = (E_a/RT^2)\mathrm{d}T$,再由 T_1积分至 T_2,则得

$$\ln(k_2/k_1) = -(E_a/R)\{(1/T_2) - (1/T_1)\} \tag{9-5-6}$$

此式又称为阿伦尼乌斯方程的定积分式。

式(9-5-3)、式(9-5-4)、式(9-5-5)和式(9-5-6)均称阿伦尼乌斯方程。阿伦尼乌斯方程适用范围为:所有的基元反应,速率方程符合 $v = kc_A^{\alpha}c_B^{\beta}$……的非基元反应,甚至还能用于某些多相反应、物理过程(如扩散)和某些生物反应。

例 9.5.1 在乙醇溶液中进行下列反应

$$CH_3I + C_2H_5ONa \longrightarrow CH_3OC_2H_5 + NaI$$

实验测得不同温度下的速率系数列于下表中,试由作图法求该反应的 E_a 和 A。

T/K	273.15	279.15	285.15	291.15	297.15	303.15
$10^5\,k/(\mathrm{mol^{-1}\cdot dm^3\cdot s^{-1}})$	5.60	11.8	24.5	48.8	100	208

解:由题给数据求出 T^{-1}/K^{-1}和 $\lg(k/[k])$,如下表所示。

$10^3\,T^{-1}/\mathrm{K}^{-1}$	3.661	3.582 3	3.506 9	3.434 7	3.365 3	3.277 0
$-\lg\{k/(\mathrm{mol^{-1}\cdot dm^3\cdot s^{-1}})\}$	4.251 8	3.928 1	3.610 8	3.311 6	3.000	2.681 9

以 $\lg\{k/(\mathrm{mol^{-1}\cdot dm^3\cdot s^{-1}})\}$对 T^{-1}/K^{-1}作图,如图 9-5-2 所示。由直线的斜率可求得活化能 $E_a = 81.38\ \mathrm{kJ\cdot mol^{-1}}$,指前因子 $A = 2.1\times10^{11}\ \mathrm{mol^{-1}\cdot dm^3\cdot s^{-1}}$。

例 9.5.2 已知 $CO(CH_2COOH)_2$ 在水溶液中分解反应的速率系数在 60 ℃和 10 ℃时分别为 $5.484\times10^{-2}\ \mathrm{s^{-1}}$和 $1.080\times10^{-4}\ \mathrm{s^{-1}}$。试求(a)反应的活化能 E_a;(b)在 30 ℃时该反应进行 1 000 s 后的转化率为若干?

解:(a)求活化能 E_a 就只能用阿伦尼乌斯方程,而且,题给了两个温度 t_2(60 ℃)和 t_1(10 ℃)及该两温度所对应的速率常数 k_2和 k_1,所以最宜用以下阿伦尼乌斯方程计算,即

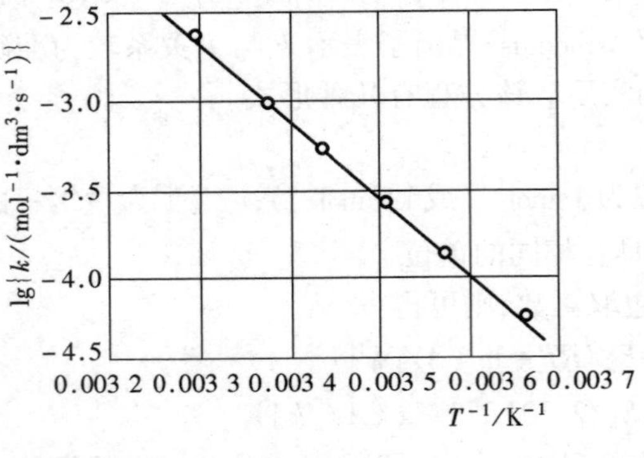

图 9-5-2　lg $(k/[k])$—T^{-1}/K^{-1}图

$$\ln(k_2/k_1) = -(E_a/R)\{(1/T_2)-(1/T_1)\}$$

移项,得

$$E_a = RT_1T_2\ln(k_2/k_1)/(T_2-T_1)$$
$$= \{8.314\times 283.15\times 333.15\times\ln(5.484\times 10^{-2}/1.080\times 10^{-4})/(60-10)\}\ J\cdot mol^{-1}$$
$$= 97.720\ kJ\cdot mol^{-1}$$

(b)求在 30 ℃下,反应进行 1 000 s 后 $CO(CH_2COOH)_2$的转化率 x,首先需确定该分解反应的级数,因为反应级数确定后,就可知道用哪一个级数的积分式来计算转化率 x。根据题给速率常数 k 的单位为 s^{-1},便知题给的分解反应为一级反应,其积分式为

$$\ln\{1/(1-x)\} = kt$$

但要用上式进行计算,还需知道 30 ℃下的速率常数 k 的数值,此值需利用下面的阿伦尼乌斯方程求取。

$$\ln(k_2/k_1) = -(E_a/R)(1/T_2)-(1/T_1)$$

$$\ln\frac{k(30\ ℃)}{k(10\ ℃)} = \frac{97\ 720}{8.314}\times\frac{(30-10)}{303.15\times 283.15} = 2.738\ 6$$

$$k(30\ ℃) = 15.465k(10\ ℃) = 15.465\times 10^{-4}\ s^{-1} = 1.670\times 10^{-3}\ s^{-1}$$

有了 $k(30\ ℃)$便可将有关数据代入下式,即

$$\ln\{1/(1-x)\} = kt$$

由于 $\ln\{1/(1-x)\} = \ln 1-\ln(1-x) = -\ln(1-x)$

故　$-\ln(1-x) = kt$

$$-\ln(1-x) = 1.670\times 10^{-3}\times 1\ 000$$

$$x = 1-\exp^{-1.670} = 0.812$$

3. 活化能 E_a的物理意义

阿伦尼乌斯在解释其经验方程时提出了活化能的概念。活化能的大小对反应速率的影响很大。例如,若两个反应的指前因子 A 相等,而活化能之差 $\Delta E_a = (120-110)\ kJ\cdot mol^{-1} = 10\ kJ\cdot mol^{-1}$,则在 300 K 时,两反应的速率常数之比

$$k_2/k_1 = e^{-(E_{a,2}-E_{a,1})/RT} = e^{-\Delta E_a/RT} = e^{-10\ 000/8.314\times 300} = 1/55.1$$

即活化能小 10 $kJ\cdot mol^{-1}$,k 的数值可提高 55 倍之多。这表明活化能的大小对反应速率的影响非常之大,说明一个反应的活化能越小反应速率就越大。这样就会产生以下问题:活化能到底有什么物理意义?为什么化学反应的活化能越大反应的速率却越慢?下面逐一说明。

已知基元反应

$$2HI \longrightarrow H_2 + 2I^-$$

两个 HI 分子要起反应总要先碰撞。如图 9-5-3 所示,当两个迎面碰撞的 HI 分子趋近而发生碰撞时,并不是一碰撞就变成产物分子。因为两个 HI 分子接近时要受到两个 H 原子核外已配对电子的斥力,使 HI 分子难以靠近到能形成新的 H—H 键的距离,而且这两个 H 又受各自 H—I 键的吸引力作用,使原有的 H—I 键难以断裂。就是说,反应物分子互相接近并变为产物分子的过程中,需要克服新键形成之前的斥力和旧键断裂之前的引力作用。反应物分子若不具有克服新键形成之前的斥力和旧键断裂之前的引力作用的能量条件,就不可能达到新的化学键将要形成和旧的化学键将要断裂的状态,这种化学键新旧交替的状态称为活化状态,可用 I···H···H···I 来表示。反应物分子只有形成这种状态才能发生反应,故将能够起反应的分子称为活化分子。阿伦尼乌斯认为,具有平均能量的普通分子必须吸收足够的能量先变成活化分子,才能发生反应。所以将物质的量为 1 mol 的一般分子变成活化分子需要吸收的能量称为活化能。

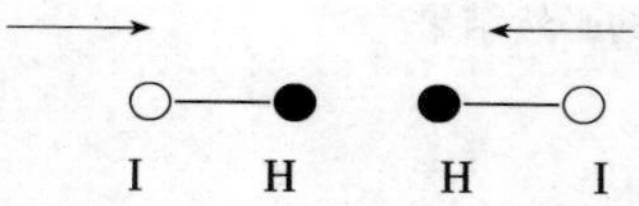

图 9-5-3　两个 HI 分子互相趋近

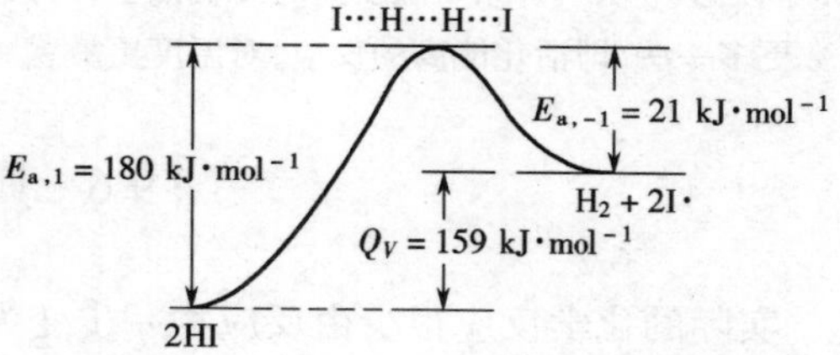

图 9-5-4　正、逆反应活化能与反应热的能量关系示意图

例如反应:$2HI \rightleftharpoons H_2 + 2I\cdot$,每摩尔普通的 HI 分子至少要吸收 180 kJ 的能量,才能达到此反应的活化状态[I···H···H···I],如图 9-5-4 所示,此能峰的峰值则为上述正反应的活化能,即 $E_{a,1} = 180\ \text{kJ}\cdot\text{mol}^{-1}$。此图还表明,上述逆反应的活化能 $E_{a,-1} = 21\ \text{kJ}\cdot\text{mol}^{-1}$。可以证明,在恒容条件下,正、逆反应活化能的差值是正反应进行 1 mol 反应进度时的反应热。对上述反应

$$Q_V = \Delta_r U_m = E_{a,1} - E_{a,-1} = (180 - 21)\ \text{kJ}\cdot\text{mol}^{-1} = 159\ \text{kJ}\cdot\text{mol}^{-1}$$

分子活化所需的能量,主要来源于热活化(即分子间的碰撞)或电活化和光活化等。通过上述讨论可知,在一定温度下,反应的活化能越大,爬上能峰的分子数就越少,反应的速率就越慢。对于一定反应,其反应的活化能为定值,当温度升高时,分子运动的平动能增大,活化分子的数目就增多,活化分子的碰撞数也随之增多,反应速率增加。后来,托尔曼(Tolman)较严格地证明了上述微分式所定义的阿伦尼乌斯活化能。

$$E_a = \text{活化分子的平均能量} - \text{普通分子的平均能量}$$

这说明由 T、k 数据按阿伦尼乌斯方程算出的 E_a,对基元反应来说确实具有能峰的意义。

可将活化能视为化学反应所必须克服的能峰。能峰越高,反应的阻力越大,反应就愈难以进行,反应的速率就越慢,化学反应活化能的大小代表了反应过程中所需克服的阻力大小。

例 9.5.3　一般化学反应的活化能约在 40 ~ 400 kJ·mol^{-1} 范围内,多数在 50 ~ 250 kJ·mol^{-1} 之间。(1)现有某反应活化能为 100 kJ·mol^{-1}。试估算:(a)温度由 300 K 上升 10 K,(b)由 400 K 上升 10 K,速度常数 k 各增大

几倍？为什么二者增大倍数不同？(2)如活化能为 150 kJ·mol^{-1}再同样计算，比较二者增大的倍数，说明原因。再对比活化能不同会产生什么效果？估算中可设表观频率因子 A 相同。

解:(1) $E_a = 100$ kJ·mol^{-1}，设 k_T 代表 TK 下的速度常数，则

$$(a)\quad \frac{k_{810}}{k_{800}} = \frac{k_0 \mathrm{e}\,\dfrac{E_a}{310\ R}}{k_0 \mathrm{e} - \dfrac{E_a}{300\ R}} = \mathrm{e}^{-\frac{E_a}{R}\frac{300-310}{310\times 300}} = \mathrm{e}^{\frac{100\,000}{8.314}\times\frac{(-10)}{310\times 300}} \approx 3.6$$

$$(b)\quad \frac{k_{410}}{k_{400}} = \mathrm{e}^{-\frac{100\,000}{8.314}} \times \frac{(-10)}{410\times 400} \approx 2.1$$

可见，同是上升 10 ℃，原始温度高的，k 上升得少，这是因为 $1nk$ 随 T 的变化率与 T^2 成反比。

(2) $E_a = 150$ kJ·mol^{-1}

$$(a)\quad \frac{k_{310}}{k_{300}} = \mathrm{e}^{-\frac{150\,000}{8.914}} \times \frac{(-10)}{310\times 300} \approx 7$$

$$(b)\quad \frac{k_{410}}{k_{400}} = \mathrm{e}^{-\frac{150\,000}{8.514}} \times \frac{(-10)}{310\times 400} \approx 3$$

同是上升 10 ℃，原始温度高的 k 仍然上升得少，原因同上。但与(1)相比，(2)的活化能高，所以 k 上升的倍数更多一些，即活化能高的反应，对温度更敏感一些，这也是式(9-5-5)的必然结果。

§9-6 典型的复合反应

实际的化学反应很少由反应物一步变为产物，要经过若干个基元反应才能变为产物。由两个或两个以上的基元反应组合而成的反应，称为复合反应(即非基元反应)。最典型的组合方式分为三类：对行反应、平行反应和连串反应。由此三类反应还可进一步组合成更为复杂的反应。上述三类典型复合反应的每一步可以是基元反应，也可以是具有简单级数的非基元反应。基元反应可直接应用质量作用定律，非基元反应的级数则需实验测定。下面介绍典型复合反应速率方程是如何建立的，并讨论其动力学的规律。

1.对行反应

正向和逆向能同时进行的反应称为对行反应或对峙反应。从化学平衡的角度严格说，一切反应都应是对行反应。但是，若逆反应的速率常数非常之小，即使是大部分反应物已变为产物，逆反应的速率与正反应的速率相比较仍可忽略不计，即反应远离平衡，这样的反应可以认为反应已进行完全，在动力学中可按单向反应处理。本节讨论的对行反应，是正、逆反应速率的大小相差不大的反应。下面以正逆反应皆为一级反应的对行反应为例，说明对行反应速率方程推导方法。

设正逆反应皆为一级反应的对行反应如下：

$$\mathrm{A} \underset{k_{-1}}{\overset{k_1}{\rightleftharpoons}} \mathrm{B}$$

	A	B
$t=0$	$c_{A,0}$	0
t	c_A	$c_{A,0} - c_A = c_B$
平衡	$c_{A,e}$	$c_{A,0} - c_{A,e} = c_{B,e}$

正反应使 A 消耗，逆反应却使 A 增加，对于整个反应来说，A 的真正消耗速率(称为净消耗速

率)应为正、逆反应速率的代数和,即

$$-\mathrm{d}c_{A}/\mathrm{d}t = k_1 c_{A} - k_{-1}(c_{A,0} - c_{A}) \tag{9-6-1}$$

当反应达到平衡时,正、逆反应的速率相等,故

$$-\mathrm{d}c_{A,e}/\mathrm{d}t = k_1 c_{A,e} - k_{-1}(c_{A,0} - c_{A,e}) = 0 \tag{9-6-2}$$

将上式移项,可得

$$c_{B,e}/c_{A,e} = (c_{A,0} - c_{A,e})/c_{A,e} = k_1/k_{-1} = K_c \tag{9-6-3}$$

式中:$c_{A,e}$及 $c_{B,e}$分别为平衡时 A 和 B 的浓度;K_c 为动力学平衡常数。式(9-6-1)与式(9-6-2)相减,可得

$$-\mathrm{d}(c_{A} - c_{A,e})/\mathrm{d}t = (k_1 + k_{-1})(c_{A} - c_{A,e})$$

上式可改写成下列积分式:

$$\int_0^t (k_1 + k_{-1})\mathrm{d}t = -\int_{c_{A,0}}^{c_A} \frac{\mathrm{d}(c_A - c_{A,e})}{c_A - c_{A,e}}$$

在一定 T 下,当 $c_{A,0}$一定时,上式中的 $c_{A,e}$为定值,积分可得

$$(k_1 + k_{-1})t = \ln\{(c_{A,0} - c_{A,e})/(c_A - c_{A,e})\} \tag{9-6-4}$$

$\ln\{(c_A - c_{A,e})/[c]\}$对 t 作图应得一直线,由直线的斜率求得 $k_1 + k_{-1}$,再与式 $K_c = k_1/k_{-1}$联立,即可求出 k_1 及 k_{-1}。这是求取对行反应中正、逆反应速率常数的方法。

若设反应物在某时刻 t 时反应掉的浓度为 x,反应达平衡时反应物反应掉的浓度为 x_e,于是

$$c_{A,0} - c_A = x, c_{A,0} - c_{A,e} = x_e$$

将上两式代入式(9-6-4)中,整理得

$$(k_1 + k_1)t = \ln\{x_e/(x_e - x)\} \tag{9-6-5}$$

式(9-6-5)是1—1 级恒容反应另一积分式。当反应掉反应物平衡浓度的一半,即 $x = 1/2x_e$时所需的时间 $t_{1/2}$与反应物的初始浓度无关,如图 9-6-1 所示。

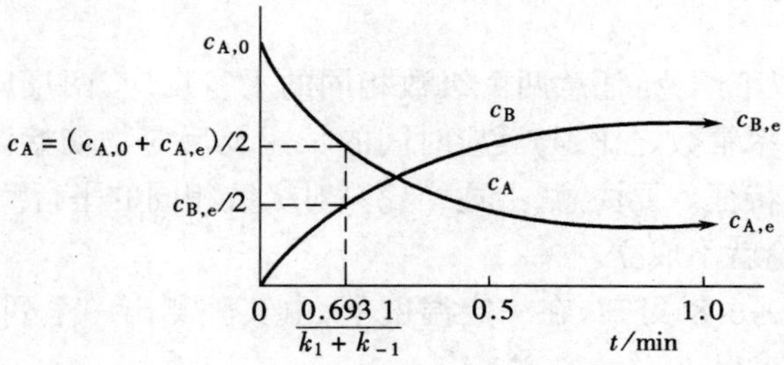

图 9-6-1　1—1 级对行反应的 c—t 关系

一些分子内的重排或异构化反应,则符合 1—1 级对行反应的规律。

2.平行反应

反应物能同时进行几种不同的反应,称为平行反应。平行进行的几个反应中,生成主要产物的反应称为主反应,其余的称为副反应。

在化工生产中常遇到平行反应,如乙醇在适当条件下脱氢反应可得乙醛,同时也进行脱水

生成乙烯的反应：

$$C_2H_5OH \longrightarrow CH_3CHO + H_2$$

$$C_2H_5OH \longrightarrow C_2H_4 + H_2O$$

设对行反应在恒容条件下进行，且反应开始时系统中只存在反应物 A，平行进行两个不同的一级反应，所得的产物为 B 与 D。其反应如下：

$$A \xrightarrow[k_2]{k_1} \begin{matrix} B \\ D \end{matrix}$$

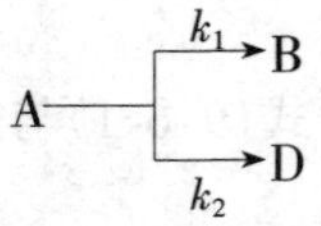

由于产物 B 与 D 均由 A 转化而来，所以生成 1 mol B 和 1 mol D 时，需消耗 2 mol A，整个平行反应的速率与平行进行两个不同的一级反应速率之关系为

$$-dc_A dt = dc_B/dt + dc_D/dt$$

而 $\qquad dc_B/dt = k_1 c_A, dc_D/dt = k_2 c_A$

因此整个平行反应的速率为

$$-dc_A/dt = k_1 c_A + k_2 c_A$$

或 $\qquad -dc_A/dt = (k_1 + k_2) c_A$ $\qquad\qquad\qquad (9\text{-}6\text{-}6)$

由式(9-6-6)可看出，当平行两反应的级数为一级时，整个平行反应也是一级反应，只是速率常数为 $k_1 + k_2$。也可类推到平行两反应的级数为二级或其他级数。若将式(9-6-6)积分，可得

$$\ln(c_{A,0}/c_A) = (k_1 + k_2) t \qquad\qquad\qquad (9\text{-}6\text{-}7)$$

由此可见，上述反应的动力学方程同一般的一级反应完全相同，但速率系数为 $k_1 + k_2$。

将式 $dc_B/dt = k_1 c_A$ 除以式 $dc_D/dt = k_2 dc_A$，可得

$$dc_B/dc_D = k_1/k_2$$

在 $t = 0$ 时 c_B 和 c_D 皆为零，反应经过时间 t 后，B 及 D 的浓度分别为 c_B 和 c_D，将上式在此上下限间积分，即得

$$c_B/c_D = k_1/k_2 \qquad\qquad\qquad (9\text{-}6\text{-}8)$$

由式(9-6-8)可得以下结论：任意两个级数相同的平行反应，两反应的反应产物的浓度之比等于两平行反应的速率常数之比，与反应时间的长短及反应物初始浓度的大小无关。这是同级数平行反应的主要特征。要注意，上述结论只对级数相同的平行反应才成立，对于级数不同的平行反应，上述结论就不成立。

由式(9-6-7)和式(9-6-8)可知，在一定温度下，由实验测出一系列的 c—t 数据及任一时刻 t 时的 c_B 和 c_D，即可求出 k_1 及 k_2。

平行两反应的活化能一般是不同的，由 $d\ln(k/[k])/dT = E_a/RT^2$ 可知：升高温度有利于活化能 E_a 大的反应；降低温度则有利于活化能 E_a 小的反应。催化剂有选择性，不同的催化剂只能加速平行反应中的某一反应，所以，生产上常选择最适宜的反应温度或适当的催化剂来选择性地加速所需要的反应。

3.连串反应

凡反应所生成的物质能继续起反应而再产生其他物质的反应，称为连串反应。例如，苯的

氯化反应产生的氯苯可以进一步与氯反应生成二氯苯,二氯苯还能与氯反应生成三氯苯……,即

$$C_6H_6 + Cl_2 \longrightarrow C_6H_5Cl + HCl$$

$$C_6H_5Cl + Cl_2 \longrightarrow C_6H_4Cl_2 + HCl$$

$$C_6H_4Cl_2 + Cl_2 \longrightarrow C_6H_3Cl_3 + HCl$$

以上就是连串反应的典型例子。

下面以两个一级反应所组成的连串反应为例,说明连串反应的速率方程如何建立,以及连串反应有何特点。设有两个一级反应组成的连串反应:

$$A \xrightarrow{k_1} B \xrightarrow{k_2} C$$

$t=0$ 时	$c_{A,0}$	0	0
$t=t$ 时	c_A	c_B	c_C

下面分别列出以物质 A、B、C 表示的连串反应速率方程及其积分式。对于物质 A,它在连串反应中为反应物,而且只与第一个反应有关,故以其消耗速率来表示的反应速率方程为

$$-\mathrm{d}c_A/\mathrm{d}t = k_1 c_A$$

将上式进行积分,得

$$\ln(c_{A,0}/c_A) = k_1 t$$

或

$$c_A = c_{A,0}\mathrm{e}^{-k_1 t} \tag{9-6-9}$$

物质 B 为连串反应的中间产物是由第一步反应所生成,在第二步反应中消耗,因此,以物质 B 的净生成速率表示反应速率时,速率方程为

$$\mathrm{d}c_B/\mathrm{d}t = k_1 c_A - k_2 c_B$$

将式(9-6-9)代入上式中,得

$$\mathrm{d}c_B/\mathrm{d}t = k_1 c_A - k_2 c_B$$

$$\mathrm{d}c_B/\mathrm{d}t + k_2 c_B = k_1 c_{A,0}\mathrm{e}^{-k_1 t}$$

上式为 $\mathrm{d}y/\mathrm{d}x + py = Q$ 型的一阶常微分方程,积分可得

$$c_B = \frac{k_1 c_{A,0}}{k_2 - k_1}(\mathrm{e}^{-k_1 t} - \mathrm{e}^{-k_2 t}) \tag{9-6-10}$$

又因反应进行到任一时刻 t,$c_A + c_B + c_C = c_{A,0}$ 成立,故

$$c_C = c_{A,0} - c_A - c_B$$

将式(9-6-9)及式(9-6-10)代入上式,整理可得

$$c_C = c_{A,0}\left(1 - \frac{k_2\mathrm{e}^{-k_1 t} - k_1\mathrm{e}^{-k_2 t}}{k_2 - k_1}\right) \tag{9-6-11}$$

在恒定温度下,连串反应系统中各反应组分的浓度随时间变化的曲线如图 9-6-2 所示。由于原始反应物 A 的浓度 c_A 只与第一个反应有关,所以 c—t 关系符合一级反应的规律。所以,A 的浓度 c_A 随着反应时间的推移,c_A 逐渐变小,直至 $c_A = 0$ 为止。对于最终产物的浓度 c_C,开始时 $c_C = 0$,随着反应的进行,c_C 开始逐渐增大。若第二个反应也是能进行到底的一级

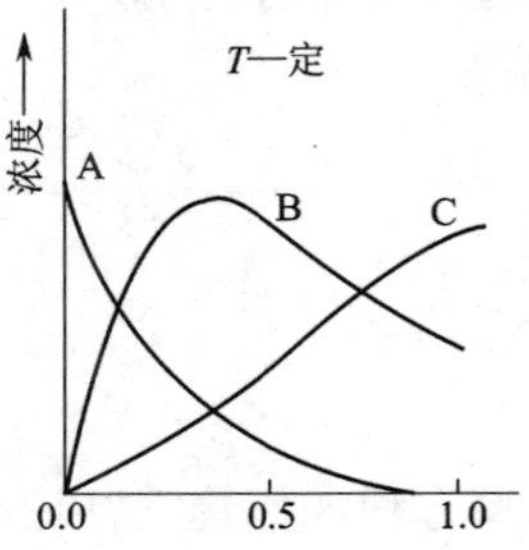

图 9-6-2　一级连串反应 c—t 的关系图($k_1=k_2$)

反应,当反应经过足够长时间后,最终可达到 $c_C=c_{A,0}$。中间产物 B 的浓度 c_B 随时间 t 的变化关系则比较复杂。在反应开始时 $c_B=0$,A 的浓度 c_A 很大,第一个反应起主要作用,随着反应时间的推移,浓度 c_A 越来越小,第一个反应的反应速率越来越慢,主导作用减弱,相反,浓度 c_B 则随着反应的进行而逐渐变大,相应第二个反应的反应速率逐渐加快,当反应进行一定时间后 B 的浓度 c_B 达到极大值,此时,第一反应的反应速率与第二反应的反应速率相等。若反应再继续进行,第二个反应的反应速率就要超过第一反应的反应速率而起主导作用,B 的浓度 c_B 随之逐渐减少。这是连串反应中间产物的一个特征。

若中间产物 B 为目的产物,则 c_B 达到极大值的时间称为中间产物的最佳时间,这时就应立即终止反应,否则目的产物的浓度将会下降。将式(9-6-10)对 t 微分,并令 $dc_B/dt=0$,即可求得上述一级连串反应当 B 的浓度达最大值时的最佳时间,其式如下:

$$t_{max}=\ln(k_1/k_2)/(k_1-k_2) \qquad (9\text{-}6\text{-}12)$$

将上式代入式(9-6-10)中便能求得 B 的最大浓度 $c_{B,max}$,即

$$c_{B,max}=c_{A,0}(k_1/k_2)^{k_2/(k_2-k_1)} \qquad (9\text{-}6\text{-}13)$$

在环境工程中,许多复杂而重要的反应都是连串反应,如方程式(9-6-10)广泛应用于描述河流因有机物污染造成的缺氧情况。

§9-7　复杂反应速率的近似处理法

复杂反应一般是指上节讨论的三种典型复合反应之一,或是它们的组合。一个复杂反应随着反应步骤和反应组分的增加,求解其速率方程的难度将急剧增加,有的甚至无法求解。因此,研究速率方程的近似处理的方法是一个实际而有用的问题。常用的近似法有以下几种。

1.选取控制步骤法

在连串反应中,若其中一步反应的速率最慢,则连串反应的速率等于速率最慢一步的速率,称该最慢步骤为反应的控制步骤。选取控制步骤法就是在连串反应中选出其中速率最慢的一步,再将最慢一步的速率作为总反应的速率,以此来处理连串反应的速率方程,这种方法称为选取控制步骤法。利用控制步骤法可大大简化速率方程的求解过程。例如在连串反应:

$$A \xrightarrow{k_1} B \xrightarrow{k_2} C$$

若第一个反应的速率很慢,第二个反应的速率很快,即 $k_2 \gg k_1$,第一个反应所产生的 B 会被第二个反应立即消耗掉,中间产物 B 不可能积累,在反应的过程中,c_B 与 c_A 或 c_C 相比较,完全可以忽略不计,即

$$c_{A,0}=c_A+c_B+c_C \approx c_A+c_C$$

根据选取控制步骤法,总反应的反应速率与第一个反应的反应速率相等,即

$$\frac{dc_C}{dt}=-\frac{dc_A}{dt}=k_1c_A$$

因 $c_A = c_{A,0}e^{-k_1 t}$,又因 $c_{A,0} = c_A + c_B + c_C$,而且 $k_1 << k_2$ 时 B 不可能积累,即 $c_B \approx 0$,故

$$c_C = c_{A,0} - c_A = c_{A,0} - c_{A,0}e^{-k_1 t} = c_{A,0}(1 - e^{-k_1 t})$$

对于上述连串反应,若按严格的推导方法,就要复杂得多。但采用控制步骤法可大大简化连串反应速率方程的求解过程。如想求取上式,只需导出式(9-6-11),然后利用 $k_2 >> k_1$,就能得到。

2. 稳态近似法

在上述连串反应中,若中间产物 B(如自由原子或自由基等)非常活泼,反应能力很强,则 B 一旦产生,就立即进行下一反应,所以 B 基本上无积累,浓度很小。如图 9-7-1 所示,B 的 c—t 线为一条紧靠横轴的扁平的曲线,在较长的反应阶段内,均可近似认为该曲线的斜率

$$dc_B/dt = 0$$

活泼的中间物 B 达到生成与消耗速率相等,以致其浓度处于不随时间而变化的状态,称 B 的浓度处于稳态。这一点是稳态近似法的关键。就是说,凡是能用稳态近似法的复杂反应,当推导其速率方程时,中间产物的浓度均认为处于稳态,即

$$dc_B/dt = 0$$

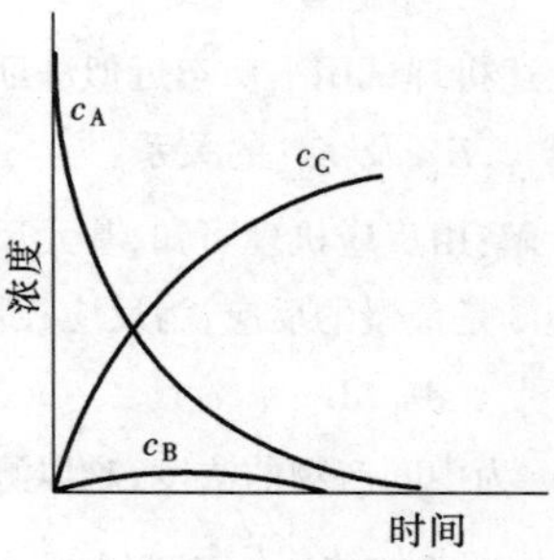

图 9-7-1 $k_2 \gg k_1$ 的连串反应的示意图

在由反应机理推导速率方程时,方程式中常有活泼中间产物出现,这些中间产物的浓度极难测定,故需用参加反应物质的浓度替代。稳态近似法就是求取中间产物的浓度与参加反应物质的浓度之间关系的一种方法(具体步骤见 §9-8)。

3. 平衡态近似法

若复杂反应的中间产物不活泼,就不能用稳态近似法处理,而需用平衡近似法。平衡近似法认为中间产物接着进行的反应非常缓慢,所以可认为在中间产物之前的反应处于快速平衡状态。例如复杂反应:

$$A + B \underset{k_{-1}}{\overset{k_1}{\rightleftharpoons}} C \quad (快速平衡)$$

$$C \xrightarrow{k_2} D \quad (慢)$$

前一反应处在快速平衡的含义是指,在反应过程中该对行反应于任何时刻均处在反应平衡,即

$$K_c = k_1/k_2 = c_C/c_A c_B \tag{9-7-1}$$

因最慢的一步为控制步骤,故反应的总速率为

$$dc_D/dt = k_2 c_C \tag{9-7-2}$$

但因 c_C 为中间产物浓度,难以测定,需用反应物 A、B 的浓度代替,就要利用快速平衡这一步,即将式(9-7-1)移项,得

$$c_C = K_c c_A c_B$$

再将上式代入式(9-7-2)中,整理得

$$dc_D/dt = k_2 c_C = k_2 K_c c_A c_B$$

利用上述方法导出了复杂反应的速率方程,此方法称为平衡近似法。

例 9.7.1 下列非基元反应实验测得为二级反应,即 $\mathrm{d}c_D/\mathrm{d}t = kc_A c_B$

$$A + B \longrightarrow D$$

有人提出此反应的反应机理如下:

$$A + B \longrightarrow C \qquad k_1, E_{a,1}$$

$$C \longrightarrow A + B \qquad k_2, E_{a,2}$$

$$C \longrightarrow D \qquad k_3, E_{a,3}$$

按上述机理试用平衡态近似法证明题给反应为二级反应,并导出题给反应的表观活化能与基元反应的活化能 $E_{a,1}$、$E_{a,2}$及 $E_{a,3}$的关系。

解:由反应机理可知,基元反应 1 与基元反应 2 是对行反应,按平衡态近似法应处在快速平衡,而且基元反应 3 是最慢的反应,为反应控制步骤,即

$$\mathrm{d}c_D/\mathrm{d}t = k_3 c_C$$

但 c_C 为中间产物的浓度,难以测定,可通过平衡态近似法导出其与反应物浓度 c_A和 c_B的关系。即

$$K_c = k_1/k_2 = c_C/c_A c_B$$

或 $$c_C = (k_1/k_2)c_A c_B$$

将上式代入 $\mathrm{d}c_D/\mathrm{d}t = k_3 c_C$一式中,整理得

$$\mathrm{d}c_D/\mathrm{d}t = (k_3 k_1/k_2)c_A c_B$$

对照上式与 $\mathrm{d}c_D/\mathrm{d}t = kc_A c_B$,便可知非基元反应的速率常数 k 与三个基元反应的速率常数k_1、k_2、k_3关系为

$$k = k_3 k_1/k_2$$

将上式两边取对数并对温度 T 微分,得

$$\mathrm{d}\ln k/\mathrm{d}T = \mathrm{d}\ln k_1/\mathrm{d}T + \mathrm{d}\ln k_3/\mathrm{d}T - \mathrm{d}\ln k_2/\mathrm{d}T$$

再将阿伦尼乌斯方程的微分式 $\mathrm{d}\ln k/\mathrm{d}T = E_a/RT^2$代入上式中,可得

$$E_a/RT^2 = E_{a,1}/RT^2 + E_{a,3}/RT^2 - E_{a,2}/RT^2$$

因此得到

$$E_a = E_{a,1} + E_{a,3} - E_{a,2}$$

§ 9-8 链反应

链反应又称为连锁反应,它主要是由大量的、反复循环的连串反应所构成的复合反应,在其反应机理中,每个基元反应都有自由原子或自由基参加。例如高聚物的合成、碳氢化合物的氧化和卤化反应以及爆炸反应等都与链反应有关。链反应分为直链反应和支链反应。

1.直链反应的特征

链反应的机理一般由三个步骤组成。例如气相反应

$$H_2(g) + Cl_2(g) \longrightarrow 2HCl(g)$$

实验证明,其反应机理为以下三个步骤:

$$(1)\ Cl_2 + M \xrightarrow{k_1} Cl\cdot + M \quad \text{链的开始}$$

$$
\left.\begin{array}{l}
(2)\mathrm{Cl}\cdot + \mathrm{H}_2 \xrightarrow{k_2} \mathrm{HCl} + \mathrm{H}\cdot \\
(3)\mathrm{H}\cdot + \mathrm{Cl}_2 \xrightarrow{k_3} \mathrm{HCl} + \mathrm{Cl}\cdot \\
\quad\vdots \\
\quad\vdots
\end{array}\right\} \text{链的传递}
$$

$$(4)2\mathrm{Cl}\cdot + \mathrm{M} \xrightarrow{k_4} \mathrm{Cl}_2 + \mathrm{M} \quad \text{链的终止}$$

反应式中 Cl·和 H·旁边的一点,代表自由原子 Cl 和 H 有一个未配对的自由电子,为了简化也可将此“点”略去。

链的引发通过外加能量(如光照、加热以及与高能量的分子 M 相碰撞)或加入引发剂等,令 Cl_2分子解离为反应能力很强的自由原子 Cl·。所产生的 Cl·与 H_2反应生成 HCl 分子并又生成一个 H·,这一 H·又与 Cl_2作用生成 Cl·和 HCl,这两步反复循环进行的过程称为链的传递。当两个 Cl·相碰撞变为 Cl_2的反应称为链的终止。在链的传递过程中,每反应掉一个自由原子或自由基只产生一个自由原子或自由基的链反应,称为直链链反应。如上面的 HCl 生成反应。在链的传递过程中,每反应掉一个自由原子或自由基能产生两个以上自由原子或自由基的链反应,称为支链链反应。

2.链反应的速率方程

若已知链反应的反应机理,就能应用质量作用定律,并结合稳态近似法便可导出其速率方程。以 $H_2 + Cl_2 \longrightarrow 2HCl$ 这一反应为例予以说明。

首先根据反应机理的传递过程,写出以 HCl 的生成速率表示的反应速率方程:

$$\mathrm{d}[\mathrm{HCl}]/\mathrm{d}t = k_2[\mathrm{Cl}][\mathrm{H}_2] + k_3[\mathrm{H}][\mathrm{Cl}_2]$$

上式中的自由原子浓度[Cl·]和[H·]不易测出,须用反应物 H_2与 Cl_2的浓度代替。由于Cl·和H·均为活泼中间产物,故能用稳态近似法。Cl·与四个基元反应皆有关,故列出以 Cl·的净生成速率表示的速率方程,再据稳态近似法,活泼中间产物的净反应速率为零,则可得

$$\mathrm{d}[\mathrm{Cl}]/\mathrm{d}t = k_1[\mathrm{Cl}_2] - k_2[\mathrm{Cl}][\mathrm{H}_2] + k_3[\mathrm{H}][\mathrm{Cl}_2] - k_4[\mathrm{Cl}]^2 = 0$$

同理,导出以 H·的净生成速率表示的速率方程,并取该净生成速率为零,即

$$\mathrm{d}[\mathrm{H}]/\mathrm{d}t = k_2[\mathrm{Cl}][\mathrm{H}_2] - k_3[\mathrm{H}][\mathrm{Cl}_2] = 0$$

将上述两方程联解,得

$$[\mathrm{Cl}] = (k_1[\mathrm{Cl}_2]/k_4)^{1/2}$$

因 $k_2[\mathrm{Cl}][\mathrm{H}_2] = k_3[\mathrm{H}][\mathrm{Cl}_2]$,故 HCl 生成的速率

$$\begin{aligned}\mathrm{d}[\mathrm{HCl}]/\mathrm{d}t &= k_2[\mathrm{Cl}][\mathrm{H}_2] + k_3[\mathrm{H}][\mathrm{Cl}_2] = 2k_2[\mathrm{Cl}][\mathrm{H}_2] \\ &= 2k_2(k_1/k_4)^{1/2}[\mathrm{H}_2][\mathrm{Cl}_2]^{1/2} = k[\mathrm{H}_2][\mathrm{Cl}_2]^{1/2}\end{aligned}$$

上式中 $k = 2k_2(k_1/k_4)^{1/2}$。HCl 的生成反应为 1.5 级反应。

根据反应机理并采用稳态近似法导出了 HCl 生成反应的速率方程,这一方法是导出直链连锁反应速率方程所用的方法。不过,所导得的方程是否正确,还需实验证明。

§9-9 溶液中的反应

实际上,反应在溶液中进行要远多于在气相中进行。反应在溶液中进行与在气相中进行的相同点是反应物分子(溶质分子)必须相互碰撞;两者不同的是,在溶液中,反应物分子需要在溶剂中互相扩散、接近才能发生反应,有时有些溶剂甚至参加反应。多相反应的反应物不在同一个相中,它们之间要发生反应就要向相界面扩散、接近,所以,扩散是这两类反应的共同特征。当然这两类反应也有各自不同的规律。

1.液相反应中的笼罩效应

液相中每个反应物的分子都处于周围溶剂分子的包围之中,反应物的分子有如关在周围溶剂分子所构成的笼子中,处在笼中的反应物分子不能像在气相中分子能自由活动,直接相碰撞。如果反应物分子积累了足够大的能量,或该分子在向某一方向振动时,恰好这一方向上的组成笼子的分子自动地闪开,于是该分子就能冲破原来的笼子,但又扩散到另一笼子之中。若反应物分子扩散到同一笼中而互相接触,则反应物分子在一个笼子中的被笼罩时间约为 $10^{-12} \sim 10^{-8}$ s,这期间可发生 $10^2 \sim 10^5$ 次的碰撞。反应分子由于这种笼中运动所产生的效应,称为笼罩效应。两个反应分子扩散到同一个笼中互相接触,则称为遭遇。反应分子只有发生遭遇时才能发生反应。液相中的反应一般可表示为扩散和反应两个串联的步骤,即

$$\mathrm{A+B} \xrightarrow{\text{扩散}} \{\mathrm{A\cdots B}\} \xrightarrow{\text{反应}} \text{产物}$$

式中{A…B}表示反应物 A 和 B 扩散到同一个笼中所形成的遭遇分子对。若反应的活化能很大,使反应速率远小于扩散速率,则称为反应控制;若反应的活化能很小,反应速率很快,扩散速率跟不上,则为扩散控制。扩散速率与温度的关系也符合阿伦尼乌斯方程,但扩散过程的活化能很小,一般要比反应的活化能小很多,因此,扩散控制的反应就没有活化控制的反应对温度那么敏感。

2.扩散控制的反应

一些快速反应,如自由基复合反应或酸、碱中和反应,多为扩散控制的反应。当反应为扩散控制时,则反应的总速率应等于扩散速率。扩散速率可利用菲克(Fick)扩散第一定律计算。

菲克(Fick)扩散第一定律:在一定温度下,单位时间扩散过截面积 A_s 的 B 的物质的量 dn_B/dt,比例于截面积 A_s 和浓度梯度 dc_B/dx 的乘积。即

$$dn_B/dt = -DA_s\, dc_B/dx \qquad (9\text{-}9\text{-}1)$$

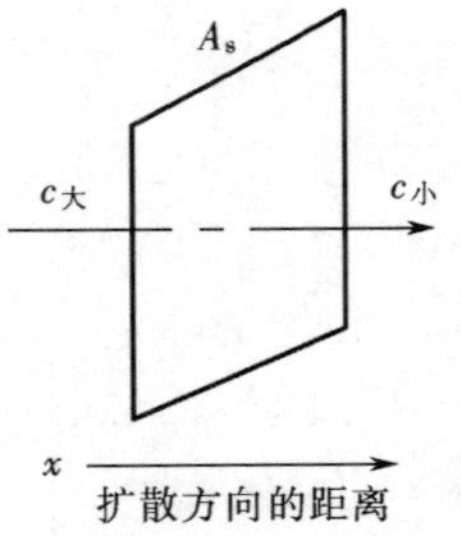

图 9-9-1 扩散定律

因为扩散总是由高浓度向低浓度扩散,如图 9-9-1 所示。图中 x 的指向为扩散的方向,随着扩散距离 x 的增加浓度变小,所以浓度梯度 dc_B/dx为负值,为使扩散速率为正值,应在上式右边加一负号。式中比例常数 D 称为扩散系数,它代表单位浓度梯度时扩散过单位截面积的扩散速率。D 的单位为 $m^2 \cdot s^{-1}$。对于半径为 r 的球形粒子,D 可由下式计算:

$$D = RT/(6L\pi\eta r) \qquad (9\text{-}9\text{-}1)$$

上式称为爱因斯坦(Einstein)—斯托克斯(Stokes)方程。式中 L 为阿伏加德罗常数,η 为粘度。

§ 9-10　光化学的基本概念与定律

在光作用下进行的化学反应称为光化反应。例如，植物在阳光的照射下吸收 CO_2 和水、在绿色细胞叶绿体内合成碳水化合物的光合作用，以及环境中的化学物质在阳光作用下的化学变化等等，都是光化反应。

在 T、p 恒定及光的照射下，$\Delta_r G_m > 0$ 的不能自发进行的反应能够进行。这是因为光是一种有序的辐射能，它能使反应物的分子活化而变为产物，即光能变为化学能。有些能自动进行的反应在光的照射下能加速进行。由于光活化分子的数目比例于光的强度，所以在足够强的光源作用下，在常温下反应的反应速率就能达到同一反应(即无光照射)在高温下才能达到的反应速率。反应温度的降低，往往能有效地抑制副反应的发生。若再选用适当波长的光，则可进一步提高反应的选择性。

1.光化学第一定律

用光照射反应系统，可以发生光的反射、折射、散射、透射及吸收等过程。格罗塞斯—德雷珀(Gronhus-Draper)认为"只有被反应系统吸收的光，才能引起光化学变化"。由此可知，反应总是从反应物吸收光能开始的。反应系统吸收光能的过程称为光化学的初级过程。系统吸收光能后又继续进行的一系列反应过程，则属于次级过程。

光子学说认为，分子(或原子)吸收或发射光的过程，就是吸收或发射一个个光子(又叫光量子)的过程。反应系统每吸收一个光子，就有一个分子(或原子)由低能级激发到高能级；反之，每当有一个分子(或原子)由高能级跃迁到低能级，则要放出一个光子。一个光子的能量恰好是跃迁前后两能级能量的差值。光子的能量 ε 与光的频率 ν 成正比，即

$$\varepsilon = h\nu = hc/\lambda \tag{9-9-1}$$

式中：h 为普朗克常数；c 为在真空中的光速；λ 为光的波长。

2.光化学第二定律

光化学第二定律(原称爱因斯坦光化当量定律)指出：在光化学的初级过程中，系统每吸收一个光子则活化一个分子(或原子)。因此，吸收 1 mol 的光子则活化 1 mol 的分子(或原子)。1 mol 光子的能量称为 1 爱因斯坦，即

$$E_m = Lhc/\lambda \tag{9-9-2}$$

$$E_m = 6.022\,05 \times 10^{23}\ \text{mol}^{-1} \times 6.626\,18 \times 10^{-34}\ \text{J}\cdot\text{s} \times 2.997\,92 \times 10^{8}\ \text{m}\cdot\text{s}^{-1}/\lambda$$

$$= (0.119\,6\ \text{m}/\lambda)\ \text{J}\cdot\text{mol}^{-1}$$

应注意，光化学第二定律只能用于光化学的初级过程。

3.量子效率

系统吸收一个光子使一个分子活化之后，在次级过程中有可能使许多个反应物的分子发生反应，如光引发的链反应。但是，也有反应物分子吸收一个光子后变为电子激发状态的活化分子后，没有进行次级反应，而是放出光子而失去活性，使得这个被吸收的光子没有导致化学反应的发生。为了反映这一情况，引进了量子效率的概念。

所谓光子的量子效率是指：系统每吸收一个光子能使某反应物发生反应的分子数，用符号 φ 表示。其表示式为

$$\varphi = \frac{\text{反应物发生反应的分子数}}{\text{系统所吸收的光子数}} = \frac{\text{反应物发生反应的物质的量}}{\text{系统所吸收光子的物质的量}} \tag{9-10-3}$$

例 9.10.1 用波长为 253.7×10^{-9} m 的光分解气体 HI,其反应可表示为

$$2HI(g) \xrightarrow{h\nu} H_2(g) + I_2(g)$$

实验表明,吸收 307 J 的光能可分解 1.30×10^{-3} mol 的 HI(g)。试求量子效率为若干?

解:系统所吸收光子的物质的量:

$$n(\text{光}) = \frac{E}{E_m} = \frac{307\ \text{J}}{(0.119\,6\ \text{m}/\lambda)\ \text{J}\cdot\text{mol}^{-1}}$$

将 $\lambda = 253.7\times10^{-9}$ m 代入上式,可得 $n(\text{光}) = 6.51\times10^{-4}$ mol,所以量子效率

$$\varphi = 1.30\times10^{-3}/6.51\times10^{-4} = 1.996$$

量子效率近似等于 2,表明一个 HI 分子吸收一个光子后,可使两个 HI 分子发生反应。

不同的光化反应有不同的量子效率,表 9-10-1 列出了某些气相光化学反应的量子效率。

表 9-10-1 某些气相光化学反应的量子效率

反 应	λ/nm	量子效率	备 注
$2NH_3 = N_2 + 3H_2$	210	0.25	随压力而变
$SO_2 + Cl_2 = SO_2Cl_2$	420	1	
$H_2 + Br_2 = 2HBr$	600 以下	2	近 200 ℃(25 ℃时极小)
$3O_2 = 2O_3$	170 ~ 253	1 ~ 3	近于室温
$CO + Cl_2 = COCl_2$	400 ~ 436	约 10^3	随温度升高而降低,且与反应的压力有关
$H_2 + Cl_2 = 2HCl$	400 ~ 436	高达 10^6	随 $p(H_2)$ 及杂质而变

4. 光化反应的机理与速率方程

光化反应对环境工程是很重要,环境光化学已成为环境化学的一个重要分支。下面介绍光化反应的机理与速率方程如何建立。

设有光化反应 $A_2 \xrightarrow{h\nu} 2A$,其反应机理如下:

① $A_2 + h\nu \xrightarrow{k_1} A_2^*$(活化)初级过程

② $A_2^* \xrightarrow{k_2} 2A$(解离)
③ $A_2^* + A_2 \xrightarrow{k_3} 2A_2$(失活)
(②③:次级过程)

式中 $h\nu$ 表示一个光量子的能量。反应①为光化反应的初级过程,其反应速率取决于吸收光子的速率,亦即正比于所吸收光的强度 I_a,而与反应物的浓度无关。根据光化反应的机理推导光化反应的速率方程时,常用稳态近似法,因此,首先根据机理写出以 A 的生成速率的速率方程:

$$d[A]/dt = k_2[A_2^*]$$

由于$[A_2^*]$难以测定,需用浓度$[A_2]$代替。根据稳态近似法,写出中间产物 A 的净速率方程并将 A_2^* 净速率取零,即

$$d[A_2^*]/dt = k_1 I_a - \frac{1}{2}k_2[A_2^*] - k_3[A_2^*][A_2] = 0$$

因 k_2是以 A 的生成速率来表示 $A_2^* \longrightarrow 2A$ 反应的反应速率时的速率常数，若以 A_2^* 消耗速率来表示 $A_2^* \longrightarrow 2A$ 反应的反应速率时，则 $d[A_2^*]/dt = \frac{1}{2}d[A]/dt$，即 $d[A_2^*]/dt = \frac{1}{2}k_2[A_2^*]$，所以式中出现 1/2。将上式移项，整理得

$$[A_2^*] = k_1 I_a / \{(1/2k_2 + k_3)[A_2]\}$$

将上式代入 $d[A]/dt = k_2[A_2^*]$式中，得

$$d[A]/dt = k_2 k_1 I_a / \left\{\left(\frac{1}{2}k_2 + k_3\right)[A_2]\right\}$$

因为每生成 2 个 A 消耗一个 A_2，所以，这个光化过程的量子效率为

$$\varphi = \left(\frac{1}{2}I_a\right)d[A]/dt = k_2 k_1 / 2\left\{\left(\frac{1}{2}k_2 + k_3\right)[A_2]\right\}$$

§9-11 催化作用

一种物质加入化学反应中并明显改变反应速率，而且在反应前后，其本身的数量和化学性质均不变，则此物质称催化剂。催化剂的这种作用，称为催化作用。有时，某些反应的产物也具有加速反应的作用，则称为自动催化作用。例如，有硫酸存在下，高锰酸钾和草酸的反应开始较慢，后来越来越快，就是由于产物 $MnSO_4$所产生的自动催化作用。催化剂如与反应物都在一个相中，则称为单相催化，或称均相催化。若催化剂在反应物系中自成一相，则为多相催化，或称非均相催化。例如，用固体催化剂来加速液相或气相反应，就是多相催化。例如，用固体催化剂来催化氧化汽车废气中的烯属化合物。

1.催化剂的基本特征

(1)催化剂参与催化反应，但反应终了时，催化剂的化学性质和数量都不变，所以催化剂能反复使用。

(2)催化剂只能缩短达到平衡的时间，而不能改变平衡状态。催化剂既然在反应前后没有变化，所以从热力学上看，在一定的反应条件下，催化剂的存在与否不会改变反应系统的始末状态，当然热力学状态函数也就不会改变，即 $\Delta_r H_m$、$\Delta_r S_m$、$\Delta_r G_m$ 均为定值。因此，催化剂不能使热力学上不能进行的反应发生任何变化。在反应已达平衡的系统中加入催化剂，反应的标准平衡常数及平衡转化率皆不会改变。对于对行反应，因为平衡常数 $K_c = k(正)/k(逆)$，所以催化剂能同时加快正、逆反应的速率，而且 k(正)与 k(逆)增加的倍数必然相等。也就是说，能加速正反应的催化剂必然是能加速逆反应的良好催化剂。这一规律对寻找催化剂实验提供了很多方便。

(3)催化剂具有明显的选择性。当相同的反应物可能有多个平行反应发生时，采用不同的催化剂可加速不同反应，这就是催化剂的选择性。

2.催化剂的稳定性与中毒

从理论上讲，催化剂在反应前后的化学性质和数量皆不变，似乎催化剂可以无限期地使用，但这只是理想化的情况。实际上，催化剂使用一定时间后，由于机械磨损、温度和外来化学物质等各种因素的影响，其化学结构、结晶状态及表面性质等将逐渐地发生变化，它的催化活

性将随之衰减，以致最后完全不能使用，这种现象称为催化剂的老化。

有时少量的杂质可使催化剂完全失去催化作用，这种现象称为催化剂的中毒。例如，白金粉末可催化 H_2、O_2生成 H_2O，但气体中若含有极少量的 CO，就会使白金催化剂中毒而失去活性。所谓催化剂的活性，是指催化剂加快反应速率的快慢。催化剂抵抗衰老和中毒的能力称为催化剂的稳定性。稳定性越好，连续使用的时间就越长。催化剂的活性、稳定性及选择性是衡量催化剂性能的三个重要指标。

3.催化反应的一般机理

为什么加入催化剂反应速率会加快呢？这主要是因为催化剂与反应物生成不稳定的中间化合物，改变了反应途径，降低了表观活化能，或增大了表观频率因子。因为活化能在阿伦尼乌斯方程的指数项上，所以活化能的降低对反应的加速尤为显著。

假设催化剂 K 能加速反应：$A + B \longrightarrow AB$，其机理为

$$A + K \underset{k_{-1}}{\overset{k_1}{\rightleftharpoons}} AK \qquad (\text{快速平衡})$$

$$AK + B \xrightarrow{k_2} AB + K$$

因对行反应为快速平衡，则

$$K_c = k_1/k_{-1} = c_{AK}/(c_A c_K)$$

故

$$c_{AK} = (k_1/k_{-1})c_A c_K$$

总的反应速率为

$$dc_{AB}/dt = k_2 c_{AK} c_B = k_2(k_1/k_{-1})c_K c_A c_B = kc_A c_B$$

则总反应的速率常数 k 与上式中各基元反应的速率常数的关系为

$$k = (k_2 k_1/k_{-1})c_K$$

将阿伦尼乌斯方程 $k = Ae^{-E_a/RT}$与上式结合，得

$$k = Ae^{-E_a/RT} = (A_1 A_2/A_{-1})e^{-(E_{a,1} + E_{a,2} - E_{a,-1})}$$

因此，总反应的表观活化能与各基元反应活化能的关系为

$$E_a = E_{a,1} + E_{a,2} - E_{a,-1}$$

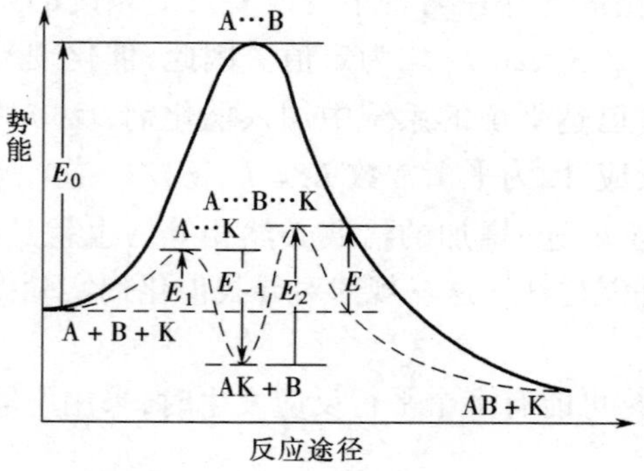

图 9-11-1　活化能与反应途径示意图

上述关系可用图 9-11-1 表示。图中非催化反应要克服一个高的能峰，所对应的活化能为 E_0。在催化剂 K 的作用下，反应途径发生改变，只需翻越两个小的能峰，这两个小能峰总的表观活化能 E_a 为 $E_{a,1}$、$E_{a,-1}$、和 $E_{a,,2}$ 的代数和。因此，当两者的频率因子相差不大的情况下，只要催化反应的表观活化能 E_a小于非催化反应的活化能 E_0，反应速度显然是要增加的。催化反应的机理是复杂而多样的，上述机理只是示意地说明催化剂改变反应途径，降低反应活化能，从而加速反应的道理。

但有时在活化能相差不大的情况下，催化反应的速度却有很大的差别。例如甲酸的分解反应

$$HCOOH \longrightarrow H_2 + CO_2$$

甲酸在不同催化剂表面上的反应速度相差很大。在玻璃或铑上反应的活化能几乎相等，而反应速率却相差10 000倍。这可能由于铑的单位表面上的活性中心远远超过玻璃，而使两者的表观指前因子相差悬殊所致。

4.多相催化反应

多相催化反应，主要是用固体催化剂催化气相或液相反应。在化工、环境工程中，气固相催化反应得到广泛的应用，所以这里主要讨论气固相催化反应。

在多相催化中，催化反应是在固体催化剂的表面上进行的，即反应物分子必须能化学吸附在催化剂表面上，然后才能在表面上发生反应。反应后的产物是吸附在表面上的，若反应要继续在表面上进行，则产物必须要从表面上不断地解附下来。同时由于催化剂颗粒是多孔的，所以催化剂的大量表面是处在催化剂微孔内的。因此，气体分子要在催化剂表面上进行反应则必须经过以下的7个步骤：

(1)反应物分子由气体主体向催化剂的外表面扩散(外扩散)；

(2)反应物分子由外表面向内表面扩散(内扩散)；

(3)反应物分子吸附在催化剂表面上；

(4)反应物在催化剂表面上进行化学反应生成产物；

(5)产物从催化剂表面上解附；

(6)产物从内表面向外表面扩散(内扩散)；

(7)产物从外表面向气体主体扩散(外扩散)。

在稳态下，上述7个串联步骤的速率是相等的。速率的大小受7个步骤中阻力最大的慢步骤控制，若能设法减少该步骤的阻力，就能加快整个过程的速率。吸附、反应和解附这三个步骤称为表面过程。若表面过程为控制过程，则认为扩散能随时保持平衡，即催化剂表面附近气体的浓度与气相主体中的浓度相同。一般气固相催化反应的气流速率大，反应温度低，催化剂的颗粒小而孔径大，而活性较低，则扩散速率常远大于表面过程的速率，因而表现为表面过程控制。表面过程控制又称为动力学控制。若反应在高温、高压下进行，因催化剂活性很高而颗粒小和孔径大，但气流速度较低，内扩散及表面过程都较快，而外扩散较慢，因此反应为外扩散控制。

§9-12 酶催化反应动力学

酶是由生物或微生物产生的一种具有催化功能的特殊蛋白质，是一种生物催化剂。有的酶是蛋白质，如胃蛋白酶等。但多数的酶是结合蛋白质，如脱氢酶、过氧化氢酶等。以酶为催化剂的反应称为酶催化反应。生物体内的化学反应，几乎都在酶的催化下进行。通过酶可以合成和转化自然界大量有机物质。酶催化反应已被利用在发酵、石油脱蜡、脱硫以及“三废”处理等方面。例如生物过滤法和活性污泥处理污水是环境工程中应用酶催化反应的例证。

1.酶催化反应的特点

酶是特殊的生物催化剂，除了一般催化剂的特点外，酶催化剂还有以下特点。

1)酶催化活性高

酶对反应的催化效率比一般无机物催化剂或有机物催化剂的效率有时高出 $10^6 \sim 10^{14}$ 倍。这是因为酶催化剂使反应活化能降得更低。例如,在室温下 1 mol 乙醇脱氢酶于 1 s 内就能使 720 mol 乙醇转化为乙醛。在工业生产中,用 Cu 作催化剂催化同样的反应,在 200 ℃以下每 1 mol Cu 只能催化 0.1 ~ 1 mol 的乙醇转化。可见酶的催化活性之高是一般的催化剂无法比拟的。

2)酶催化具有很高的选择性

有些酶只能催化某一特定反应,如尿素酶在溶液中只含千万分之一,就能催化尿素 $(NHI)_2CO$的水解,但不能催化水解尿素的取代物,如甲脲$(NH_2)(CH_3NH)CO$。又如乳酸脱氢酶只能催化 *L*-乳酸氧化,而不能催化 *D*-乳酸等等。酶催化剂这种高选择性是因为酶分子具有特殊的络合物结构排列,活性只存在酶分子中较小区域,称之为活性中心。当该活性中心的化学基团结构排列刚好与反应物的某些部位相适合并能以氢键等进行结合时,酶才能表现出活性。所以酶有很高的选择性。

3)酶催化所需的反应条件温和

酶催化反应一般在常温、常压条件下进行,所用介质是中性或近于中性,反应物的浓度也往往比较低。这与一般化工生产常需高温或高压条件、强酸性或强碱性介质以及相当高的浓度等等,形成鲜明的对比。例如生产上使用金属催化剂完成合成氨反应,需要高温(770 K 以上)、高压(3×10^5 Pa 以上)及特殊设备,而且合成效率只有 7% ~ 10%。而酶催化反应条件温和,如植物的根瘤菌或其他固氮菌,可以在常温常压下固定空气中的氮,使之转化为氨态氮。

2.酶催化反应动力学

酶催化反应的反应机理复杂,目前认为具有代表性的是米凯利斯—门吞所提出的反应机理。该机理认为:在酶催化反应中,酶(E)与底物(S)先形成一种中间复合物(ES),这是一步快反应。然后酶底复合物(ES)再分解得到产物,并重新释放出酶(E),这是一步慢反应。

$$E + S \underset{k_3}{\overset{k_1}{\rightleftharpoons}} ES \xrightarrow{k_2} E + P$$

因酶底复合物(ES)再分解反应为控制步骤,故反应速率为

$$d[P]/dt = k_2[ES] \qquad (9\text{-}12\text{-}1)$$

用稳态近似处理法将式中酶底复合物的浓度[ES]换成反应物的浓度,即

$$d[ES]/dt = k_1[E][S] - k_2[ES] - k_3[ES] = 0$$

$$[ES] = k_1[E][S]/(k_2 + k_3) \qquad (9\text{-}12\text{-}2)$$

设 $K_M = (k_2 + k_3)/k_1$,称为 Michaelis 常数(米氏常数),它是酶底复合物(ES)的消耗速率常数与生成速率常数之比。

将式(9-12-2)代入式(9-12-1)中,得

$$d[P]/dt = k_2k_1[E][S]/(k_2 + k_3) = k_2[E][S]/K_M$$

若酶的起始浓度为$[E_0]$,反应达稳态后,其中一部分酶生成酶底复合物(ES),另一部分仍为游离状态,根据物料平衡,得

$$[E] = [E_0] - [ES]$$

将上式代入式(9-12-2)中,得

$$[ES] = [E_0][S] / K_M + [S]$$

(1)当底物浓度[S]很大时,$[S] >> K_M$,$K_M + [S] \sim [S]$,则 $d[P]/dt = k_2[E_0]$催化反应的速率与酶的总浓度 $[E_0]$成正比,而与底物的浓度[S]无关。此时对底物来说是零级反应;相反,底物浓度[S]很小时,$K_M + [S] \approx K_M$,则 $d[P]/dt = (k_2/K_M)[E_0][S]$,即反应对底物为一级反应。以上分析与反应速率 $d[P]/dt$ 对底物浓度 $c(S)$的关系图相一致,见图 9-12-1。

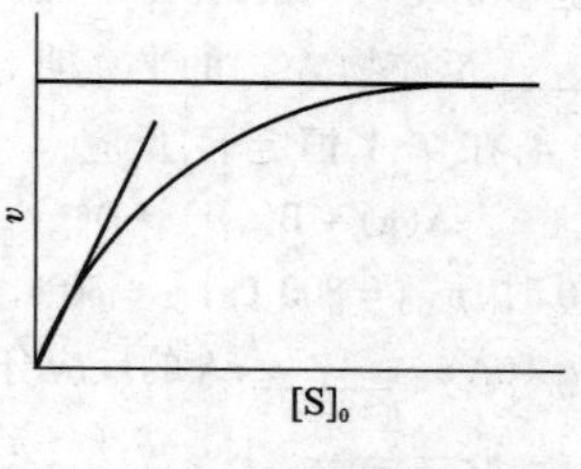

图 9-12-1　典型酶催化反应的典型速率曲线

(2)温度和 pH 对酶催化反应速率的影响一般只能在比较小的温度范围(273 ~ 323 K)内发生。在此范围内,随着温度上升,酶催化反应的速率一般先增大,后降低,表现为有一最适宜的温度。这是由于一方面反应速率随温度升高而增快;另一方面随温度升高,酶的变性作用加快,活性降低。当温度升至 40 ℃到 50 ℃时,包括各种酶在内的许多蛋白质会发生不可逆变性。要注意,在某一温度下,随着时间的延长,变性的蛋白质将逐渐增加,酶的活性也会不断下降。

酶只能在很窄的 pH 范围内具有催化活性。大多数酶的催化活性是在 pH 值接近于 7 时最佳,也有少数几种酶例外,如胃蛋白酶的最适 pH 值为 2,精氨酸酶的最适 pH 值为 10。

在最佳的 pH 值两边,酶的催化活性下降,这可能与蛋白质的部分变性有关。与温度的影响相似,酶若处在不适宜的 pH 条件下,时间的长短不同,酶的催化活性亦不同。

本章基本要求

1. 掌握反应速率、反应速率常数、反应级数和反应分子数的概念,以及反应级数与反应分子数的区别,基元反应与质量作用定律。

2. 掌握零、一、二级反应的特征,并能进行具体计算。

3. 理解微分法、半衰期法及积分法如何由实验数据确定速率方程。

4. 掌握阿伦尼乌斯方程的三种形式及其应用,明确活化能的概念及其对反应速率常数的影响。

5. 明了典型复合反应速率方程的建立及复杂反应速率方程的近似处理法。

6. 了解溶液中的反应特点及笼罩效应。

7. 明了光化反应的特征及光化反应两定律。

8. 懂得催化作用的特征及多相催化反应的步骤。

9. 理解酶催化反应的特征及米凯利斯—门吞的酶催化反应机理。

概　念　题

填空题

1. 在一定 T、V 下,反应

$$A(g) \longrightarrow B(g) + D(g)$$

若 A(g)完全反应掉所需时间是其反应掉一半所需时间的 2 倍,则此反应的级数 n = ______。

2. 某反应,其反应物 A 反应掉 3/4 所需时间是其反应一半所需时间的 2 倍,则此反应必为______级反应。

3. 在一定 T、V 下，反应

$$2A(g) \longrightarrow A_2(g)$$

的速率常数 $k_A = 2.5\times10^{-3}\ mol^{-1}\cdot dm^3\cdot s^{-1}$，A(g)的初始浓度 $c_{A,0}=0.02\ mol\cdot dm^{-3}$，则此反应的反应级数 $n=$______，反应物 A(g)的半衰期 $t'_{1/2}(A)=$______。

4. 在 T、V 恒定下，反应

$$A(g)+B(s)\longrightarrow D(g)$$

$t=0$ 时，$p_{A,0}=800\ Pa$；$t_1=30\ s$，$p_{A,1}=400\ Pa$；$t_2=60\ s$，$p_{A,2}=200\ Pa$；$t_3=90\ s$，$p_{A,3}=100\ Pa$。此反应 A 的半衰期 $t_{1/2}(A)=$______；A 的反应分级数 $n_A=$______；反应速率常数 $k=$______。

5. 基元反应：$A(g)\xrightarrow{T、V一定}B(g)$

A(g)的起始浓度为 $c_{A,0}$，当其反应掉 1/3 所需时间为 2 s，A 所余下的 $2c_{A,0}/3$ 再反应掉 1/3 所需时间 $t=$______ s，$k=$______。

6. 在 400 K、0.2 dm^3 的反应器中，某二级反应的速率常数 $k_p=10^{-3}\ kPa^{-1}\cdot s^{-1}$。若将 k_p 改为用浓度 c（c 的单位为 $mol\cdot dm^{-3}$）表示，则速率常数 $k_c=$______。

7. 在一定 T、V 下，反应

$$A(g)\longrightarrow B(g)+D(g)$$

反应前系统中只有 A(g)，起始浓度为 $c_{A,0}$；反应进行 1 min 时，$c_A=3c_{A,0}/4$；反应进行到 3 min 时，$c_A=c_{A,0}/4$。此反应为______级反应。

8. 某一级反应在 300 K 时的半衰期为 50 min，在 310 K 时半衰期为 10 min，则此反应的活化能 $E_a=$______ $kJ\cdot mol^{-1}$。

9. 在一定 T、V 下，基元反应

$$A+B\longrightarrow 2D$$

若起始浓度 $c_{A,0}=a$，$c_{B,0}=2a$，$c_{D,0}=0$，则该反应各物质的浓度随时间 t 变化的示意曲线可表示为______；各物质的浓度随时间的变化率 dc_i/dt 与时间 t 的关系示意曲线为______。请画出两图的形状。

10. 恒温、恒容下，某反应的机理为

$$A+B\underset{k_{-1}}{\overset{k_1}{\rightleftharpoons}}C\xrightarrow{k_3}D$$

则 $dc_C/dt=$______；$-dc_A/dt=$______。

11. 恒温、恒容理想气体反应的机理如下：

$$A(g)+B(g)\begin{cases}\xrightarrow{k_B}2D(g)\xrightarrow{k_C}C(g)\\ \xrightarrow{k_E}E(g)\end{cases}$$

则 $-dc_B/dt=$______；$-dc_D/dt=$______。

12. 在光化学反应的初级过程中，系统每吸收 1 mol 的光子，可活化______的反应物的分子或原子。

选择填空题（从每题所附答案中择一正确的填入横线上）

1. 在 T、V 一定，基元反应

$$A+B\longrightarrow D$$

在反应之前 $c_{A,0}\gg c_{B,0}$，即反应过程中反应物 A 大量过剩，其反应掉的量浓度与 $c_{A,0}$ 相比较可忽略不计，则此反应的级数 $n=$______。

选择填入：(a)0　(b)1　(c)2　(d)无法确定

2. 在指定条件，任一基元反应的分子数与反应级数之间的关系为______。

选择填入：(a)二者必然是相等的　(b)反应级数一定是小于反应的分子数　(c)反应级数一定是大于反

应的分子数　(d)反应级数可以等于或小于其反应的分子数,但绝不会出现反应级数大于反应的分子数的情况

3. 基元反应的分子数是个微观的概念,其值______。

选择填入:(a)只能是0,1,2,3　(b)可正、可负、可为零　(c)只能是1,2,3这三个正整数　(d)无法确定

4. 在化学动力学中,质量作用定律只适用于______。

选择填入:(a)反应级数为正整数的反应　(b)恒温恒容反应　(c)基元反应　(d)理想气体反应

5. 化学动力学中反应级数是个宏观的概念,实验的结果,其值______。

选择填入:(a)只能是正整数　(b)只能是0,1,2,3,……　(c)可正,可负,可为零,可以是整数,也可以是分数　(d)无法测定

6. T、V恒定下气相反应为

$$A(g) \longrightarrow B(g) + D(g)$$

反应前A(g)的初始浓度为$c_{A,0}$,速率常数为k_A,A(g)完全反应掉所需的时间是一有限值,用符号t_∞示之,而且$t_\infty = c_{A,0}/k_A$,则此反应必为______。

选择填入:(a)一级反应　(b)二级反应　(c)0.5级反应　(d)零级反应

7. 在25 ℃的水溶液中,分别发生下列反应:

(1)$A \longrightarrow C + D$为一级反应,半衰期为$t_{1/2}(A)$

(2)$2B \longrightarrow L + M$为二级反应,半衰期为$t_{1/2}(B)$

若A和B初始浓度之比$c_{A,0}/c_{B,0} = 2$,当反应(1)进行到$t_1 = 2t_{1/2}(A)$,反应(2)进行到$t_2 = 2t_{1/2}(B)$,此时c_A与c_B之间的关系为______。

选择填入:(a)$c_A = c_B$　(b)$c_A = 2c_B$　(c)$4c_A = 3c_B$　(d)$c_A = 1.5c_B$

8. 在300 K,$V = 0.2\ dm^3$,反应$2A(g) \longrightarrow B(g)$,反应前$c_{A,0} = 0.12\ mol \cdot dm^{-3}$,$c_{B,0} = 0$。

若反应的速率常数$k_A = 0.25\ mol^{-1} \cdot dm^3 \cdot s^{-1}$,则该反应为______级反应;

若$k_A = 0.25\ mol \cdot dm^{-3} \cdot s^{-1}$,则该反应为______级反应;

若$k_B = 0.125\ s^{-1}$,则此反应为______级反应。

选择填入:(a)零　(b)1　(c)2　(d)0.5

9. 在T、V恒定下,反应$2A(g) \longrightarrow B(g)$

若A的转化率$x = 0.8$时所需的时间为A的半衰期的4倍,则此反应必为______级反应。

选择填入:(a)零　(b)1　(c)2　(d)无法确定

10. 在一定T、V下,反应$A_2(g) \longrightarrow 2A(g)$

当$A_2(g)$的起始压力$p_0 = 880$ Pa时,$A_2(g)$的半衰期$t'_{1/2} = 30.36$ s;当$p_0(A_2) = 352$ Pa时,$t_{1/2}(A_2) = 48$ s,则此反应的级数$n =$______。

选择填入:(a)0.5　(b)1.5　(c)2.5　(d)无法确定

11. 在T、V恒定下,某反应中反应物A反应掉7/8所需的时间是它反应3/4所需时间的1.5倍,则其反应级数为______。

选择填入:(a)零级　(b)1级　(c)2级　(d)1.5级

12. 在一定T、V下,反应$Cl_2(g) + CO(g) \longrightarrow COCl_2(g)$的速率方程为$dc_{COCl_2}/dt = kc_{Cl_2}^n c_{CO}$。当$c_{CO}$不变而$Cl_2$的浓度增至3倍时,可使反应速率加快至原来的5.2倍,则$Cl_2(g)$的分级数$n =$______。

选择填入:(a)零级　(b)1级　(c)2级　(d)1.5级

13. 放射性^{201}Pb的半衰期为8 h,1 g放射性^{201}Pb在24 h后还剩下______ g。

选择填入:(a)1/2　(b)1/3　(c)1/4　(d)1/8

14. 在一定T、p下,HI气体的摩尔生成焓$\Delta_f H_m < 0$,而HI气体分解反应

$HI(g) \longrightarrow 0.5H_2(g) + 0.5I_2(g)$

过程的 $\Delta_r H_m > 0$。此反应过程的活化能 E_a ______。

选择填入：(a) $< \Delta_r H_m$ (b) $= \Delta_r H_m$ (c) $< \Delta_f H_m$ (d) $> \Delta_r H_m$

习 题

9-1(A) 恒容气相反应 $SO_2Cl_2(g) \longrightarrow SO_2(g) + Cl_2(g)$为一级反应，320 ℃时反应的速率常数 $k = 2.2 \times 10^{-5}\ s^{-1}$。初浓度 $c_0 = 20\ mol \cdot dm^{-3}$的 SO_2Cl_2 气体在 320 ℃时恒温 2 h 后，其浓度为若干？

答：$c = 17.07\ mol \cdot dm^{-3}$

9-2(A) 某一级反应，在一定温度下反应进行 10 min 后，反应物反应掉 30%。求反应物反应掉 50%所需的时间。

答：$t = 19.43$ min

9-3(A) 偶氮甲烷的热分解反应

$CH_3NNCH_3(g) \longrightarrow C_2H_6(g) + N_2(g)$

为一级反应。在恒温 278 ℃、于真空密封的容器中放入偶氮甲烷，测得其初始压力为 21 332 Pa，经 1 000 s 后总压力为 22 732 Pa，求 k 及 $t_{1/2}$。

答：$k = 6.788 \times 10^{-5}\ s^{-1}$，$t_{1/2} = 10\ 211$ s

9-4(B) 对于一级反应，试证明转化率达到 0.999 所需的时间约为反应半衰期的 10 倍。对于二级反应又应为若干倍？

答：999 倍

9-5(A) 硝基乙酸$(NO_2)CH_2COOH$在酸性溶液中的分解反应

$(NO_2)CH_2COOH \longrightarrow CH_3NO_2 + CO_2(g)$

为一级反应。25 ℃、101.3 kPa 下，于不同时间测定放出 CO_2 的体积如下：

t/min	2.28	3.92	5.92	8.42	11.92	17.47	∞
V/cm^3	4.09	8.05	12.02	16.01	20.02	24.02	28.94

反应不是从 $t = 0$ 开始的。试以 $\ln\{(V_\infty - V_t)/cm^3\}$对 t/min 作图，求反应的速率常数 k。

答：$k = 0.107\ min^{-1}$

9-6(B) 现在的天然铀矿中$^{238}U:^{235}U = 139.0:1$。已知$^{238}U$蜕变反应的速率常数为 $1.520 \times 10^{-10}/a$。^{235}U的蜕变反应的速率常数为 $9.720 \times 10^{-10}/a$，问在 20 亿(即 2×10^9)年前，铀矿石中$^{238}U:^{235}U = ?$（a 为年的符号）

答：27:1

9-7(A) 在水溶液中，分解反应 $C_6H_5N_2Cl(l) \longrightarrow C_6H_5Cl(l) + N_2(g)$为一级反应。在一定 T、p 下，随着反应的进行，用量气管测量出在不同时刻所释出 $N_2(g)$的体积。假设 N_2 的体积为 V_0 时才开始计时，即 $t = 0$ 时体积为 V_0，t 时刻 N_2 的体积为 V_t，$t = \infty$时 N_2 的体积为 V_∞。试导出此反应的速率常数为

$$k = \frac{1}{t}\ln\frac{V_\infty - V_0}{V_\infty - V_t}$$

9-8(A) 在 450 K 的真空容器中放入初始压力为 213 kPa 的 A(g)，进行下列一级热分解反应：

$A(g) \longrightarrow B(g) + D(g)$

反应进行 100 s 时，测得系统的总压力为 233 kPa。求反应的速率常数及 A(g)的半衰期。

答：$k = 9.86 \times 10^{-4}\ s^{-1}$，$t_{1/2} = 703$ s

9-9(A) 在 25 ℃、101.325 kPa 下的水溶液发生下列一级反应:

$A(l) \longrightarrow B(l) + D(g)$

随着反应的进行,用量气管测出不同时间 t 所释放出的理想气体 D(g)的体积,列表如下:

t/min	0	3.0	∞
V/cm^3	1.20	13.20	47.20

求 k 及 $t_{1/2}$(A)。

答: $k = 0.100\ 8\ \text{min}^{-1}$, $t_{1/2}(A) = 6.876$ min

9-10(A) 在 $T = 300$ K、$V = 2.0$ dm^3 的容器中,理想气体反应

$2B(g) \longrightarrow B_2(g)$

为二级反应。当反应物的初速度 $c_{B,0} = 0.10\ \text{mol·dm}^{-3}$,B(g)的半衰期 $t_{1/2} = 40$ min。问:反应进行 60 min 时,B_2(g)的物质的量浓度 c_{B_2} 为若干?若反应速率表示为 $-dp_B/dt = k_{p,B}p_B^2$,则 $k_{p,B}$为若干?

答: $k_{p,B} = 1.002 \times 10^{-7}\ (\text{Pa·min})^{-1}$, $c(B_2) = 0.03\ \text{mol·dm}^{-3}$

9-11(A) 在 T、V 恒定条件下,反应

$A(g) + B(g) \longrightarrow D(g)$

为二级反应。当 A、B 的初始浓度皆为 1 mol·dm^{-3}时,经 10 min 后 A 反应掉 25%,求反应的速率常数 k 为若干?

答: $k = 0.033\ 3\ \text{mol}^{-1}\text{·dm}^3\text{·min}^{-1}$

9-12(A) 某二级反应

$A(g) + B(g) \longrightarrow 2D(g)$

当反应物的初始浓度 $c_{A,0} = c_{B,0} = 2.0\ \text{mol·dm}^{-3}$时,反应的初速率 $-(dc_A/dt)_{t=0} = 50.0\ \text{mol·dm}^{-3}\text{·s}^{-1}$,求 k_A 及 k_D 各为若干?

答: $k_A = 12.5\ \text{mol}^{-1}\text{·dm}^3\text{·s}^{-1}$, $k_D = 25.0\ \text{mol}^{-1}\text{·dm}^3\text{·s}^{-1}$

9-13(A) 在 781 K,初压力分别为 10 132.5 Pa 和 101 325 Pa 时,HI(g)分解成 H_2 和 I_2(g)的半衰期分别为 135 min 和 13.5 min。试求此反应的级数及速率常数。

答: $n = 2$, $k(HI) = 7.31 \times 10^{-7}\ \text{Pa}^{-1}\text{·min}^{-1}$

9-14(B) 双光气分解反应 $ClCOOCCl_3 \longrightarrow 2COCl_2$ 可以进行完全。将双光气置于密闭容器中,于恒温 280 ℃、不同时间测得总压列表如下:

t/s	0	500	800	1 300	1 800	∞
p(总)/Pa	2 000	2 520	2 760	3 066	3 306	4 000

求反应级数和双光气(以 A 代表)的消耗速率常数。

答:一级, $k_A = 5.9 \times 10^{-4}\ \text{s}^{-1}$

9-15(B) 反应 $A + 2B \longrightarrow D$ 的速率方程为 $-\frac{dc_A}{dt} = kc_Ac_B$,25 ℃时 $k = 2 \times 10^{-4}\ \text{dm}^3\text{·mol}^{-1}\text{·s}^{-1}$。

(a)若初始浓度 $c_{A,0} = 0.02\ \text{mol·dm}^{-3}$, $c_{B,0} = 0.04\ \text{mol·dm}^{-3}$,求 $t_{1/2}$;

(b)若将反应物 A 和 B 的挥发性固体装入 5 dm^3 的密闭容器中,已知 25 ℃时 A 和 B 的饱和蒸气压分别为 10.133 kPa 和 2.027 kPa,问 25 ℃时 0.5 mol A 转化为产物需多长时间。

答:(a) $t_{1/2} = 1.25 \times 10^5$ s;(b) $t = 1.5 \times 10^5$ s

9-16(B)　试证明速率方程可以表示为：$-dc_A/dt = k_A c_A^n$ 的反应物 A 的半衰期 $t_{1/2}$ 与 A 的初始浓度 c_0、A 的反应级数 n、速率常数 k_A 之间的关系为

$$t_{1/2} = (2^{n-1}-1)/\{k_A(n-1)c_0^{n-1}\}$$

9-17(B)　在溶液中，反应

$$S_2O_8^{2-} + 2Mo(CN)_8^{4-} \longrightarrow 2SO_4^{2-} + 2Mo(CN)_8^{3-}$$

的速率方程为

$$-\frac{d[Mo(CN)_8^{4-}]}{dt} = k[S_2O_8^{2-}][Mo(CN)_8^{4-}]$$

20 ℃时，反应开始时只有两反应物，其初始浓度依次为 0.01、0.02 $mol \cdot dm^{-3}$。反应 26 h 后，测定剩余的八氰基钼酸根离子的浓度 $[Mo(CN)_8^{4-}] = 0.015\ 62\ mol \cdot dm^{-3}$，求 k。

答：$k = 1.078\ mol^{-1} \cdot dm^3 \cdot h^{-1}$

9-18(A)　在 T、V 一定的容器中，某气体的初压力为 100 kPa 时，发生分解反应的半衰期为 20 s。若初压力为 10 kPa 时，该气体分解反应的半衰期则为 200 s。求此反应的级数与速率常数。

答：$n = 2, k = 5 \times 10^{-4}\ kPa^{-1} \cdot s^{-1}$

9-19(B)　在一定 T、V 下，反应：$H_2(g) + Br_2(g) \longrightarrow 2HBr(g)$ 的速率方程可表示为

$$dc(HBr)/dt = kc(H_2)^\alpha \cdot c(Br_2)^\beta \cdot c(HBr)^\gamma$$

当 $c(H_2) = c(Br_2) = 0.1\ mol \cdot dm^{-3}$，$c(HBr) = 2\ mol \cdot dm^{-3}$ 时，反应的速率为 v，其他不同物质的 c 的反应速率列表如下，求此反应的分级数 α、β 及 γ 各为若干？

$c(H_2)/mol \cdot dm^{-3}$	$c(Br_2)/mol \cdot dm^{-3}$	$c(HBr)/mol \cdot dm^{-3}$	$dc(HBr)/dt$
0.1	0.1	2	v
0.1	0.4	2	$8v$
0.2	0.4	2	$16v$
0.1	0.2	3	$1.88v$

答：$\alpha = 1, \beta = 1.5, \gamma = -1$

9-20(B)　气相反应 $2NO(g) + 2H_2(g) \longrightarrow N_2(g) + 2H_2O(g)$ 的速率方程为

$$-dp(NO)/dt = kp^\alpha(NO)p^\beta(H_2)$$

700 ℃时测得 NO 及 H_2 的起始分压力及对应的初速率列表如下：

$p_0(NO)/kPa$	$p_0(H_2)/kPa$	$\{-dp(NO)/dt\}_{t=0}/(Pa \cdot min^{-1})$
50.6	20.2	486
50.6	10.1	243
25.3	20.2	121.5

求 NO 及 H_2 的分级数 α、β 和反应速率常数 $k(NO)$。

答：$\alpha = 2, \beta = 1, k = 9.4 \times 10^{-12}\ Pa^{-2} \cdot min^{-1}$

9-21(B)　在一定 T、V 下，对于 0.5 级反应 $A \longrightarrow B + D$，反应前系统内只有 A，求 A 的半衰期 $t_{1/2}$ 与 $c_{A,0}$ 之间的定量关系式。

9-22(A)　在 T、V 恒定下，气相反应 $2NO + O_2 \longrightarrow 2NO_2$ 的机理如下：

$$2NO \underset{k_2}{\overset{k_1}{\rightleftharpoons}} N_2O_2\text{（快速平衡）}$$

$$N_2O_2 + O_2 \longrightarrow 2NO_2\text{（慢）}$$

上述三个基元反应的活化能分别为 80 kJ·mol^{-1},200 kJ·mol^{-1}和 80 kJ·mol^{-1}。试导出 $-dc(O_2)/dt=$? 求反应的级数、反应的表观活化能 E_a;系统的温度升高时,反应速率将如何变化?

答:$n=3$, $E_a=-40$ kJ·mol^{-1}

9-23(B) 恒温、恒容下,某 n 级气相反应的速率方程为

$$-dc_A/dt=k_C c_A^n \text{ 或 } -dp_A/dt=k_p p_A^n$$

由阿伦尼乌斯方程可知 $E_a=RT^2 d\ln(k/[k])/dT$,若用 k_C 计算的活化能为 $E_{a,V}$,用 k_p 计算的活化能为 $E_{a,p}$,试证明对理想气体反应

$$E_{a,p}-E_{a,V}=(1-n)RT$$

9-24(A) 在 651.7 K 时,$(CH_3)_2O$ 的热分解反应为一级反应,其半衰期为 363 min,活化能 $E_a=217\ 570$ J·mol^{-1}。试计算此分解反应在 723.2 K 时的速率常数 k 及使$(CH_3)_2O$ 分解掉 75%所需的时间。

答:$k(723.2\text{ K})=0.101\ 1$ min^{-1}, $t=13.71$ min

9-25(A) 某一级反应,在 298 K 及 308 K 时的速率常数分别为 3.19×10^{-4} s^{-1}和 9.86×10^{-4} s^{-1}。试根据阿伦尼乌斯方程计算反应的活化能及表观频率因子。

答:$E_a=86.112$ kJ·mol^{-1}, $A=3.966\times10^{11}$ s^{-1}

9-26(A) 乙醇溶液中进行如下反应:

$$C_2H_5I+OH^- \longrightarrow C_2H_5OH+I^-$$

实验测得不同温度下的 k 如下:

t/℃	15.83	32.02	59.75	90.61
$10^3 k/(\text{dm}^3\cdot\text{mol}^{-1}\cdot\text{s}^{-1})$	0.050 3	0.368	6.71	119

试用作图法求该反应的活化能。

答:$E_a=90.85$ kJ·mol^{-1}

9-27(B) 反应 $A \underset{k_2}{\overset{k_1}{\rightleftharpoons}} B$ 为对行一级反应,A 的初始浓度为 a,时间为 t 时,A 和 B 的浓度分别为 $a-x$ 和 x。试证明此反应的动力学方程可表示为

$$(k_1+k_2)t=\ln\frac{k_1 a}{k_1 a-(k_1+k_2)x}$$

9-28(A) 若反应 $A_2+B_2 \longrightarrow 2AB$ 有如下机理:

(1)$A_2 \xrightarrow{k_1} 2A$(很慢)

(2)$B_2 \overset{K}{\rightleftharpoons} 2B$(快速平衡,平衡常数 K 很小)

(3)$A+B \xrightarrow{k_2} AB$(快)

k_1 是以 c_A 的变化表示反应速率的速率常数。试用稳态法导出以 $dc(AB)/dt$ 表示的速率方程。

答:$dc(AB)/dt=k_1 c_A$

9-29(B) 反应 $H_2(g)+Cl_2(g) \xrightarrow{k} 2HCl(g)$的机理如下:

$$Cl_2+M \xrightarrow{k_1} 2Cl+M$$

$$Cl+H_2 \xrightarrow{k_2} HCl+H$$

$$H+Cl_2 \xrightarrow{k_3} HCl+Cl$$

$$2Cl + M \xrightarrow{k_4} Cl_2 + M$$

试证明：$d(HCl)/dt = 2k_2(k_1/k_4)^{1/2}c(H_2)c(Cl_2)^{1/2}$

9-30(B) 已知下列两平行一级反应的速率系数 k 与温度 T 的函数关系

$$A \begin{cases} \xrightarrow{k_1} B & \lg(k_1/s^{-1}) = -2\,000/(T/K) + 4 \\ \xrightarrow{k_2} D & \lg(k_2/s^{-1}) = -4\,000/(T/K) + 8 \end{cases}$$

(a)试证明该反应总的活化能 E 与反应1和反应2的活化能 E_1 和 E_2 的关系为：$E = (k_1E_1 + k_2E_2)/(k_1 + k_2)$，并计算400 K时的 E 为若干？

(b)求在400 K的密闭容器中，$c_{A,0} = 0.1\ mol·dm^{-3}$，反应经过10 s后A剩余的百分数为若干？

答：(a) $E = 41.77\ kJ·mol^{-1}$；(b)33.3%

9-31(A) 反应 $2O_3 \longrightarrow 3O_2$ 的机理若为

$O_3 \overset{K}{\rightleftharpoons} O_2 + O$ （快速平衡）

$O + O_3 \xrightarrow{k_1} 2O_2$ （慢）

试证明：$-dc(O_3)/dt = k_1Kc^2(O_3)/c(O_2)$

9-32(B) 曾测得氯仿的光氯化反应 $CHCl_3 + Cl_2 \xrightarrow{h\nu} CCl_4 + HCl$ 的速率方程为

$d[CCl_4]/dt = kI_a^{1/2}·[Cl_2]^{1/2}$

试由下列机理导出上述速率方程：

初级过程 ①$Cl_2 + h\nu \xrightarrow{k_1} 2Cl·$

次级过程 ②$Cl· + CHCl_3 \xrightarrow{k_2} Cl_3C· + HCl$

③$Cl_3C· + Cl_2 \xrightarrow{k_3} CCl_4 + Cl·$

④$2Cl_3C· + Cl_2 \xrightarrow{k_4} 2CCl_4$

提示：初级过程的速率只取决于吸收光的强度 I_a，而与 Cl_2 的浓度的大小无关。$h\nu$ 代表一个光子的能量，I_a 的单位为单位时间、单位体积内吸收光子的物质的量，而1 mol光子的能量称为1爱因斯坦，故$[I_a]$ = 爱因斯坦·$mol·dm^{-3}·s^{-1} = J·dm^{-3}·s^{-1}$。$k_1$ 的单位为 $J^{-1}·mol$，并假设 k_1 很小。

9-33(A) 试计算每摩尔波长为85 nm的光子所具有的能量。

答：$1.41 \times 10^6\ J·mol^{-1}$

9-34(A) 在波长为214 nm的光照射下发生下列反应：

$HN_3 + H_2O + h\nu \longrightarrow N_2 + NH_2OH$

当吸收光的强度 $I_a = 1.00 \times 10^{-7}\ mol·dm^{-3}·s^{-1}$（光子），照射39.38 min后，测得 $c(N_2) = c(NH_2OH) = 24.1 \times 10^{-5}\ mol·dm^{-3}$，试求量子效率 φ 为若干？

答：$\varphi = 1.02$

第 10 章　胶体化学

胶体化学是物理化学的一个重要分支。它研究的领域是化学、物理学、材料科学、生物化学等众多学科的交叉与重叠，已成为这些学科的基础理论。胶体化学研究的主要对象是高度分散的多相系统。在环境工程中的各种废水都是以水为分散介质的分散系统，胶体是其中之一。大气污染中的气溶胶污染物，以及重金属废水处理等等，这些均与胶体化学有关。

§10-1　分散系统的分类及其主要特征

把一种或几种物质分散在另一种均匀物质中所构成的系统称为分散系统。被分散的物质称为分散质或分散相，连续分布的均匀物质称为分散介质。根据分散相粒子的大小，分散系统一般分为溶液、胶体及粗分散系统。

若分散相粒子的线度小于 10^{-9} m，呈分子、原子或离子的分散系统，称为分子分散系统，如溶液。这类分散系统的分散质与分散介质之间无相界面存在，是热力学稳定系统。液态溶液一般都表现为透明、不发生光的散射、扩散速度快、溶质与溶剂皆可通过半透膜等特征。

将分散相粒子的线度在 10^{-7} m ~ 10^{-9} m 的分散系统称为胶体分散系统，简称为胶体。在胶体范围内，分散相的粒子是大量的分子、原子或离子所组成的聚集体，粒子与分散介质之间存在着明显的相界面，这种情况下的分散质才可称为分散相。胶体是高分散、多相、热力学不稳定系统，能通过滤纸，但不能通过半透膜，扩散速度慢，在普通显微镜下观察不到。

若分散相粒子的线度大于 10^{-7} m，则称为粗分散系统。例如，悬浮液、乳状液、泡沫等皆为粗分散系统。由于它们与胶体有许多共同的特性，故常将粗分散系统列为胶体化学的研究范围。

表 10-1-1　分散系统按线度大小的分类

分散系统	粒子的线度	实　例
分子分散	$< 10^{-9}$ m	乙醇的水溶液、空气
胶体分散	10^{-9} ~ 10^{-7} m	AgI 或 $Al(OH)_3$ 水溶液
粗 分 散	$> 10^{-7}$ m	牛奶、豆浆

胶体系统可以按分散相与分散介质聚集状态的不同来分类，并常以分散介质的相态命名。若分散介质为液态，分散相可以是气态、固态或另一种与分散介质互不相溶（或相互溶解度都很小）的液态物质，此类溶胶称为液溶胶，简称为溶胶。它是胶体系统的典型代表，是本章研究的重点。与液溶胶相对应的粗分散系统，当分散相分别为气态、固态和液态时，则称为泡沫、悬浮液、乳状液。

若分散介质为气态，分散相只能是液体和固体，此类胶体系统，称为气溶胶，与其相对应的粗分散系统如烟、尘、云、雾等皆属此类。

若分散介质为固态，分散相可以是气体、液体或另一种互不相溶的固态物质，此类胶体系统称为固溶胶，与其对应的粗分散系统有：浮石、珍珠及某些合金等等。

综上所述，气、液、固三种物质能构成8种胶体系统。如表10-1-2所示。

表10-1-2　分散系统按聚集状态分类

分散介质	分散相	名　称	实　例
液	气	泡　沫	肥皂泡沫
	液	乳 状 液	含水原油、牛奶
	固	液溶胶悬浮体	金溶胶、泥浆、油墨
固	气	固 溶 液	浮石、泡沫玻璃
	液		珍珠
	固		某些合金、染色的塑料
气	液	气 溶 液	雾、油烟
	固		粉尘、烟

高分子化合物如蛋白质、淀粉、动物胶等，它们的分子至少在某个方向上的线度达到胶体分散的范围，但因高分子化合物分子与水或其他溶剂具有很强的亲合力，故曾称其为亲液溶胶。在高分子溶液中，高分子物是以分子或离子状态分散在水或其他介质中，所形成的分散系统为均相的真溶液，故高分子溶液是热力学的稳定系统，它与其他溶胶具有本质的差别。但随着科技的迅速发展，高分子溶液已从胶体化学中独立出来并成为一门新学科，亲液溶胶一词已不再使用。而其他溶胶因其分散相都具有明显的憎水性，故称这类溶胶为憎液溶胶。憎液溶胶一词因习惯影响而仍在许多书中被使用。下面介绍的胶体均为憎液溶胶。

§10-2　溶胶的光学性质

溶胶具有特殊的光学性质，是其高度的分散性和多相性的反映。

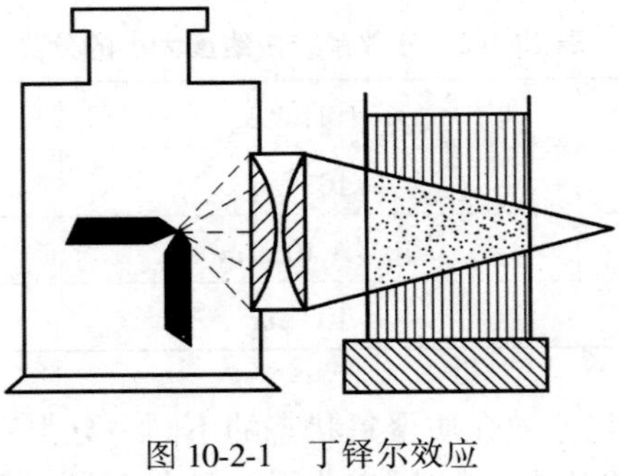

图10-2-1　丁铎尔效应

1.丁铎尔效应

英国物理学家丁铎尔(Tyndall)于1869年首先发现：在暗室里，将一束经聚集的光线投射到装有溶胶的玻璃容器上，在与入射光垂直的方向上，可看到一个发亮的光锥的现象，称为丁铎尔效应，如图10-2-1所示。根据电磁波理论，当光线照射到微粒上时，若微粒尺寸小于入射光的波长时，则发生光的散射。而一般可见光的波长为 400 ~ 760 nm 的范围内，大于一般胶体粒子的线度(1 ~ 100 nm)，因此，当可见光束照射到胶体粒子上时，相当于电磁场作用于胶体粒子，使围绕分子或原子运动的电子产生被迫振动，成为一个次级光源，向四面八方辐射出与入射光有相同频率的次级光波，即散射光波。

由此可见，溶胶之所以产生丁铎尔效应是因为胶体是高分散、多相而且粒子尺寸小于可见光的波长而产生光的散射之结果。所产生的散射光之强度，可用瑞利公式计算。

2.瑞利公式

瑞利(RayLeigh)假设：粒子的尺寸远小于入射光的波长，可把粒子视为点光源；粒子间的距离较远，各个粒子的散射光之间相互干涉可不考虑；粒子本身不导电。基于这些假设，应用经典电磁波理论，瑞利导出了稀薄气溶胶散射光强度的计算式，随后其他学者将该式推广应用于液溶胶系统。当入射光为非偏振光时，每单位体积内液溶胶散射光的强度 I 可近似地由下式计算：

$$I = \frac{9\pi^2 V^2 C}{2\lambda^4 l^2}\left(\frac{n^2 - n_0^2}{n^2 + 2n_0^2}\right)^2 (1 + \cos^2\alpha) I_0 \tag{10-2-1}$$

式中：I_0 及 λ 分别为入射光的强度及波长；V 为每个分散粒子的体积；n 和 n_0 分别为分散相及介质的折射率(又称折射指数)；α 为散射角，即观测方向与入射光方向间的夹角；l 为观测者与散射中心的距离；C 为粒子的数浓度。上式表明：

(1)单位体积溶胶散射光的强度 I 与每个分散粒子体积的平方成正比。对于真溶液，因其分子的体积很小，所产生的散射光非常微弱，以至观察不到；而粗分散的悬浮液因其粒子的尺寸大于可见光的波长，故只能发生反射而不能产生乳光效应；只有溶胶才具有非常明显的丁铎尔效应。因此可利用丁铎尔效应来鉴别分散系统是否为胶体。

(2)I 与波长的四次方成反比，即波长愈短散射光强度愈大。白光中的蓝、紫光波长最短，其散射光最强；红光的波长最长，其散射光的强度相对最弱。因此，当用白光照射溶胶时，若在与入射光垂直的方向上观察时，将看到溶胶呈淡蓝色；若与入射光入射方向相对的位置观察时，则看到的是透过胶体的光，该透过光呈橙红色。

(3)分散相与分散介质的折射率相差越大则散射光的强度 I 越大，对于憎液溶胶，其分散相与分散介质间有明显的界面存在，折射率相差较大，乳光效应很强；而高分子溶液因其分散相与分散介质间具有很强的亲合力，两者的折射率差别不大，所以乳光效应很弱。因此可据此来区别高分子溶液与憎液溶胶。

(4)I 与粒子的数浓度 C 成正比。在测量条件相同下，对于物质种类相同的溶胶，在测量条件相同时，两溶胶的乳光强度(又称为浊度)之比应等于其粒子数浓度之比，因此，若已知其中一个溶胶的数浓度，即可求出另一溶胶的数浓度。利用此性质制成测量胶体浓度的仪器，称为浊度计，可用于测量污水中悬浮粒子的含量。

电子显微镜的出现，给研究胶体带来极大的方便。电子显微镜可将物像放大 10 万 ~ 50 万倍，能直接观察到胶体粒子形状，甚至可测定某些胶体的胶核之大小。

§ 10-3 溶胶的动力学性质

溶胶是高分散、多相和热力学不稳定的系统,但实际上,若溶胶制备得当,又不受环境干扰时,往往能较稳定存在而不发生聚沉。其中一个重要原因就是胶体粒子的布朗运动。

1.布朗运动

1827 年,英国植物学家布朗(Brown)在显微镜下看到,悬浮于水中的花粉粒子处于不停息的、无规则的热运动状态,称这一现象为布朗运动;此后,在超显微镜下同样观察到胶体粒子也处于不停的、无规则的运动状态,就是说胶体粒子也存在布朗运动。原因是胶体粒子处在分散介质包围之中,而分散介质的分子不停地作热运动,所以在任一瞬间胶体粒子在各个方向上受到介质分子的撞击,由于胶粒较小,所受到撞击力的合力不为零,故在某一瞬间,胶粒从某一方向得到一合力作用而发生位移,使胶粒在不同时刻以不同速度向不同方向作不规则运动,如图 10-3-1(a)所示。图 10-3-1(b)是每隔相同的时间,在超显微镜下观察每个粒子运动的情况,它是粒子的空间运动在平面上的投影,可近似地描绘胶体粒子的无序运动。由此可见,布朗运动是分子热运动最好的证明。

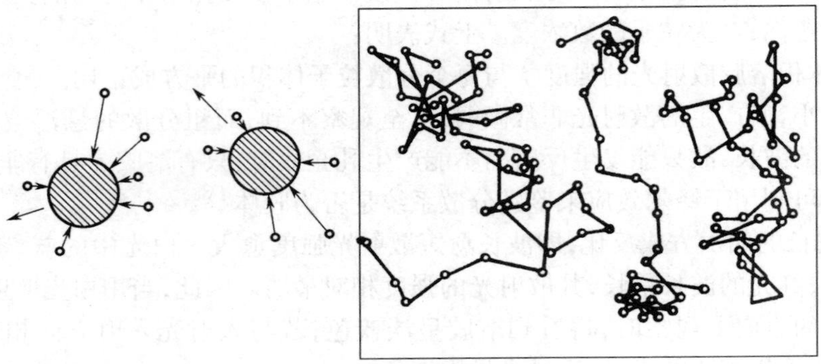

(a) (b)

图 9-4-1 布朗运动

(a)胶粒受介质分子冲击示意图;(b)超显微镜下胶粒的布朗运动

实验表明,胶体粒子愈小,温度愈高,介质的粘度愈小,布朗运动愈强烈。1905 年,爱因斯坦将统计理论和分子运动论结合起来,导出爱因斯坦—布朗平均位移公式:

$$\bar{x} = \{RTt/(3L\pi r\eta)\}^{1/2} \tag{10-3-1}$$

式中:$\bar{x}$ 为 t 时间间隔内粒子沿 x 方向的平均位移;r 为粒子的半径;η 为介质的粘度;T 为温度;R 和 L 分别为气体常数和阿伏加德罗常数。

2.扩散

溶胶的胶粒由于布朗运动而自动从高浓度处流到低浓度处的现象,称为扩散。发生扩散的主要原因是粒子的热运动,扩散过程的推动力是浓度梯度。一般以扩散系数 D 来量度扩散速率。爱因斯坦在假定粒子为球形下,导出了粒子在 t 时间内的平均位移 $\bar{x}$ 和扩散系数 D 之间的关系,即

$$\bar{x}^2 = 2Dt \tag{10-3-2}$$

将式(10-3-1)和式(10-3-2)联解,得

$$D = RT/6\pi\eta rL \tag{10-3-3}$$

扩散系数 D 的物理意义为:单位浓度梯度下,单位时间内,通过单位面积的粒子的量。由式(10-3-3)可知,粒子半径越小,温度越高,介质的粘度越低,扩散系数就越大,粒子越容易扩散。

3.沉降与沉降平衡

分散系统中的粒子,因受到重力的作用而下沉的现象,称为沉降。但是对于分散度较高的系统,当粒子因受重力作用下沉时,将会出现上部粒子浓度低而下部粒子浓度高的现象,这就必然产生反方向的扩散作用,而且扩散的方向正好与沉降的方向相反,所以扩散成了阻碍粒子沉降的因素,质点越小,这种影响越显著,当沉降速度与扩散速度相等时,粒子就处于平衡状态,这种现象称为沉降平衡。对于粗分散系统,例如浑浊的泥水,由于粒子较大,沉降作用超过扩散作用,所以浑浊的泥水静置时间足够长时便能澄清。

贝林(Perrin)导出了粒子在重力场中达到沉降平衡时,粒子的数浓度随高度分布的计算式,即

$$\ln\frac{C_2}{C_1} = -\frac{Mg}{RT}\left(1-\frac{\rho_0}{\rho}\right)(h_2-h_1) \tag{10-3-4}$$

式中:C_1 及 C_2 分别为高度 h_1 及 h_2 截面上的粒子的数浓度;ρ 及 ρ_0 分别为胶粒及分散介质的密度;M 为胶粒的摩尔质量;R 和 g 分别为摩尔气体常数及重力加速度常数。应用式(10-3-4)时,不受粒子形状的限制,但要求粒子大小一样。由式(10-3-4)可以看出,粒子摩尔质量越大,则其平衡浓度随高度降低也就越大。所以可用此式分别算出多级分散(即粒子大小不等)系统中大小不等的粒子的分布。一般分散系统常为多级分散,粒子越大,平衡时的浓度梯度也越大。也就是,随着平衡系统高度的增加,大颗粒分散相的数浓度(单位为个/m^3)急剧下降;小颗粒分散相的数浓度则下降得较为缓慢。

有关分散系统中粒子的沉降速度的测定与沉降平衡原理,常用于测定分散系统中某一定大小的粒子占粒子总数的百分数与粒子的大小,如河水泥沙的沉降分析等。

例 10.3.1 已知 298.15 K 时,分散介质及金的密度分别为 $1.0\times10^3\ \mathrm{kg\cdot m^{-3}}$ 及 $19.32\times10^3\ \mathrm{kg\cdot m^{-3}}$。试求半径为 1.0×10^{-8} m 的金溶胶的摩尔质量及高度差为 1.0×10^{-3} m 时的粒子数浓度之比?

解:金溶胶粒子的摩尔质量:

$$\begin{aligned} M &= (4/3)\pi r^3\rho L \\ &= (4/3)\pi\times(1.0\times10^{-8}\ \mathrm{m})^3\times19.32\times10^3\ \mathrm{kg\cdot m^{-3}}\times6.022\,05\times10^{23}\ \mathrm{mol^{-1}} \\ &= 48\,735\ \mathrm{kg\cdot mol^{-1}} \end{aligned}$$

由式(10-3-4)可知,当 $\Delta h = h_2 - h_1 = 1.0\times10^{-3}$ m 时,粒子的数浓度之比 C_2/C_1,可由下式求算:

$$\begin{aligned} \ln\frac{C_2}{C_1} &= -\frac{Mg}{RT}\left(1-\frac{\rho_0}{\rho}\right)\Delta h \\ &= \frac{-48\,735\times9.81}{8.314\times298.15}\left(1-\frac{1}{19.32}\right)\times1.0\times10^{-3} = -0.182\,9 \end{aligned}$$

所以 $C_2/C_1 = 0.833$

§10-4 溶胶的电学性质

热力学不稳定的溶胶能稳定存在,除了胶粒具有布朗运动外,更主要是胶体粒子带电。实

验发现,在外电场的作用下溶胶的分散相与分散介质可以发生相对移动的现象,故称之为电动现象。

1.电动现象

1)电泳

电泳是指在外电场作用下,分散相粒子相对于分散介质作定向移动的现象。电泳现象说明胶体粒子是带电的。图(10-4-1)是一种测定电泳速度的实验装置。实验时先在U型管中装入适量的NaCl溶液(或$Fe(OH)_3$溶胶的超离心滤液),再通过支管从NaCl溶液的下面缓慢地压入棕红色的$Fe(OH)_3$溶胶,使其与NaCl溶液之间存在一清晰的分界面,将电极轻轻放入NaCl溶液中,并通入直流电,然后可以观察到电泳管中阳极一端界面下降,阴极一端界面上升,即溶胶向阴极方向移动。这证明$Fe(OH)_3$的胶体粒子带正电荷。

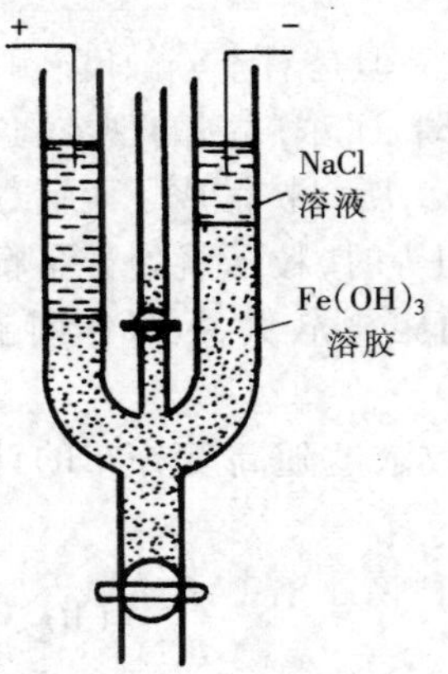

图 10-4-1　电泳装置

若实验测出在一定时间间隔内界面移动的距离,则可求得粒子的电泳速度。可以想象,电势梯度愈大,粒子带电愈多,粒子的体积小,则电泳速度愈快;而介质的粘度愈大,电泳速度愈慢。实验还证明,在电势梯度、温度、分散介质相同的条件下,胶体粒子的电泳速率与普通离子的电迁移速率的数量级大体相同,但胶体粒子的质量远大于普通离子质量,这说明胶体粒子带有大量的电荷。

2)电渗

在外电场作用下,分散介质相对于分散相(固定不动)作定向移动的现象,称为电渗。电渗实验如图10-4-2所示。图中U管中间填有多孔物,当通电时,U玻璃管的右管的水面上升,即水向阴极流动,说明分散介质(水)带正电荷;对于用氧化铝或碳酸钡做成的多孔塞,水向阳极流动,表明这时分散介质带负电荷。电渗流动的方向及流速的大小与多孔塞的材料及流体的性质有关。

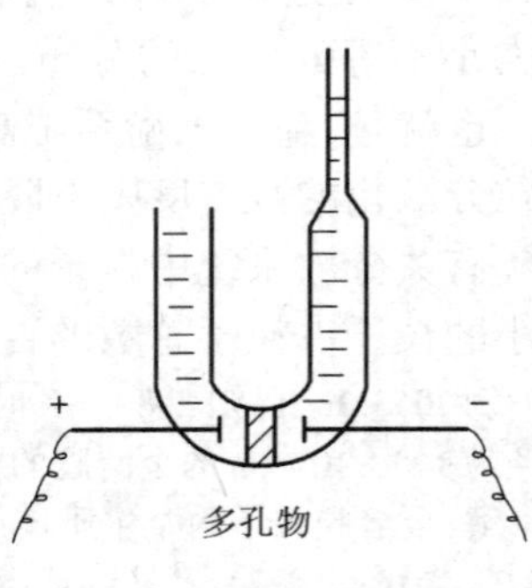

图 10-4-2　电渗实验的示意图

产生电渗现象的原因是多孔塞的表面上与水溶液带有不同性质的电荷。电渗现象表明分散介质也是带电的。在分散相固定不动时,分散介质受外加电场的作用而作定向流动。外加电解质对电渗流速有明显的影响,甚至能改变电渗流动的方向。

电泳和电渗可以确定胶粒所带电荷符号,有助于了解胶体的结构,以及电解质对溶胶稳定性的影响。它在土壤科学、生物科学及环境科学中有广泛应用。

3)沉降电势与流动电势

电动现象中还包括流动电势与沉降电势这两种现象。在重力场作用下,带电粒子于分散介质中发生沉降,导致介质(液体)上下层之间产生一电势差,称为沉降电势。沉降电势的现象是电泳的逆过程。当在外压的作用下,迫使液体通过多孔隔膜(塞)或毛细管作定向运动时,多孔隔膜两端产生的电势差,称为流动电势。流动电势现象是电渗的逆过程。

2.扩散双电层理论

任何一个分散系统都是电中性的，但分散相与分散介质为什么会带有不同的电荷呢？其原因主要是：固体表面有选择地从分散介质中吸附某种离子或分散相固体表面上的物质发生电离或是与分散介质发生化学反应，而使分散相与分散介质带有不同的电荷。通常将固体表面上的带电离子称为电势离子，而与电势离子相反的离子称为反离子。应指出，固体表面从分散介质中吸附什么离子是有一定规律的，里巴托夫规则指出：分散相微粒（又称胶核）优先选择吸附与其组成相同或相类似的离子。如用 $AgNO_3$ 和 KBr 制备 AgBr 溶胶时，若 $AgNO_3$ 过量，则微粒优先吸附的离子应是 Ag^+ 离子，这样 AgBr 胶粒就带正电荷；反之，若 KBr 过量，则 AgBr 微粒优先吸附的离子便是 Br^- 离子，AgBr 胶粒就带负电荷。应当指出，固体表面上的带电离子，不论是如何产生的，皆应视为固体粒子的组成部分。带电的固体粒子表面由于静电吸引力的存在，必然要吸引等电量的、与固体表面带有相反电荷的离子（即反离子）环绕在固体粒子的周围，这样便在固、液两相之间形成双电层结构。

1924 年，斯特恩（Stern）在古依和亥姆霍兹所提的双电层模型基础上，提出一个更符合实际的双电层模型。他将双电层分为紧密层和扩散层两部分。紧密层是由吸附有电势离子的固体表面和通过静电吸引力、范德华力等将溶液中反离子紧紧吸附在电势离子附近并将反离子中心的线所形成的假想面，称为斯特恩面，斯特恩面与固体表面之间的空间称为斯特恩层（即紧密层）。由斯特恩面直到溶液本体（即电势为零处）的空间，称为扩散层。当固、液两相发生相对移动时，滑动面是在斯特恩层之外，它与固体表面之间的距离约为一般分子直径大小的数量级。应指出，若介质为水溶液时，双电层中的离子均会发生水化并形成水化离子。图 10-4-3 中的(a)表示离子的分布情况，滑动面可视为高低不平的曲面。由于吸附平衡是动平衡，被吸附的反离子因解吸作用而向溶液中扩散，也就是滑动面内的反离子并非固定不动，而是存在着进出的平衡，所以斯特恩层之外为扩散层。图(b)表示电势 ψ 随距离固体表面变化的情况。ψ_0 为固体表面与溶液本体之间的电势差，即热力学电势；ψ_δ 为斯特恩层与溶液本体之间的电势差，称为斯特恩电势；胶粒滑动面与溶液本体之间的电势差，称为 ζ 电势。

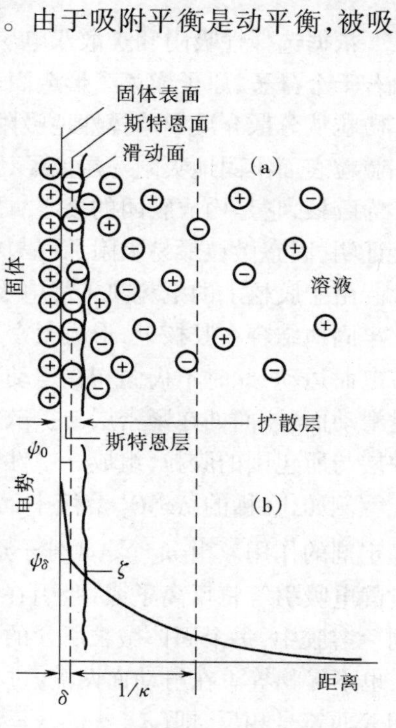

图 10-4-3　斯特恩双电层模型

斯特恩双电层模型能解释以下的一些问题。

(1)解释了电动现象产生的原因。例如，在图 10-4-1 中的电泳实验，所生成的 $Fe(OH)_3$ 微粒选择吸附了 Fe^{3+}（电势离子），再通过静电吸引力等吸附反离子 Cl^-，形成了扩散双电层，于是胶粒带正电，溶液带负电。当在外电场作用下，带正电胶粒向阴极移动，处于漫散层的带负电的离子向阳极移动，这就满意地解释了电泳现象等的电动现象。

(2)阐明了 ζ 电势的物理意义。ζ 电势是指胶粒的滑动面与溶液本体之间的电势差，滑动面则是胶粒在运动时，不仅固相在运动，而且还带着一层液体在运动，这层可动液体的边界面便称为滑动面。ζ 电势是描述胶体电学性质的重要指标。例如衡量胶粒带电多少不是用热力学电势 ψ_0 或斯特恩电势 ψ_δ，而是 ζ 电势。ζ 电势数值越大则胶粒带电越多；当 ζ 电势为零时胶粒就不带电，谓之等电状态。在等电状态下，紧密层中的反离子电荷与固体表面所吸附的电势离子的电荷相等。ζ 电势值还能反映扩散层的厚度，这可见图 10-4-4 中的 c_1、c_2、c_3、c_4 的位置。还有，ζ 电势的符号表示胶粒带何种电荷。ζ 电势为正则胶粒带正电，反之，胶粒带负电。

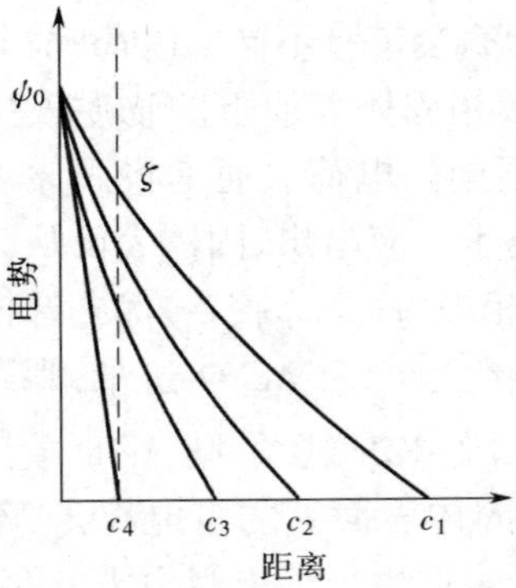

图 10-4-4　电解质的浓度对 ζ 电势的影响

(3)说明电解质对 ζ 电势的影响。如果在溶胶中加入电解质，则介质中反离子的浓度也随之变大，于是有更多的反离子挤入滑动面以内，压迫扩散层并使其变薄，令 ζ 电势变小，如图 10-4-4 所示。当电解质的浓度足够高时(如图中 c_4点)，可使 ζ 电势为零，此时对应的状态称为等电态。处于等电态的胶体粒子是不带电的，即胶粒电泳速度必然为零，这时溶胶非常易于聚沉。

§10-5　憎液溶胶的胶团结构

依据选择性吸附和扩散双电层理论，人们便能认识溶胶的胶团结构。胶团的形成是首先由若干个分子、原子或离子形成固态的分子集合体，即固态微粒，它常具有晶体结构。这一固态微粒从分散介质中选择性地吸附某种离子；或者固态微粒(离子晶体)表面发生电离，而使固态微粒表面牢固地吸附一层离子，这层离子称为电势离子。带有电势离子的固态微粒习惯上称为胶核，它是构成胶团的核心。胶体粒子带电的正、负号，取决于胶核上离子的正、负号。实验证明，固态微粒最易吸附那些与构成该固态微粒相同元素的离子，这样有利于胶核进一步长大。由于胶核上的电势离子静电吸引力等吸引作用，将分散介质中的异电离子(反离子)吸附并牢固地结合在胶核上，形成紧密层，紧密层随胶核一起运动。在外电场作用下，胶体粒子因带电而运动，此时不仅固相在运动，而且还带着一层液体一起运动，这层运动液体的边界面就是滑动面，该面处在紧密层与扩散层之间，将滑动面所包围的带电运动粒子称为胶粒。整个扩散层与所包围的胶粒，组成一中性体，称之为胶团。

例如，在稀的 $AgNO_3$ 溶液中，缓慢地滴加过量的稀溶液，可制得 AgI 溶胶，过剩的 KI 起到稳定剂的作用。由 m 个 AgI 分子形成的固体微粒的表面上吸附 n 个 I^- 离子后形成胶核，再通过静电吸引等将反离子 K^+ 吸引在胶核表面上，可制得带负电荷的 AgI 胶体粒子。实际上，在同一溶胶中，每个固体微粒所含的分子个数 m 可以不等，其表面上所吸附的电势离子的个数 n 也不尽相等。在滑动面两侧，过剩的反离子所带的电量应与固体胶核表面所带的电量大小相等而符号相反，即 $(n-x)+x=n$。以 KI 为稳定剂的 AgI 溶胶的胶团剖面图见图 10-5-1。图中的小圆圈表示 AgI 微粒；AgI 微粒连同其表面上的 I^- 则为胶核，第二个圆圈表示滑动面；最

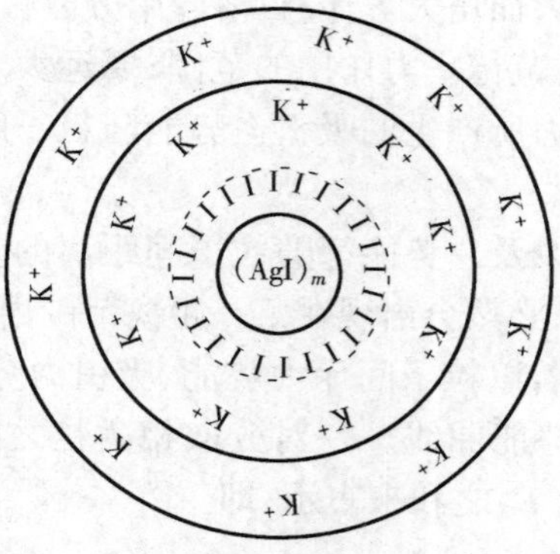

图 10-5-1　AgI 胶团剖面图

外层的圆圈则表示扩散层的范围,即整个胶团的大小。如用符号表示,则胶团结构可书写如下:

$$\underbrace{\overbrace{\{\underbrace{[\mathrm{AgI}]_m \cdot n\mathrm{I}^-}_{\text{胶核}} \cdot (n-x)\mathrm{K}^+\}^{x-}}^{\text{胶粒}} \vdots\ x\mathrm{K}^+}_{\text{胶团}}$$

在书写上述胶团结构时,应注意胶团是电中性的,即整个胶团中反离子 K^+ 所带电量应与吸附在胶核表面上电势离子 I^- 所带的电量相等,也就是说,整个胶团是电中性的。目前根据扩散双电层理论所写出的胶团结构,尚存在不同的写法,故应把它视为胶团结构的近似表述。

§10-6　憎液溶胶的经典稳定理论

为什么憎液溶胶能较长时间稳定地存在?1941 年由德查金(Darjaguin)和朗道(Landau)、1948 年维韦(Verwey)和奥比克(Overbeek)分别提出了带电胶体粒子的稳定理论(简称为 DVO 理论),以此来解释溶胶稳定的主要原因。该理论要点如下。

(1)分散在介质中的胶团之间同时存在着排斥力和吸引力。由扩散双电层模型得知,环绕在胶粒周围是带有相反电荷的扩散层,如图 10-6-1 所示。图中虚线圈为胶核所带正电荷作用

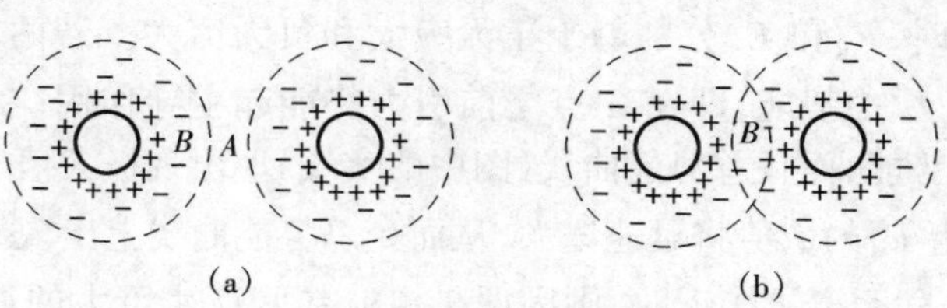

图 10-6-1　胶团相互作用示意图

的范围,即胶团的大小。在胶团之外任一点 A 处,则不受正电荷的影响;在扩散层内任一点 B 处,因正电荷的作用未被完全抵消,仍表现出一定的正电性。因此,当两个胶团的扩散层未重叠时,如图 10-6-1 中的(a)所示,两者之间不产生任何斥力;但是,当两个胶团的扩散层发生重叠时,见图 10-6-1(b),在重叠区内反离子的浓度高于未重叠区内的反离子浓度,令重叠区内过剩的反离子向未重叠区内扩散,导致渗透性斥力的产生;同时,两胶团之间还产生静电斥力。

这两种斥力均随着重叠区的加大而增大。还有，溶胶中分散相微粒间存在着吸引力，该吸引力本质上属范德华吸引力，但这种范德华力作用的范围，要远大于一般分子的作用范围，故称之为远程范德华力。远程范德华力所产生的吸引力势能与粒子距离的一次方或二次方成反比，也可能是其他更为复杂的关系。

(2)斥力势能、吸引力势能以及总势能都随粒子间距离的变化而变化，但由于斥力势能及吸引力势能与距离关系的不同，必然会出现在某一距离范围内吸引力势能占优势，而在另一范围内斥力势能占优势的现象。若以粒子间斥力势能、吸引力势能及总势能对粒子间的距离 x 作图，可得到图 10-6-2 所示的势能曲线。一对分散相微粒之间的相互作用的总势能 E 可以用其斥力势能 E_R 及吸引力势能 E_A 之和来表示，即

$$E = E_R + E_A$$

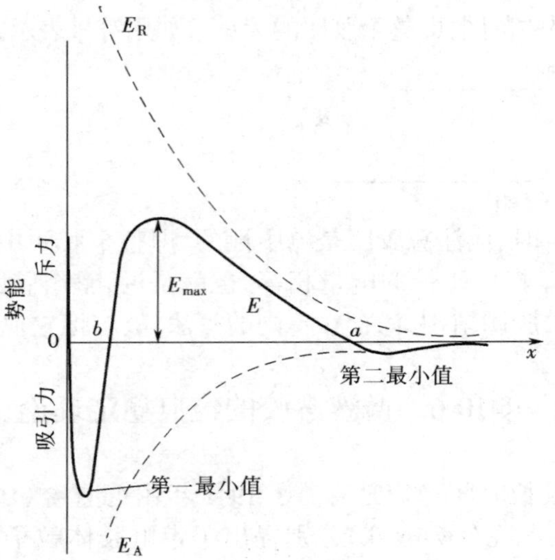

图 10-6-2　斥力势能、吸引力势能及总势能曲线图

图中虚线 E_A 及 E_R 分别为吸引力和斥力势能曲线。当粒子间距离较远时，E_A 及 E_R 均为零；而当粒子间距离趋于零时，E_R 和 E_A 分别趋于正无穷大和负无穷大。若两粒子间的距离由远至近时，首先起作用的是引力势能，即在 a 点之前引力势能起主导作用；在 a 点与 b 点之间，起主导作用的则是斥力势能，而且总势能曲线(图中的实线)上出现极大值 E_{max}。之后，若粒子进一步接近时，引力势能 E_A 的数值将迅速增大，从而令总势能曲线上出现最小值，称为第一最小值势能"势阱"。粒子间距离再接近时，则因两带电胶粒间产生巨大的静电排斥力，总势能急剧增大。

(3)总势能曲线上有一极大值 E_{max}，称为斥力势垒，其值一般在 15 ~ 20 kJ 之间 ，它是溶胶稳定性的标志。就是说，当作布朗运动的两胶粒之平均动能小于该"势垒"时，溶胶处于稳定状态；反之，则溶胶易发生聚沉。所以，若要令溶胶发生聚沉，则需减少斥力，降低 E_{max} 的值。如何减少斥力？理论推导表明，加入电解质时，对吸引力势能影响不大，但对斥力势能的影响却十分明显，所以电解质的加入会导致系统的总势能发生很大的变化，适当调整电解质的浓度可

以得到相对稳定的胶体。

有时在总势能曲线上除了第一最小值势阱外,还可能出现第二个最小值势阱,如果粒子具有足够的动能,并能越过势垒进入第一最小值势阱时,则胶粒发生聚沉,形成结构紧密而又稳定的聚沉物。若粒子的动能小而不能克服势垒时,则粒子碰撞后可能落入到第二个最小值势阱中而发生絮凝,形成疏松的沉淀物。但因这时粒子间距离较远,相互间吸引力不是很强,当外界条件发生变化时,该沉淀物又重新回到胶体状态。

§10-7　憎液溶胶的聚沉

综合前面所述,憎液溶胶稳定的原因有:布朗运动、分散相粒子带电以及溶剂化作用。但是,任何憎液溶胶都是热力学不稳定系统,在一定温度、压力下都有自动降低表面吉布斯函数的趋势,即发生胶粒互相聚结、变为大颗粒而发生沉淀,这一现象称为聚沉。根据 DLVO 理论,当胶体粒子能越过斥力势垒进入到第一最小值势阱时,胶粒就会永久聚沉。若想令溶胶聚沉,就要降低斥力势垒,或增大胶粒的动能,让更多的胶粒能越过斥力势垒而聚沉。采用的方法有多种,进行加热,加入电解质或适量的高分子化合物等等,均能使溶胶发生聚沉。

1.电解质的聚沉作用

加入过量的电解质,特别是加入含有高价反离子的电解质溶液,将会使溶胶发生聚沉。这主要是因为当电解质的浓度或离子价数增加时,会压缩扩散层,使扩散层变薄,斥力势能降低,当电解质的浓度足够大时就会使溶液发生聚沉。若加入的反离子发生特性吸附作用,斯特恩层内的反离子数量增加,使胶体粒子的带电量降低,斥力势能降低,粒子碰撞时极易聚沉。一般说来,当电解质的浓度或价数增加,将会使势垒的高度和位置发生变化。如图 10-7-1 所示,当电解质的浓度依次由 c_1 增至 c_2 时,所对应势垒的高度则相应降低。这表明随着外加电解质浓度的增加,溶胶聚沉时所必须克服的势垒的高度变得更低,当电解质的浓度加大到 c_3 之后,吸引力势能占绝对优势,分散相粒子一旦相碰撞即发生聚沉。在一定时间内,溶胶明显发生聚沉时所需电解质的最小浓度,称为该电解质的聚沉值。电解质的聚沉值愈小,聚沉能力愈强,因此,将聚沉值的倒数定义为聚沉能力。

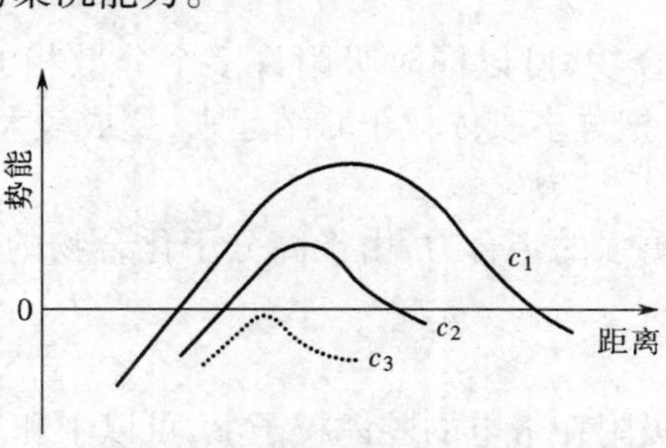

图 10-7-1　电解质的浓度对胶体粒子势能的影响

舒尔策—哈迪(Schulze-Hardy)价数规则:电解质中能使溶胶发生聚沉的离子,是与胶体粒子带电符号相反的离子,即反离子。反离子的价数愈高,其聚沉能力愈强,这种关系称为价数规则。例如,As_2S_3 溶胶的胶体粒子带负电荷,起聚沉作用的是电解质的阳离子。KCl、$MgCl_2$、

$AlCl_3$ 的聚沉值分别为 49.5、0.7、0.093 mol·m^{-3}。若以 K^+ 为比较标准，聚沉能力有如下关系：

$$Me^+ : Me^{2+} : Me^{3+} = 1:70.7:532$$

一般可近似地表示为反离子价数的 6 次方之比，即

$$Me^+ : Me^{2+} : Me^{3+} = 1^6:2^6:3^6 = 1:64:729$$

上述关系是在其他因素完全相同的条件下导出的。它表明同号离子的价数愈高，聚沉能力愈强。但是也有反常现象，如 H^+ 虽为一价，却有很强的聚沉能力。应当指出，上述比例关系仅作为一种粗略的估计。

由于正离子的水化能力很强，对于同价正离子，其半径越小水化能力越强，所形成的水化层就愈厚，而被胶核吸引的能力就越低，因而其聚沉能力越小；相反，负离子的水化能力较弱，故对于同价的负离子，其半径愈小水化能力愈弱，被胶核吸引的能力就愈强，聚沉能力就越大。根据上述原则，某些一价的正、负离子对带相反电荷胶粒的聚沉能力大小的顺序可排列为

$$H^+ > Cs^+ > Rb^+ > NH_4^+ > K^+ > Na^+ > Li^+$$

$$F^- > Cl^- > Br^- > NO^- > I^- > SCN^- > OH^-$$

这种将带有相同电荷的离子按聚沉能力大小排列的顺序，称为感胶离子序。但是在上述排列中，H^+ 和 OH^- 皆具有反常行为。

若将两种所带电荷相同的电解质进行混合，其对溶胶的聚沉能力则较为复杂，有以下三种可能：若两种离子价数均相同时，其对溶胶的聚沉能力等于该两种离子单独存在时的聚沉能力之和；若两种离子价数不同时，则混合离子对溶胶的聚沉能力可能低于每种离子单独存在时聚沉能力之和，这称为对抗作用；但有时又出现混合离子对溶胶的聚沉能力大于每种离子单独存在时聚沉能力之和，这称之为敏化作用。

2.高分子化合物的聚沉作用

在溶胶中加入高分子化合物溶液，既可使溶胶稳定，也可能使溶胶聚沉。良好的聚沉剂应当是相对分子质量很大的线型聚合物，例如聚丙烯酰胺及其衍生物就是一种良好的聚沉剂。聚沉剂可以是离子型的，也可以是非离子型的。下面仅从三个方面来说明高分子化合物对憎液溶胶的聚沉作用。

1)搭桥效应

一个长碳链的高分子化合物，可以同时吸附许多个分散相的微粒，如图 10-7-2(a)所示。高分子化合物起到搭桥作用，把许多胶体粒子联结起来，变成较大的聚集体而发生聚沉。

2)脱水效应

高分子化合物对水具有更强的亲合力，由于高分子化合物的水化作用，使胶体粒子脱水，水化外壳遭到破坏而聚沉。

3)电中和效应

离子型的高分子化合物吸附在带电的胶体粒子上，可以中和胶粒的表面电荷，使粒子间的斥力势能降低，从而使溶胶聚沉。

若在憎液溶胶中加入过多的高分子化合物，许多个高分子化合物的一端都吸附在同一个分散相粒子的表面上，如图 10-7-2(b)所示；或者是许多个高分子的线团环绕在胶体粒子的周围，形成水化外壳，将分散相粒子完全包围起来，对溶胶反而起到保护作用。

此外，有些有机物亦具有对溶胶的聚沉作用，像乙醇、丙酮这类亲水性强的有机物，它们能

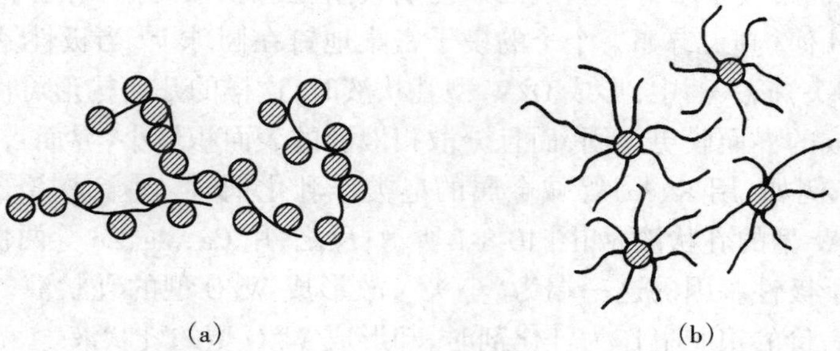

图 10-7-2　高分子化合物对溶胶聚沉和保护作用示意图
(a)聚沉作用;(b)保护作用

破坏胶粒的水化膜而令溶胶聚沉。尤其许多有机离子极易被胶粒吸附,对溶胶具有一种超强的聚沉能力。

§10-8　乳状液

由两种(或两种以上)不互溶(或部分互溶)的液体所形成的分散系统称为乳状液。乳状液的大小常在 1~50 μm 之间,普通显微镜即可看到。生产及生活中常会遇到乳状液,如含水石油,炼油厂废水,乳化农药,动植物的乳汁等等。在乳状液中,若其中一相为水,便用符号"W"表示;另一相为有机物质,如苯、苯胺、煤油等,习惯将它们称为"油",用符号"O"表示。乳状液一般分为两类:一类为油分散在水中,称为水包油型,用符号 O/W 表示;另一类为水分散在油中,称为油包水型乳状液,用符号 W/O。人们根据需要,对有些乳状液必须设法破坏,如石油脱水、废水处理等,以达到分离的目的;反之,对有些乳状液则需要让其稳定,如乳化农药、牛奶、化妆品等。因此对乳状液的研究应包括乳状液的稳定与破坏两个方面。

在一定条件下,不互溶液体相互分散形成高分散系统(统称为乳状液),两液体之间具有很大的界面,亦即具有很大的界面吉布斯函数,是热力学不稳定系统,必然要自发地分离为两相,这是乳状液不能稳定存在的根源。要想获得稳定的乳状液,就必须加入乳化剂。常用的乳化剂多为表面活性物质,此外,某些固体粉末也能起到乳化剂的作用。下面简单地说明乳化剂为何能使乳状液较稳定存在的原因,即乳化剂的乳化作用。

1.乳化剂的乳化作用

1)降低油水的界面张力

在一定温度、压力下,在两种互不相溶的液体中加入少量的表面活性剂时,由于疏水作用,表面活性剂一端的亲水基团插在水相,另一端亲油基团则插在油相,在两液相之间的界面层中产生正吸附,并形成具有一定力学强度的界面膜,明显地降低了界面张力,使系统的界面吉布斯函数降低,系统的稳定性增加。这是使乳状液稳定性增加的重要原因之一。

2)形成坚固界面膜

乳化剂在油水界面上作定向排列,形成一层具有一定的力学强度的乳化剂膜,将分散相液滴分隔开来,使得液滴发生碰撞时不会发生聚结变大,从而乳状液能稳定存在。由此可见,界面膜的力学强度的高低是乳状液稳定与否的极重要因素。还有,表面活性剂分子的亲水基团和亲油基团的横截面常大小不等。当表面活性剂吸附在乳状液的界面层时，常采取“大头”朝外、“小头”向里的几何构形，有如一个个的楔子密集地钉在圆球上，当极性基团(大头)插入水中，非极性一端(小头)插入油中，形成 O/W 型乳状液时，这样的几何构形可使表面活性剂分子排列最紧密，所形成的界面膜更牢固，而且分散相液滴的表面积最小，界面吉布斯函数最低，乳状液能稳定存在。例如，用 K、Na 等碱金属的皂类作乳化剂时，含金属离子的一端是亲水的“大头”，故形成 O/W 型的乳状液，如图 10-8-1 所示；反之，用 Ca、Mg、Zn 等两价金属的皂类作乳化剂时，含金属离子极性基因的这一端为“小头”，故形成 W/O 型的乳状液，如图 10-8-2 所示。但是也有例外，如一价的银肥皂作为乳化剂时，却形成 W/O 型的乳状液。

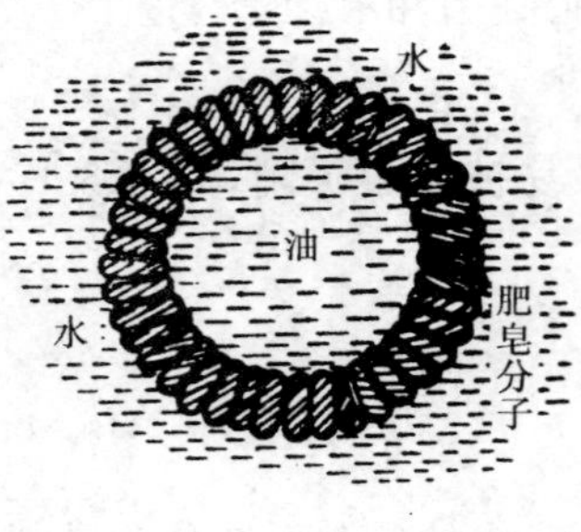

图 10-8-1　O/W 型乳状液

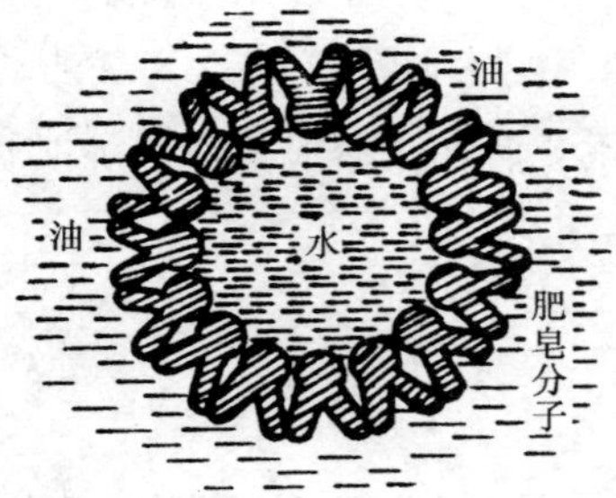

图 10-8-2　W/O 型乳状液

3)形成扩散双电层

离子型表面活性剂在水中会发生电离，所以用离子型表面活性剂作乳化剂时，分散相液滴与分散介质往往带有相反的电荷，若分散相的液滴带负电荷，分散介质则带正电荷，由于分散相液滴是带相同的电荷，所以分散相液滴之间存在静电斥力，起到了阻碍分散相液滴聚结的作用，而使乳状液处于相对稳定的状态。

4)固体粉末的稳定作用

固体粉末也可作为乳化剂，当固体粉末在油水界面上形成一层保护膜时，乳状液便得以稳定。至于所形成的乳状液是 O/W 型还是 W/O 型，则取决于固体粉末是亲水还是亲油。由图 10-8-3 所示的球形固体粉末在油水界面上分布的情况可知，沿着固体粒子的表面与油水界面的交界线上的液体，同时受到三个界面张力的作用，即分别为油水界面张力 σ_{O-W}、固水界面张力 σ_{S-W} 及固油的界面张力 σ_{S-O}，若不考虑重力场的影响，平衡时杨氏方程可表示为

$$\cos\theta = (\sigma_{S-O} - \sigma_{S-W})/\sigma_{O-W} \qquad (10\text{-}8\text{-}1)$$

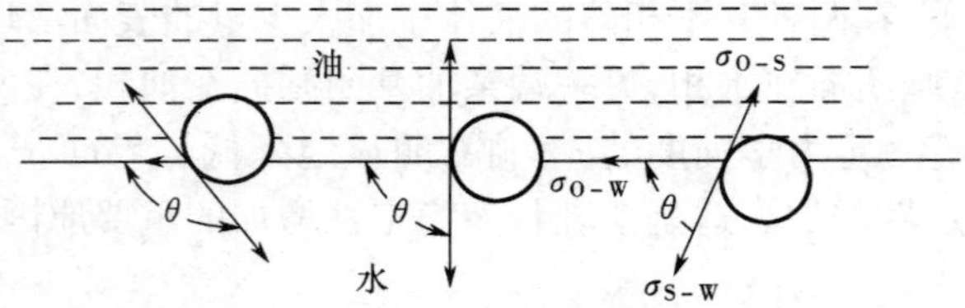

图 10-8-3　在油水界面上固体粒子分布的情况

式中 θ 为 σ_{S-W} 及 σ_{O-W} 方向之间的夹角，称为水对固体表面的润湿角。由式(10-8-1)可知：当 $\cos\theta>0$ 时，$\theta<90°$，$\sigma_{S-O}>\sigma_{S-W}$，则油水界面将向油层弯曲，使更多的固体表面浸入水中，形成 O/W 型乳状液；若 $\cos\theta<0$，则 $\theta>90°$，$\sigma_{S-W}>\sigma_{S-O}$，油水界面将向水层弯曲，使更多的固体表面浸入油层之中，形成 W/O 型乳状液。另外，由空间效应可知，为了使固体微粒在分散相的周围能排列成紧密的固体膜，固体粒子的大部分应当处在分散介质之中，这点与上述界面张力的分析是一致的。

2. 乳状液的破坏

工业生产的许多废水也是乳状液，常需在排放之前将其破坏，以消除污染。破坏乳状液的过程，称为破乳或去乳化作用。破乳的实质就是破坏乳化剂的保护作用，令乳状液处于不稳定状态，最终达到油水分离。破乳过程一般分为两步：分散相的微小液滴首先絮凝成团，但这时仍未完全失去原来各自独立的属性；第二步为凝聚过程，分散相结合成更大的液滴，在重力场的作用下自动地分离。常用的破乳方法有如下几种。

(1)化学方法。该法是使用破乳剂破坏吸附在界面上的乳化剂，令其失去乳化作用。破乳剂作用也有不同：①用不能形成牢固膜的表面活性物质代替原来的乳化剂。例如异戊醇，它的表面活性很强，但因碳链太短而无法形成牢固的界面膜。②加入某些能与乳化剂发生化学反应的物质，消除乳化剂的保护作用。例如在以油酸钠为稳定剂的乳状液中加入无机酸，使油酸钠变成不具有乳化作用的油酸，达到破乳的目的。③加入类型相反的乳化剂，令乳状液在转型过程中发生聚结，也可达到破乳的目的。

(2)物理方法。通过外力的作用，如采用加热、加强搅拌、离心分离以及高压电场等等措施，使分散相液滴加速和碰撞，直到聚结为止。

(3)对于以固体粉末为乳化剂的乳状液，破坏的方法就是加入润湿剂，目的是令固体粉末只与油水两相中一相润湿，而与另一相不润湿，这样固体粉末就离开了界面而进入到水相或油相，于是固体粉末的乳化作用便失去，乳状液便不稳定而聚结。

§10-9 气溶胶

以液体或固体为分散相和以气体为分散介质所形成的溶胶称为气溶胶。例如烟、尘是固体粒子分散在空气中的气溶胶，云雾是水滴分散在空气中的气溶胶，由于大多数情况下都以空气为分散介质，故又通称为空气溶胶。

气溶胶在自然界和人的生活中起着很大作用，如矿石的开采、烧结、水泥、钢铁、有色金属冶炼等工厂都有大量的粉尘排出。特别是燃烧过程中产生的废弃物——烟尘，像煤燃烧后约有原重量的 10% 以上的烟尘排人空气，油燃烧后约有不到原重量 1% 烟尘排入空气。这些工业排放到大气中的粉尘，严重污染环境，危害各类生物，必须将其除掉。当然，气溶胶在科学技术上应用的例子同样不少。例如，燃料喷成雾状和固体燃料以粉尘状燃烧，有助于燃烧完全，减少污染；又如催化剂悬浮在气流中的流态化工艺，能提高催化效果，以及在军事技术上施放烟雾来掩蔽军事目标等。

由上可知，对气溶胶对研究也与溶胶一样，需了解如何得到暂时稳定的有用气溶胶和破坏有害的气溶胶。下面以粉尘为代表对气溶胶的分类和性质进行介绍。

1.粉尘的分类

(1)按粉尘在静止空气中沉降性质的不同,可划分为三类:粒子直径为 $10^{-4} \sim 10^{-5}$ m,在静止空气中能够呈加速沉降的尘粒,称为尘埃;粒子直径为 $10^{-5} \sim 10^{-7}$ m 在静止空气中能够呈等速沉降的尘粒,称为尘雾;,粒子直径小于 10^{-7} m,在静止空气中不能自动沉降,而是处于无规则布朗运动状态之尘粒,称为尘云。粉尘则是尘埃、尘雾和尘云三者构成的混合物。

(2) 按环境保护要求可分为:有毒、无毒和放射性粉尘。

2.粉尘的性质

因粉尘是由粒径相差很大的尘粒所组成之混合物,具有相当大的表面积,表面效应相当突出,所以具有较为独特的性质。

1)粉尘润湿性

新生成的粉尘具有很强吸附能力,极易吸附空气中的物质粒子到其表面上形成一层较牢固的气膜。因此水对粉尘的润湿性受该气膜左右。一般,粉尘的颗粒越小,越易形成气体膜,气膜也越牢固,水对粉尘的润湿性也就越弱,甚至能从润湿变为不润湿。粉尘的润湿性还随温度的上升而下降,随压力的增加而增加,随粉尘与水的接触时间的延长而加大,此外还与粉尘带电多少有关。

2)粉尘的沉降速度

粉尘沉降速度是指粉尘在静止空气中的沉降速度。其中尘埃是加速沉降,尘云是不能自动沉降,只有尘雾才是等速沉降。等速沉降的速度可用斯托克斯公式来计算,其式为

$$v = \{(2/9) r^2 (\rho - \rho_0)\} g / \eta \qquad (10\text{-}10\text{-}1)$$

式中:r 为粒子半径(m);ρ 为粒子密度($kg \cdot m^{-3}$);ρ_0为空气密度($kg \cdot m^{-3}$);g 为重力初速度;η 为静止空气粘度。因为 ρ_0远小于 ρ,常可忽略不计。

以上所讨论的沉降速度是球形粒子在静止空气中的。而在生产条件下,由于大气流动、机器运转及人行等因素,使得大气总处在流动的状态,加上大部分尘粒形状不规则,所有这些均使尘粒的沉降速度变慢,延长了它在空气中的悬浮时间。在工厂、矿山作业场所空气中,小于 2 μm 的粉尘,实际上往往不能沉降而长久地飘浮于空气之中。由此可见,粉尘的分散度越高,越能长久地悬浮于空气中,因而人体吸入的机会也就越多,危害性越大。

3)粉尘的荷电性

粉尘在它的产生过程中,由于物料粒子的激烈碰撞、彼此摩擦、放射性的照射以及高压静电场等作用而带电。粉尘若带有不同电性的电荷后,则彼此吸引力增强,有助于粉尘聚结成大颗粒而沉降。若带有相同电性的电荷时,则不利于粉尘的沉降。粉尘带电时附着性增大,不仅容易粘附管壁,对除尘不利,严重的是,更易粘附在人的气管壁和肺泡上,对人产生危害。

4)粉尘的爆炸性

由于粉尘是高分散的、多相的热力学不稳定系统,在适当条件下,极易发生燃烧或爆炸。粉尘在空气中,只有在一定的范围内才能引起爆炸,引起爆炸的最高浓度叫爆炸上限,而最低浓度叫爆炸下限。粉尘的爆炸下限越低,能够引起爆炸的温度就越低,说明爆炸危险性越大。

5)气溶胶的光学性质

气溶胶的乳光效应基本上服从瑞利公式,即散射光强度与波长的四次方成反比。光束照射到气溶胶上时,其透射光呈红黄色,散射光则呈现淡蓝色,例如所看到烟囱冒出的缕缕炊烟

就是呈淡蓝色的。污染大气还有一种“光化学烟雾”,据分析,它是汽车和工厂烟囱排出的氮氧化合物和碳氢化合物等经太阳光紫外线照射而生成的一种毒性很大的淡蓝色烟气,其主要成分为臭氧、醛类、过氧乙酰基硝酸酯、烷基硝酸盐、酮等物质。

6)粉尘的凝聚性

干燥粉尘的表面一般均带有电荷,由于空气的流动、声波的振动以及磁力作用,使粉尘粒子处于无规则的运动状态,尘粒极易发生相互碰撞,令微小的粉尘易聚结成大粒子而沉降。目前许多除尘设备都是利用这一特性。

3.气体除尘

气体除尘是除去飘浮在气体中的粉尘的过程。随着工业生产大规模发展,大量废气和微粒排放到大气中,使大气的质量恶化,环境污染,对人类健康和动植物的生长造成直接、间接或潜在的影响和危害。所以,治理大气污染是非常重要的。

用除尘器来控制烟尘排放是目前最常用的方法。近年来,静电除尘器的效率已高达99%,剩余的灰尘通过烟囱排入高空扩散、稀释,可达到地面上所容许的浓度。应该指出,大气的污染源除粉尘外,还有微小液滴,如各种酸雾等,所以大气的净化回收方法必须根据具体情况采用不同的对策 。

§ 10-10 悬浮液

由不溶性的固体粒子(半径大于 0.1 μm)分散在液体中所形成的分散系统称为悬浮液(或悬浮体)。例如泥水是由微小的泥土粒子悬浮在水中而成的悬浮液。

悬浮液的分散相粒子比胶粒大得多,故无布朗运动,自然也就不具有扩散、渗透压和动力稳定性等与布朗运动有关的性质,因此稳定性较溶胶低,易沉淀析出。悬浮液的光学性质也和溶胶有很大区别,其散射光强度极微弱。悬浮液和溶胶相似之处是粒子结构与溶胶的粒子一样是由数目众多的分子或原子所构成的,是高分散、多相和热力学不稳定系统,具有相当大的界面吉布斯函数,能自发地吸附溶液中的某种离子而带有一定的电荷,高分子化合物对悬浮液也有保护作用,这些都是悬浮液能暂时稳定的原因。

大多数的悬浮液是由大小不同的粒子所构成的系统。测定粒子的分散度(即粒度)的目的是了解不同大小的粒子在试样中所占的百分率,即粒度分布,这对科研和生产有着重要的作用。最常用的测定粒度分布方法是沉降分析法。此法是在静止的介质中,根据在重力场作用下,大小不同的粒子以不同速度沉降的原理来测定粒度分布。

在静止介质中,受重力影响的粒子向下沉降,沉降的粒子在刚开始降落的一段时间内,因介质对降落粒子的阻力还不大,粒子是以加速度沉降。随着沉降时间逐渐延长,粒子下落速度越来越快,但介质对粒子的阻力相应也越来越大,当下降速度达到一定数值时,阻力与重力达到平衡,之后粒子将以等速沉降,这个以等速沉降的速度就称为沉降速度。下面推导沉降速度与粒子大小的关系。

设粒子为球形,半径大于 10^{-7} m,粒子的密度为 ρ_2,在静止的介质中,一个不带电的粒子下沉时所受到的重力为

$$F_g = (4/3)\pi r^3 \rho_2 g \qquad (10\text{-}10\text{-}1)$$

粒子在密度为 ρ_1 的介质中所受到的浮力则为

$$F_b = (4/3)\pi r^3 \rho_1 g \tag{10-10-2}$$

粒子下沉时，除了受到上面两个作用力之外，还要受到一个介质的摩擦阻力的作用。摩擦力可按下式计算，即

$$F_v = 6\pi r v \eta \tag{10-10-3}$$

式中：η 为粘度；v 为下沉速度。当作用于粒子的上述三个力达平衡时，粒子下沉速度从加速变成等速，即为沉降速度 v_0。当上述三个力的合力为零时，它们的关系如下：

$$F_b = F_v + F_g$$

将式(10-10-1)、式(10-10-2) 和式(10-10-3)代入上式中，得

$$(4/3)\pi r^3 \rho_1 g + 6\pi r v_0 \eta = (4/3)\pi r^3 \rho_2 g$$

即

$$(4/3)\pi r^3 g(\rho_2 - \rho_1) = 6\pi r v_0 \eta$$

$$v_0 = 2 r^2 g(\rho_2 - \rho_1) /9\eta \tag{10-10-4}$$

上式表明，沉降速度 v_0 与粒子半径 r 的平方成正比。设在时间 t 内粒子沉降的高度为 h，则 h/t 就是沉降速度 v_0。于是式(10-10-4)便可改写为

$$r = \left[\frac{9\eta h}{2tg(\rho_2 - \rho_1)}\right]^{\frac{1}{2}} \tag{10-10-5}$$

由式(10-10-5)可知，若实验测得在时间 t_1 内，半径大于 r_1 的粒子全部沉降下来，用沉降天平可测出对应的沉降量，即可求出粒子分布。如此类推，便能测得不同半径粒子占总量的百分数。

§ 10-11　泡　　沫

泡沫是气体分散在液体(或固体)中的高分散多相系统，气体是分散相，而液体则是分散介质，属粗分散系统。由于泡沫是热力学不稳定系统，所以要稳定存在，需要有稳定剂——发泡剂。泡沫应用很广泛，例如用泡沫分离法可将含有蛋白质废水中的蛋白质分离出来。

1.泡沫的形成

当气体通入液体并开始形成气泡时，每个新生成的气泡都是球状，球与球之间被一层厚膜所隔开。由于气体与液体的密度相差很大，所以生成的气泡总是很快地上升至液面。生成的泡沫内部所含的水，受到重力和弯曲液面附加压力的作用，会从膜间排出，使球形小泡靠得更近，而且小泡内的压力比大泡内的压力更高。由于排水，气泡壁逐渐变薄，气体可以通过胞壁相互渗透，使气泡的压力趋于相等，泡的大小也就逐渐均匀。泡沫的结构有两种不同情况：一种是液相黏度较大，泡沫被相当厚的液膜隔开；另一种是气相量相当大，生成的泡沫被很薄的液膜分隔开。

在此，只介绍后一类型的泡沫。这种类型的泡沫都有一定的几何形状，可由两个、三个或四个气泡聚在一起，以较稳定的三个气泡构成的泡沫系统为例来说明，如图 10-11-1(a)所示。由图可知，三个气泡构成的系统，其三个界面膜相互接触，形成 Plateau 交界。Plateau 交界构成的管道在膜排水过程中起着重要的作用，放大图如图 10-11-1(b)所示。根据弯曲波面的附

加压力公式可知，液膜内 P 处的压力小于 A 处，于是液体会自动地从压力高的 A 处流向压力低的 P 处，也使液体从 P 处流向 A 处，然后通过管道排掉，结果使得液膜变薄，当液膜薄到一定程度时，膜会破裂，因此，液膜的黏度对泡沫的稳定性有很大的影响。

另外，在三气泡系统中，从曲面压力来看，膜之间的夹角为 120°时最稳定，因为这时膜内 A、P（图 10-11-1(b)）之间的压力差最小，从动力学角度看是最稳定的状态。

泡沫破坏的原因，除了液膜排液外，还有气泡内的气体透过液膜进行扩散。由弯曲液面附加压力可知，小气泡的压力大于大气泡的压力，而两泡的压力又大于平液面上气相的压力，于是气体从小泡穿过液膜扩散到大泡中，导致小泡变小甚至消失，而大泡则变大。若气泡浮在液面上时，气体透过液膜扩散到气相中去，气泡便破坏。

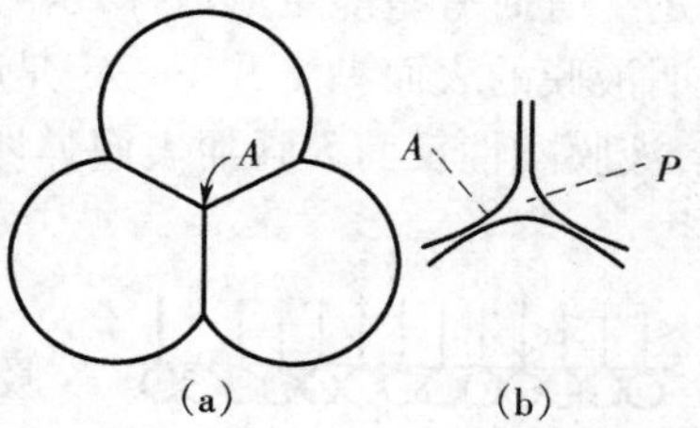

图 10-11-1　三个气泡构成的泡沫系统
(a)三泡系统；(b)Plateau 交界

虽然至今尚不完全清楚膜的破裂机理，但膜的破裂容易发生在边缘附近，这是人所共知的事实。气泡的破损和气泡内气体的扩散随时都在改变着气泡的大小和形状。

2.泡沫的稳定

在某些生产环节以及日常生活中，往往希望能得到大量稳定的泡沫。例如，泡沫分离过程中，要求形成大量有一定稳定性的泡沫，以便能有效地富集蛋白质；在日常生活中，去污、面团发酵等，总是希望有适度的泡沫产生，以便把衣物、器皿洗净，或使馒头松软可口。泡沫的稳定与什么因素有关，下面分别介绍。

1)表面张力

当泡沫生成时，系统的表面积迅速增大，表面吉布斯函数大为增加，系统处在热力学不稳定状态。此时若液体的表面张力较小，则生成同样总面积的泡沫所消耗的功就要减少，表面吉布斯函数相对较小，泡沫也就比较稳定，所以表面张力低的溶液形成泡沫较为有利。但是，表面张力对泡沫稳定性的贡献是有限的。单纯用表面张力并不能充分说明泡沫的稳定性。例如，有些纯有机液体，如乙醇、正己烷等的表面张力大体在 $20\ mN\cdot m^{-1}$ 左右，比纯水低得多，甚至比肥皂水溶液的表面张力还低，但却不能生成稳定的泡沫。由此可见，表面张力并不是决定泡沫稳定性的重要因素。

2)液膜表面的弹性

一个稳定的泡沫液膜应具有比较强的对抗外界干扰并力求回复原状的能力，这一能力反映了液膜在受到瞬间应力时调整表面张力的能力。当泡沫的液膜受到冲击时，局部表面瞬间被拉伸变薄，变薄之处表面积增大，此时吸附在表面上的表面活性剂分子密度变小，表面张力随之增大，因此表面活性剂分子力图向变薄部分迁移，使表面上吸附的表面活性剂分子又恢复到原来的密度，表面张力又降低到原来的水平。在迁移过程中，表面活性剂分子还会携带其附近液体一起移动，使得变薄的液膜又回复到原来厚度。这种表面张力和液膜厚度的修复能力，是使液膜强度保持不变和维持泡沫稳定的因素。泡沫若老化时，则其表面弹性降低，即修复能力降低，导致稳定性变差。

3)液膜表面的黏度

液膜表面粘度不是液体的黏度。表面黏度是指液体表面上双分子层内液体的黏度，它也是影响泡沫稳定性的重要因素。泡沫表面黏度大,则可以大大降低泡沫的液膜之排水速度和减缓气体透过液膜的扩散速度,从而增加泡沫稳定性。形成固态型单分子膜的肥皂所生成的泡沫,其变薄速度比形成液态型单分子膜的其他发泡剂所生成的泡沫要慢得多,原因就在于此。表面黏度越大的泡沫其寿命越长,因而泡沫越稳定。表面黏度是泡沫稳定的重要因素,但不是唯一的因素,因为常有例外。例如,十二酸钠溶液表面黏度并不高,但是生成的泡沫却很稳定。有时有些能生成泡沫的溶液,如设法增加此液膜表面黏度却反而降低了泡沫的寿命。说明液膜的表面黏度并不一定是越高越好,还需考虑到膜的表面弹性,有时表面黏度很高的液膜,液膜刚性反而太强而表面弹性较差,以至在外界干扰下容易脆裂。

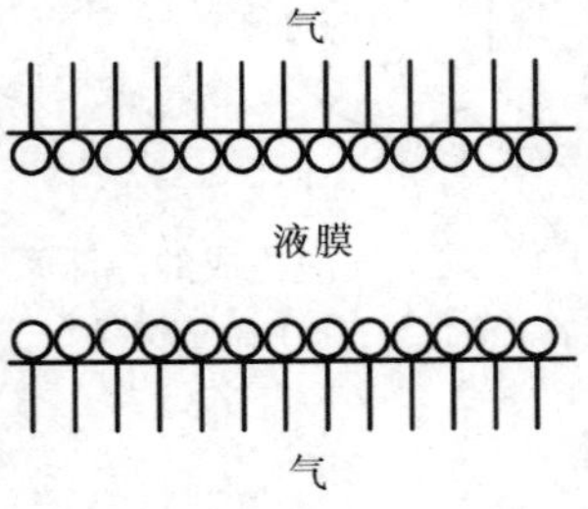

图 10-11-2　液膜表面双分子层示意图

4)液膜的表面电荷

如果起泡剂为离子型表面活性剂时,则表面活性剂离子被吸附在液膜的上下两边表面,由于气泡膜有内外两个气、液界面,液膜上就形成活性剂离子的双吸附层,使液膜上下两边表面带相同的电荷,如图 10-11-2 所示。当液膜受到外力挤压时,液膜双吸附层的静电排斥起着重要作用,可以防止液膜排液变薄,这对泡沫的稳定是有利的。

液膜中的电荷排斥力与溶液中电解质浓度有关,因为电解质浓度能影响表面电位的分布,直接影响到液膜中电荷排斥力。

3.发泡与消泡

纯液体是很难形成稳定泡沫的,因为泡沫中作为分散相的气体所占有的体积为总体积的90%以上,而分散介质极少量的液体被气泡压缩成液膜,是很不稳定的一层液膜,极易破灭。要令液膜稳定,必须加入第三种物质——起泡剂,最常用的起泡剂有如下几种。

1)表面活性剂类

这是最常用的起泡剂,例如十二烷基苯磺酸钠以及普通的肥皂等,都有良好的起泡性能。这类物质溶液的表面张力低至 25 $mN \cdot m^{-1}$,这样低的表面张力是有利于泡沫形成的主要因素。还有,这类分子在液膜上下两侧的气、液界面上作定向排列。伸向气相的碳氢链段之间的相互吸引,使活性剂分子形成相当坚固的膜。同时伸入液相的极性基团由于水化作用,具有阻止液膜的液体流失的能力。这些性质对泡沫稳定性起着重要作用。

2)蛋白质及高分子化合物类

例如蛋白质明胶、聚乙烯醇等,对泡沫也有良好的稳定作用。这是因为蛋白质分子间除了范德华引力外,分子中的羧基与胺基之间还能形成氢键。所以,蛋白质分子所生成的薄膜相当牢固,形成的泡沫也很稳定。

3)固体粉末类

像炭末、矿石粉等微细的憎水固体粉末,聚集于气泡表面也可以形成稳定泡沫。这是因为在气、液界面上的固体粉末,成了防止气液相互合并的屏障。同时附在其上的固体粉末,形状各异,杂乱堆砌,这就增加了液膜中液体流动的阻力,也有利于泡沫的稳定。

综上所述,在生成泡沫过程中,发泡剂所起的作用主要是:降低表面张力;形成有一定力学强度、具有适当表面黏度和良好弹性的液膜。

起泡剂必须在一定条件下才有良好的起泡能力，如搅拌、吹气等。但是，所形成的泡沫不一定有很好的稳定性(泡沫的持久性)。为了使生成的泡沫能够稳定存在，常需加入一些辅助表面活性剂，称之为稳泡剂。

2.泡沫的破坏(消泡)

在许多情况下，泡沫的存在会带来生产操作不便，甚至影响产品的质量等众多问题。因此，消除泡沫便成为要解决的问题。目前，消泡的方法有两种。

1)物理方法

常采用的物理方法有升温或降温，急剧的压力变化，离心分离溶液和泡沫，用压缩空气喷射以及用超声波或过滤等。

2)化学方法

化学方法是加入第三种物质——抑泡剂或消泡剂。抑泡剂的作用是不让泡沫形成，消泡剂则是将已形成的泡沫消除掉。消泡剂能将泡沫消除掉的作用原理为：有些消泡剂将液膜的局部表面张力降至非常低，消泡剂便由局部向表面上四处展开，同时带走液膜表面下的液体，令液膜局部处液膜厚度变薄，直到破裂为止；有些消泡剂则能大大降低液膜的表面黏度，加快排液速度，使泡沫稳定性下降；还有一些消泡剂，极易扩散和吸附在液膜表面上，但却不能形成牢固的表面膜，使液膜失去弹性而破裂。

作为好的消泡剂应具有性能为：必须具有比消泡系统表面张力更低的表面活性物质；铺展系数要大；在被消泡系统中的溶解度要小；不与被消泡系统中的组分发生反应。

应指出，消泡剂具有很强的针对性，往往对某一泡沫系统消泡效果很好的消泡剂，对另一泡沫系统消泡效果极差或无效，甚至有稳泡作用。

§10-12 高分子溶液

高分子化合物又称大分子化合物或高聚物。它的分子量从几千到千万以上(一般有机化合物分子量约在500以下)。根据来源可分为天然高分子化合物和合成高分子化合物。高分子化合物一般是无定形物，有时也有晶体共存，但很少全部是晶体。在常温下具有一定的塑性或弹性和力学强度，可被拉成纤维、制成薄膜或模塑成型。由于高分子化合物制品，特别是合成材料具有密度较小，力学强度较大，抗腐蚀、耐磨、耐水、耐油、耐寒和耐光，以及较低的传热性和电绝缘等优良性能，因此高分子化合物已是工农业、交通运输业、国防和人民生活等方面的重要原材料。

高分子化合物在适当的溶剂中能自动地分散为溶液。由于高分子化合物分子的大小是在胶体范围之内，所以它们的溶液既与低分子溶液有某些相似的性质，又与低分子溶液的性质有所不同，而且具有胶体的某些特征，例如，扩散很慢、不能透过半透膜、在超速离心机中沉降和黏度特异性等。与憎液溶胶不同的是高分子化合物溶液是热力学稳定物。它们的这种稳定性不是由于粒子的电性质，而是由于高分子化合物的亲液性质，即由于它们和溶剂之间的溶剂化作用。高分子化合物的这种性质使它们与憎液溶胶有根本区别。为了便于比较，将两者主要性质的异同归纳于表10-12-1中。

表 10-12-1　高分子化合物溶液和憎液溶胶的性质比较

	高分子化合物	憎液溶胶
相同的性质	(1)分子大小达到$(1\sim100)\times10^{-3}$ m 范围 (2)扩散慢 (3)不能透过半透膜	(1)胶团大小达到$(1\sim100)\times10^{-3}$ m 范围 (2)扩散慢 (3)不能透过半透膜
不相同的性质	(1)溶质溶剂间有强的亲和力(能自动分散成溶液),有一定的溶解度 (2)稳定物系,不需要第三组分作稳定剂,稳定的原因是溶剂化 (3)对电解质稳定性较大。将溶剂蒸发除去后,成为干燥的高分子化合物,再加入溶剂,又能自动成为高分子化合物溶液,即具有可逆性 (4)平衡系统,可用热力学函数来描述 (5)均相系统,丁铎尔效应微弱 (6)黏度大	(1)分散相和分散介质间没有或只有很弱的亲和力(不分散,需用分散法或凝聚法制备),没有一定的溶解度 (2)不稳定物系,需要第三组分作稳定剂,稳定的主要原因是胶粒带电 (3)加入微量电解质就会聚沉,沉淀物经过加热或加入溶剂等处理,不会复原成胶体溶液,具有不可逆性 (4)不平衡系统,只能进行动力学研究 (5)多相系统,丁铎尔效应强 (6)黏度小(和溶剂相似)

由于合成高分子化合物的迅速发展,对高分子化合物溶液进行了大量的研究工作,下面对它们的几种性质进行讨论。

1.高分子溶液的渗透压

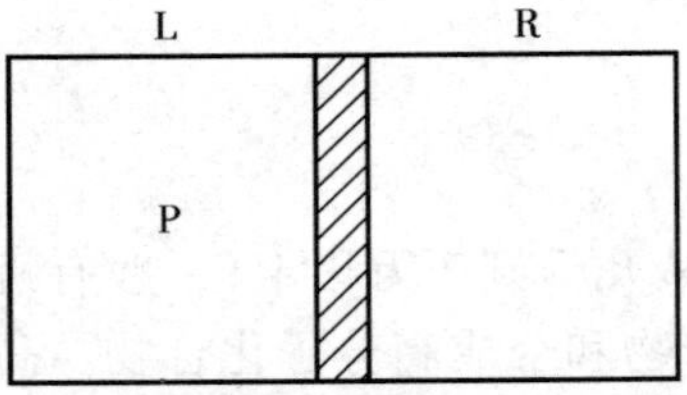

(P 代表蛋白质)

图 10-12-1　渗透压产生的示意图

把蛋白质(或其他高分子化合物)溶液与纯溶剂用半透膜隔开,如图 10-12-1 所示。左侧(以 L 表示)内装蛋白质溶液 P,右侧(以 R 表示)内装纯溶剂。开始时,由于溶液中溶剂的化学势低于纯溶剂的化学势,又因蛋白质分子不能透过半透膜,而溶剂分子却可自由通过,所以在一定温度下,经一段时间后,纯溶剂分子自右向左渗透,而使左边压力增加,直至膜两边化学势相等时渗透达到平衡,此时左右两边的压力差称为渗透压。理想稀溶液的渗透压与溶质浓度之间的关系为

$$\Pi = c_B RT$$

或

$$\Pi = (\rho_B/M)RT$$

式中:Π 为渗透压;c_B为溶质的物质的量浓度;R 为摩尔气体常数;T 为温度;ρ_B为溶质的质量浓度;M 为溶质的摩尔质量。

但是,高分子稀溶液对理想稀溶液的偏离很大,在应用时多用下式:

$$\Pi = RT\{(\rho_B/M) + A_2\rho_B^2\} \tag{10-12-1a}$$

或

$$\Pi/\rho_B = RT/M + RT A_2 \rho_B \tag{10-12-1b}$$

式中:M 为溶质(高分子物)的摩尔质量;A_2称维里系数。

在 T 一定下,如以 π/ρ_B对 ρ_B作图应为一直线,并由直线的斜率求出 A_2,由直线的截距求

出高分子化合物的摩尔质量。

渗透压法测定高分子化合物的摩尔质量只限于 10 ~ 10^3 kg·mol^{-1}的范围。摩尔质量太小时，高分子化合物的分子易通过半透膜；摩尔质量太大时，渗透压数值太小，测量误差很大。式(10-12-1b)只适用于非电解质高分子的稀溶液。对于蛋白质水溶液，只有在等电状态下才适用。

2.唐南平衡

蛋白质(或其他能电离的高分子)不在等电点时，蛋白质可视为强电解质，以 Na_zP 表示。其电离反应如下：

$$Na_zP \longrightarrow zNa^+ + P^{z-}$$

若将蛋白质水溶液与溶剂用半透膜隔开，如图 10-12-2 所示。由于 Na^+、H_2O 等皆可自由渗透，而 P^{z-} 不能通过半透膜。当渗透达平衡后，则膜两边的离子分配不等，从而产生渗透压，这种平衡叫做唐南平衡，所产生的渗透压可用下式计算：

$$\Pi = (z+1)cRT \qquad (10\text{-}12\text{-}2)$$

式中：$(z+1)$为蛋白质电离出的离子数；c 为蛋白质的总量浓度。

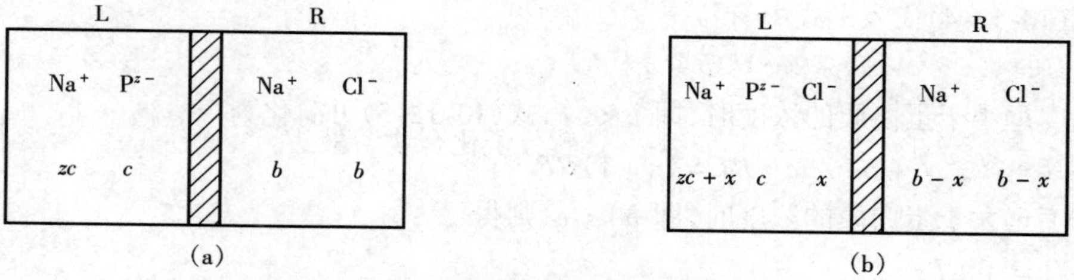

图 10-12-2　唐南膜平衡的示意图(两侧体积相等)

(a)平衡前；(b)平衡后

从式(10-12-2)可看出，由于高分子的电离，求得的摩尔质量要比高分子实际摩尔质量要小很多。因此测定蛋白质及其他能电离的高分子摩尔质量，常需在缓冲溶液或在加进盐的情况下进行。下面来探讨为什么要在这种情况下进行测定。

把蛋白质 Na_zP 溶于水并形成浓度为 c 的溶液，将其放置在半透膜的左侧，而将浓度为 b 的 NaCl 溶液放在半透膜的右侧，由于 P^- 不能通过半透膜，为了要保持膜两侧的电中性，当一个 Na^+ 透过膜时必须同时也有一个 Cl^- 跟着过去，蛋白质电离出来的钠离子，也可以和右边的 Na^+ 进行交换，但这不影响膜两边的浓度。设渗透达平衡时，有浓度为 x 的 NaCl 从膜的右侧移至膜的左侧，如图 10-12-2(b)所示。

根据热力学理论可知，渗透达平衡时 NaCl 在膜两侧的化学势相等，即

$$\mu(\text{NaCl},\text{左}) = \mu(\text{NaCl},\text{右})$$

又知电解质整体化学势的表达式为

$$\mu = \mu^\ominus(\text{NaCl}) + RT\ln a(\text{NaCl})$$

电解质的整体活度与其解离离子活度间的关系为

$$a(\text{NaCl}) = a(Na^+)a(Cl^-)$$

因此 $\mu(\text{NaCl},左) = \mu^{\ominus}(\text{NaCl},左) + RT\ln\{a(\text{Na}^+,左)a(\text{Cl}^-,左)\}$

$\mu(\text{NaCl},右) = \mu^{\ominus}(\text{NaCl},右) + RT\ln\{a(\text{Na}^+,右)a(\text{Cl}^-,右)\}$

于是,得 $\{a(\text{Na}^+,左)a(\text{Cl}^-,左)\} = \{a(\text{Na}^+,右)a(\text{Cl}^-,右)\}$

若为稀溶液,则活度可用浓度代替,即

$$\{c(\text{Na}^+,左)c(\text{Cl}^-,左)\} = \{c(\text{Na}^+,右)c(\text{Cl}^-,右)\} \tag{10-12-3}$$

在左侧有 $c(\text{Na}^+,左) = zc + x, c(\text{Cl}^-,左) = x$

而在右侧 $c(\text{Na}^+,右) = b - x$, $c(\text{Cl}^-,右) = b - x$

将左、右两侧的离子浓度代入式(10-12-3)中,得

$$(zc + x)(x) = (b - x)^2$$

再将上式整理,可得 $x = b^2/(2b + zc)$ (10-12-4)

要注意,由于加入 NaCl,所以蛋白质的渗透压不仅与水溶液中蛋白质的离子浓度有关,而且,还与另一侧水溶液中的 Na^+ 和 Cl^- 离子浓度有关,即

$$\Pi = \{(zc + x + x + c) - 2(b - x)\}RT$$
$$= (zc + c - 2b + 4x)RT$$

将式(10-12-4)代入上式中,得

$$\Pi = \{(z^2c^2 + zc^2 + 2bc)/2b + zc\}RT \tag{10-12-5}$$

若盐的浓度远小于蛋白质的浓度时,即 $b \ll c$,式(10-12-5)可简化为

$$\Pi = \{(z^2c^2 + zc^2)/zc\}RT = (z + 1)RT \tag{10-12-6}$$

若盐的浓度远大于蛋白质的浓度时,即 $b \ll c$,则得

$$\Pi = cRT \tag{10-12-7}$$

从上面讨论可看出:第一种极限情况(盐的浓度很低),渗透压接近于 Π 值(即无盐存在时蛋白质所呈现的渗透压);第二种极限情况(盐的浓度很高),渗透压与蛋白质在等电点所表现的值几乎相等。因此我们得到结论:加入足够的中性盐,可以消除唐南平衡效应对高分子电解质摩尔质量测定的影响。

唐南平衡最重要的功能是控制物质的渗透压,这对于医学、生物学研究细胞膜内外的渗透平衡有重要意义。

本章基本要求

1. 掌握胶体系统的定义、特征和种类。

2. 了解胶体系统丁铎尔效应及产生的原因以及用途。

3. 了解胶体的布朗运动及沉降平衡。

4. 懂得电泳、电渗等现象说明什么问题。

5. 明了扩散双电层理论,能写出胶团结构的表示式。

6. 理解电解质和高分子溶液对溶胶的稳定作用。

7. 了解憎液溶胶的 DLVO 理论。

8. 了解乳状液的类型、稳定和破坏的方法。

9. 明了气溶胶的特征和性质以及气溶胶的稳定和破坏。

10. 了解泡沫的形成条件和稳定的因素及如何发泡和消泡。

11. 理解电解质高分子物的渗透压以及唐南平衡和渗透压。

概　念　题

填空题

1. 胶体系统的主要特征是____________。

2. 溶胶产生丁铎尔现象的原因是____________。

3. 布朗运动实质上是____________。

4. ζ 电势的定义是____________。

5. 溶胶的动力学性质表现为____________三种运动。

6. 溶胶的四种电动现象为____________。

7. 憎液溶胶在热力学上是不稳定的，它能够相对稳定存在的三个重要原因是____________。

8. 亲水的圆球形固态微粒处于油(O)-水(W)界面层时，是其大部分体积浸于水中，这种固体微粒的存在有利于形成______型的乳状液。

9. 若乳化剂分子体积大的一端亲水，小的一端亲油，此种乳化剂有利于形成______型乳状液；反之，则有利于形成______型乳状液。

10. 在一定温度下，破坏憎液溶胶最有效的方法是______。

11. 溶胶的流动电势(即 ζ 电势)等于零的状态，称为______态，此时胶体粒子的电泳速度______。

12. 在一定温度下，在含有 NO_3^-、K^+、Ag^+ 的水溶液中，微小的 AgI 晶体粒子，最易于吸附______离子，而使胶体粒子带______电荷。

选择填空题(从每题所附答案中择一正确的填入横线上)

1. 当入射光的波长______胶体粒子的线度时，可出现丁铎尔现象。

选择填入：(a)大于　(b)等于　(c)小于　(d)远小于

2. 胶体系统的电泳现象表明______。

选择填入：(a)分散介质不带电　(b)胶体粒子带有大量的电荷　(c)胶团带电　(d)胶体粒子处于等电状态

3. 电渗现象表明______。

选择填入：(a)胶体粒子是电中性的　(b)分散介质是电中性的　(c)胶体系统的分散介质也是带电的　(d)胶体粒子处于等电状态

4. 胶体粒子的 ζ 电势______。ζ 电势______的状态，称为等电状态。

选择填入：(a)大于零　(b)等于零　(c)小于零　(d)可正、可负、可为零

5. 若分散相固体微小粒子的表面上吸附负离子，则胶体粒子的 ζ 电势______。

选择填入：(a)大于零　(b)等于零　(c)小于零　(d)正、负号无法确定

6. 对于以 $AgNO_3$ 为稳定剂的 AgCl 溶胶的胶团结构，可以表示为

$$\{[AgCl]_m nAg^+ \cdot (n-x)NO_3^-\}^{x+} \cdot xNO_3^-$$

其中______称为胶体粒子。

选择填入：(a) $[AgCl]_m \cdot nAg^+$　　(b) $[AgCl]_m$

(c) $\{[AgCl]_m \cdot nAg^+ \cdot (n-x)NO_3^-\}^{x+}$　　(d) $(n-x)NO_3^-$

7. 大分子(天然的或人工合成的)化合物的水溶液与憎水溶胶在性质上最根本的区别是______。

选择填入:(a)前者是均相系统,后者是多相系统　(b)前者是热力学稳定系统,后者是热力学不稳定系统　(c)前者粘度大,后者粘度小　(d)前者对电解质的稳定性较大,后者加入少量的电解质就能引起聚沉

8. 在一定温度下,在4个装有相同体积的 As_2S_3 溶胶的试管中,分别加入 c 和 V 相同的下列不同的电解质溶液,能够使 As_2S_3 溶胶最快发生聚沉的是______。

选择填入:(a)KCl　(b)NaCl　(c)$ZnCl_2$　(d)$AlCl_3$

9. 在一定温度下,在4个装有相同体积的 As_2S_3 溶胶的试管中,分别加入 c 和 V 相同的下列不同的电解质,能使 As_2S_3 溶胶最快发生聚沉的是______。

选择填入:(a)NaCl　(b)$NaNO_3$　(c)$Na_3[Fe(CN)_6]$　(d)Na_2CO_3

10. 以KI为稳定剂的一定量的AgI溶胶中,分别加入下列物质的量浓度 c 相同的不同电解质溶液,在一定时间范围内,能使溶胶完全聚沉所需电解质的浓度最小者为______。

选择填入:(a)KNO_3　(b)$NaNO_3$　(c)$Mg(NO_3)_2$　(d)$La(NO_3)_3$

简答题

1. 如何定义胶体系统?

2. 哪些方法能使溶胶发生聚沉?

3. 在两个装有 $AgNO_3$ 水溶液的容器之间,用AgCl(s)制成的多孔塞将二者联通,在多孔塞的两端装有两个电极并通以直流电,容器中的溶液将如何流动?请说明原因。

4. 欲制备带负电荷的AgI溶胶,在 $25\times10^{-3}\ dm^3$, $c=0.020\ mol\cdot dm^{-3}$ 的KI水溶液中,应加入 $c=0.006\,4\ mol\cdot dm^{-3}$ 的 $AgNO_3$ 溶液多少(dm^3)?

5. 在溶液中胶核为什么会带电?

6. 质量远比一般离子大得多的胶体粒子,为什么会出现两者电迁移率数量级近似相等的情况?

习　题

10-1(A)　利用丁铎尔效应,实验测得两份硫溶胶的散射光强度之比 $I_1/I_2=10$。已知两溶胶的分散相和分散介质的折射率、入射光的强度及波长、分散相粒子的大小以及观测的方向和位置皆相同。若第一份硫溶胶粒子的浓度 $c_1=0.10\ mol\cdot dm^{-3}$,试求第二份硫溶胶粒子的浓度 c_2 为若干?

答:$c_2=0.01\ mol\cdot dm^{-3}$

10-2(A)　290.2 K时,某憎液溶胶粒子的半径 $r=2.12\times10^{-7}$ m,分散介质的粘度 $\eta=1.10\times10^{-3}$ Pa·s。在电子显微镜下观测粒子的布朗运动,实验测出在60 s的间隔内,粒子的平均位移 $\bar{x}=1.046\times10^{-5}$ m。求阿伏加德罗常数 L 及该溶胶的扩散系数 D 各为若干?

答:$L=6.02\times10^{23}\ mol^{-1}$, $D=9.12\times10^{-13}\ m^2\cdot s^{-1}$

10-3(B)　在超显微镜下观测汞溶胶的沉降平衡,在高度为 5×10^{-2} m处,1 dm^3 中有 4×10^5 个胶粒;在高度 5.02×10^{-2} m处,1 dm^3 中含有 2×10^3 个胶粒。实验温度为293.2 K,汞和分散介质的密度分别为 13.6×10^3 和 $1.0\times10^3\ kg\cdot m^{-3}$,设粒子为球形。试求汞粒子的摩尔质量 M 和粒子的平均半径 r 各为若干?

答:$M=710.5\times10^4\ kg\cdot mol^{-1}$, $r=5.92\times10^{-8}$ m

10-4(B)　带电粒子的电泳或电渗速率 u 与电势梯度 $E(V\cdot m^{-1})$ 及溶胶的 $\zeta(V)$ 电势之间的定量关系可以表示为

$$u=\varepsilon E\zeta/\eta$$

式中:η 为介质的粘度;ε 为分散介质的介电常数,它与真空介电常数 ε_0 之比称为相对介电常数,并用 ε_r 表示,即 $\varepsilon_r=\varepsilon/\varepsilon_0$;$\varepsilon_0=8.854\times10^{-12}\ F\cdot m^{-1}$, $1\ F=1\ C\cdot V^{-1}$。

今由电泳实验测得 Sb_2S_3 溶胶(设其为球形粒子),在两电极相距 38.5 cm、外加电压为 210 V 的条件下,通电 2 172 s,引起溶液界面向正极移动 3.20 cm。已知该溶胶分散介质的相对介电常数 $\varepsilon_r = 81.1$,粘度 $\eta = 1.03 \times 10^{-3}$ Pa·s,试求该溶胶的 ζ 电势。

答:$\zeta = 38.7 \times 10^{-3}$ V

10-5(B) 在 NaOH 溶液中,用 HCHO 还原 $HAuCl_4$ 可制得金溶胶:

$$HAuCl_4 + 5NaOH \longrightarrow NaAuO_2 + 4NaCl + 3H_2O$$

$$2NaAuO_2 + 3HCHO + NaOH \longrightarrow 2Au(s) + 3HCOONa + 2H_2O$$

由上述反应所产生的 $NaAuO_2$ 是金溶胶的稳定剂。试写出该金溶胶的胶团结构表示式。

10-6(A) 试写出由 $FeCl_3$ 水解制备 $Fe(OH)_3$ 溶胶的胶团结构。已知稳定剂为 $FeCl_3$。

10-7(A) 欲制备胶体粒子带正电荷的 AgI(s)溶胶,在 0.025 dm^3 浓度为 0.016 $mol \cdot dm^{-3}$ 的 $AgNO_3$ 溶液中,最多只能加入 0.005 $mol \cdot dm^{-3}$ 的 KI 溶液多少 dm^{-3}?试写出该溶胶的胶团结构表示式。若用相同体积摩尔浓度的两种溶液 $MgSO_4$ 及 $K_3Fe(CN)_6$,哪一种溶液更容易使上述溶胶发生聚沉?

答:0.08 dm^3,$K_3Fe(CN)_6$

10-8(A) 在 H_3AsO_3 的稀溶液中通入 H_2S 气体,可制得 As_2S_3 溶胶。已知溶于溶液中的 H_2S 可电离成 H^+ 和 HS^{-1}。试写出此 As_2S_3 溶胶的胶团结构表示式。

10-9(A) 试写出以亚铁氰化钾 $K_4\{(CN)_6Fe\}$ 为稳定剂的 $Cu_2\{(CN)_6Fe\}$ 溶胶的胶团结构,其胶体粒子在外电场的作用下将如何移动?

10-10(A) 在 Na_2SO_4 的稀溶液中滴入少量的 $Ba(NO_3)_2$ 稀溶液,可以制备 $BaSO_4$ 溶胶,过剩的 Na_2SO_4 作为稳定剂。试写出 $BaSO_4$ 溶胶的胶团结构。

10-11(B) 试写出 $Al(OH)_3$ 溶胶在酸性介质中的胶团结构及在碱性介质中的胶团结构。

10-12(A) 将 0.010 dm^3 浓度为 0.02 $mol \cdot dm^{-3}$ 的 $AgNO_3$ 溶液缓慢地滴加在 0.100 dm^3、0.005 $mol \cdot dm^{-3}$ 的 KCl 溶液中,可制得 AgCl(s)溶胶。试写出胶团结构的表达式并指出上述胶体粒子电泳的方向。

10-13(A) 在三个烧瓶中皆盛有 0.020 dm^3 的 $Fe(OH)_3$ 溶胶,现分别加入 NaCl、Na_2SO_4 及 Na_3PO_4 溶液使溶胶发生聚沉,最少需要加入 1.00 $mol \cdot dm^{-3}$ 的 NaCl 0.021 dm^3,5.0×10^{-3} $mol \cdot dm^{-3}$ 的 Na_2SO_4 0.125 dm^3 及 3.333×10^{-3} $mol \cdot dm^{-3}$ 的 Na_3PO_4 0.007 4 dm^3。试计算各电解质的聚沉值、聚沉能力之比,并指出胶体粒子带电的符号。

答:NaCl、Na_2SO_4、Na_3PO_4 的聚沉值分别为:512×10^{-3}、4.31×10^{-3},0.90×10^{-3} $mol \cdot dm^{-3}$,

其聚沉能力之比为 1:119:569

10-14(B) 用一根玻璃毛细管做水的电渗实验。已知在常温下水—玻璃界面的 ζ 电势为 0.050 V,水的粘度 $\eta = 1.005 \times 10^{-3}$ Pa·s,水的相对介电常数 $\varepsilon_r = 80$。已知毛细管内半径为 2.0×10^{-5} m,长度为 0.05 m,在毛细管两端的外加电压为 100 V。试求水在上述条件下通过毛细管的电渗流量为若干($m^3 \cdot s^{-1}$)。(参看 10-4 题,电渗与电泳速率公式相同)

答:电渗流量为 8.859×10^{-14} $m^3 \cdot s^{-1}$

10-15(B) 若把等体积的浓度分别为 0.040 $mol \cdot dm^{-3}$ 的 KI 溶液与 0.010 $mol \cdot dm^{-3}$ 的 $AgNO_3$ 溶液相混合制成 AgI 溶胶。试问:

(a)此 AgI 溶胶的胶体粒子在外加电场的作用下,应向哪一个电极移动?并说明原因。

(b)题给条件下的 AgI 溶胶,若分别加入 $CaCl_2$、Na_2SO_4 或 $Mg(NO_3)_2$,哪一电解质的聚沉能力最强?何者最弱?为什么?

附　　录

附录一　国际单位制

国际单位制是我国法定计量单位的基础,一切属于国际单位制的单位都是我国的法定计量单位。

国际单位制的构成为:

国际单位制(SI)
- SI 单位
  - SI 基本单位(见表 1)
  - SI 导出单位
    - 包括 SI 辅助单位在内的具有专门名称的 SI 导出单位(见表 2、表 3)
    - 组合形式的 SI 导出单位
- SI 单位的倍数单位

表 1　SI 基本单位

量的名称	单位名称	单位符号
长度	米	m
质量	千克(公斤)	kg
时间	秒	s
电流	安[培]	A
热力学温度	开[尔文]	K
物质的量	摩[尔]	mol
发光强度	坎[德拉]	cd

注:
1　圆括号中的名称,是它前面的名称的同义词,下同。
2　无方括号的量的名称与单位名称均为全称,方括号中的字,在不致引起的混淆、误解的情况下,可以省略。去掉方括号中的字即为其名称的简称,下同。
3　本标准所称的符号,除特殊指明外,均指我国法定计量单位中所规定的符号以及国际符号,下同。
4　人民生活和贸易中,质量习惯称为重量。

表 2　包括 SI 辅助单位在内的具有专门名称的 SI 导出单位

量的名称	SI 导出单位		
	名称	符号	用 SI 基本单位和 SI 导出单位表示
[平面]角	弧度	rad	1 rad = 1 m/m = 1
立体角	球面度	sr	1 sr = 1 m^2/m^2 = 1
频率	赫[兹]	Hz	1 Hz = 1 s^{-1}
力	牛[顿]	N	1 N = 1 kg·m/s^2
压力,压强,应力	帕[斯卡]	Pa	1 Pa = 1 N/m^2
能[量],功,热量	焦[耳]	J	1 J = 1 N·m
功率,辐[射能]通量	瓦[特]	W	1 W = 1 J/s
电荷[量]	库[仑]	C	1 C = 1 A·s
电压,电动势,电位(电势)	伏[特]	V	1 V = 1 W/A
电容	法[拉]	F	1 F = 1 C/V
电阻	欧[姆]	Ω	1 Ω = 1 V/A
电导	西[门子]	S	1 S = 1 Ω^{-1}
磁通[量]	韦[伯]	Wb	1 Wb = 1 V·s
磁通[量]密度,磁感应强度	特[斯拉]	T	1 T = 1 Wb/m^2
电感	亨[利]	H	1 H = 1 Wb/A
摄氏温度	摄氏度	℃	1℃ = 1 K
光通量	流[明]	lm	1 lm = 1 cd·sr
[光]照度	勒[克斯]	lx	1 lx = 1 lm/m^2

表 3 SI 词头

因数	词头名称		符号
	英文	中文	
10^{24}	yotta	尧[它]	Y
10^{21}	zetta	泽[它]	Z
10^{18}	exa	艾[可萨]	E
10^{15}	peta	拍[它]	P
10^{12}	tera	太[拉]	T
10^{9}	giga	吉[咖]	G
10^{6}	mega	兆	M
10^{3}	kilo	千	k
10^{2}	hecto	百	h
10^{1}	deca	十	da
10^{-1}	deci	分	d
10^{-2}	centi	厘	c
10^{-3}	milli	毫	m
10^{-6}	micro	微	μ
10^{-9}	nano	纳[诺]	n
10^{-12}	pico	皮[可]	p
10^{-15}	femto	飞[母托]	f
10^{-18}	atto	阿[托]	a
10^{-21}	zepto	仄[普托]	z
10^{-24}	yocto	幺[科托]	y

表4　可与国际单位制单位并用的我国法定计量单位

量的名称	单位名称	单位符号	与SI单位的关系
时间	分	min	1 min = 60 s
	[小]时	h	1 h = 60 min = 3 600 s
	日,(天)	d	1 d = 24 h = 86 400 s
[平面]角	度	°	1° = (π/180) rad
	[角]分	′	1′ = (1/60)° = (π/10 800) rad
	[角]秒	″	1″ = (1/60)′ = (π/648 000) rad
体积	升	l,L	1 L = 1 dm^3 = 10^{-3} m^3
质量	吨	t	1 t = 10^3 kg
	原子质量单位	u	1 u ≈ 1.660 540 × 10^{-27} kg
旋转速度	转每分	r/min	1 r/min = (1/60) s^{-1}
长度	海里	n mile	1 n mile = 1 852 m (只用于航行)
速度	节	kn	1 kn = 1 n mile/h = (1 852/3 600) m/s (只用于航行)
能	电子伏	eV	1 eV ≈ 1.602 177 × 10^{-19} J
级差	分贝	dB	
线密度	特[克斯]	tex	1 tex = 10^{-6} kg/m
面积	公顷	hm^2	1 hm^2 = 10^4 m^2

注:

1　平面角度单位度、分、秒的符号,在组合单位中应采用(°)、(′)、(″)的形式。
例如,不用°/s 而用(°)/s。

2　升的两个符号属同等地位,可任意选用。

3　公顷的国际通用符号为 ha。

以上各表摘自国家技术监督局发布,中华人民共和国国家标准 GB 3100—93。

附录二　元素的相对原子质量表(1985)

$A_r(^{12}C) = 12$

元素符号	元素名称	相对原子质量	元素符号	元素名称	相对原子质量
Ac	锕		Au	金	196.966 54(3)
Ag	银	107.868 2(2)	B	硼	10.811(5)
Al	铝	26.981 539 (5)	Ba	钡	137.327(7)
Am	镅		Be	铍	9.012 182(3)
Ar	氩	39.948(1)	Bi	铋	208.980 37(3)
As	砷	74.921 59(2)	Bk	锫	
At	砹		Br	溴	79.994(1)
C	碳	12.011(1)	Lr	铹	
Ca	钙	40.078(4)	Lu	镥	174.967(1)
Cd	镉	112.411(8)	Md	钔	
Ce	铈	140.15(4)	Mg	镁	24.305 0(6)
Cf	锎		Mn	锰	54.938 05(1)
Cl	氯	35.452 7(9)	Mo	钼	95.94(1)
Cm	锔		N	氮	14.006 74(7)
Co	钴	58.933 20(1)	Na	钠	22.989 768(6)
Cr	铬	51.996 1(6)	Nb	铌	92.906 38(2)
Cs	铯	132.905 43(5)	Nd	钕	144.24(3)
Cu	铜	63.546(3)	Ne	氖	20.179 7(6)
Dy	镝	162.50(3)	Ni	镍	58.69(1)
Er	铒	167.26(3)	No	锘	
Es	锿		Np	镎	
Eu	铕	151.965(9)	O	氧	15.999 4(3)
F	氟	18.998 403 2(9)	Os	锇	190.2(1)
Fe	铁	55.847(3)	P	磷	30.973 762(4)
Fm	镄		Pa	镤	231.035 88(2)
Fr	钫		Pb	铅	207.2(1)
Ga	镓	69.723(4)	Pd	钯	106.42(1)
Gd	钆	157.25(3)	Pm	钷	
Ge	锗	72.61(2)	Po	钋	
H	氢	1.007 94(7)	Pr	镨	140.907 65(3)
He	氦	4.002 602(2)	Pt	铂	195.08(3)
Hf	铪	178.49(2)	Pu	钚	
Hg	汞	200.59(3)	Ra	镭	
Ho	钬	164.930 32(3)	Rb	铷	85.467 8(3)
I	碘	126.904 47(3)	Re	铼	186.207(1)

续表

元素符号	元素名称	相对原子质量	元素符号	元素名称	相对原子质量
In	铟	114.82(1)	Rh	铑	102.905 50(3)
Ir	铱	192.22(3)	Rn	氡	
K	钾	39.098 3(1)	Ru	钌	101.07(2)
Kr	氪	83.80(1)	S	硫	32.066(6)
La	镧	138.905 5(2)	Sb	锑	121.75(3)
Li	锂	6.941(2)	Sc	钪	44.955 910(9)
Se	硒	78.96(3)	Tl	铊	204.383 3(2)
Si	硅	28.085 5(3)	Tm	铥	168.934 21(3)
Sm	钐	150.36(3)	U	铀	238.028 9(1)
Sn	锡	118.710(7)	V	钒	50.941 5(1)
Sr	锶	87.62(1)	W	钨	183.85(3)
Ta	钽	180.947 9(1)	Xe	氙	131.29(2)
Tb	铽	158.925 34(3)	Y	钇	88.905 85(2)
Tc	锝		Yb	镱	173.04(3)
Te	碲	127.60(3)	Zn	锌	65.39(2)
Th	钍	232.038 1(1)	Zr	锆	91.224(2)
Ti	钛	47.88(3)			

所列相对原子质量的值适用于地球上存在的自然元素,后面的括号中表示末位数的误差范围。

本表数据取自张青莲.化学通报,1986,(10):57~60

附录三 基本常数

常数	符号	数值
原子质量单位	*amu*	$1.660\ 57\times10^{-27}$ kg
真空中的光速	c	$2.997\ 92\times10^{8}$ m·s^{-1}
元电荷	e	$1.602\ 19\times10^{-19}$ C
法拉第常数	F	$9.648\ 46\times10^{4}$ C·mol^{-1}
普朗克常数	h	$6.626\ 18\times10^{-34}$ J·s
玻尔兹曼常数	k	$1.380\ 66\times10^{-23}$ J·K^{-1}
阿伏加德罗常数	L	$6.022\ 05\times10^{23}$ mol^{-1}
气体常数	R	8.314 41 J·mol^{-1}·K^{-1}

附录四 换算系数

1.压力

	帕斯卡 Pa	巴 bar	标准大气压 atm	毫米汞柱(托) mmHg(Torr)
帕斯卡 Pa	1	1×10^{-5}	$9.869\ 23\times10^{-6}$	$7.500\ 62\times10^{-3}$
巴 bar	10^{5}	1	0.986 923	750.062
标准大气压 atm	101 325	1.013 25	1	760
毫米汞柱(托) mmHg(Torr)	133.322	$1.333\ 22\times10^{-3}$	$1.315\ 70\times10^{-3}$	1

2.能量

	焦耳 J	大气压·升 atm·l	热化学卡 cal_{th}	国际蒸气表卡 cal_{IT}
焦耳 J	1	$9.869\ 23\times10^{-3}$	0.239 006	0.238 846
大气压·升 atm·l	101.325	1	24.217 3	24.201 1
热化学卡 cal_{th}	4.184	$4.129\ 29\times10^{-2}$	1	0.999 331
国际蒸气表卡 cal_{IT}	4.186 8	$4.132\ 05\times10^{-2}$	1.000 67	1

附录五　某些物质的临界参数

物　质		临界温度 t_c/℃	临界压力 p_c/MPa	临界密度 $\rho/(kg \cdot m^{-3})$	临界压缩因子 Z_c
He	氦	−267.96	0.227	69.8	0.301
Ne	氖	−228.70	2.76	483	0.312
Ar	氩	−122.4	4.87	533	0.291
H_2	氢	−239.9	1.297	31.0	0.305
F_2	氟	−128.84	5.215	574	0.288
Cl_2	氯	144	7.7	573	0.275
Br_2	溴	311	10.3	1 260	0.270
O_2	氧	−118.57	5.043	436	0.288
N_2	氮	−147.0	3.39	313	0.290
HCl	氯化氢	51.5	8.31	450	0.25
H_2O	水	373.91	22.05	320	0.23
H_2S	硫化氢	100.0	8.94	346	0.284
NH_3	氨	132.33	11.313	236	0.242
SO_2	二氧化硫	157.5	7.884	525	0.268
CO	一氧化碳	−140.23	3.499	301	0.295
CO_2	二氧化碳	30.98	7.375	468	0.275
CS_2	二硫化碳	279	7.62	368	0.344
CCl_4	四氯化碳	283.15	4.558	557	0.272
CH_4	甲烷	−82.62	4.596	163	0.286
C_2H_6	乙烷	32.18	4.872	204	0.283
C_3H_6	丙烷	96.59	4.254	214	0.285
C_4H_{10}	正丁烷	151.90	3.793	225	0.277
C_5H_{12}	正戊烷	196.46	3.376	232	0.269
C_2H_4	乙烯	9.19	5.039	215	0.281
C_3H_6	丙烯	91.8	4.62	233	0.275
C_4H_8	1-丁烯	146.4	4.02	234	0.277
C_4H_8	顺-2-丁烯	162.40	4.20	240	0.271

续表

物　　质		临界温度 t_c/℃	临界压力 p_c/MPa	临界密度 ρ/(kg·m^{-3})	临界压缩因子 Z_c
C_4H_8	反-2-丁烯	155.46	4.10	236	0.274
C_2H_2	乙炔	35.18	6.139	231	0.271
C_3H_4	丙炔	129.23	5.628	245	0.276
C_6H_6	苯	288.95	4.898	306	0.268
$C_6H_5CH_3$	甲苯	318.57	4.109	290	0.266
CH_3OH	甲醇	239.43	8.10	272	0.224
C_2H_5OH	乙醇	240.77	6.148	276	0.240
C_3H_7OH	正丙醇	263.56	5.170	275	0.253
C_4H_9OH	正丁醇	289.78	4.413	270	0.259
$(C_2H_5)_2O$	二乙醚	193.55	3.638	265	0.262
$(CH_3)_2CO$	丙酮	234.95	4.700	269	0.240
CH_3COOH	乙酸	321.30	5.79	351	0.200
$CHCl_3$	氯仿	262.9	5.329	491	0.201

本表数据摘自马沛生,高铭书编《石油化工》1975,(4):417~444

临界压力系按文献的换算值。

附录六　某些气体的摩尔定压热容与温度的关系

$C_p = a + bT + cT^2 + dT^3$

物　质		$\frac{a}{J\cdot mol^{-1}\cdot K^{-1}}$	$\frac{b\times10^3}{J\cdot mol^{-1}\cdot K^{-2}}$	$\frac{c\times10^6}{J\cdot mol^{-1}\cdot K^{-3}}$	$\frac{d\times10^9}{J\cdot mol^{-1}\cdot K^{-4}}$	温度范围/K
H_2	氢	26.88	4.347	−0.326 5		273 ~ 3 800
F_2	氟	24.433	29.701	−23.759	6.655 9	273 ~ 1 500
Cl_2	氯	31.696	10.144	−4.038		300 ~ 1 500
Br_2	溴	35.241	4.075	−1.487		300 ~ 1 500
O_2	氧	28.17	6.297	−0.749 4		273 ~ 3 800
N_2	氮	27.32	6.226	−0.950 2		273 ~ 3 800
HCl	氯化氢	28.17	1.810	1.547		300 ~ 1 500
H_2O	水	29.16	14.49	−2.022		273 ~ 3 800
H_2S	硫化氢	26.71	23.87	−5.063		298 ~ 1 500
NH_3	氨	27.550	25.627	9.900 6	−6.686 5	273 ~ 1 500
SO_2	二氧化硫	25.76	57.91	−38.09	8.606	273 ~ 1 800
CO	一氧化碳	26.537	7.683 1	−1.172		300 ~ 1 500
CO_2	二氧化碳	26.75	42.258	−14.25		300 ~ 1 500
CS_2	二硫化碳	30.92	62.30	−45.86	11.55	273 ~ 1 800
CCl_4	四氯化碳	38.86	213.3	−239.7	94.43	273 ~ 1 100
CH_4	甲烷	14.15	75.496	−17.99		298 ~ 1 500
C_2H_6	乙烷	9.401	159.83	−46.229		298 ~ 1 500
C_3H_8	丙烷	10.08	239.30	−73.358		298 ~ 1 500
C_4H_{10}	正丁烷	18.63	302.38	−92.943		298 ~ 1 500
C_5H_{12}	正戊烷	24.72	370.07	−114.59		298 ~ 1 500
C_2H_4	乙烯	11.84	119.67	−36.51		29 ~ 1 500
C_3H_6	丙烯	9.427	188.7	−57.488		298 ~ 1 500
C_4H_8	1-丁烯	21.47	258.40	−80.843		298 ~ 1 500
C_4H_8	顺-2-丁烯	6.799	271.27	−83.877		298 ~ 1 500
C_4H_8	反-2-丁烯	20.78	250.88	−75.927		298 ~ 1 500
C_2H_2	乙炔	30.67	52.810	−16.27		298 ~ 1 500
C_3H_4	丙炔	26.50	120.66	−39.57		298 ~ 1 500
C_4H_6	1-丁炔	12.541	274.170	−154.394	34.478 6	298 ~ 1 500
C_4H_6	2-丁炔	23.85	201.70	−60.580		298 ~ 1 500

续表

物质		$\frac{a}{J \cdot mol^{-1} \cdot K^{-1}}$	$\frac{b \times 10^3}{J \cdot mol^{-1} \cdot K^{-2}}$	$\frac{c \times 10^6}{J \cdot mol^{-1} \cdot K^{-3}}$	$\frac{d \times 10^9}{J \cdot mol^{-1} \cdot K^{-4}}$	温度范围/K
C_6H_6	苯	-1.71	324.77	-110.58		298 ~ 1 500
$C_6H_5CH_3$	甲苯	2.41	391.17	-130.65		298 ~ 1 500
CH_3OH	甲醇	18.40	101.56	-28.68		273 ~ 1 000
C_2H_5OH	乙醇	29.25	166.28	-48.898		298 ~ 1 500
C_3H_7OH	正丙醇	16.714	270.52	-87.384 1	-5.932 32	273 ~ 1 000
C_4H_9OH	正丁醇	14.673 9	360.174	-132.970	1.476 81	273 ~ 1 000
$(C_2H_5)_2O$	二乙醚	-103.9	1417	-248		300 ~ 400
HCHO	甲醛	18.82	58.379	-15.61		291 ~ 1 500
CH_3CHO	乙醛	31.05	121.46	-36.58		298 ~ 1 500
$(CH_3)_2CO$	丙酮	22.47	205.97	-63.521		298 ~ 1 500
HCOOH	甲酸	30.7	89.20	-34.54		300 ~ 700
CH_3COOH	乙酸	8.540 4	234.573	-142.624	33.557	300 ~ 1 500
$CHCl_3$	氯仿	29.51	148.94	-90.734		273 ~ 773

数据摘自天津大学基本有机化工教研室编《基本有机化学工程》(上册)(1976)附录三,并按 1 cal = 4.184 J 加以换算。

附录七　某些物质的标准摩尔生成焓、标准摩尔生成吉布斯函数、标准熵及热容(25 ℃)

(标准态压力 $p^{\ominus}$ = 100 kPa)

物　质	$\frac{\Delta_f H_m^{\ominus}}{kJ \cdot mol^{-1}}$	$\frac{\Delta_f G_m^{\ominus}}{kJ \cdot mol^{-1}}$	$\frac{S_m^{\ominus}}{J \cdot mol^{-1} \cdot K^{-1}}$	$\frac{C_{p,m}^{\ominus}}{J \cdot mol^{-1} \cdot K^{-1}}$
Ag(s)	0	0	42.55	25.35
AgCl(s)	−127.07	−109.78	96.2	50.79
Ag_2O(s)	−31.0	−11.2	121	65.86
Al(s)	0	0	28.3	24.4
Al_2O_3(α,刚玉)	−1 676	−1 582	50.92	79.04
Br_2(l)	0	0	152.23	75.689
Br_2(g)	30.91	3.11	245.46	36.0
HBr(g)	−36.4	−53.45	198.70	29.14
Ca(s)	0	0	41.6	26.4
CaC_2(s)	−62.8	−67.8	70.3	
$CaCO_3$(方解石)	−1 206.8	−1 128.8	92.9	
CaO(s)	−635.09	−604.2	40	
$Ca(OH)_2$(s)	−986.59	−896.69	76.1	
C(石墨)	0	0	5.740	8.527
C(金刚石)	1.897	2.900	2.38	6.115 8
CO(g)	−110.52	−137.17	197.67	29.12
CO_2(g)	−393.51	−394.36	213.7	37.1
CS_2(l)	89.70	65.27	151.3	75.7
CS_2(g)	117.4	67.12	237.4	83.05
CCl_4(l)	−135.4	−65.20	216.4	131.8
CCl_4(g)	−103	−60.60	309.8	83.30
HCN(l)	108.9	124.9	112.8	70.63
HCN(g)	135	125	201.8	35.9
Cl_2(g)	0	0	223.07	33.91
Cl(g)	121.67	105.68	165.20	21.84
HCl(g)	−92.307	−95.299	186.91	29.1
Cu(s)	0	0	33.15	24.43
CuO(s)	−157	−130	42.63	42.30
Cu_2O(s)	−169	−146	93.14	63.64
F_2(g)	0	0	202.3	31.3
HF(g)	−271	−273	173.78	29.13
Fe(α)	0	0	27.3	25.1

续表

物　质	$\frac{\Delta_f H_m^{\ominus}}{kJ \cdot mol^{-1}}$	$\frac{\Delta_f G_m^{\ominus}}{kJ \cdot mol^{-1}}$	$\frac{S_m^{\ominus}}{J \cdot mol^{-1} \cdot K^{-1}}$	$\frac{C_{p,m}^{\ominus}}{J \cdot mol^{-1} \cdot K^{-1}}$
$FeCl_2$(s)	-341.8	-302.3	117.9	76.65
$FeCl_3$(s)	-399.5	-334.1	142	96.65
FeO(s)	-272			
Fe_2O_3(赤铁矿)	-824.2	-742.2	87.40	103.8
Fe_3O_4(磁铁矿)	-1 118	-1 015	146	143.4
$FeSO_4$(s)	-928.4	-820.8	108	100.6
H_2(g)	0	0	130.68	28.82
H(g)	217.97	203.24	114.71	20.786
H_2O(l)	-285.83	-237.13	69.91	75.291
H_2O(g)	-241.82	-228.57	188.83	33.58
I_2(s)	0	0	116.14	54.438
I_2(g)	62.438	19.33	260.7	36.9
I(g)	106.84	70.267	180.79	20.79
HI(g)	26.5	1.7	206.59	29.16
Mg(s)	0	0	32.5	
$MgCl_2$(s)	-641.83	-592.3	89.5	
MgO(s)	-601.83	-569.55	27	
$Mg(OH)_2$(s)	-924.66	-833.68	63.14	
Na(s)	0	0	51.0	
Na_2CO_3(s)	-1 131	-1 048	136	
$NaHCO_3$(s)	-947.7	-851.8	102	
NaCl(s)	-411.0	-384.0	72.38	
$NaNO_3$(s)	-466.68	-365.8	116	
Na_2O(s)	-416	-377	72.8	
NaOH(s)	-426.73	-379.1		
Na_2SO_4(s)	-1 384.5	-1 266.7	149.5	
N_2(g)	0	0	191.6	29.12
NH_3(g)	-46.11	-16.5	192.4	35.1
N_2H_4(I)	50.63	149.3	121.2	98.87
NO(g)	90.25	86.57	210.76	29.84
NO_2(g)	33.2	51.32	240.1	37.2
N_2O(g)	82.05	104.2	219.8	38.5
N_2O_3(g)	83.72	139.4	312.3	65.61
N_2O_4(g)	9.16	97.89	304.3	77.28
N_2O_5(g)	11	115	356	84.5
HNO_3(g)	-135.1	-74.72	266.4	53.35

续表

物　质		$\frac{\Delta_f H_m^\ominus}{kJ\cdot mol^{-1}}$	$\frac{\Delta_f G_m^\ominus}{kJ\cdot mol^{-1}}$	$\frac{S_m^\ominus}{J\cdot mol^{-1}\cdot K^{-1}}$	$\frac{C_{p,m}^\ominus}{J\cdot mol^{-1}\cdot K^{-1}}$
$HNO_3(l)$		-173.2	-79.83	155.6	
$NH_4HCO_3(s)$		-849.4	-666.0	121	
$O_2(g)$		0	0	205.14	29.35
$O(g)$		249.17	231.73	161.06	21.91
$O_3(g)$		143	163	238.9	39.2
P(α,白磷)		0	0	41.1	23.84
P(红磷,三斜)		-18	-12	22.8	21.2
$P_4(g)$		58.91	24.5	280.0	67.15
$PCl_3(g)$		-287	-268	311.8	71.84
$PCl_5(g)$		-375	-305	364.6	112.8
$POCl_3(g)$		-558.48	-512.93	325.4	84.94
$H_3PO_4(s)$		-1 279	-1 119	110.5	106.1
S(正交)		0	0	31.8	22.6
$S(g)$		278.81	238.25	167.82	23.67
$S_8(g)$		102.3	49.63	430.98	156.4
$H_2S(g)$		-20.6	-33.6	205.8	34.2
$SO_2(g)$		-296.83	-300.19	248.2	39.9
$SO_3(g)$		-395.7	-371.1	256.7	50.67
$H_2SO_4(l)$		-813.989	-690.003	156.90	138.9
$Si(s)$		0	0	18.8	20.0
$SiCl_4(l)$		-687.0	-619.83	240	145.3
$SiCl_4(g)$		-657.01	-616.98	330.7	90.25
$SiH_4(g)$		34	56.9	204.6	42.84
SiO_2(石英)		-910.94	-856.64	41.84	44.43
SiO_2(s,无定形)		-903.49	-850.70	46.9	44.4
$Zn(s)$		0	0	41.6	25.4
$ZnCO_3(s)$		-394.4	-731.52	82.4	79.71
$ZnCl_2(s)$		-415.1	-369.40	111.5	71.34
$ZnO(s)$		-348.3	-318.3	43.64	40.3
$CH_4(g)$	甲烷	-74.81	-50.72	188.0	35.31
$C_2H_6(g)$	乙烷	-84.68	-32.8	229.6	52.63
$C_3H_8(g)$	丙烷	-103.8	-23.4	270.0	
$C_4H_{10}(g)$	正丁烷	-124.7	-15.6	310.1	
$C_2H_4(g)$	乙烯	52.26	68.15	219.6	43.56
$C_3H_6(g)$	丙烯	20.4	62.79	267.0	
$C_4H_8(g)$	1-丁烯	1.17	72.15	307.5	

续表

物　　质		$\frac{\Delta_f H_m^\ominus}{kJ \cdot mol^{-1}}$	$\frac{\Delta_f G_m^\ominus}{kJ \cdot mol^{-1}}$	$\frac{S_m^\ominus}{J \cdot mol^{-1} \cdot K^{-1}}$	$\frac{C_{p,m}^\ominus}{J \cdot mol^{-1} \cdot K^{-1}}$
$C_2H_2(g)$	乙炔	226.7	209.2	200.9	43.93
$C_6H_6(l)$	苯	48.66	123.1		
$C_6H_6(g)$	苯	82.93	129.8	269.3	
$C_6H_5CH_3(g)$	甲苯	50.00	122.4	319.8	
$CH_3OH(l)$	甲醇	-238.7	-166.3	127	81.6
$CH_3OH(g)$	甲醇	-200.7	-162.0	239.8	43.89
$C_2H_5OH(l)$	乙醇	-277.7	-174.8	161	111.5
$C_2H_5OH(g)$	乙醇	-235.1	-168.5	282.7	65.44
$C_4H_9OH(l)$	正丁醇	-327.1	-163.0	228	177
$C_4H_9OH(g)$	正丁醇	-274.7	-151.0	363.7	110.0
$(CH_3)_2O(g)$	二甲醚	-184.1	-112.6	266.4	64.39
$HCHO(g)$	甲醛	-117	-113	218.8	35.4
$CH_3CHO(l)$	乙醛	-192.3	-128.1	160	
$CH_3CHO(g)$	乙醛	-166.2	-128.9	250	57.3
$(CH_3)_2CO(l)$	丙酮	-248.2	-155.6		
$(CH_3)_2CO(g)$	丙酮	-216.7	-152.6		
$HCOOH(l)$	甲酸	-424.72	-361.3	129.0	99.04
$CH_3COOH(l)$	乙酸	-484.5	-390	160	124
$CH_3COOH(g)$	乙酸	-432.2	-374	282	66.5
$(CH_2)_2O(l)$	环氧乙烷	-77.82	-11.7	153.8	87.95
$(CH_2)_2O(g)$	环氧乙烷	-52.63	-13.1	242.5	47.91
$CHCl_2CH_3(l)$	1,1-二氯乙烷	-160	-75.6	211.8	126.3
$CHCl_2CH_3(g)$	1,1-二氯乙烷	-129.4	-72.52	305.1	76.23
$CH_2ClCH_2Cl(l)$	1,2-二氯乙烷	-165.2	-79.52	208.5	129
$CH_2ClCH_2Cl(g)$	1,2-二氯乙烷	-129.8	-73.86	308.4	78.7
$CCl_2=CH_2(l)$	1,1-二氯乙烯	-24	24.5	201.5	111.3
$CCl_2=CH_2(g)$	1,1-二氯乙烯	2.4	25.1	289.0	67.07
$CH_3NH_2(l)$	甲胺	-47.3	36	150.2	
$CH_3NH_2(g)$	甲胺	-23.0	32.2	243.4	53.1
$(NH_2)_2CO(s)$	尿素	-332.9	-196.7	104.6	93.14

此表数据摘自 John A Dean. Lange's Handbook of Chemistry, 1973, 11th ed; 9-3～71，并按 1 cal = 4.184 J 换算。标准态压力 $p^\ominus$ 由 101.325 kPa 换为 100 kPa。

附录八　某些有机化合物的标准摩尔燃烧焓(25 ℃)

物　质		$\frac{-\Delta_c H_m^{\ominus}}{kJ\cdot mol^{-1}}$	物　质		$\frac{-\Delta_c H_m^{\ominus}}{kJ\cdot mol^{-1}}$
CH_4(g)	甲烷	890.31	C_5H_{10}(l)	环戊烷	3 290.9
C_2H_6(g)	乙烷	1 559.8	C_6H_{12}(l)	环己烷	3 919.9
C_3H_8(g)	丙烷	2 219.9	C_6H_6(l)	苯	3 267.5
C_5H_{12}(g)	正戊烷	3 536.11	$C_{10}H_8$(s)	萘	5 153.9
C_6H_{14}(l)	正己烷	4 163.1	CH_3OH(l)	甲醇	726.51
C_2H_4(g)	乙烯	1 411.0	C_2H_5OH(l)	乙醇	1 366.8
C_2H_2(g)	乙炔	1 299.6	C_3H_7OH(l)	正丙醇	2 019.8
C_3H_6(g)	环丙烷	2 091.5	C_4H_9OH(l)	正丁醇	2 675.8
C_4H_8(l)	环丁烷	2 720.5	$(C_2H_5)_2O$(l)	二乙醚	2 751.1
HCHO(g)	甲醛	570.78	C_6H_5OH(s)	苯酚	3 053.5
CH_3CHO(l)	乙醛	1 166.4	C_6H_5CHO(l)	苯甲醛	3 528
C_2H_5CHO(l)	丙醛	1 816	$C_6H_5COCH_3$(l)	苯乙酮	4 148.9
$(CH_3)_2CO$(l)	丙酮	1 790.4	C_6H_5COOH(s)	苯甲酸	3 226.9
HCOOH(l)	甲酸	254.6	$C_6H_4(COOH)_2$(s)	磷苯二甲酸	3 223.5
CH_3COOH(l)	乙酸	874.54	$C_6H_5COOCH_3$(l)	苯甲酸甲酯	3 958
C_2H_5COOH(l)	丙酸	1 527.3	$C_{12}H_{22}O_{11}$(s)	蔗糖	5 640.9
$CH_2CHCOOH$(l)	丙烯酸	1 368	CH_3NH_2(l)	甲胺	1 061
C_3H_7COOH(l)	正丁酸	2 183.5	$C_2H_5NH_2$(l)	乙胺	1 713
$(CH_3CO)_2O$(l)	乙酸酐	1 806.2	$(NH_2)_2CO$(s)	尿素	631.66
$HCOOCH_3$(l)	甲酸甲酯	979.5	C_6H_5N(l)	吡啶	2 782

此表数据摘自 Weast R G. Handbook of Chemistry and physics, 1986, 66th ed: D—272 ~ 278, 并按 1 cal = 4.184 J 换算。

参考书目

1 肖衍繁,李文斌.物理化学.第2版.天津:天津大学出版社,2004

2 天津大学物理化学教研室.物理化学(上、下册).北京:高等教育出版社,1992

3 天津大学物理化学教研室.物理化学.第4版.北京:高等教育出版社,2001

4 傅献彩等.物理化学.第4版.北京:高等教育出版社,1990

5 胡英等.物理化学.第4版.北京:高等教育出版社,1999

6 朱传征,许海涵.物理化学.北京:科学出版社,2000

7 高月英,戴乐喜等.物理化学.北京:北京大学出版社,2000

8 邓景发,范康年.物理化学.北京:高等教育出版社,1993

9 侯新朴.物理化学.第4版.北京:人民卫生出版社,2000

10 沈文霞.物理化学.北京:科学出版社,2004

11 董元彦等.物理化学.第3版.北京:科学出版社,2004

12 刘幸平,胡润淮,杜薇.物理化学.北京:科学出版社,2002

13 周祖康,顾惕人,马季铭.胶体化学基础.北京:北京大学出版社,1996

14 赵由才.环境工程化学.北京:化学工业出版社,2003

15 孙彦.生物分离工程.北京:化学工业出版社,1998